Heidelberger Taschenbücher Band 96
Basistext Medizin, Psychologie

Grundriß der Neurophysiologie

Herausgegeben von
R. F. Schmidt

Mit Beiträgen von
J. Dudel W. Jänig R. F. Schmidt
M. Zimmermann

Sechste, korrigierte Auflage

Mit 139 Abbildungen
und 171 Testfragen zur Selbstkontrolle

Springer-Verlag Berlin Heidelberg New York
London Paris Tokyo 1987

Prof. Dr. Josef Dudel, Physiologisches Institut der Technischen Universität München, Biedersteiner Str. 29, 8000 München 40

Prof. Dr. Wilfrid Jänig, Physiologisches Institut der Universität Kiel, Olshausenstr. 40/60, 2300 Kiel

Prof. Dr. Robert F. Schmidt, Physiologisches Institut der Universität Würzburg, Lehrstuhl II, Röntgenring 9, 8700 Würzburg

Prof. Dr. Manfred Zimmermann, II. Physiologisches Institut der Universität Heidelberg, Im Neuenheimer Feld 326, 6900 Heidelberg

Titel der englischen Ausgabe:
Fundamentals of Neurophysiology (Springer Study Edition)

Erscheinungstermine der deutschen Auflage:
1. Auflage 1971; 2. Auflage 1972; 3. Auflage 1974; 4. Auflage 1977; Korrigierter Nachdruck der 4. Auflage 1979; 5. Auflage 1983; 6. Auflage 1987

Französische Ausgabe: Neurophysiologie © 1984 Editions Magnard, Paris

Italienische Ausgabe: Fondamenti di neurofisiologia © 1985 Nicola Zanichelli S. p. A., Bologna

Japanische Ausgabe: © 1979 Kinpodo Publishing Co. Ltd., Kyoto

Portugiesische Ausgabe: Neurofisiologia
© 1979 Editora Pedagogica e Universitaria Ltds. (E. P. U.) Sao Paulo, Brasilien

Spanische Ausgabe: Fundamentos de Neurofisiologia – Alianza Universidad Textos, Vol. 21
© 1980 Alianza Editorial, S/A., Madrid

ISBN 3-540-16989-X 6. Auflage Springer-Verlag Berlin Heidelberg New York
ISBN 0-387-16989-X 6th edition Springer-Verlag New York Heidelberg Berlin

ISBN 3-540-11926-4 5. Auflage Springer-Verlag Berlin Heidelberg New York
ISBN 0-387-11926-4 5th edition Springer-Verlag New York Heidelberg Berlin

CIP-Kurztitelaufnahme der Deutschen Bibliothek
Grundriss der Neurophysiologie / hrsg. von R. F. Schmidt.
Mit Beitr. von J. Dudel ... – 6., korrigierte Aufl. – Berlin ; Heidelberg ; New York ;
London ; Paris ; Tokyo : Springer, 1987.
(Heidelberger Taschenbücher ; Bd. 96 : Basistext Medizin, Psychologie) Engl. Ausg. u. d. T.: Fundamentals of
neurophysiology. – Franz. Ausg. u. d. T.: Neurophysiologie. – Ital. Ausg. u. d. T. Fondamenti di neurofisiologia. –
Span. Ausg. u. d. T.: Fundamentos de neurofisiologia. – Portugies. Ausg. u. d. T.: Neurofisiologia. – Weitere Ausg. in
aussereurop. Sprachen
ISBN 3-540-16989-X (Berlin ...)
ISBN 0-387-16989-X (New York ...)
NE: Schmidt, Robert F. [Hrsg.]; Dudel, Josef [Mitverf.]; GT

Die Wiedergabe von Gebrauchsnamen, Handelsnamen, Warenbezeichnungen usw. in diesem Werk berechtigt auch ohne besondere Kennzeichnung nicht zu der Annahme, daß solche Namen im Sinne der Warenzeichen- und Markenschutz-Gesetzgebung als frei zu betrachten wären und daher von jedermann benutzt werden dürften.
Produkthaftung: Für Angaben über Dosierungsanweisungen und Applikationsformen kann vom Verlag keine Gewähr übernommen werden. Derartige Angaben müssen vom jeweiligen Anwender im Einzelfall anhand anderer Literaturstellen auf ihre Richtigkeit überprüft werden.
Satz- und Bindearbeiten: G. Appl, Wemding, Druck: aprinta, Wemding
2124/3145-543210

Vorwort zur sechsten Auflage

Nach den eingehenden Überarbeitungen der vierten und der fünften Auflage dieses Buches konnten wir uns diesmal darauf konzentrieren, Unrichtigkeiten, Unklarheiten und Druckfehler zu beseitigen, auf die wir großenteils durch Hinweise aus dem Leserkreis aufmerksam wurden. Dazu wurden einige wenige Absätze entsprechend dem heutigen Erkenntnisstand neu formuliert. Im Namen aller Autoren danke ich allen Mitarbeitern und dem Springer-Verlag, insbesondere Herrn R. Fischer, für die ständige gute Zusammenarbeit in allen Stadien der Herstellung dieses Buches.

Würzburg, im Januar 1987   Robert F. Schmidt

Vorwort zur fünften Auflage

Wiederum hat der rasche Fortschritt der Hirnwissenschaften es innerhalb weniger Jahre notwendig gemacht, für diese Auflage unseres Grundrisses nicht nur alle Kapitel sorgfältig durchzusehen und auf den neuesten Stand zu bringen, sondern einige von ihnen weitgehend neu zu schreiben. Dies gilt diesmal vor allem für die Kapitel über das vegetative Nervensystem und über die integrativen Funktionen des Zentralnervensystems. Aber auch im Kapitel über die motorischen Systeme und an anderen Stellen werden auf Grund neuerer Einsichten einige konzeptuelle Änderungen notwendig.

Bei der Schilderung des vegetativen Nervensystems ist die Rolle des Darmnervensystems deutlicher als bisher herausgestellt worden. Daneben wurden die Physiologie glatter Muskelfasern neu dargestellt und den postsynaptischen adrenergen Receptoren wegen der zunehmenden therapeutischen Bedeutung des alpha-beta-Receptoren-Konzeptes mehr Aufmerksamkeit geschenkt. Ein eigener, größerer Abschnitt über die Genitalreflexe bei Mann und Frau samt den extragenitalen Veränderungen bei der Kohabitation wurde zusätzlich eingefügt.

Bei der Betrachtung der integrativen Funktionen des Zentralnervensystems wurden Hirnstoffwechsel und Hirndurchblutung samt deren Abhängigkeit von der Hirntätigkeit erstmals dargestellt. Daneben galt es, neuere Ergebnisse der Split-Brain-, der Aphasie- und der Gedächtnisforschung ebenso zu berücksichtigen wie jüngste Studien zur Physiologie des Schlafens und des Träumens.

Die wissenschaftliche Aktualität dieser Neuauflage wird durch die Literaturhinweise unterstrichen. Von einigen, für das Verständnis der Entwicklung der Neurophysiologie notwendigen „Klassikern" abgesehen, stammt die überwiegende Mehrzahl aller Zitate aus den letzten fünf bis zehn Jahren. Damit ist dem Leser der unmittelbare Zugang zur Originalliteratur möglich.

Viele Abbildungen wurden verbessert oder ausgetauscht, einige neu hinzugefügt. Wir sind Frau Renate Lindenbaur, Stuttgart, für Ihre Mithilfe bei dieser Arbeit zu großem Dank verpflichtet. Ebenso danken wir dem Piper-Verlag in München für seine Bereitschaft, einige Abbildungen aus meinem Buch „Biomaschine Mensch" für diese Neuauflage zur Verfügung zu stellen. Die Übungsfragen am Schluß jedes Abschnittes wurden beibehalten und soweit notwendig überarbeitet. Der Leser kann damit seinen Lernzuwachs auf einfache Weise überprüfen.

Nach wie vor ist es das Ziel dieses Buches, über die gesicherten Grundlagen und die wesentlichsten neueren Ergebnisse der Hirnforschung in einem Umfang zu informieren, der von Physiologiestudenten aller Fachrichtungen, von Medizinern, Psychologen, Zoologen, Biologen, Pharmazeuten, oder Naturwissenschaftlern mit Physiologie im Nebenfach, im Rahmen ihres Studiums in angemessener Zeit aufgenommen werden kann. Das Buch setzt keine anatomischen oder physiologischen Vorkenntnisse voraus, jeder neu eingeführte Begriff wird zunächst definiert und, soweit notwendig, erläutert. Jeder, der das Abitur oder diesem vergleichbare Kenntnisse besitzt, sollte daher in der Lage sein, sich den Inhalt des Buches ohne Verständnisschwierigkeiten anzueignen. Zusammen mit dem in der gleichen Reihe als Band 136 erscheinenden „Grundriß der Sinnesphysiologie" liegt damit eine in sich geschlossene Einführung in die animalische Physiologie vor, die nicht nur die gesicherten Grundlagen enthält, sondern auch, so hoffen wir, an die noch offenen Fragen und Probleme der Hirnforschung heranführt.

Im Namen aller Autoren ist es mir wieder eine Freude, allen die bei der Abfassung und Herstellung dieses Buches mitgeholfen haben, herzlich zu danken. Besonderer Dank gilt unseren technischen und sekretariellen Mitarbeiterinnen für ihren unermüdlichen Einsatz, meiner Frau für ihre Hilfe bei der Zusammenstellung des Sachverzeichnisses und dem Springer-Verlag, insbesondere den Herren H. Matthies und R. Fischer, für die gute Zusammenarbeit und die sorgfältige und sachgerechte Ausstattung des Buches.

Würzburg, im Januar 1983 Robert F. Schmidt

Inhaltsverzeichnis

1. Der Aufbau des Nervensystems

R. F. Schmidt

1.1 Die Nervenzellen

Neurone. Die Bausteine des Nervensystems sind die *Nervenzellen,* auch *Ganglienzellen,* meist aber **Neurone** genannt. Es ist geschätzt worden, daß das menschliche Gehirn etwa $2,5 \times 10^{10}$ (25 Milliarden) Neurone besitzt. Wie alle tierischen Zellen, hat jedes Neuron eine Zellmembran, die den Zellinhalt, nämlich das Cytoplasma (Zellflüssigkeit) und den Zellkern umschließt.

Die Größe und die Form der Neurone schwanken in weiten Grenzen, aber der Bauplan ist immer gleich (Abb. 1-1): ein Zellkörper oder *Soma*

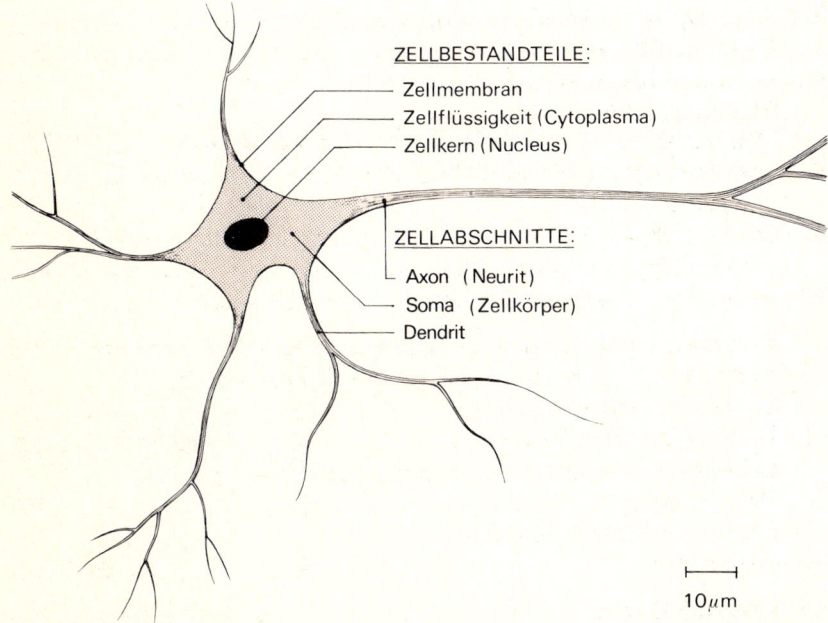

ZELLBESTANDTEILE:

Zellmembran
Zellflüssigkeit (Cytoplasma)
Zellkern (Nucleus)

ZELLABSCHNITTE:

Axon (Neurit)
Soma (Zellkörper)
Dendrit

10 μm

Abb. 1-1. Schematische Umrißzeichnung eines Neurons mit Benennung der verschiedenen Zellbestandteile und den für ein Neuron typischen Zellabschnitten (Soma, Axon, Dendrit). Der Maßstab soll einen ungefähren Anhalt für die Größenverhältnisse geben

und Fortsätze aus diesem Zellkörper, nämlich ein *Axon* (Synonym: Neurit) und meist mehrere *Dendriten*. Aus dem Soma des Neurons in Abb.1-1 entspringen also ein Axon und vier Dendriten.

Die *Einteilung der Neuronenfortsätze* in ein Axon und mehrere Dendriten erfolgt nach funktionellen Gesichtspunkten. Das Axon verbindet die Nervenzelle mit anderen Zellen. An den Dendriten, wie auch am Soma, enden die Axone anderer Neurone. Axon und Dendriten zweigen sich gewöhnlich nach ihrem Abgang aus dem Soma in mehr oder weniger zahlreiche Äste auf (Abb.1-1).

Die Verzweigungen der Axone werden *Kollaterale* genannt. Die Axone und ihre Kollateralen sind von sehr unterschiedlicher Länge, oft nur wenige Mikron kurz, manchmal auch, z.B. bei manchen Neuronen des Menschen und anderer großer Säugetiere, weit über einen Meter lang (näheres im Abschnitt 3 dieses Kapitels).

Die *Formenvielfalt der Neurone* ist im wesentlichen durch die sehr unterschiedliche *Ausprägung der Dendriten* bestimmt (Abb.1-2). Manche Neurone, z.B. Neuron C in Abb. 1-2, verfügen über regelrechte Dendritenbäume, bei anderen, wie z.B. Neuronen A und B, ist das Verhältnis Somaoberfläche zu Dendritenoberfläche etwas ausgewogener. Schließlich gibt es auch Neurone, die keine Dendriten haben (Neurone D und E). Die Durchmesser der Somata von Neuronen liegen in der Größenordnung von 5 µm bis 100 µm (1 mm = 1000 µm), die Dendriten können einige hundert Mikrometer lang sein.

Synapsen. Wie oben bereits gesagt, verbindet das Axon und alle seine Kollateralen die Nervenzelle mit anderen Zellen. Dies können andere Ner-

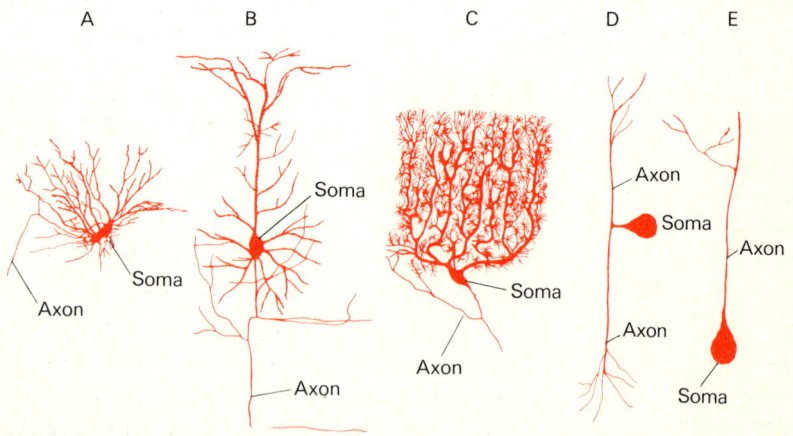

Abb. 1-2. Beispiele der Formenvielfalt von Neuronen. Besprechung im Text. (Nach RAMON Y CAJAL)

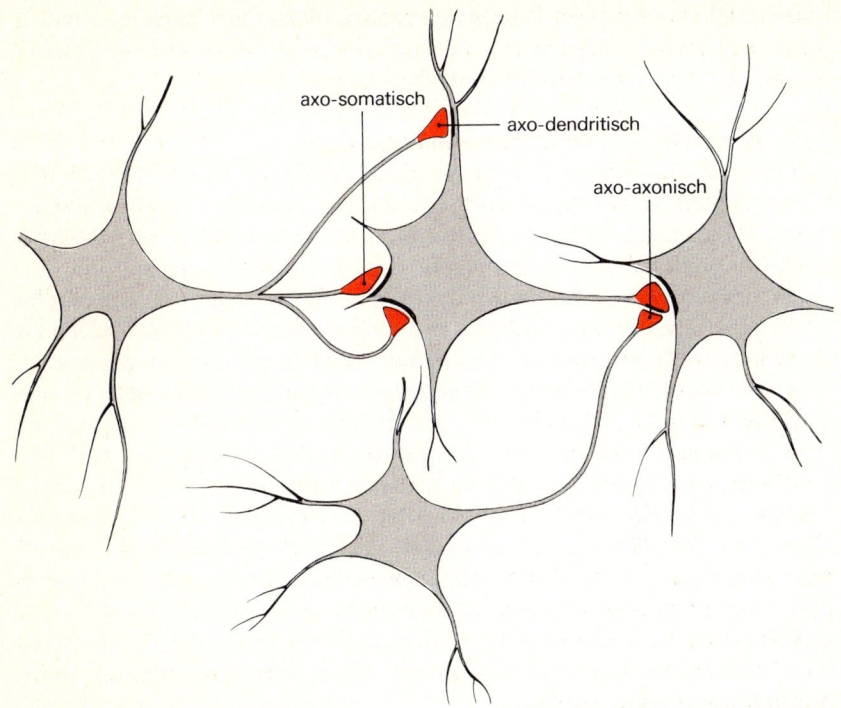

Abb. 1-3. Schematische Zeichnung zur Lokalisation und Benennung von Synapsen. Besprechung im Text

venzellen, aber auch Muskel- oder Drüsenzellen sein. *Die Verbindungsstelle einer axonalen Endigung mit einer anderen Zelle wird Synapse genannt.* Abb. 1–3 zeigt Verbindungsstellen von Neuronen. Endet ein Axon oder eine Axonkollaterale auf dem Soma eines anderen Neurons, so sprechen wir von einer *axo-somatischen Synapse.* Entsprechend heißt eine Synapse zwischen Axon und Dendrit eine *axo-dendritische* Synapse und eine zwischen zwei Axonen eine *axo-axonische* Synapse. Endet ein Axon auf einer Skeletmuskelfaser, so wird diese Synapse *neuromuskuläre Endplatte* genannt. Synapsen auf Muskelfasern der Eingeweide (glatte Muskulatur) und auf Drüsenzellen tragen keine besonderen Bezeichnungen.

Effectoren. Die meisten Neurone haben über Synapsen Verbindungen zu anderen Neuronen und fügen sich mit diesen zu neuronalen Schaltkreisen zusammen. Ein kleinerer Teil der Neurone tritt über seine Axone nicht mit anderen Neuronen, sondern mit Muskel- oder Drüsenzellen in Kontakt. Die quergestreiften Skeletmuskeln, die glatten Muskeln der Gefäße und Eingeweide und die Drüsen (z. B. Speicheldrüsen, Schweißdrüsen, Nebenniere) sind also die Befehlsempfänger, die ausführenden Organe oder die *Effectoren des Nervensystems.* Auf den Aufbau der Effectoren wird, soweit notwendig, bei den entsprechenden Kapiteln eingegangen.

Receptoren. Um sich zweckmäßig mit seiner Umwelt auseinandersetzen zu können und zur Überwachung der Tätigkeit der Effectoren braucht das Nervensystem aber auch noch Fühler, die auf Veränderungen in der Umwelt und im Organismus antworten und diese Antworten dem Nervensystem mitteilen. Der Organismus besitzt für diese Aufgabe spezialisierte Nervenzellen, die als *Receptoren* bezeichnet werden. Eine sehr allgemeine Definition der Receptoren lautet also: *Spezialisierte Nervenzellen, die auf bestimmte Veränderungen im Organismus oder in der Umwelt antworten und diese Antworten dem Nervensystem mitteilen, werden als Receptoren bezeichnet.*

Jede Klasse oder Gruppe von Receptoren antwortet praktisch nur auf eine bestimmte Reizform. Die Receptoren des Auges reagieren zum Beispiel nur auf Lichtreize, genauer auf elektromagnetische Wellen mit einer Wellenlänge von 400–800 nm (blauviolett bis rot). Diese Reize stellen also die für sie spezifischen oder *adäquaten Reize* dar. Für die meisten Receptoren des Organismus läßt sich angeben, auf welche Reize sie besonders (spezifisch) empfindlich sind, welches also ihr adäquater Reiz ist. So sind Schallwellen (longitudinale Luftdruckschwankungen) von 16 bis 16 000 Hz (Hz = Hertz = Schwingungen pro Sekunde) der adäquate Reiz für die Receptoren des Innenohres. Hochfrequente Schallwellen werden als helle, niederfrequente Schallwellen als tiefe Töne empfunden. Receptoren können eventuell auch auf andere als die ihnen adäquaten Reize reagieren. Diese *inadäquaten Reize* müssen aber dann mit einer vielfach höheren physikalischen Energie einwirken. Beispiel: „Sternchen" beim Schlag aufs Auge.

Über die Receptoren nimmt also das Nervensystem von den Vorgängen in unserer Umwelt und in unserem Organismus Notiz. Funktionell gesehen, vermitteln die Receptoren Auskünfte über
a) unsere weitere Umgebung (Auge, Ohr: Telereceptoren)
b) unsere nähere Umwelt (Receptoren der Haut: Exteroceptoren)
c) die Stellung und Lage des Organismus im Raum (Labyrinthreceptoren des Gleichgewichtsorgans und die Receptoren der Muskeln, Sehnen und Gelenke, genannt Proprioceptoren)
d) Vorgänge in den Eingeweiden (Intero- oder Visceroceptoren).
(Für eine eingehendere Darstellung der Receptorphysiologie siehe Grundriß der Sinnesphysiologie, 4. Aufl., hrsg. von R. F. Schmidt, Heidelberger Taschenbücher 136, Springer-Verlag, Berlin, Heidelberg, New York, 1980.)

An Hand der folgenden Fragen (hier und nachfolgend jeweils mit *F* gekennzeichnet) können Sie Ihr neu erworbenes Wissen überprüfen. Sie

4

sollen bei der Bearbeitung der Fragen möglichst nicht im bisherigen Text nachsehen. Die Lösungen finden Sie auf S. 331, wo der Antwortschlüssel für alle Aufgaben dieses Buches beginnt.

F 1.1 Welche der folgenden Aussagen sind richtig (eine oder mehrere Aussagen können korrekt sein)? Notieren Sie Ihre Antworten auf einem Blatt Papier und vergleichen Sie sie anschließend mit dem Antwortschlüssel.

a) Receptoren reagieren auf alle Reize aus der Umwelt
b) Jeder Receptor hat einen adäquaten Reiz
c) Receptoren sind spezialisierte Nervenzellen
d) Der Receptor ist auf nicht adäquate (inadäquate) Reize wesentlich empfindlicher als auf adäquate Reize
e) Muskeln und Drüsen sind die Effectoren des Nervensystems.

F 1.2 Als *neuromuskuläre Endplatte* bezeichnet man die Verbindung eines Axons mit einer

a) glatten Muskelfaser
b) Drüsenzelle
c) Skeletmuskelfaser
d) Nervenzelle
e) Aussagen a–d sind alle falsch.

F 1.3 Zeichnen Sie schematisch und benennen Sie die einzelnen Abschnitte eines Neurons.

F 1.4 Zeichnen Sie schematisch und benennen Sie die drei typischen Verbindungsmöglichkeiten zwischen zwei Nervenzellen.

F 1.5 Die Zellkörper (Somata) der Nervenzellen haben Durchmesser in der Größenordnung von

a) 400–800 nm (Nanometer)
b)   5–100 μm (Mikrometer)
c) 0,1–1,0 mm
d)   16–16 000 Hz
e) mehr als 1 m

1.2 Stütz- und Ernährungsgewebe

Die Neurone sind zwar die funktionell wichtigsten Bausteine des Nervensystems, sie sind aber nicht die einzigen Zellen, aus denen Gehirn und Rückenmark aufgebaut sind. Vielmehr sind die Nervenzellen von einem speziellen Stützgewebe, den *Neuroglia-Zellen* oder *Gliazellen* umgeben. Das gesamte Nervensystem ist außerdem von einem dichten *Netz von Blutgefäßen* durchzogen. Die Gliazellen sind zahlreicher als die Nervenzellen. Sie sind aber im Durchschnitt kleiner, so daß Neurone und Glia je knapp die Hälfte des Volumens von Gehirn und Rückenmark einnehmen. Die restlichen 10–20% des Hirnvolumens werden von den *extracellulären Spalträumen* (s. unten) und den Blutgefäßen ausgefüllt.

Aufgaben der Gliazellen. Die Gliazellen, von denen es verschiedene Typen gibt, erfüllen im Nervensystem einerseits die Aufgaben des Bindegewebes in den anderen Organen des Körpers, sie sind aber entwicklungsgeschichtlich nicht mit diesem, sondern mit den Neuronen verwandt. Neben dieser *generellen Stützfunktion* bilden Gliazellen die *Myelinscheiden der Nervenfasern* aus (s. 1.3) und sie sind vielleicht auch bei der *Ernährung der Neurone* beteiligt. Außerdem schreibt man ihnen eine Teilnahme an gewissen Prozessen nervöser Erregung zu, doch sind hierüber die Ansichten noch kontrovers. Da Gliazellen anders als Neurone zeitlebens die Fähigkeit zur Zellteilung beibehalten, dienen sie auch zum *Ausfüllen neuronaler Zelldefekte.* Solche Gliazellvermehrungen (Glianarben) sind oft der Ausgangspunkt für Krampfentladungen des Gehirns, die sich eventuell als epileptische Anfälle äußern.

Interstitium. Im lichtmikroskopischen Bild sieht es so aus, als ob Neuronen und Gliazellen im Nervensystem nahtlos aneinander gefügt seien, wie Bausteine, die ohne Mörtel gesetzt wurden. Im elektronenmikroskopischen Bild läßt sich aber unschwer erkennen, daß zwischen den Zellen jeweils ein schmaler Spalt freibleibt (durchschnittliche Breite 200 Å = 20 nm = 2×10^{-5} mm). Alle diese Zwischenräume sind untereinander verbunden, sie bilden die *flüssigkeitsgefüllten extracellulären Spalträume* (Synonym: Interstitium) der Neurone und Gliazellen. An manchen Stellen im Gehirn erweitert sich das Interstitium zu größeren Hohlräumen, den sogenannten *Ventrikeln,* die die Cerebrospinalflüssigkeit oder *Liqour cerebrospinalis,* enthalten (cerebrum = Gehirn, spina = Wirbelsäule). Die Cerebrospinalflüssigkeit stimmt in ihrer Zusammensetzung mit der interstitiellen (extracellulären) Flüssigkeit praktisch überein (auf die kleinen Unterschiede zwischen diesen beiden Flüssigkeiten und deren Ursachen wird nicht eingegangen).

Da es funktionell von großer Wichtigkeit ist, muß betont werden, daß jeglicher *Stoffaustausch der Neurone in und aus dem Interstitium erfolgt,* nicht direkt von einem Neuron zum anderen, oder direkt von einem Neuron in eine Gliazelle. Die Breite der extracellulären Spalten reicht völlig aus, Ionen und Molekülen eine praktisch ungehinderte Diffusion im Extracellulärraum zu ermöglichen.

Das Interstitium umgibt auch die dünnsten Verzweigungen der Blutgefäße des Gehirns, die *Capillaren,* mit denen es ebenfalls im Stoffaustausch steht. Die Abb. 1-4 zeigt in A grobschematisch die Lage von Extracellulärspalt, Gliazelle, Neuronen und Capillare zueinander und erläutert in B schematisch den Weg des Sauerstoffs (O_2) und der Nährstoffe aus dem Blut in das Neuron, und den Weg des Kohlendioxyds (CO_2) und anderer

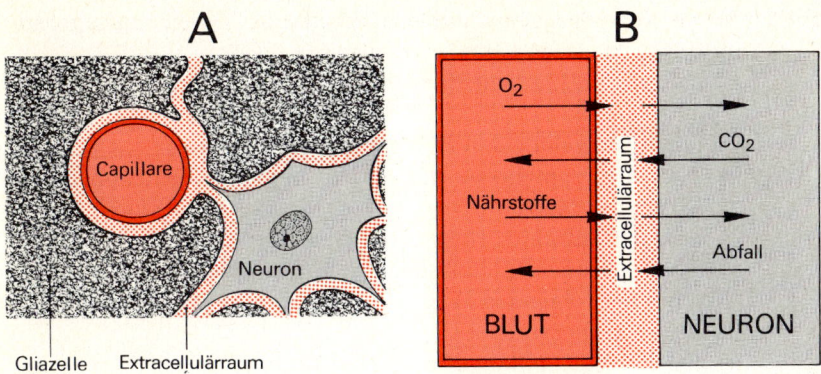

Abb. 1-4. A, B. Versorgungsweg der Neurone. **A** Grobschematische Darstellung der Beziehungen zwischen Capillare, Neuron, Gliazellen und dem sie umgebenden Interstitium (extracellulären Spaltraum). **B** Diffusion (Pfeile) der Nähr- und Abfallstoffe eines Neurons, einschließlich des Sauerstoffs (O_2) und des Kohlendioxyds (CO_2), in den und aus dem Interstitium

Stoffwechselendprodukte aus dem Neuron in das Blut. Ein intravenös injiziertes Medikament muß also zunächst die Gefäßwand (Capillarmembran) und anschließend die Zellmembran überwinden, um in einem Neuron wirken zu können (manche Pharmaka greifen allerdings direkt an der Außenseite der Zellmembran an). Die Capillarwand der Gehirngefäße scheint dabei für viele Stoffe nicht durchlässig zu sein, weshalb man in der Pharmakologie von einer *Blut-Hirn-Schranke* für diese Stoffe spricht.

Die Neurone des Zentralnervensystems sind auf eine *ständige Sauerstoffversorgung* angewiesen. Unterbrechung der Blutzufuhr zum Großhirn für 8–12 s (z. B. durch Herzstillstand oder starke Strangulation des Halses) führt bereits zu *Bewußtlosigkeit,* nach 8–12 min ist das Gehirn meist irreversibel geschädigt. Bei Atemstillstand sind diese Zeiten erheblich verlängert, da der Sauerstoffvorrat des zirkulierenden Blutes ausgenützt werden kann (z. B. beim Tauchen).

Mit den folgenden Fragen können Sie Ihr Wissen über den Stoff dieses Abschnittes überprüfen:

F 1.6 Welche der folgenden Aussage(n) ist/sind richtig?
  a) Gliazellen haben eine generelle Stützfunktion im Nervensystem
  b) Die Flüssigkeit im Interstitium und in den Ventrikeln des Gehirns bezeichnet man als Plasma
  c) Vollkommener Sauerstoffmangel führt erst nach einigen Stunden zu einer irreversiblen Schädigung des Gehirns
  d) Das Interstitium umgibt alle Neuronen, nicht aber die Gliazellen
  e) Die Gliazellen bilden die Blut-Hirn-Schranke.

F 1.7 Wenn Nervengewebe durch Krankheit oder Verletzung zugrunde gegangen ist,
a) wird der entstandene Substanzdefekt mit Liquor cerebrospinalis ausgefüllt
b) füllen Blutgefäße den Hohlraum aus
c) kommt es zum Ersatz der Neuronen durch Zellteilungen benachbarter Nervenzellen
d) wird der Substanzdefekt durch Gliazellen geschlossen
e) bildet sich an der Defektstelle ein luftgefüllter Hohlraum aus.

F 1.8 Welcher der folgenden Wege des Sauerstoffes in die Nervenzelle ist der wesentlichste?
a) aus der Blutcapillare direkt in das Neuron
b) aus der Blutcapillare über eine Gliazelle in das Neuron
c) aus der Blutcapillare über eine Gliazelle in den Extracellulärraum und dann in das Neuron
d) aus der Blutcapillare über den Extracellulärraum in eine Gliazelle und dann in das Neuron
e) aus der Blutcapillare über den Extracellulärraum in das Neuron.

1.3 Die Nerven

Gehirn und Rückenmark werden üblicherweise als *Zentralnervensystem* **(ZNS)** zusammengefaßt (s. auch Abb. 1-8). Alles übrige nervöse Gewebe wird als *peripheres Nervensystem* bezeichnet. Die *Nerven* in der Peripherie des Organismus sind Bündel von Axonen, die durch Gewebshüllen eingescheidet werden. Ihr Aufbau, ihre Herkunft und ihre Klassifizierung nach morphologischen und funktionellen Gesichtspunkten sollen im folgenden erläutert werden.

Die Nervenfasern. In den peripheren Nerven wird jedes Axon schlauchartig von speziellen Gliazellen, den Schwann-Zellen umhüllt (Abb. 1-5). *Axon und umgebende Schwann-Zelle* bezeichnet man als *Nervenfaser*. Ein *Nerv* ist ein Bündel von mehr oder weniger vielen Nervenfasern. Ist der Nerv so dick, daß er leicht mit bloßem Auge erkannt werden kann, laufen in ihm viele Dutzend bis einige hundert Nervenfasern. In noch dickeren Nerven sind es viele tausende bis zehntausende.

Etwa bei einem Drittel aller Nervenfasern wickelt sich die Schwann-Zelle während des Wachstums mehrfach um das Axon herum und bildet dadurch zwischen Axon und Schwann-Zelle eine weitere Hülle aus einem Lipoid-Protein (Fett-Eiweiß)-Gemisch aus, das *Myelin* (Abb. 1-5, 1-6). Im Querschnitt ähnelt eine solche Nervenfaser einem Draht, der von einer

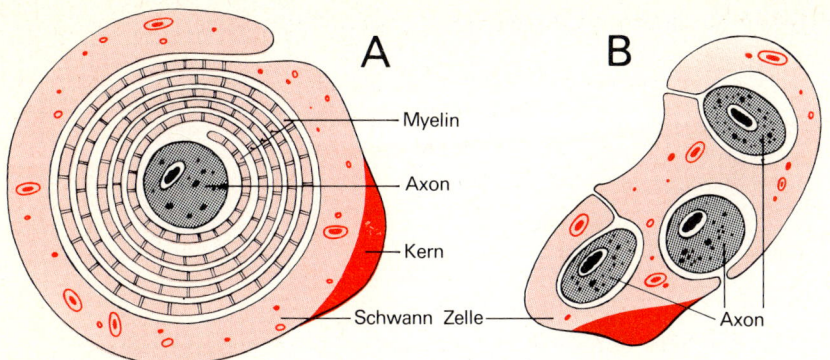

Abb. 1-5 A, B. Querschnitte durch eine markhaltige **(A)** und drei marklose **(B)** Nervenfasern. Die Benennung der Hüllen (Myelin, Schwann-Zellen) ist in der Abbildung angegeben

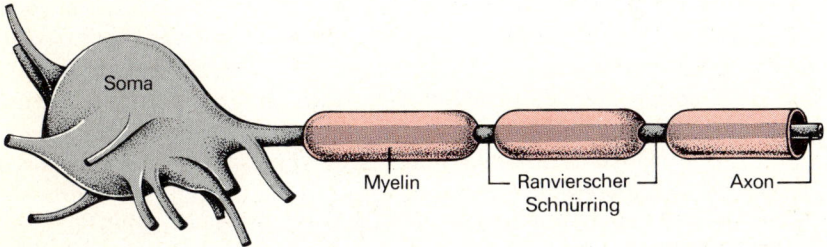

Abb. 1-6. Schematische dreidimensionale Darstellung eines Neurons mit einer markhaltigen Nervenfaser. Die Dendriten sind abgeschnitten. Die Markscheide aus Myelin *(rot)* ist in regelmäßigen Abschnitten von Ranvierschen Schnürringen unterbrochen. Die Schwann-Zellen (vgl. Abb. 1-5) sind nicht gesondert dargestellt

dicken Isolierung umgeben ist. Derart „isolierte" Nervenfasern werden als *myelinisierte* oder *markhaltige Nervenfasern* bezeichnet.

Anders als bei einem isolierten Draht umgibt das Myelin oder die *Markscheide* die Nervenfaser nicht kontinuierlich, sondern ist, wie in Abb. 1-6 zu sehen, in regelmäßigen Abständen unterbrochen. Unter dem Lichtmikroskop erscheinen diese myelinfreien Stellen als Einschnürungen. Sie werden nach ihrem Entdecker als *Ranviersche Schnürringe* bezeichnet. Myelinisierte Nervenfasern haben etwa alle 1 bis 2 mm einen Ranvierschen Schnürring.

Nervenfasern ohne Markscheide nennt man *marklose,* oder, da sie nicht von Myelin umgeben sind, *unmyelinisierte Nervenfasern.* Wie die markhaltigen Nervenfasern sind sie aber auch von Schwann-Zellen eingescheidet,

Tabelle 1-1. Einteilung der Nervenfasern

Faserart	Fasergruppe		Mittlerer Durchmesser
Markhaltige	I	⎫	13 µm
Fasern (Durchmesser =	II	⎬ A-Fasern	9 µm
Axon + Markscheide)	III	⎭	3 µm
Marklose Fasern (Axondurchmesser)	IV	C-Fasern	≦ 1 µm

wobei eine Schwann-Zelle, wie in Abb. 1-5 zu sehen, oft mehrere marklose Axone einhüllt. Bei den markhaltigen Nervenfasern nimmt dagegen jede Schwann-Zelle etwa den Platz zwischen zwei Schnürringen ein. Physiologisch gesehen unterscheiden sich die markhaltigen von den marklosen Nervenfasern vor allem durch ihre *unterschiedlichen Leitungsgeschwindigkeiten* nervöser Erregungen. Aus Gründen, die später ausführlich geschildert werden, ist diese bei myelinisierten Nervenfasern hoch, bei unmyelinisierten gering. Innerhalb jeder Gruppe hängt die Leitungsgeschwindigkeit außerdem vom Durchmesser der Nervenfasern ab: je größer der Durchmesser, desto höher die Geschwindigkeit nervöser Erregung. Diese Zusammenhänge bringen es mit sich, daß die verschiedenen, von anatomischer und physiologischer Seite vorgeschlagenen *Klassifizierungen der Nervenfasern* sich mehr oder weniger gut überlappen. Markhaltige Fasern werden oft als *A-Fasern,* marklose Fasern als *C-Fasern* bezeichnet. Daneben zeigt Tabelle 1-1 die gebräuchlichste Einteilung nach dem Durchmesser, wobei die markhaltigen Fasern die Gruppen I, II und III und die marklosen Fasern die Gruppe IV bilden.

Funktionelle Klassifikation der Nervenfasern. Außer der Leitungsgeschwindigkeit und dem Durchmesser werden eine Reihe anderer Funktionsmerkmale der Nervenfasern dazu benutzt, diese eindeutig zu kennzeichnen. Die wichtigsten Begriffe sind in Abb. 1-7 zusammengefaßt. Sie werden jetzt erläutert. Die Nervenfasern der Receptoren nennt man afferente Nervenfasern oder abgekürzt *Afferenzen* (links in Abb. 1-7). Sie ziehen zum Zentralnervensystem (ZNS) und übermitteln diesem die Meldungen der Receptoren über Veränderungen in der Umwelt und im Organismus. Abb. 1-7 zeigt weiter, daß die afferenten Nervenfasern aus den Eingeweiden als *viscerale Afferenzen* bezeichnet werden, alle anderen Afferenzen des Organismus, z. B. von den Muskeln, Gelenken, der Haut und den Sinnesorganen des Kopfes (Auge, Ohr, etc.) als *somatische Afferenzen.*

Die Informationsübertragung aus dem ZNS in die Peripherie erfolgt über *efferente Nervenfasern,* abgekürzt *Efferenzen.* Efferenzen zu den Skeletmuskeln heißen *motorische* Efferenzen. Alle übrigen gehören zum vege-

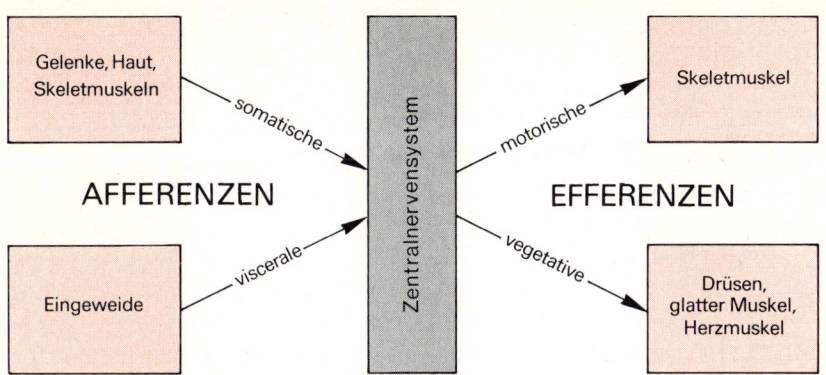

Abb. 1-7. Schema der Klassifizierung der Nervenfasern nach Herkunft und Funktion. Ausführliche Besprechung im Text

tativen oder autonomen Nervensystem und werden deswegen *vegetative* Efferenzen genannt. Letztere versorgen die glatten Muskeln in den Eingeweiden und den Gefäßwänden, die Herzmuskulatur und alle Drüsen des Körpers.

Klassifikation der Nerven. In den letzten beiden Absätzen wurde ausschließlich die funktionelle Einteilung einzelner Nervenfasern betrachtet. Es wurde aber schon gesagt, daß in einem Nerven zahlreiche, oft viele Zehntausende von Nervenfasern enthalten sind. In praktisch allen Nerven, also zum Beispiel im Nervus ischiadicus, der den größten Teil des Beines nervös versorgt, sind sowohl afferente als auch efferente Nervenfasern gebündelt. Es hängt dabei vom Versorgungsgebiet (Haut, Muskeln, Eingeweide) des Nerven ab, welche Arten von Nervenfasern in ihm enthalten sind. Benennung und Zusammensetzung dieser verschiedenen Nerven gilt es jetzt kennenzulernen.

Die Nerven zur Haut, zu den Skeletmuskeln und zu den Gelenken werden als *somatische Nerven* zusammengefaßt. Die Nerven zu den Eingeweiden heißen *Eingeweidenerven* (Synonyme: autonome Nerven, viscerale Nerven, vegetative Nerven; teilweise werden diese Begriffe mit etwas unterschiedlicher Bedeutung gebraucht. Darauf wird hier nicht eingegangen). Ein *Hautnerv* ist also ein somatischer Nerv. Er enthält somatische Afferenzen (afferente Nervenfasern) von den Receptoren der Haut, aber auch vegetative Efferenzen zu den Blutgefäßen, Schweißdrüsen und Haaren der Haut. Ein Skeletmuskelnerv, meist kurz *Muskelnerv* genannt, ist ebenfalls ein somatischer Nerv. In ihm laufen motorische Efferenzen, ferner somatische Afferenzen von den Receptoren der Muskeln und vegetative Efferenzen zu den Blutgefäßen. Auch ein *Gelenknerv* ist ein somatischer Nerv mit somatischen Afferenzen von den Receptoren der Gelenke und

11

vegetativen Efferenzen zu den Blutgefäßen der Gelenke und der Gelenkkapsel. Die dickeren Nerven, z.B. der Nervus ischiadicus, sind meist *gemischte Nerven,* die sich später in Haut-, Muskel- oder Gelenknerven verzweigen. Schließlich bleibt zu erwähnen, daß die *Eingeweidenerven* viscerale Afferenzen und vegetative Efferenzen enthalten.

Axonaler Transport. Die Nervenfasern dienen in erster Linie der Übertragung von Information von einer Nervenzelle zur nächsten oder zu Effectorzellen (Muskel- und Drüsenzellen). Diese Informationsübertragung geschieht vor allem in Form kurzer elektrischer Impulse, den Aktionspotentialen. Ihnen ist das folgende Kap.2 gewidmet. Daneben sind die Axone auch Leitungsbahnen für den Transport von Substanzen aus dem Zellkörper (Soma) zu den Synapsen und umgekehrt von den Synapsen zum Zellkörper. Diese Transportvorgänge werden unter dem Stichwort *axonaler Transport* zusammengefaßt. Die aus dem Soma gelieferten Substanzen (zum Beispiel Aminosäuren, Eiweiße, Nährstoffe) sind für das Axon lebenswichtig: Werden Axone von ihren Zellkörpern abgetrennt, also beispielsweise bei einem Unfall ein Nerv durchschnitten, so sterben die Axone ab, während die Zellkörper in der Regel überleben.

Der axonale Transport ist teilweise sehr schnell. So werden Eiweißmoleküle und synaptische Überträgerstoffe (s. Kap.3) mit einer Geschwindigkeit von rund 40 cm pro Tag aus dem Soma in die Synapsen transportiert. Dieser Transport erfolgt aktiv, also unter Energieaufwand. Ein feines Röhrensystem, die Mikrotubuli, bildet dabei wahrscheinlich eine Art Förderband, an dem entlang die zu transportierenden Stoffe in die Peripherie „geschoben" werden. Der umgekehrte (retrograde) Transport aus der Peripherie zum Soma ist etwa halb so schnell. Er hat also eine Geschwindigkeit von etwa 20 cm pro Tag. Manche Viren und Toxine, beispielsweise die Poliomyelitis-Viren der spinalen Kinderlähmung und das Tetanustoxin, das für den Wundstarrkrampf verantwortlich ist, „mißbrauchen" die retrograden axonalen Transportwege, um aus dem Körper, also zum Beispiel einer Hautwunde, in die Nervenzellkörper zu gelangen. Dort entfalten sie dann ihre krankmachende Wirkung. Andere Giftstoffe lähmen den axonalen Transport und führen dadurch (ähnlich wie bei einer Durchschneidung) zu einer Nervenschädigung. Als Folge können Muskellähmungen, Empfindungsstörungen und Schmerzen auftreten.

Sie sollten jetzt in der Lage sein, die nachfolgenden Fragen richtig zu beantworten:

F 1.9 Welche der folgenden Aussage(n) ist/sind *falsch?*

    a) Haut-, Muskel- und Eingeweidenerven werden als somatische Nerven zusammengefaßt.

    b) Marklose Fasern haben immer einen größeren Durchmesser als markhaltige.

c) „Somatische Afferenzen" und „somatische Nerven" sind Synonyme.
d) Ein Hautnerv hat keine motorischen Efferenzen.
e) Ein Muskelnerv enthält auch vegetative Efferenzen.

F 1.10 Als Ranviersche Schnürringe bezeichnet man
a) die Verzweigungsstellen eines Axons in seine Kollateralen,
b) die Einbuchtungen der Schwann-Zellen durch die in sie eingebetteten marklosen Nervenfasern,
c) die regelmäßigen Unterbrechungen der Markscheiden bei myelinisierten Nervenfasern,
d) die mit Cerebrospinalflüssigkeit gefüllten Spalträume zwischen den Zellen des ZNS,
e) die Übergangsstelle vom Receptor in die afferente Nervenfaser.

F 1.11 Die Durchmesser markhaltiger Nervenfasern liegen in der Größenordnung von

a) 0,1– 1 μm   d) 0,1– 1 mm
b) 1 – 20 μm   e) 1 –10 mm
c) 20 –100 μm

1.4 Der Aufbau des Rückenmarks

Von den beiden Anteilen des Zentralnervensystems, *Gehirn* und *Rückenmark,* ist letzteres entwicklungsgeschichtlich wesentlich älter und relativ einfach und stereotyp aufgebaut. Wir werden den Aufbau des Rückenmarks jetzt kennenlernen und dabei einen ersten Eindruck davon erhalten, wie Neurone im ZNS angeordnet sind.

Aufbau der Rückenmarkssegmente. Gehirn und Rückenmark sind in knöcherne Hüllen eingebettet (Abb. 1-8), das Gehirn in die Schädelhöhle und das Rückenmark in den *Wirbelkanal.* Damit ist das weiche zentralnervöse Gewebe optimal vor mechanischen Beschädigungen geschützt. Jedem Wirbel entspricht ein Abschnitt des Rückenmarks, ein *Rückenmarkssegment.* Dieser gleichförmige Aufbau ist entwicklungsgeschichtlich bedingt. Im Laufe des Wachstums des Individuums bleibt aber das Wachstum der Rückenmarkssegmente hinter dem der Wirbelkörper zurück, so daß, wie der Längsschnitt (Sagittalschnitt) in Abb. 1-8 zeigt, das Rückenmark beim Erwachsenen etwa in Höhe der oberen Lendenwirbel endet, wobei allerdings der Aufbau in Rückenmarkssegmente erhalten bleibt.

Dem gleichförmigen Aufbau des Rückenmarks in Längsrichtung, nämlich in Rückenmarkssegmente, entspricht ein gleichförmiger Aufbau des *Rückenmarksquerschnittes* in allen Abschnitten. Die Abb. 1-9 zeigt einen solchen Querschnitt. Die Zellkörper der Neurone liegen im Inneren

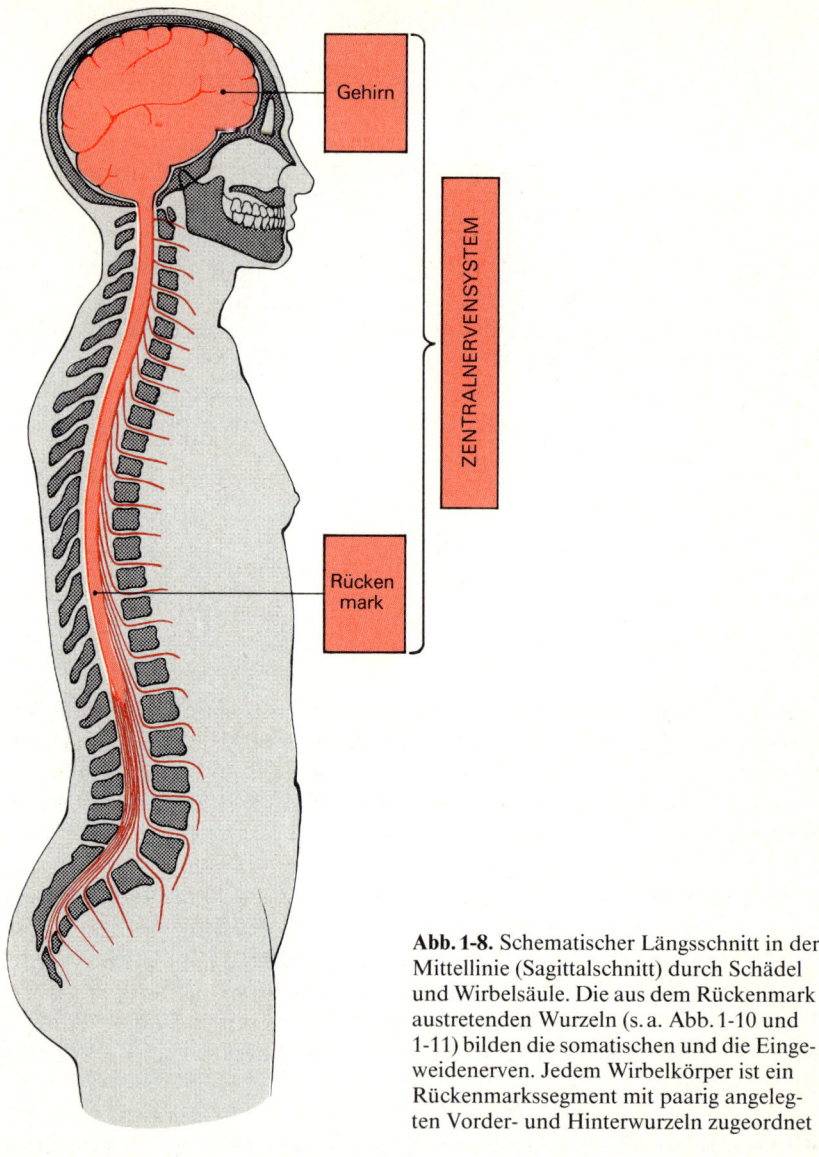

Gehirn

ZENTRALNERVENSYSTEM

Rücken mark

Abb. 1-8. Schematischer Längsschnitt in der Mittellinie (Sagittalschnitt) durch Schädel und Wirbelsäule. Die aus dem Rückenmark austretenden Wurzeln (s. a. Abb. 1-10 und 1-11) bilden die somatischen und die Eingeweidenerven. Jedem Wirbelkörper ist ein Rückenmarkssegment mit paarig angelegten Vorder- und Hinterwurzeln zugeordnet

des Rückenmarks, die auf- und absteigenden Bahnen in den Außenbezirken. Im frischen Schnitt (ungefärbt und mit bloßem Auge betrachtet) erscheinen die Zellkörper von grauer Farbe. Daher wird dieser Anteil des Rückenmarks, der im Querschnitt eine schmetterlingsförmige Figur bildet, als *graue Substanz* bezeichnet. Der vordere (ventrale) Abschnitt jedes

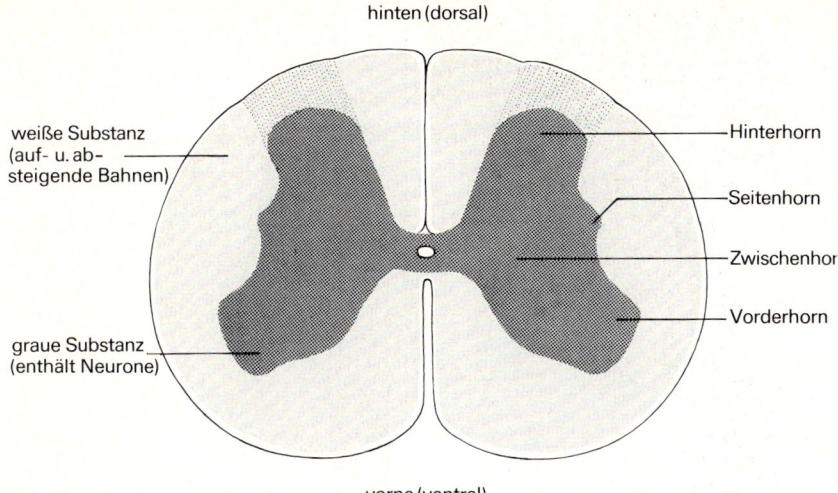

hinten (dorsal)

weiße Substanz
(auf- u. ab-
steigende Bahnen)

Hinterhorn

Seitenhorn

Zwischenhor

Vorderhorn

graue Substanz
(enthält Neurone)

vorne (ventral)

Abb. 1-9. Querschnitt durch das Rückenmark in Höhe der Lendenmarkssegmente. In anderen Abschnitten des Rückenmarks sind die Form der grauen Substanz und das Verhältnis *graue* zu *weiße* Substanz etwas verschieden von den hier gezeigten (s. Text)

Schmetterlingsflügels wird *Vorderhorn* genannt, der seitliche (laterale) *Seitenhorn* und der hintere (dorsale) *Hinterhorn*. Der Abschnitt der grauen Substanz medial (nach der Mitte hin) vom Seitenhorn heißt *Zwischenhorn*.

Die im Inneren des Rückenmarks liegende graue Substanz ist in den Außenbezirken von den auf- und absteigenden Nervenfasern umgeben. Das Myelin läßt die Nervenfasern im Querschnitt weiß erscheinen, daher werden diese Bezirke *weiße Substanz* genannt (s. Abb. 1-9). Das Verhältnis weiße zu graue Substanz ist nicht in allen Abschnitten des Rückenmarks gleich. In den dem Gehirn näher liegenden Segmenten des Halsmarks und des Brustmarks ist der Anteil der weißen Substanz am Gesamtquerschnitt besonders groß, da alle auf- und absteigenden Bahnen dort durchziehen, während im Lenden- und Sacralmark nur die Bahnen aus den unteren Körperregionen laufen.

Rückenmarkswurzeln. In jedem Rückenmarkssegment treten auf der dorsalen (hinteren) Seite Nervenfasern in das Rückenmark ein und auf der ventralen (vorderen) Seite aus dem Rückenmark aus.

Einen Querschnitt durch eine solche Zone mit *Vorderwurzeln* und *Hinterwurzeln* zeigt Abb. 1-10. Alle afferenten Nervenfasern, die somatischen wie die visceralen Afferenzen, treten über die Hinterwurzeln in das Rückenmark ein (auf Ausnahmen wird nicht eingegangen). Alle efferenten

15

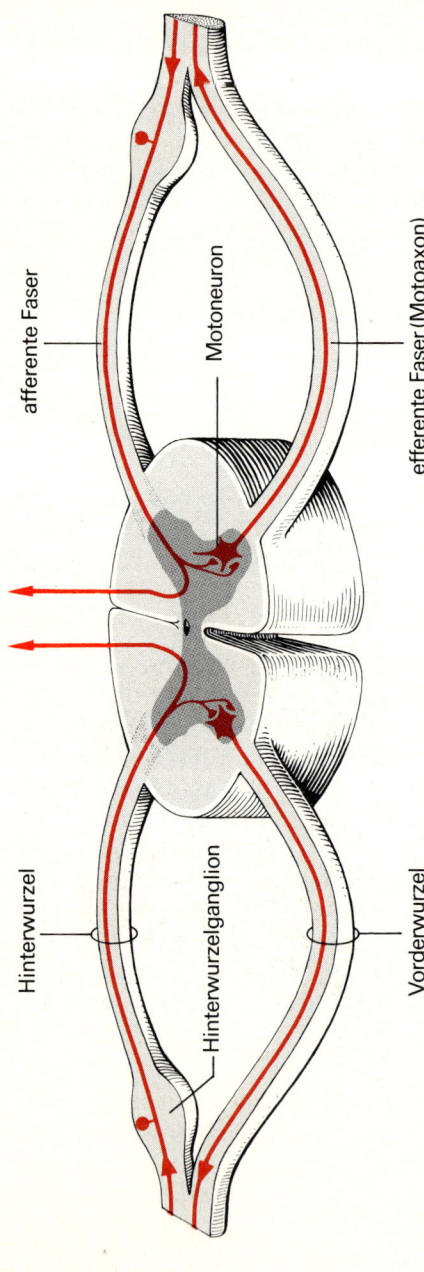

afferente Faser

Motoneuron

efferente Faser (Motoaxon)

Hinterwurzel

Hinterwurzelganglion

Vorderwurzel

Abb. 1-10. Schematischer Querschnitt durch das Rückenmark in Höhe einer Wurzeleintrittszone

Nervenfasern, also die motorischen und die vegetativen Efferenzen, treten nur über die Vorderwurzeln aus dem Rückenmark aus.

Die **Zellkörper aller efferenten Nervenfasern** liegen in der grauen Substanz des Rückenmarks. Die Zellkörper der motorischen efferenten Fasern, die zu den Skeletmuskelfasern ziehen, liegen im Vorderhorn. Diese Zellen werden daher wegen ihrer Lage **Vorderhornzellen** und wegen ihrer Funktion motorische Vorderhornzellen oder **Motoneurone** genannt. Ihre Axone, also die motorischen Nervenfasern, werden oft auch als **Motoaxone** bezeichnet. (Über die Lage der Zellkörper der vegetativen Efferenzen wird in Kapitel 8 berichtet.)

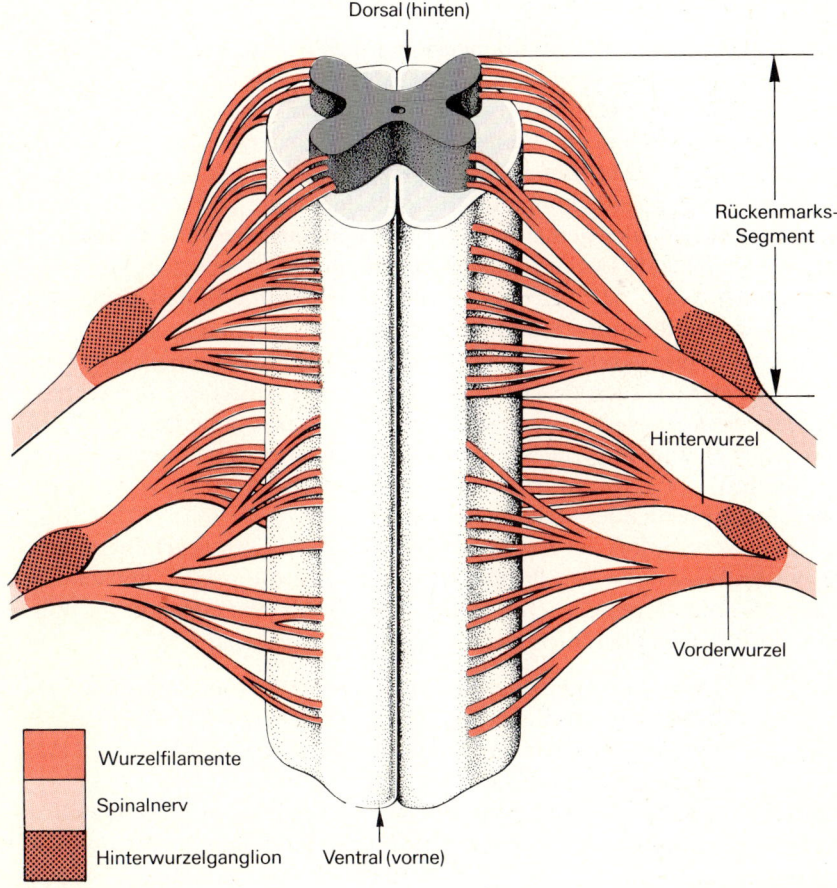

Abb. 1-11. Dreidimensionale Darstellung zweier Rückenmarkssegmente mit ihren Wurzeln. Besprechung im Text

Im Gegensatz zu den efferenten Fasern, deren Zellkörper in der grauen Substanz des Rückenmarks liegen, befinden sich die *Zellkörper aller afferenten Nervenfasern* außerhalb des Rückenmarks, nahe der Durchtrittsstellen der Wurzeln aus dem Wirbelkanal. Eine solche lokale Anhäufung von Nervenzellen außerhalb des ZNS wird *Ganglion* genannt. Die Ansammlung der Zellkörper der in der Hinterwurzel ziehenden Afferenzen heißt, wie Abb. 1-10 zeigt, *Hinterwurzelganglion* (Synonym: Spinalganglion). Die Neuronen in den Hinterwurzelganglien weisen drei Besonderheiten auf: (a) ihre Axone teilen sich kurz nach dem Austritt aus dem Soma T-förmig in den zentralwärts (Hinterwurzelfasern) und in den nach peripher (afferente Fasern) ziehenden Ast (vgl. Abb. 1-10), (b) das Soma hat keine Dendriten und (c) auf dem Soma gibt es keine Synapsen. Abb. 1-2 zeigt in D eine solche *Hinterwurzelganglienzelle* (Spinalganglienzelle).

Zusammenfassung. Die dreidimensionale Darstellung zweier Rückenmarkssegmente und ihrer Wurzeln in Abb. 1-11 soll das bisher Gesagte noch einmal zusammenfassen und verdeutlichen. Die einzelnen *Vorder- und Hinterwurzelfilamente* vereinigen sich im knöchernen Wirbelkanal zunächst zu *Vorder- und Hinterwurzeln,* wobei bei letzteren das Spinalganglion als deutliche Verdickung auffällt. Auf jeder Seite bilden Vorder- und Hinterwurzel je einen gemeinsamen Nerv, den *Spinalnerv,* der dann durch eine entsprechende Lücke zwischen zwei Wirbelbögen aus dem Wirbelkanal austritt. Nach dem Austritt aus dem Wirbelkanal bilden sich durch komplexe Verflechtungen und Verzweigungen aus den Spinalnerven die somatischen und vegetativen Nerven. Die aus dem Rückenmark kommenden Nerven versorgen den gesamten Körper mit Ausnahme des Kopfes, der von *zwölf paarigen Kopfnerven* versorgt wird (paarig bedeutet, daß für jede Körperhälfte je zwölf Nerven vorkommen, also zwei Sehnerven, zwei Hörnerven, usw.). Über Einzelheiten und Spezielles wird, soweit notwendig, an entsprechender Stelle später berichtet.

Zum Verständnis der Kap. 2 bis 4 genügt das bis jetzt geschilderte anatomische Wissen. In den übrigen Kapiteln wird die jeweils notwendige Anatomie mit dargestellt. Zum Überprüfen des bis jetzt angebotenen Wissensstoffes dienen die folgenden Fragen und Aufgaben:

F 1.12 Zeichnen Sie schematisch eine Nervenzelle und benennen Sie schriftlich die verschiedenen Abschnitte dieser Zelle. Zeichnen Sie schematisch und benennen Sie die möglichen Verbindungen zwischen zwei Nervenzellen.

F 1.13 Die Zellen des Zentralnervensystems (Gehirn und Rückenmark) sind voneinander und von den Blutcapillaren durch einen schmalen Spalt getrennt. Dieser Spalt heißt
a) Markscheide (Myelin)
b) Neuroglia (Glia)

c) Ranvierscher Schnürring
d) Extracellulärspalt (Interstitium)
e) Cerebrospinalflüssigkeit (Liquor cerebrospinalis)

F 1.14 Welche Typen von afferenten und efferenten Nervenfasern enthält der N. ischiadicus des Menschen?

F 1.15 Welche der folgenden Aussage(n) ist/sind richtig?
a) Jedes Rückenmarkssegment hat zwei Vorderwurzeln
b) Jedem Wirbelkörper entspricht ein halbes Rückenmarkssegment
c) Die Motoneurone liegen in den Hinterwurzelganglien
d) Die graue Substanz des Rückenmarks verdankt ihre Färbung den Myelinscheiden
e) Die Zellkörper der Hinterwurzelganglienzellen haben keine Synapsen
f) Jedes Rückenmarkssegment hat eine Hinterwurzel

F 1.16 In welcher(n) der folgenden Beschreibung(en) von Nervenfasern sind sich ausschließende oder widersprechende Begriffe enthalten?
a) myelinisiert, afferent, Soma im Vorderhorn
b) unmyelinisiert, afferent, Durchmesser 10 μm
c) in gemischtem Nerv, efferent, stammt aus einem Motoneuron
d) visceral, efferent, Soma im Hinterwurzelganglion
e) afferent, visceral, unmyelinisiert

2. Erregung von Nerv und Muskel

J. Dudel

Zwischen dem Inneren einer Zelle und der sie umgebenden extracellulären Flüssigkeit besteht in der Regel eine Potentialdifferenz, das *Membranpotential*. Bei vielen Zelltypen kann über die Größe dieses Potentials die Funktion der Zelle gesteuert werden; als Beispiel seien Muskel- oder Drüsenzellen genannt. Das Nervensystem hat sich sogar darauf spezialisiert, Änderungen des Membranpotentials innerhalb seiner Zellen fortzuleiten und an andere Zellen weiterzugeben. Diese Potentialänderungen haben den Charakter von Informationen, mit deren Hilfe der Organismus die Tätigkeit verschiedener Zellverbände koordinieren kann. Er kann insbesondere die aus der Umwelt eintreffenden Informationen an ein Zentrum weiterleiten und sie dort verarbeiten, und dann selbst entsprechend auf die Umwelt zurückwirken. Grundlage all dieser Funktionen ist das Membranpotential und seine sich über die Zellen ausbreitenden Änderungen. Aufgabe dieses Kapitels wird es sein, die Entstehung des Membranpotentials und die Bedingungen seiner Änderung im einzelnen darzustellen.

2.1 Das Ruhepotential

Messung des Membranpotentials. Die Potentialdifferenz zwischen dem Zellinneren und der die Zelle umgebenden Flüssigkeit, das *Membranpotential,* kann gemessen werden, indem man die Pole eines Spannungsmessers mit dem Zellinneren und dem extracellulären Raum verbindet. Ein Schema der Versuchsanordnung zeigt Abb. 2-1 A. Der Spannungsmesser wird über *Elektroden* mit dem Versuchspräparat, einer Zelle, die in einer Badelösung gehalten wird, verbunden. Als Elektroden, die in das Innere der Zelle geschoben werden können, werden meist Glascapillaren verwendet, die mit einer leitenden Lösung gefüllt sind. Um die Zellen nicht zu schädigen, haben diese Glascapillaren sehr feine Spitzen (dünner als 1 μm). Zu Beginn der Messung (linke Seite von Abb. 2-1 A) liegen beide Elektroden im Extracellulärraum, und zwischen ihnen besteht keine Potentialdifferenz. Das Potential des Extracellulärraums wird nach allgemeiner Vereinbarung als O festgelegt. Dieses Potential O ist in Abb. 2-1 B links als „extracelluläres Potential" eingetragen. Wird nun die Spitze der Glascapillare durch die Membran der Zelle geschoben (Abb. 2-1 A, rechter

Teil), so springt das Potential in negative Richtung auf etwa − 75 mV, wie Abb. 2-1 B zeigt. Da diese Potentialdifferenz beim Durchdringen der Membran auftritt, wird sie *Membranpotential* genannt.

Das Membranpotential hat bei den meisten Zellen über längere Zeit einen konstanten Wert, wenn nicht besondere Einflüsse von außen auf die Zelle einwirken. Wenn sich die Zelle in einem solchen Zustand der Ruhe befindet, bezeichnet man das Membranpotential als *Ruhepotential.* Das Ruhepotential ist bei Nerven- und Muskelzellen immer *negativ* und hat für die einzelnen Zelltypen eine charakteristische, konstante Größe. Bei Nerven- und Muskelfasern von Warmblütern liegen die Ruhepotentiale zwi-

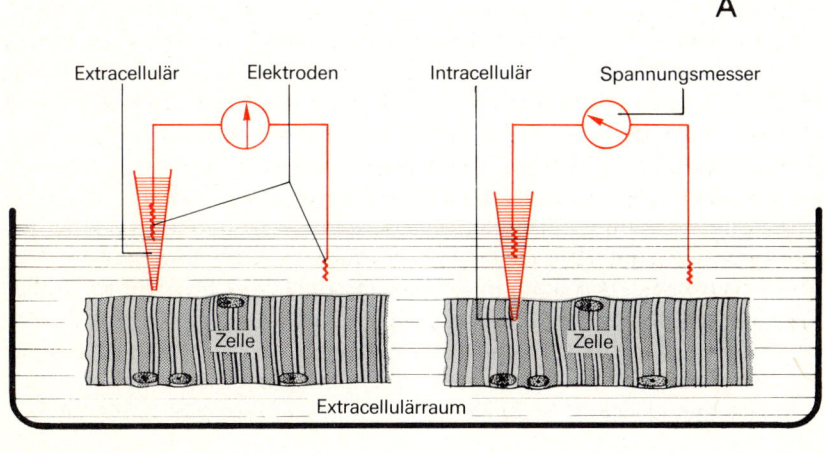

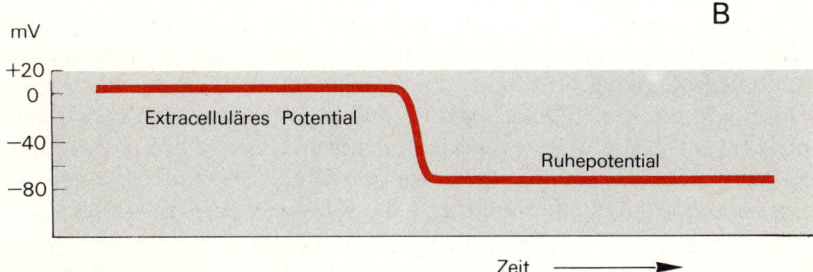

Abb. 2-1 Intracelluläre Membranpotentialmessung. **A** Schema der Meßanordnung. Die Zelle liegt in einem mit Blutersatzlösung gefüllten Extracellulärraum. *Links* liegen Referenzelektrode und Meßelektrode extracellulär, der zwischen den beiden liegende Spannungsmesser zeigt die Spannung Null. *Rechts* ist die Meßelektrode in die Zelle eingestochen, „intracellulär", und die Referenzelektrode liegt im Extracellulärraum. Der Spannungsmesser zeigt das Membranpotential. **B** Das vor und nach dem Einstich der Meßelektrode registrierte Membranpotential

schen -55 und $-100\,\mathrm{mV}$. An glatten Muskelfasern kommen auch weniger negative Ruhepotentiale zwischen -55 und $-30\,\mathrm{mV}$ vor.

Ursache des Ruhepotentials. Durch welche physikalische Prozesse wird das Ruhepotential erzeugt? Wenn das Zellinnere negativer ist als die Umgebung der Zelle, so muß in der Zelle gegenüber dem Extracellulärraum ein Überschuß an negativen elektrischen Ladungen herrschen. Sowohl das Innere der Zelle wie auch der Extracellulärraum sind angefüllt mit wäßrigen Salzlösungen. In verdünnten Salzlösungen zerfällt der größte Teil der Moleküle in Ionen, d. h. positiv oder negativ geladene Teilmoleküle. Positiv geladene Atome oder Moleküle heißen *Kationen,* negativ geladene heißen *Anionen* (weil sie im elektrischen Feld zur Kathode bzw. Anode wandern). Wird z. B. Kochsalz, NaCl, in Wasser gelöst, so zerfällt es in das Kation Na^+ und das Anion Cl^-. In wäßrigen Lösungen sind Ionen die einzigen Ladungsträger. Das im Ruhepotential sich ausdrückende Ladungsgleichgewicht bedeutet also einen gewissen Überschuß an Anionen (negativen Ladungen) innerhalb der Zelle und einen entsprechenden Überschuß an Kationen außerhalb der Zelle.

Innerhalb einer wäßrigen Lösung sind Ionen frei beweglich. Im Intracellulärraum, wie auch im Extracellulärraum, kann also ein Ladungsungleichgewicht nicht bestehen bleiben, es muß sich durch Bewegung der Ionen ausgleichen. Das Ladungsungleichgewicht, das das Ruhepotential hervorruft, muß also an der „festen Phase" lokalisiert sein, die die Zelle begrenzt, an der Zellmembran. Das Ruhepotential entsteht also an der Zellmembran: auf der Innenseite ist sie von Anionen im Überschuß besetzt, denen auf der Außenseite Kationen in gleicher Zahl gegenüberstehen.

Man kann die *Zellmembran* als einen *Kondensator* auffassen, bei dem zwei leitende Medien, die intra- und extracellulären Salzlösungen, durch eine dünne Isolationsschicht, die Membran, voneinander getrennt werden. Die isolierende Membran ist etwa 6 nm (60 Å) dick; um einen Kondensator mit diesem „Plattenabstand" auf das Ruhepotential von $-75\,\mathrm{mV}$ aufzuladen, muß er mit etwa 5000 Ionenpaaren pro μm^2 Zelloberfläche besetzt werden. Das am Kondensator bestehende elektrische Potential ist proportional der Zahl der Ladungen, die auf seinen „Platten" festgehalten werden.

Um die Zahlenverhältnisse der beteiligten Ionen noch anschaulicher zu machen, ist in Abb. 2-2 ein sehr kleiner Membranbezirk von $1\,\mu m \times 1/1000\,\mu m$ Fläche und den angrenzenden intra- und extracellulären Volumina von je $1\,\mu m \times 1\,\mu m \times 1/1000\,\mu m$ Inhalt dargestellt. Bei einem angenommenen Ruhepotential von $-90\,\mathrm{mV}$ wird diese Membranfläche von je 6 Anionen und Kationen besetzt. In den angrenzenden Räumen befinden sich dagegen je 220000 Ionen. Das Ungleichgewicht der Ladungsver-

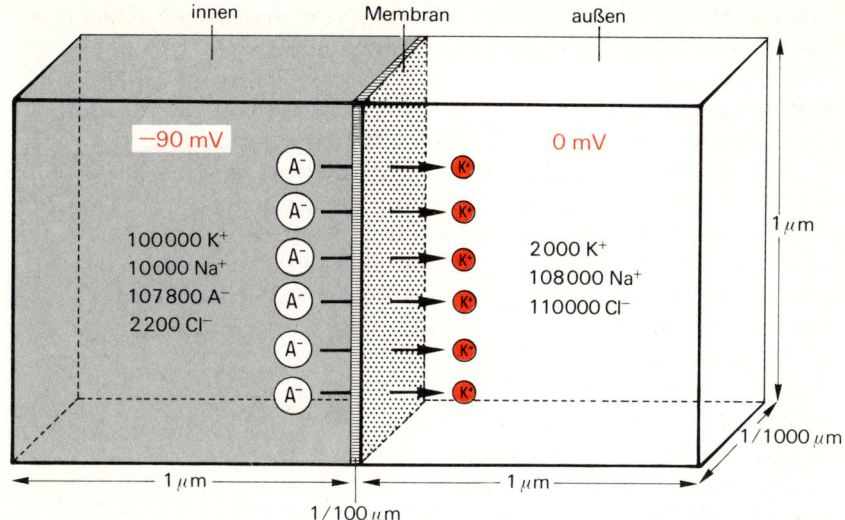

Abb. 2-2. Membranladung beim Ruhepotential. Die Aufladung eines kleinen Membranstücks von 1 μm × 1/1000 μm Fläche mit je 6 K⁺-Ionen und Anionen wird gegenübergestellt die Zahl der Ionen in auf beiden Seiten der Membran benachbarten Räumen von je 1 μm × 1 μm × 1/1000 μm Inhalt. A^- bezeichnet intracelluläre Eiweiß-Anionen. Die Pfeile durch die Membran zeigen an, daß die K⁺ durch die Membran aus der Zelle diffundiert sind, aber durch die Ladung der in der Zelle zurückgebliebenen A^- auf der Außenseite der Membran fixiert bleiben

teilung an der Zellmembran ist also sehr geringfügig. Trotzdem ist es Grundlage des Ruhepotentials und damit der Funktion des Nervensystems.

Konzentrationsverteilung der Ionen. Wie kommt es, daß sich bei Nerv und Muskel immer ein negatives Ruhepotential einstellt? Ursache des Ruhepotentials ist die *ungleiche Verteilung der Ionenarten,* insbesondere der K⁺-Ionen, innerhalb und außerhalb der Zelle. Die Verteilung der verschiedenen Ionenarten ist für die in Abb. 2-2 angenommenen Intra- und Extracellulärräume dort angegeben. Das größte Ungleichgewicht besteht bei den K⁺-Ionen: 100000 K⁺ intracellulär stehen nur 2000 K⁺ extracellulär gegenüber, dafür entsprechen extracellulär 108000 Na⁺ nur 10000 Na⁺ in der Zelle. Die Chloridionen sind genau umgekehrt verteilt wie die K⁺-Ionen. Der größte Teil der intracellulären Anionen wird nicht vom Chlorid, sondern von großen Eiweißanionen, als A^- bezeichnet, gestellt.

In Tabelle 2–1 sind die *Ionenkonzentrationen innerhalb* und *außerhalb* einer *Muskelzelle* eines Säugetiers in m mol/l angegeben. Bei diesen Zellen ist die Kaliumkonzentration in der Zelle etwa 40mal höher als im Extracellulärraum, und die Natriumkonzentration ist außen etwa 12mal höher als innen. Bei den einzelnen Zelltypen sind diese Ionenverteilungen sehr konstant. Allgemein ist bei Nerv- und Muskelzellen die intrazelluläre K^+-Konzentration 20–100mal höher als die extracelluläre, die intracelluläre Na^+-Konzentration 5–15mal niedriger als die extracelluläre, und die intracelluläre Cl^--Konzentration 20–100mal niedriger als die extracelluläre. Die Konzentrationsverteilung für Chlorid ist also etwa reziprok der Verteilung der K^+-Konzentrationen. Die extracelluläre Salzlösung ist im wesentlichen eine Kochsalzlösung mit einem Kochsalzgehalt von etwa 9 g/l. Eine Lösung von 9 g Kochsalz im Liter Wasser wird deshalb auch als *„physiologische Kochsalzlösung"* bezeichnet. Diese Lösung schmeckt auch genauso salzig wie Blut.

Tabelle 2–1. Ionenkonzentrationen innerhalb und außerhalb einer Muskelzelle eines Säugetiers

intracellulär		extracellulär	
Na^+	12 m mol/l	Na^+	145 m mol/l
K^+	155 m mol/l	K^+	4 m mol/l
		andere Kationen	5 m mol/l
Cl^-	4 m mol/l	Cl^-	120 m mol/l
HCO_3^-	8 m mol/l	HCO_3^-	27 m mol/l
A^-	155 m mol/l		
Ruhepotential	−90 mV		

Die K^+-Ionen und das Ruhepotential. Wie nun entsteht auf Grund der verschiedenen Ionenkonzentrationen im Extra- und Intracellulärraum das Ruhepotential? Die unterschiedlichen Ionenkonzentrationen würden sich durch **Diffusion** der beweglichen Teilchen bald ausgleichen, wenn dies nicht durch die Membran verhindert würde. Wäre die Membran völlig undurchlässig für Ionen, also impermeabel, so könnten die unterschiedlichen Ionenkonzentrationen auf beiden Seiten der Membran unbeschränkt bestehen bleiben. Die Membran ist jedoch nicht völlig impermeabel, sondern läßt K^+-Ionen relativ gut hindurchtreten, sie ist *für K^+-Ionen permeabel.* Man kann sich die Membran als mit Poren oder Kanälen durchsetzt vorstellen, wie dies Abb. 2-3 andeutet. Diese Poren sind so eng, daß durch sie nur die relativ kleinen K^+-Ionen hindurchpassen und durch die Membran diffundieren können. Die „Größe" der Ionen in Abb. 2-3 entspricht ihrem effektiven Durchmesser. Dieser ist nicht mit dem „Ionenradius" gleichzusetzen: in wäßriger Lösung lagern die Ionen Wassermoleküle an, sie werden „hydratisiert". Die hydratisierten K^+-Ionen sind kleiner als die hydratisierten Na^+-Ionen, und diese Verhältnisse sind in Abb. 2-3 dargestellt.

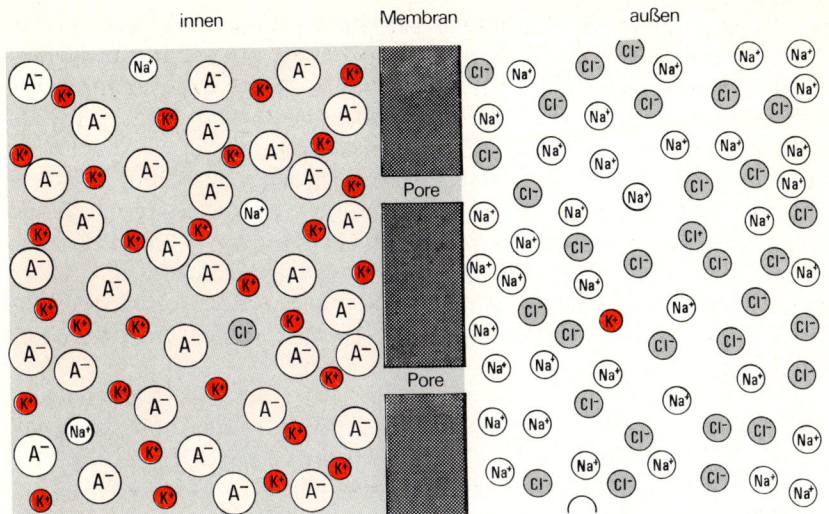

Abb. 2-3. Intra/extracelluläre Verteilung der Ionen. Auf beiden Seiten der Membran sind die verschiedenen Ionen durch Kreise verschiedenen Durchmessers symbolisiert. Der Durchmesser ist jeweils dem (hydratisierten) Ionendurchmesser proportional. A^- bezeichnet die großen intracellulären Eiweißanionen. Die offenen Verbindungen durch die Membran, die „Poren", sind gerade groß genug, um den K^+ den Durchtritt zu gestatten

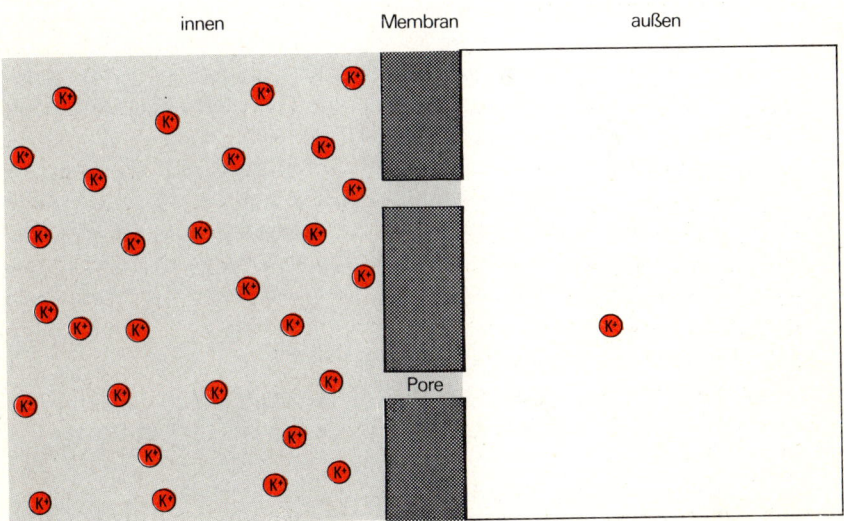

Abb. 2-4. Intra/extracelluläre Verteilung der K^+-Ionen. Gleiche Abbildung wie 2–3, jedoch wurden alle Ionen außer den K^+-Ionen weggelassen, da nur diese durch die Membran treten können

Zur Darstellung der *Diffusionsverhältnisse an der Membran* sind in Abb. 2-4 alle Ionen außer den K^+ weggelassen worden, denn nur die letzteren können ja durch die Membran diffundieren. Die K^+ werden sowohl von innen nach außen, wie auch von außen nach innen, durch die Membran wandern. Auf Grund der höheren Konzentration werden aber an der Innenseite die K^+-Ionen etwa 30mal häufiger auf eine Pore treffen und durchtreten als an der Außenseite. Es resultiert ein Netto-Ausstrom von K^+-Ionen, der durch den *höheren osmotischen Druck der K^+ in der Zelle* angetrieben wird. Die osmotische Druckdifferenz der K^+ würde also durch K^+-Ausstrrom schnell zu einem Ausgleich der K^+-Konzentrationen führen; dies wird jedoch durch eine gleich große, entgegengerichtete Kraft verhindert.

Die Gegenkraft wird durch ein elektrisches Feld, das *Membranpotential* geliefert, dessen Entstehung jetzt verdeutlicht werden soll. Es wurde bisher vernachlässigt, daß die K^+-Ionen *positive Ladungen* tragen. Die Verschiebung eines Kations über die Zellmembran verursacht, wie bei der Abb. 2-2 besprochen, eine *Aufladung des Membrankondensators* und es entsteht ein Membranpotential. Wenn ein K^+ aus der Zelle strömt, so wird auf der Außenseite des Kondensators eine überschüssige positive Ladung erscheinen, der an der Innenseite eine überschüssige negative Ladung entspricht. Dieses Membranpotential ist nun so gerichtet, daß es dem Ausstrom weiterer Kationen entgegenwirkt. Der Ausstrom von positiven Ladungen baut also selber ein elektrisches Potential auf, das den Ausstrom weiterer positiver Ladungen behindert. Das elektrische Potential wächst deshalb so lange an, bis seine dem K^+-Ausstrom entgegenwirkende Kraft gleich groß ist wie der osmotische Druck der K^+-Ionen. Bei diesem Potential sind Ein- und Ausstrom der K^+-Ionen im Gleichgewicht, man nennt es deshalb das *K^+-Gleichgewichtspotential E_K*.

Das Kaliumgleichgewicht E_K wird bestimmt durch das Konzentrationsverhältnis der K^+-Ionen innerhalb der Zelle und außerhalb der Zelle K_i^+/K_a^+. E_K ist dem Logarithmus dieses Konzentrationsverhältnisses proportional. Die quantitative Beziehung zwischen Konzentrationsverhältnis und Gleichgewichtspotential heißt *Nernstsche Gleichung,* sie lautet für K^+-Ionen:

$$E_K = -61\,mV \cdot \log(K_i^+/K_a^+).$$

Im Faktor $-61\,mV$ sind eine Reihe von Konstanten und die Temperatur zusammengefaßt[1]. Ist $K_i^+/K_a^+ = 30$, wie in den Abb. 2-3 und 2–4, so ist

---

1 Die Nernstsche Gleichung lautet in allgemeiner Form:

$$E_{ion} = \frac{R \cdot T}{z \cdot F} \cdot \ln \frac{\text{extracelluläre Konzentration des Ions}}{\text{intracelluläre Konzentration des Ions}}$$

Dabei ist R die Gaskonstante und F die Faradaykonstante, z die Wertigkeit des Ions (positiv für Kationen und negativ für Anionen) und T die absolute Temperatur.

$E_K = -61\,mV \cdot \log 30 = -61\,mV \cdot 1,48 = -90\,mV$, d.h. etwa so groß wie das Ruhepotential. Das *Ruhepotential* entspricht also, in erster Näherung, dem *Kaliumgleichgewichtspotential* E_K. Bei diesem Potential kann die Konzentrationsdifferenz der K^+-Ionen über die Membran unverändert bestehen bleiben, weil das Membranpotential gerade groß genug ist, um einen Nettoausstrom von K^+ zu verhindern.

Beteiligung der Cl^- am Ruhepotential. Die Darstellung des Ruhepotentials als Kaliumgleichgewichtspotential muß erweitert werden in Hinsicht auf eine Beteiligung der Chloridionen. Die *Membranen* sind nämlich auch *durchlässig für Cl^--Ionen;* die Permeabilität für Cl^- ist dabei an Nervenzellen weit geringer als für K^+, an Muskelzellen jedoch größer als für K^+. Das Konzentrationsverhältnis der Chloridionen in und außerhalb der Zelle Cl_i^- / Cl_a^- hat nun in der Regel etwa den reziproken Wert des entsprechenden Konzentrationsverhältnisses K_i^+ / K_a^+ (s. Tabelle 2-1). Für diese reziproke Verteilung des Chlorids ergibt sich nach der Nernst-Gleichung (für Anionen kehrt sich das Vorzeichen um) das gleiche Potential wie für die Kaliumverteilung. Das *Chlorid-Gleichgewichtspotential* ist also etwa *gleich* dem *Kaliumgleichgewichtspotential.*

Die *reziproke Verteilung der K^+ und der Cl^-* über die Zellmembran ist nicht zufällig. Die intracelluläre Chloridkonzentration kann nämlich durch Einstrom oder Ausstrom von Cl^- leicht geändert werden. Sie richtet sich entsprechend dem Membranpotential ein, weil beim Abweichen des Chloridgleichgewichtspotentials vom Membranpotential Ausgleichsströme fließen. Wenn sich das Membranpotential bei E_K einstellt, so folgt daraus eine zur K^+-Verteilung reziproke Cl^--Verteilung, und E_{Cl} wird gleich E_K.

Im Unterschied zur Cl^--Konzentration kann sich die intracelluläre K^+-Konzentration nicht wesentlich ändern. K^+ muß nämlich in der Zelle das Ladungsgleichgewicht zu den Anionen herstellen. Die intracellulären Anionen sind vorwiegend große Eiweißmoleküle (s. Tabelle 2-1), die die Zellmembran nicht passieren können, ihre Konzentration kann sich also nicht ändern. Diesen großen Anionen müssen in der intracellulären Lösung in gleicher Anzahl Kationen gegenüberstehen. Da intracellulär die Na^+-Konzentration sehr niedrig gehalten wird (s. Abschnitt 2.3), muß die Ladungsneutralität durch K^+-Ionen gewährleistet werden. Es muß also die intracelluläre K^+-Konzentration etwa ebenso hoch sein wie die der großen Anionen, und die intracelluläre K^+-Konzentration kann sich ebenso wie die der großen Anionen kaum ändern. Die hohe *intracelluläre K^+-Konzentration* ist also indirekt durch die Anwesenheit der *impermeablen intracellulären Anionen* erzwungen, und aus der hohen intracellulären K^+-Konzentration folgt weiter das negative E_K. Die Cl^--Konzentration in der Zelle stellt sich nach dem Membranpotential ein und ist damit eine sekundäre Folge der K^+-Verteilung. Unter diesem Gesichtspunkt ist das negative Ruhepotential Folge der hohen Konzentration von nicht permeablen Anionen in der Zelle.

Die folgenden Fragen dienen zur Überprüfung des in diesem Kapitel Gelernten:

F 2.1 Zeichnen Sie schematisch den Versuchsaufbau zur intracellulären Ableitung des Membranpotentials einer Zelle.
Zeichnen Sie zugleich an der Membran der Zelle die Aufladung des Membranpotentials mit den für das Ruhepotential wesentlichen Kationen und Anionen.

F 2.2 Tragen Sie in folgende Tabelle das Verhältnis der intracellulären zur extracellulären Ionen-Konzentration für Na^+ und Cl^--Ionen ein.

Ion	innen/außen
K^+	20 − 100 / 1
Na^+	1 /.... − ....
Cl^-	1 /.... − ....
Die Verteilung von K^+- und Cl^--Ionen ist	

F 2.3 Am Gleichgewichtspotential für ein Ion stehen folgende Größen im Gleichgewicht (mehrere Antworten können richtig sein):
a) Die intra- und extracelluläre Konzentration des Ions,
b) Osmotischer Druck und elektrisches Feld,
c) Ein- und Ausstrom des Ions durch die Zellmembran,
d) Die Na^+-Konzentration außerhalb der Zelle und die K^+-Konzentration in der Zelle.

2.2 Ruhepotential und Na^+-Einstrom

Die im vorigen Abschnitt gegebene Erklärung des Ruhepotentials als bestimmt durch das K^+-Gleichgewichtspotential ging von der vereinfachenden Annahme aus, daß die Zellmembran nur für K^+- und Cl^--Ionen permeabel ist. Unter dieser Annahme ließ sich ein Diffusions- und Potentialgleichgewicht über die Zellmembran aufzeigen. Die Membran ist jedoch in kleinem Ausmaß auch durchlässig für Na^+ und andere Ionen. Ströme dieser Ionen stören das Gleichgewicht, so daß allein durch Diffusionsprozesse kein konstantes Ruhepotential aufrecht erhalten werden kann.

Abhängigkeit des Ruhepotentials von der Kaliumkonzentration. Die postulierte Übereinstimmung von *Ruhepotential* und *Kaliumgleichgewichtspotential* läßt sich durch ein Experiment überprüfen. Die extracelluläre K^+-Konzentration kann in weiten Grenzen verändert werden, und gleichzeitig kann das Ruhepotential gemessen werden. Solche Ruhepotentiale bei verschiedenen extracellulären K^+-Konzentrationen K_a^+ sind in Abb. 2-6 als Kreise eingetragen; bei Erhöhung der extracellulären K^+-Konzentration nimmt das Ruhepotential von -90 mV auf -20 mV ab. Für die verschiedenen extracellulären K^+-Konzentrationen kann außerdem nach der Nernst-Gleichung E_K berechnet werden. Diese berechnete Abhängigkeit des E_K von K_a^+ ist in Abb. 2-6 als Gerade dargestellt; die lineare Beziehung ergibt sich, weil in der Abszisse der Abbildung K_a^+ im logarithmischen Maßstab eingetragen ist. Die Meßpunkte stimmen im wesentlichen mit der berechneten Geraden überein, die Messung bestätigt also in erster Näherung die Erklärung des Ruhepotentials als Kaliumgleichgewichtspotential. Es fällt jedoch auf, daß nur im oberen Kurvenbereich, bei hohen K_a^+, die Meßwerte sehr gut mit der theoretischen Beziehung übereinstimmt, während sie bei niedrigen Werten von K_a^+ zunehmend nach oben abweichen. Bei niedrigen extracellulären K^+-Konzentrationen ist also das Ruhepotential weniger negativ als E_K. Dies trifft auch für den Bereich der normalen extracellulären K^+-Konzentration bei etwa 4 mmol/l zu. Ebenso wie hier für die Muskelfaser gezeigt, gilt auch für andere Zelltypen, daß das *Ruhepotential bis zu 30 mV weniger negativ ist als E_K.*

Die Ursache für die Abweichung des Ruhepotentials von E_K bei niedrigen extracellulären K^+-Konzentrationen läßt eine Variation des in Abb. 2-6 gezeigten Experimentes erkennen: Wenn der gleiche Versuch in einer Badelösung durchgeführt wird, in der Na^+ durch ein großes Kation, das die Membran nicht passieren kann (z. B. Cholin), ersetzt ist, so stimmen gemessenes Ruhepotential und berechnetes E_K auch bei niedrigem

Abb. 2-6. Abhängigkeit des Ruhepotentials von der extracellulären K^+-Konzentration. Die Abszisse zeigt die extracelluläre K^+-Konzentration K^+_a im logarithmischen Maßstab an, die Ordinate das intracelluläre Membranpotential. Die Kreise entsprechen bei den verschiedenen K^+_a gemessenen Membranpotentialen, die Gerade entspricht den durch die Nernst-Gleichung bei den verschiedenen K^+_a gegebenen Kaliumgleichgewichtspotentialen. Nach ADRIAN: J. Physiol. (1956) 133: 631

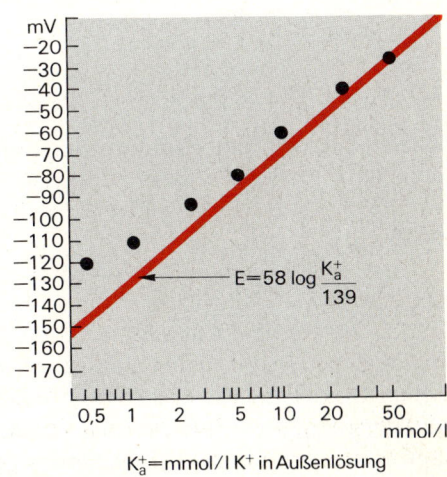

$$E = 58 \log \frac{K_a^+}{139}$$

$K_a^+ = $ mmol/l K^+ in Außenlösung

K_a^+ genau überein. Die Abweichung des Ruhepotentials von E_K in Na^+-haltiger Lösung muß folglich durch ein Fließen von Na^+-Ionen durch die Zellmembran verursacht werden. Die Membran ist also in Ruhe nicht nur durchlässig für K^+-Ionen, sondern auch in geringerem Maße durchlässig für Na^+-Ionen. Dadurch strömen die außen sehr viel höher konzentrierten Na^+-Ionen langsam in die Zelle ein, entladen zum Teil den Membrankondensator und machen das Membranpotential weniger negativ.

Die Membranleitfähigkeit für K^+ und Na^+. Das Ruhepotential stimmt also meist nicht ganz mit E_K überein, weil die *Membran* nicht nur für Kalium- (und Chlorionen), sondern auch *etwas für Natriumionen permeabel* ist. Der Grad der Abweichung des Ruhepotentials von E_K wird durch das Verhältnis der Membranundurchlässigkeiten für Na^+ und K^+ bestimmt. Um das Ruhepotential quantitativ zu erklären, muß deshalb ein Maß für die Ionendurchlässigkeit der Membran angegeben werden. Dazu wird meist die *Membranleitfähigkeit* g benutzt. Leitfähigkeiten sind Reziproke des elektrischen Widerstandes. Der elektrische Widerstand ist bestimmt durch den Quotienten Spannung/Strom, folglich ist die Leitfähigkeit g = Strom/Spannung. Um die Membranleitfähigkeit für ein bestimmtes Ion zu erhalten, muß also der betreffende Membran-Ionenstrom geteilt werden durch die elektrische Spannung, die ihn antreibt. Dieses treibende Potential ist Null am Gleichgewichtspotential, denn dort ist auch der Nettoionenstrom gleich Null. Das Gleichgewichtspotential ist also als Bezugspunkt für das treibende Potential zu wählen. Mit zunehmendem Abstand des Membranpotentials von Gleichgewichtspotential kommen Ein- und Ausstrom mehr ins Ungleichgewicht, und der Nettostrom wächst. Man faßt den Abstand des Membranpotentials vom Gleichgewichtspotential deshalb als treibendes Potential für den (Netto-)Ionenstrom auf. Es gilt dann z. B. für die *Kaliumleitfähigkeit:*

$$g_K = I_K/(E - E_K).$$

Dabei ist I_K der Netto-Kaliumstrom und E das Membranpotential. Experimentelle quantitative Bestimmungen von g_K und g_{Na} haben ergeben, daß an Nerven- und Muskelzellen bei Ruhebedingungen g_K *10–25mal größer ist als g_{Na}.*

Aus dem Gleichgewichtspotential und den Leitfähigkeiten für K^+- und Na^+-Ionen läßt sich nun die in Abb. 2-6 gezeigte Höhe des Ruhepotentials bei verschiedenen K_a^+ erklären. Das *Natriumgleichgewichtspotential* E_{Na} liegt bei positiven Potentialen, denn die Na^+-Konzentration in der Zelle ist niedriger als außerhalb. Der Quotient Na_i^+/Na_a^+ ist kleiner als 1 und damit log Na_i^+/Na_a^+ negativ. Verhalten sich Na_i^+ zu Na_a^+ wie 1:12, so ergibt sich nach der Nernst-Gleichung (s. S.26):

$$E_{Na} = -61\,mV \cdot \log 1/12 = -61\,mV \cdot (-1{,}08) = +65\,mV.$$

Ist das Potential negativer als E_{Na}, so strömt Netto-Natriumstrom in die Zelle. Dies trifft für den ganzen Potentialbereich der Abb. 2-6 zu. Ist g_{Na} in diesem Potentialbereich konstant, so wird der Natriumeinstrom mit wachsendem Abstand von E_{Na} größer ($I_{Na} = g_{Na} \cdot (E - E_{Na})$). Je negativer also in Abb. 2-6 das Membranpotential, desto größer der Na^+-Einstrom, und desto größer ebenfalls die durch Na^+-Einstrom verursachte Abweichung des Ruhepotentials von E_K.

Auch bei normaler extracellulärer K^+-Konzentration ist das Ruhepotential etwa 10 mV weniger negativ als E_K. Dies läßt sich durch das Verhältnis der g_K zu der g_{Na} und die Abstände des Ruhepotentials von E_K und E_{Na} quantitativ erklären. Am Ruhepotential muß ein kleiner Kaliumausstrom im Gleichgewicht sein mit einem Natriumeinstrom. Wenn diese Ströme gleich groß sein sollen, muß die 20mal höhere Leitfähigkeit für K^+ durch ein 20mal höheres treibendes Potential für Na^+ kompensiert werden. Es muß gelten:

$$g_K : g_{Na} = 20 : 1$$
$$-(E - E_{Na}) : (E - E_K) = 20 : 1.$$

Aus letzterem folgt: $E = E_K + \dfrac{E_{Na} - E_K}{21}$

$E_{Na} - E_K$ ist $+65 - (-90)\,mV = 155\,mV$, das Ruhepotential E wäre also nach dieser Rechnung um 7,4 mV positiver als E_K.

Instabilität des Ruhepotentials bei rein passiven Ionenströmen. Die Tatsache, daß bei Ruhebedingungen dauernd Na^+-Ionen in die Zellen strömen, und entsprechend K^+-Ionen die Zelle verlassen müssen, hat weitreichende Folgen. Das System kann nämlich nicht durch Diffusion und Aufbau von Membranladung ins Gleichgewicht bei Ruhebedingungen gebracht werden, d.h. die intracellulären Ionenkonzentrationen könnten nicht konstant gehalten werden. Wenn zu den genannten *passiven* Ionenflüssen nicht andere Prozesse hinzukommen (s. nächstes Kapitel), so gewinnt die Zelle langsam Na^+ und verliert K^+. Folge der sinkenden intracellulären K^+-Konzentration ist Abnahme von E_K und damit des Ruhepotentials. Bei sinkendem, weniger negativem Ruhepotential muß die intracelluläre Cl-Konzentration steigen, da sich diese Konzentration entsprechend dem Ruhepotential einstellt. Die großen intracellulären Eiweiß-Anionen können die Zelle nicht verlassen, mit der Zunahme der intracellulären Cl^- erhöht sich also die intracelluläre Gesamt-Anionenkonzentration, und damit die Gesamt-Ionenkonzentration. Zum Ausgleich des osmotischen Druckes dringt Wasser in die Zelle ein und sie schwillt an. Die Wasseraufnahme vermindert wiederum die intracelluläre K^+-Konzentration und setzt in der Folge das Membranpotential herab. So sollten sich unter Wasseraufnahme und Abnahme des Ruhepotentials die intracellulären Ionenkonzentrationen weitgehend den extracellulären angleichen.

Der Prozeß, der dies bei lebenden Zellen verhindert, wird im nächsten Abschnitt besprochen.

Die folgenden Fragen dienen zur Überprüfung des in diesem Kapitel Gelernten:

F 2.4 Welche der im folgenden aufgeführten Tatsachen weisen darauf hin, daß neben K^+- und Cl^--Ionen auch Na^+-Ionen das Ruhepotential beeinflussen?

a) Das Ruhepotential ist weniger negativ als E_K.

b) Das Ruhepotential ändert sich etwa proportional zum Logarithmus der extracellulären K^+-Konzentration.

c) In Abwesenheit von extracellulären Na^+ stimmen Ruhepotential und E_K überein.

d) Das Natriumgleichgewichtspotential ist positiv, das Kaliumgleichgewichtspotential ist negativ.

F 2.5 Durch welche Gleichung wird die Chloridleitfähigkeit der Membran definiert?

F 2.6 Wo läge das Membranpotential, wenn die Membran nur für Na^+ durchlässig wäre? Geben Sie die Bezeichnung und den ungefähren Wert dieses Potentials an.

F 2.7 Welche der folgenden Sätze sind Gründe für die Tatsache, daß durch Na^+-Einstrom in Ruhe das Membranpotential positiver wird?

a) Außerhalb der Zelle sind mehr Na^+ als innerhalb.

b) Wegen des Na^+-Einstromes verliert die Zelle K^+.

c) Wegen des Na^+-Einstromes wird die negative Ladung der Membraninnenseite vermindert.

d) Wegen des Na^+-Einstromes gewinnt die Zelle auch Chlorid.

2.3 Die Natriumpumpe

Der voraufgehende Abschnitt hatte ergeben, daß die in Ruhe in die Zelle diffundierenden Na^+-Ionen das Gleichgewicht der Ionenflüsse soweit stören, daß die normalen Konzentrationsgradienten und das Ruhepotential langsam verschwinden. Die *passiv* einströmenden Na^+-Ionen müssen wieder aus der Zelle gelangen, damit die intracelluläre Na^+-Konzentration konstant und niedrig bleibt. Die eingeströmten Na^+-Ionen können die Zelle nicht durch Diffusion gegen den Potential- und Konzentrationsgradienten verlassen, sie können nicht „bergauf" fließen[2]. Die Na^+-Ionen müssen deshalb *aktiv* unter Aufwand von Energie aus der Zelle geschafft werden. Der passive Na^+-Einstrom wird also durch *aktiven Transport* von Na^+ aus der Zelle ausgeglichen. Dieser Transport wird auch *Natriumpumpe* genannt. Die Natriumpumpe befördert Na^+-Ionen unter Aufwendung von Stoffwechselenergie gegen den Konzentrations- und Potentialgradienten aus der Zelle.

Messung des aktiven Transportes. Der aktive Transport von Na^+-Ionen aus der Zelle kann durch Messung des Na^+-Ausstromes bestimmt werden. Die Zahl der Na^+-Ionen, die passiv gegen den Konzentrations- und Potentialgradienten die Zelle verlassen können, ist vernachlässigbar klein. Der Na^+-Ausstrom aus der Zelle ist also identisch mit dem aktiven Na^+-Transport. Wenn die ausgeströmten Na^+ im Extracellulärraum gemessen werden sollen, so müssen diese von den vielen anderen extracellulären Na^+ unterschieden werden können. Dies ist möglich, wenn man die Zelle mit einem *radioaktiven Natriumisotop* ($^{24}Na^+$) auflädt und dann das Auftreten dieses Isotops im Extracellulärraum registriert. Abb. 2-7 zeigt zwei solche Experimente an einem Nerven. In der Ordinate ist jeweils der $^{24}Na^+$-Ausstrom eingetragen, in der Abszisse die Zeit in Minuten. In der erste Meßperiode in A bei 18,3° C nimmt der $^{24}Na^+$-Ausstrom langsam ab, da durch den Ausstrom selbst der Anteil der $^{24}Na^+$ an der intracellulären Na^+-Konzentration sinkt. Wird nun der *Nerv* plötzlich auf 0,5° C *abgekühlt*, *so fällt der* $^{24}Na^+$*-Ausstrom* sofort auf etwa $\frac{1}{10}$ ab. Nach Wiedererwärmen setzt der vor dem Abkühlen bestehende $^{24}Na^+$-Ausstrom wieder ein. Die starke Abhängigkeit des Natriumausstromes von der Temperatur zeigt, daß es sich um einen *aktiven chemischen Prozeß* und nicht um eine passive Diffusion handelt. Diffusionsvorgänge würden durch Temperaturerniedrigungen nur unwesentlich verlangsamt werden. Es muß sich also beim Na^+-Ausstrom um einen aktiven Transport handeln.

Der gleiche Nachweis wird im Experiment der Abb. 2-7 B mit einem anderen Verfahren geführt. Zu Beginn des Versuches strömt $^{24}Na^+$ mit großer Geschwindigkeit aus der Faser. Dann wird Dinitrophenol (DNP) in die extracelluläre Lösung gegeben, worauf innerhalb einer Stunde der $^{24}Na^+$-Ausstrom fast auf Null absinkt. Nach Auswaschen des DNP setzt der normale $^{24}Na^+$-Ausstrom wieder ein. DNP ist ein Gift, da in die Zellen eindringt und dort energieliefernde Stoffwechselprozesse blockiert; Diffusionsvorgänge durch die Membran werden durch DNP nicht beeinflußt. Das Zurückgehen des Na^+-Ausstromes in DNP wird also durch Mangel an Stoffwechselenergie verursacht. Dies zeigt, daß der *Na^+-Aus-*

---

2 Diese Aussagen gelten natürlich nur für einen Netto-Natriumausstrom. Ein gegenüber dem Einstrom sehr kleiner Anteil der intracellulären Na^+ kann nach außen diffundieren.

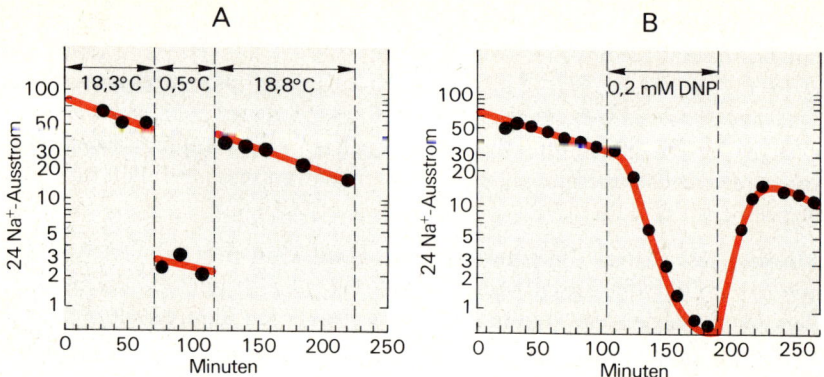

Abb. 2-7 A, B. Hemmung des aktiven Na$^+$-Transportes durch Abkühlung oder Dinitrophenol (DNP). Ausstrom von radioaktivem ^{24}Na$^+$ aus einer Zelle, die vor dem Beginn des Experimentes mit ^{24}Na$^+$ aufgeladen wurde. Abszisse Zeit nach Beginn des Experimentes in Minuten, Ordinate Ausstrom der radioaktiven ^{24}Na$^+$ aus der Zelle. **A** Die Zelle wird während des Experimentes von 18,3° C auf 0,5° C abgekühlt und dann wieder erwärmt, während der Kälteperiode ist der Na$^+$-Ausstrom stark vermindert. **B** Die Zelle wird während des Experimentes 90 min lang 0,2 mM Dinitrophenol ausgesetzt, dadurch wird der Na$^+$-Ausstrom fast auf Null reduziert. Nach Auswaschen des DNP setzt der Ausstrom wieder ein. Nach HODGKIN , KEYNES J. Physiol. (1955) 128: 28

strom auf die ***Bereitstellung von Energie angewiesen*** ist, daß es sich also um einen aktiven Transport des Na$^+$ durch die Membran handelt.

Die ausreichende Versorgung der Zellen mit Stoffwechselenergie kann auch im lebenden Organismus durch starken Sauerstoffmangel oder eine Vergiftung unterbrochen werden. Es wird dann die Na$^+$-Pumpe ausfallen, die Zellen werden durch passive Diffusion Na$^+$ aufnehmen und in der Folge, wie im vorigen Abschnitt geschildert, wird das Membranpotential abnehmen, die Ionenverteilungen in und außerhalb der Zelle werden sich ausgleichen und die Zellen werden anschwellen. Bald werden sie dann funktionsunfähig und schließlich irreversibel geschädigt. Ein ausreichendes Funktionieren der *Na$^+$-Pumpe* ist also für die Zellen ***lebensnotwendig.***

Die gekoppelte Na$^+$-K$^+$-Pumpe. Einen starken Einfluß auf den aktiven Na$^+$-Transport hat auch die extracelluläre *K$^+$-Konzentration.* In Abwesenheit von extracellulärem K$^+$ fällt der Na$^+$-Ausstrom auf etwa 30% ab. Der Grund für diese Abhängigkeit des Na$^+$-Ausstromes von der K$^+$-Konzentration ist ein *Austauschvorgang:* Für je ein aus der Zelle transportiertes Na$^+$ kann ein K$^+$ in die Zelle hereingenommen werden. Diesen Austauschvorgang bezeichnet man als eine ***gekoppelte Na$^+$-K$^+$-Pumpe.*** Zur Erklärung der Arbeitsweise der gekoppelten Pumpe wurde das in Abb. 2-8 gezeigte Modell entwickelt. Danach verbinden sich intracelluläre Na$^+$ an der Innenseite der Membran mit einem Trägermolekül Y. Der Komplex NaY kann durch die Membran diffundieren. An der Membranaußenseite

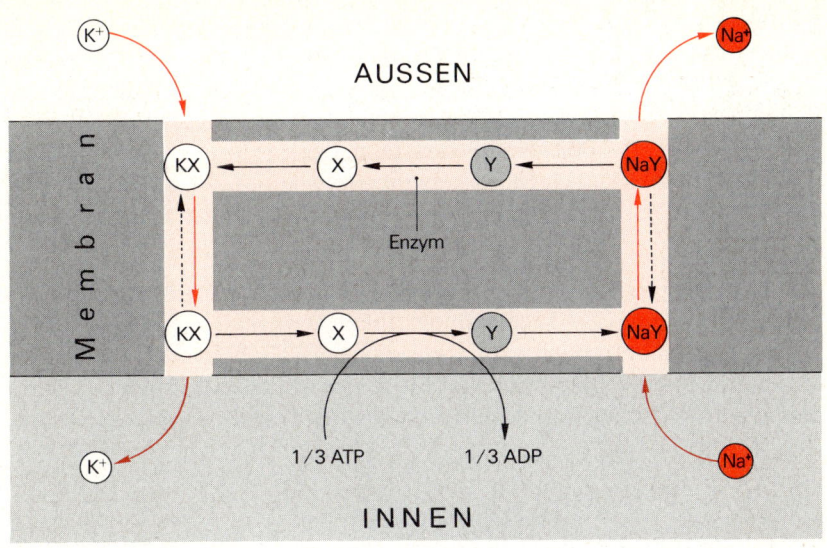

Abb. 2-8. Gekoppelte Na$^+$-K$^+$-Pumpe. Schema des Transportes von Na$^+$ und K$^+$ durch die Membran mit Hilfe eines Trägers Y und X. Nähere Beschreibung im Text. Nach GLYNN Progress Biophys. (1958) 8: 241

zerfällt er spontan, dadurch wird die Außenkonzentration von NaY geringer als die Innenkonzentration. Folglich wird der Ausstrom von NaY den Einstrom überwiegen. Mit Hilfe der zeitweiligen Verbindung mit dem Trägermolekül Y ist also Na$^+$ gegen sein Konzentrations- und ein Potentialgefälle diffundiert.

An der Außenseite der Membran wird nun das Trägermolekül Y durch ein Enzym in das Trägermolekül X verwandelt. X verbindet sich mit extracellulärem K$^+$ zu KX und diffundiert als solches nach innen. Dort zerfällt wiederum KX. Resultat ist ein K$^+$-Transport nach innen sowie eine Verschiebung von X an die Innenseite der Membran. Dort wird schließlich das Trägermolekül X unter Energieaufwand in das Trägermolekül Y zurückverwandelt, das für einen weiteren Na$^+$-Transportcyclus bereit steht. Bei diesem Reaktionsschema liegt der aktive Schritt des Transportvorganges in der Umwandlung des Trägermoleküles X in das Trägermolekül Y.

Der Komplex NaY ist gewöhnlich *elektroneutral.* Während des Transportvorganges fließt also keine elektrische Ladung über die Membran, und das Membranpotential wird durch den Transportvorgang selbst nicht beeinflußt. Diese *Natriumpumpe* wird deshalb auch *elektroneutral* genannt. Der Mechanismus der gekoppelten Na$^+$-K$^+$-Pumpe ist wahrscheinlich entwickelt worden, um *Stoffwechselenergie zu sparen.* Die Zellen verbrauchen nämlich für den Betrieb der Na$^+$-Pumpe in beträchtlichem Ausmaß

Stoffwechselenergie. Es wird geschätzt, daß 10–20% des *Ruhestoffwechsels* einer Muskelzelle für den *aktiven Transport* aufgewendet werden. Der Energiebedarf für den aktiven Transport wäre noch höher, wenn der größere Teil des Na^+-Transportes nicht durch eine gekoppelte Na^+-K^+-Pumpe geleistet würde. Bei der gekoppelten Pumpe wird für den Rücktransport des Trägermoleküls nach Innen keine Energie verbraucht und damit etwa die Hälfte der für ungekoppelten Na^+-Transport nötigen Energie eingespart.

Übersicht über die Ionenströme durch die Membran. Mit Hilfe der Abb. 2-9 sollen die wichtigsten Ionenströme (unter Vernachlässigung von Cl^-) durch die Membran noch einmal zusammengefaßt behandelt werden. In dieses Schema der Membran sind für die verschiedenen Ionenbewegungen in jede Richtung Kanäle eingezeichnet. Die Breite dieser Kanäle ent-

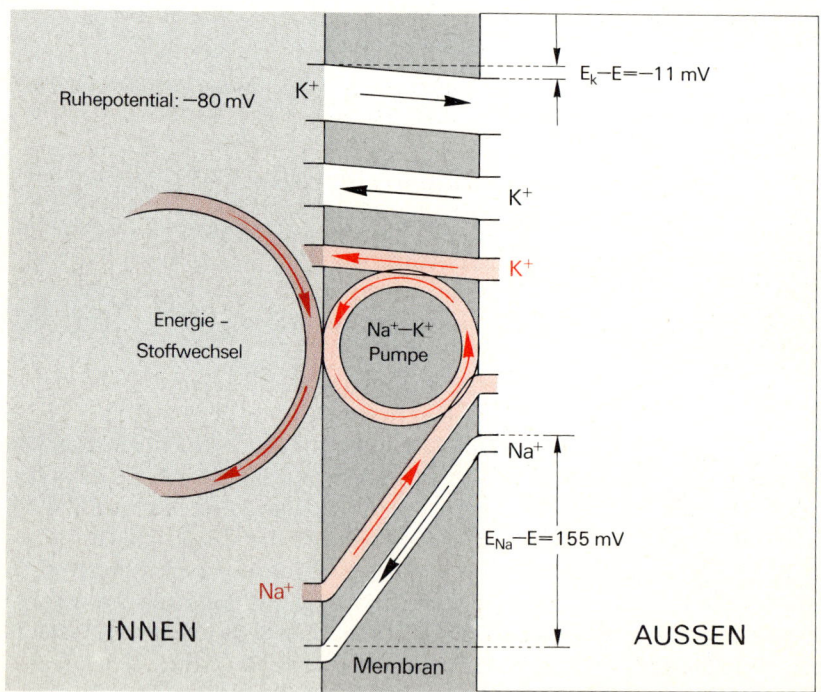

Abb. 2-9. Passive und aktive Ionenbewegungen durch die Membran. Im Schema entspricht die Dicke der Kanäle für die einzelnen Ionenbewegungen der Größe des betreffenden Ionenstroms, und die Neigung der Kanäle der treibenden Kraft für den Ionenstrom. Ströme entgegen der Richtung der treibenden Kraft werden für Na^+ und K^+ *(rot gezeichnet)* durch die Na^+-K^+-Pumpe ermöglicht. Nach ECCLES: (1957) The Physiology of Nerve Cells, Baltimore, Johns Hopkins Press

spricht der **Stärke** des durch sie fließenden Ionenstroms, und ihre Neigung dem **treibenden Potential** für den betreffenden Ionenstrom. Das Potential zwischen innen und außen, das **Ruhepotential,** ist bei $-80\,\text{mV}$ angenommen.

Betrachten wir zuerst die Bewegungen der K^+-**Ionen.** Da das Ruhepotential hier um $11\,\text{mV}$ weniger negativ ist als das K^+-Gleichgewichtspotential, werden die K^+-Ionen durch dieses treibende Potential von $11\,\text{mV}$ nach außen getrieben, die K^+-Kanäle sind also etwas nach außen geneigt. Der passive K^+-Ausstrom (ganz oben im Schema) überwiegt deshalb auch den passiven K^+-Einstrom, es können mehr K^+-Ionen „bergab" diffundieren als „bergauf". Die Differenz der passiven K^+-Ströme wird durch den aktiven Transport von K^+ ausgeglichen. Der aktive K^+-Transport in die Zelle ist wie alle aktiven Vorgänge in Abb. 2-9 durch rote Farbe gekennzeichnet, und der „aktive-K-$^+$-Kanal" ist auch an das mit Stoffwechselenergie betriebene Pumpenrad angeschlossen.

Bei den K^+-Strömen ist der Anteil des aktiven Transportes klein. Dagegen wird praktisch der ganze **Na$^+$-Ausstrom** aus der Zelle durch die **Na$^+$-Pumpe** erreicht. Der Abstand des Ruhepotentials vom Natriumgleichgewichtspotential und damit das treibende Potential für die Na$^+$-Ionen ist sehr groß, im Schema der Abb. 2-9 155 mV. Die „Natriumkanäle" sind deshalb sehr stark nach innen geneigt. Durch das große treibende Potential wird der passive Natriumeinstrom (unterster Kanal in Abb. 2-9) sehr gefördert, und ein passiver Na$^+$-Ausstrom praktisch verhindert – der passive Na$^+$-Ausstrom ist so geringfügig, daß er in Abb. 2-9 nicht gezeigt werden kann. Der passive Na$^+$-Einstrom ist im Gleichgewicht mit dem aktiven Na$^+$-Ausstrom. Im „aktiven Na$^+$-Kanal" werden die Na$^+$ vom Pumpenrad „bergauf" getrieben. Die Na$^+$-Kanäle durch die Membran sind insgesamt weit schmäler als die K^+-Kanäle, trotz großer treibender Potentiale fließen also viel weniger Na$^+$ als K^+ durch die Membran. Dies ist Ausdruck der im Vergleich zu K^+ geringen Membranleitfähigkeit der Na$^+$-Ionen.

Mit den folgenden Fragen können Sie Ihr Wissen über den Stoff dieses Kapitels überprüfen:

F 2.8 Der Na$^+$-Ausstrom aus der Zelle ist „aktiv", weil
  a) das treibende Potential für den Na$^+$-Ausstrom groß ist,
  b) gegen das treibende Potential kein passiver Netto-Na$^+$-Ausstrom erfolgen kann,
  c) für den Na$^+$-Ausstrom Stoffwechselenergie benötigt wird,

d) die Natriumleitfähigkeit der Membran weit höher ist als die Kaliumleitfähigkeit,
e) die Natriumleitfähigkeit der Membran weit niedriger ist als die Kaliumleitfähigkeit.

F 2.9 Der aktive Na^+-Transport läßt sich blockieren oder wesentlich herabsetzen, indem man

a) die extracelluläre K^+-Konzentration vermindert,
b) die intracelluläre K^+-Konzentration vermindert,
c) die intracelluläre Na^+-Konzentration erhöht,
d) die Zelle abkühlt,
e) die Zelle mit Dinitrophenol vergiftet.

F 2.10 Bei konstantem Ruhepotential ist der passive Natriumeinstrom gleich groß wie

a) der passive Kaliumeinstrom,
b) der passive Kalium-Nettostrom,
c) der aktive Natriumausstrom,
d) der aktive Kaliumausstrom.

2.4 Das Aktionspotential

Das Ruhepotential ist Vorbedingung für die Fähigkeit von Nervenzellen und Muskelfasern, ihre spezifischen Funktionen im Organismus zu erfüllen. Nervenzellen haben die Aufgabe, Informationen aufzunehmen, sie im Körper zu verbreiten, sie zu koordinieren und zu integrieren. Muskelzellen müssen sich, gesteuert von Nerven, kontrahieren. Wenn diese Zellen so arbeiten, „aktiv" sind, treten kurze positive Änderungen des Membranpotentials auf, die *„Aktionspotentiale"*. Der Zeitverlauf und die Entstehung solcher Aktionspotentiale soll im folgenden dargestellt werden.

Zeitverlauf der Aktionspotentiale. *Aktionspotentiale* können in Nerven- und Muskelzellen durch *intracelluläre Elektroden gemessen* werden. Dazu kann die gleiche Meßanordnung benutzt werden, wie sie in Abb. 2-1 für die Messung des Ruhepotentials angegeben wurde. Wie später dargestellt (s. S. 65), können die Aktionspotentiale auch über extracelluläre Elektroden, die nahe der Zelle liegen, registriert werden; mit diesem Verfahren läßt sich allerdings der Zeitverlauf des Aktionspotentials meist nur angenähert bestimmen.

Die Abb. 2-10 zeigt Aktionspotentiale, die mit intracellulären Elektroden an Nerven, Muskel- und Herzmuskelzellen von Wirbeltieren gemessen wurden. Bei all diesen Aktionspotentialen springt das Potential, ausgehend vom Ruhepotential, sehr schnell auf einen postiven Wert und kehrt dann langsamer zum Ruhepotential zurück. Die *Spitze* des Aktionspotentials liegt bei allen Beispielen in der Nähe von +30 mV. Die *Dauer* des Aktionspotentials ist dagegen bei den verschiedenen Zelltypen sehr *verschieden:* Am Nerven dauert das Aktionspotential nur etwa 1 ms, während es am Herzmuskel nach 200 ms noch nicht ganz beendet ist.

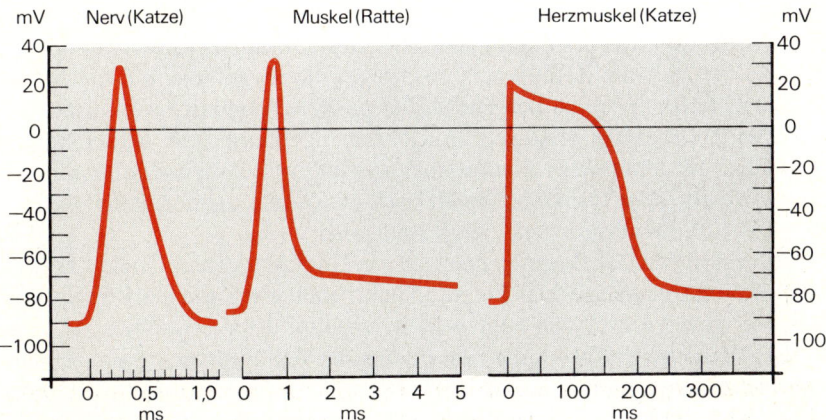

Abb. 2-10. Aktionspotentiale. Intracellulär abgeleitete Aktionspotentiale von verschiedenen Zelltypen. In den Abszissen die Zeit nach Beginn des Aktionspotentials, in der Ordinate das Membranpotential. Der Zeitmaßstab ist bei den Aktionspotentialen sehr verschieden, das Nervenaktionspotential der Katze läuft aber sehr viel schneller ab als das Muskelaktionspotential des Frosches, und beide sind kurz relativ zum Aktionspotential des Herzmuskels

39

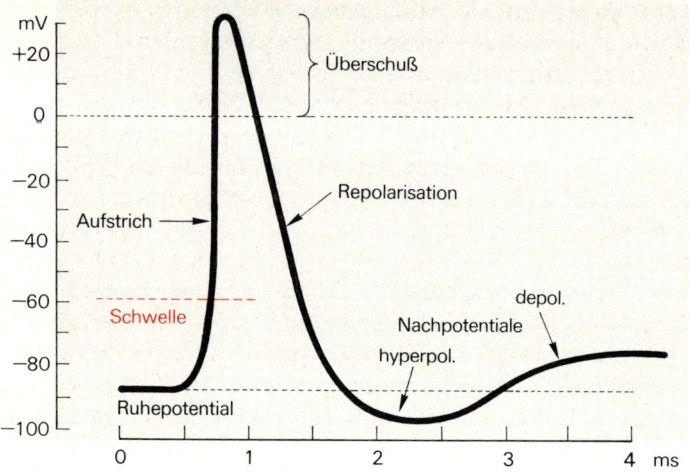

Abb. 2-11. Phasen des Aktionspotentials. Schematische Zeichnung des Zeitverlaufes eines Nervenaktionspotentials wie in Abb. 2-10. Die eingetragenen Beziehungen der verschiedenen Phasen des Aktionspotentials sind im Text näher besprochen

Die Bezeichnungen der verschiedenen *Phasen des Aktionspotentials* sind in Abb. 2-11 angegeben. Das Aktionspotential beginnt mit einer sehr schnellen positiven Potentialänderung, dem *Aufstrich.* Er dauert an Nerv und Muskelzellen von Warmblütern nur 0,2–0,5 ms. Während des Aufstrichs verliert die Zelle ihre negative Ruheladung oder Polarisation. Deshalb wird Aufstrich des Potentials auch *„Depolarisationsphase"* genannt.

Bei den meisten Zelltypen überschreitet die Depolarisation die Nullinie und erreicht positive Potentiale. Der positive Anteil des Aktionspotentials wird *Überschuß* (englisch „overshoot") genannt. Von seiner Spitze kehrt das Aktionspotential langsamer wieder zum Ruhepotential zurück, dies wird als *„Repolarisation"* bezeichnet, weil damit die normale Polarisation der Zellmembran wieder hergestellt wird.

Gegen Ende des Aktionspotentials verlangsamt sich bei vielen Zelltypen die Repolarisation; das Potential kann auch am Ende der Repolarisation für gewisse Zeit den Ruhewert in negative Richtung überschreiten. Diese Potentialverläufe am Ende oder nach der Repolarisation werden *Nachpotentiale* genannt. Solche Nachpotentiale sind auch in Abb. 2-11 eingezeichnet. Bleibt das Membranpotential am Ende des Aktionspotentials einige Zeit etwas positiver als das Ruhepotential, so wird es als *depolarisierendes Nachpotential* bezeichnet; geht dagegen das Membranpotential für gewisse Zeit über den Wert des Ruhepotentials hinaus, so wird dies *hyperpolarisierendes Nachpotential* genannt. Ein gut ausgebildetes Nachpotential ist in Abb. 2-10 beim Aktionspotential des Rattenmuskels sichtbar.

Auslösung des Aktionspotentials und Erregung. Wie kommt es, daß das nach der bisherigen Besprechung konstante und stabile Ruhepotential gestört werden kann, so daß ein Aktionspotential abläuft? Aktionspotentiale entstehen immer dann, wenn die Membran, vom Ruhepotential ausgehend, auf etwa -50 mV depolarisiert wird. Die Prozesse, die diese anfängliche Depolarisation bewirken, sollen später (s. S. 54) besprochen werden. Das Potential, an dem das Aktionspotential startet, wird *Schwelle* genannt (s. Abb. 2-11). An diesem Schwellenpotential ist die *Membranladung instabil.* Sie baut sich selbsttätig schnell ab und kehrt meist sogar ihre Polarität um: Es erfolgt der schnelle Aufstrich des Aktionspotentials mit dem Überschreiten des Nullpotentials, dem Überschuß.

Der an der Schwelle ausgelöste Zustand des selbsttätigen, fortschreitenden Ladungsabbaus wird auch *Erregung* genannt. Die Erregung hält nur kurze Zeit, meist weniger als 1 ms, an. Sie ist damit einer Explosion vergleichbar, die schnell verpufft.

Die Depolarisationsphase des Aktionspotentials setzt weiterhin selbst Prozesse in Gang, die die Ruhemembranladung wieder herstellen. Auf die durch die Erregung erzeugte Depolarisationsphase des Aktionspotentials folgt also selbsttätig die Repolarisation zum Ruhepotential. Der stereotype, cyclische Ablauf des Aktionspotentials kann gut mit dem Arbeitscyclus eines Zylinders an einem Benzinmotor verglichen werden:

Ein Zündfunke erwärmt das Gasgemisch so stark (entsprechend der Schwelle des Aktionspotentials), daß es explodiert (entsprechend „Erregung"). Die Explosion setzt ihrerseits Mechanismen in Gang, die den Zustand vor der Explosion wieder herstellen (entsprechend „Repolarisation"): Abgase werden entfernt, neues Gasgemisch angesaugt und komprimiert.

Definition des Aktionspotentials. Das Aktionspotential ist also ein für jede Zelle konstanter Ablauf von Depolarisation und Repolarisation der Membran, der immer selbsttätig auftritt, sobald die Membran über das Schwellenpotential hinaus depolarisiert wird. Zellen, an denen Aktionspotentiale ausgelöst werden können, nennt man *erregbar.* Erregbarkeit ist eine typische Eigenschaft von Nerven- und Muskelzellen. Aktionspotentiale einer bestimmten Zelle haben immer einen konstanten Ablauf. Dieser Ablauf wird durch die Art und die Stärke des anfänglichen depolarisierenden Prozesses (Reiz, s. S. 54) kaum beeinflußt. Diese Tatsache der Konstanz des Aktionspotentials wird auch als *„Alles-oder-Nichts"-Gesetz der Erregung* bezeichnet.

Die Ionenverschiebungen während des Aktionspotentials. Wenn während des Aktionspotentials das Membranpotential stark, bis zu positiven Werten, verändert wird, so muß sich auch die Ladung des Membrankondensators durch Verschiebung von Ionen ändern. Art und Ausmaß dieser Io-

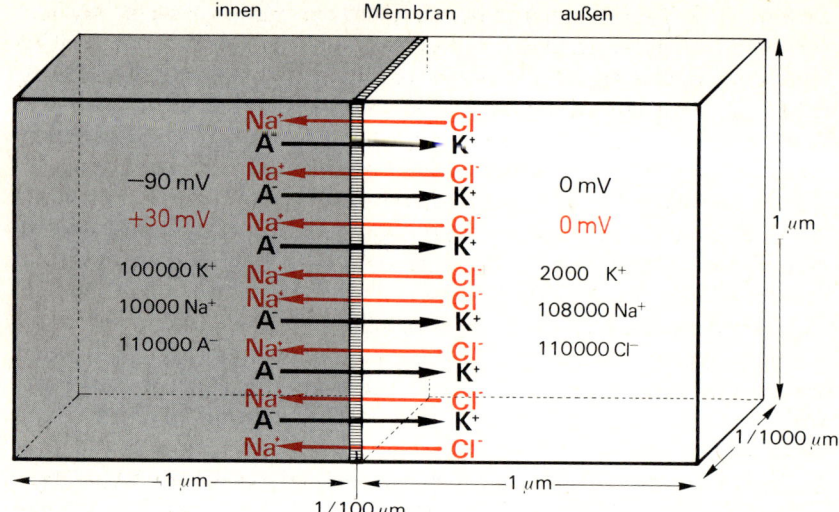

Abb. 2-12. Membranumladung während der Erregung. Wiederholung der schematischen Zeichnung 2–2 für die Ladungsverhältnisse während der Erregung. Die Membranladung wird für die kleine Fläche von 1 μm × 1/1000 μm, die Zahl der Ionen für die an die Membran angrenzenden Räume für je 1 μm × 1 μm × 1/1000 μm Inhalt angegeben. Die Besetzung der Membran mit Ionenpaaren beim Ruhepotential ist *schwarz*, die Änderung der Membranladung während der Erregung *rot* gezeichnet. Während der Erregung entsteht ein Überschuß von 2 Na$^+$ an der Innenseite der Membran, dem entspricht ein Membranpotential von $+30$ mV

nenverschiebungen an der Membran während des Aktionspotentials sollen an Hand der Abb. 2-12 diskutiert werden. Die schwarz gezeichneten Anteile dieser Abbildung sind eine Wiederholung der Abb. 2-2, die für eine kleine Membranfläche die Ionenverteilung über die Zellmembran und ihre Umgebung für das Ruhepotential angab. Das **Ruhepotential** war gekennzeichnet durch eine **hohe K$^+$-Leifähigkeit** der Membran. Auf Grund des Konzentrationsgradienten traten so lange K$^+$-Ionen aus der Membran aus, bis die dadurch erzeugte Membranladung einen weiteren Ausstrom verhinderte. Dieses Gleichgewicht wurde im Beispiel der Abb. 2-2 und 2–12 durch eine Besetzung der Membran mit 6 K$^+$ und den entsprechenden A$^-$ erreicht, wodurch sich ein „Ruhepotential" von -90 mV einstellte.

Wird nun die Membran in dem Bereich des Schwellenpotentials *depolarisiert,* so *erhöht* sich ihre **Leitfähigkeit für Na$^+$-Ionen.** Daraufhin strömen, in Abb. 2-12 rot gezeichnet, Na$^+$-Ionen in die Zelle ein. Die eingeströmten Na$^+$ kompensieren teilweise die Ruheladung, das Potential wird also weniger negativ. Durch diese Depolarisation steigt g$_{Na}$ noch weiter an, und weitere Na^+-Ionen können in die Zelle einströmen. g_{Na} erreicht schließlich das mehr als hundertfache ihres Ruhewertes. *g_{Na} wird also während der Erregung größer als g_K.* Wenn der Zustand der erhöhten g_{Na} lange genug anhält, so wird das Membranpotential positiv. Das Membranpotential kann jedoch während der Erregung höchstens das Na^+-Gleichgewichtspotential erreichen, denn dort hebt das positive Membranpotential den nach innen gerichteten osmotischen Druck der Konzentrationsdifferenz der Na^+-Ionen auf. Das Na^+-Gleichgewichtspotential liegt bei etwa $+60$ mV. Bei diesem Potential müßte im Beispiel der Abb. 2-12 ein Kationenüberschuß von 4 Na^+ an der Innenseite der Membran liegen; um auch die beim Ruhepotential an der Membraninnenseite liegenden 6 Anionen zu kompensieren, müßten also insgesamt 10 Na^+ in die Zelle einströmen, bis der Na^+-Einstrom am Na^+-Gleichgewichtspotential zum Stillstand kommt.

Nach der eben gegebenen Darstellung des Na^+-Einstromes während der Erregung müßte die Spitze des Aktionspotentials beim Na^+-Gleichgewichtspotential, also bei etwa $+60$ mV liegen. Wie Abb. 2–10 zeigte, liegen die Spitzen der Aktionspotentiale bei $+30$ mV, sie erreichen also das Na^+-Gleichgewichtspotential nicht. Dies hat zwei Gründe: Zum einen hält die **Erhöhung der Na^+-Leitfähigkeit nicht lange genug** an, um die Umladung der Membran bis ganz zu E_{Na} zu gestatten. Im Schema der Abb. 2-12 haben also nicht 10, sondern nur 8 Na^+ Zeit, nach innen zu strömen, und es entsteht nur ein Überschuß von 2 Na^+ auf der Innenseite der Membran, die ein Spitzenpotential von $+30$ mV erzeugen. Der zweite Grund, warum die Spitze des Aktionspotentials E_{Na} nicht erreicht, ist die Tatsache, daß die Depolarisation der Membran neben der beschriebenen Erhöhung von g_{Na} auch mit etwa einer Millisekunde *Verzögerung* die **K^+-Leitfähigkeit** g_K kräftig *verstärkt*. Wenn also weniger als eine Millisekunde nach Beginn der Erregung die Spitze des Aktionspotentials erreicht wird, beginnen die K^+-Ionen vermehrt aus der Zelle zu strömen und kompensieren schnell den Einstrom positiver Ladungen in Form von Na^+-Ionen. Schließlich wird g_K größer als g_{Na}, der Ausstrom positiver Ladungen überwiegt den Einstrom und das Membranpotential wird negativer. Dieser überwiegende **K^+-Ausstrom verursacht** also die **Repolarisationsphase** des Aktionspotentials. An Nerven von Warmblütern ist die volle negative Aufladung der Innenseite der Membran und damit das Ruhepotential etwa eine Millisekunde nach Beginn der Erregung schon wieder erreicht.

Die *Ionenverschiebungen* während des Aktionspotentials lassen sich also folgendermaßen *zusammenfassen:* Durch eine überschwellige Depolarisation wird schnell die Na^+-Leitfähigkeit und verzögert die K^+-Leitfähigkeit erhöht. Dadurch strömen zuerst Na^+-Ionen schnell in die Zelle und das Membranpotential bewegt sich in Richtung auf das Na^+-Gleichgewichtspotential bei $+60$ mV, danach strömen K^+-Ionen aus und stellen die Ruhemembranladung wieder her, repolarisieren die Membran zum Ruhepotential.

Ionenumsätze während des Aktionspotentials. Trotz der großen Änderungen der Leitfähigkeit der Membran während des Aktionspotentials sind die Ionenverschiebungen durch die Membran relativ zu den die Membran umgebenden Ionenmengen klein. Im Schema der Abb. 2-12 müssen während der Erregung nur 8 Na^+ in die Zelle einströmen, und entsprechend würde die Repolarisation durch Ausstrom von 6 K^+ erreicht. Durch die Ionenumsätze würde sich die Na^+-Konzentration in den sehr kleinen in der Abb. 2-12 betrachteten der Zelle benachbarten Räumen um weniger als $\frac{1}{1000}$ während eines Aktionspotentials ändern.

Die mit dem Aktionspotential in die Zelle geströmten Na^+-Ionen werden im Laufe der Zeit durch die Na^+-Pumpe aus der Zelle geschafft. Der aktive Na^+-Transport kompensiert also nicht nur den Ruhe-Natriumeinstrom, sondern auch den Na^+-Einstrom während der Erregung. Für das einzelne Aktionspotential hat jedoch der aktive Na^+-Transport keine Bedeutung. Wird die Ionenpumpe blockiert, z. B. durch Vergiftung mit Dinitrophenol (s. S. 33), so können trotz der Ausschaltung des aktiven Transportes noch Tausende von Aktionspotentialen ablaufen, ehe die intracelluläre Na^+-Konzentration so hoch wird, daß die Zelle unerregbar ist. Das Aktionspotential entsteht also aus passiven Bewegungen der Ionen entlang ihrer Konzentrations-Gradienten. Energie verbrauchende Prozesse wie die Na^+-Pumpe sind nur insoweit notwendig, als sie die Konzentrationsgradienten aufrecht erhalten.

Das Aktionspotential im Na^+-Mangel. Die Rolle der Na^+-Ionen für die Erregung kann durch ein einfaches Experiment deutlich gemacht werden. Vermindert man langsam die extracelluläre Na^+-Konzentration (unter Ausgleich der Osmolarität), so wird das Ruhepotential, wie früher beschrieben, kaum verändert: Es wird meist um etwa 10 mV negativer werden (s. S. 31). Dagegen wird das Aktionspotential deutlich betroffen: Die Positivität des Spitzenpotentials, der Aktionspotential-Überschuß, nimmt ab und der Aufstrich wird langsamer. Sinkt die extracelluläre Na^+-Konzentration auf etwa 1/10 der Norm, also unter 20 m mol/l, so werden die Zellen schließlich *unerregbar*. Dieser Befund ist so zu erklären, daß während der Erregung unter Normalbedingungen ein starker Na^+-Einstrom die Zelle depolarisiert, der nun durch die zu geringe extracelluläre Na^+-Konzentration verhindert wird. Die hohe intracelluläre K^+-Konzentration ist also Voraussetzung für das Ruhepotential, während eine *hohe extracelluläre Na^+-Konzentration* für das *Aktionspotential* notwendig ist. Daneben hängt die Erregbarkeit auch von der niedrigen intracellulären Na^+-Konzentration ab, die den Na^+-Einstrom entlang eines großen Konzentrationsgradienten ermöglicht.

44

Mit den folgenden Fragen können Sie prüfen, ob Sie den Stoff dieses Kapitels beherrschen:

F 2.11 Zeichnen Sie bitte das Aktionspotential eines Nerven mit Amplituden- und Zeitmaßstab. Benennen Sie dabei die verschiedenen Phasen.

F 2.12 Welche der folgenden Aussagen gelten für die Schwelle des Aktionspotentials?
  a) Das Membranpotential ist positiv und nahe E_{Na},
  b) Das Membranpotential ist etwa 20–30 mV positiver als das Ruhepotential,
  c) Die Membranladung ist instabil und baut sich selbständig ab,
  d) Der Kalium-Ausstrom ist größer als der Natrium-Einstrom.

F 2.13 Die Repolarisation des Aktionspotentials wird bewirkt durch
  a) Die sehr kleine Erhöhung der intracellulären Na^+-Konzentration durch die Erregung,
  b) Kalium-Ausstrom, der verzögert nach der Depolarisation einsetzt,
  c) Das Ende des Natrium-Einstromes während der Erregung,
  d) Das Entfernen des eingeströmten Na^+ durch die Natriumpumpe.

2.5 Kinetik der Erregung

Das Aktionspotential wird durch die Aufeinanderfolge eines Na^+-Stromes in die Zelle und eines K^+-Stromes aus der Zelle verursacht, die beide durch überschwellige Depolarisation ausgelöst werden. Diese Ströme hängen sowohl vom Ausmaß der Depolarisation wie von der Zeit seit Beginn der Depolarisation ab. Die komplizierte Kinetik der Na^+- und K^+-Ströme soll nun eingehend dargestellt werden. Diese dient einerseits einer weitergehenden Analyse des Aktionspotentials, ist aber besonders auch eine Voraussetzung für das Verstehen der Fortleitung des Aktionspotentials im Nerven und auch der Vorgänge, mit denen die Schwelle der Erregung erreicht wird.

Messung der Potential- und Zeitabhängigkeit der Ionenströme. Die Natrium- und Kaliumströme, die während des Aktionspotentials fließen, sind stark Potential- und Zeit-abhängig. Da sich während des Aktionspotentials das Potential dauernd schnell ändert, kann die Potentialabhängigkeit der Ströme während des Ablaufes des Aktionspotentials nicht näher analysiert werden. Diese Analyse ist jedoch möglich, wenn das Potential der Zelle nach dem Einsatz der Erregung künstlich konstant gehalten wird. Eine Versuchsanordnung, mit der dies erreicht werden kann, nennt man eine *Spannungsklemme* (englisch „voltage clamp").

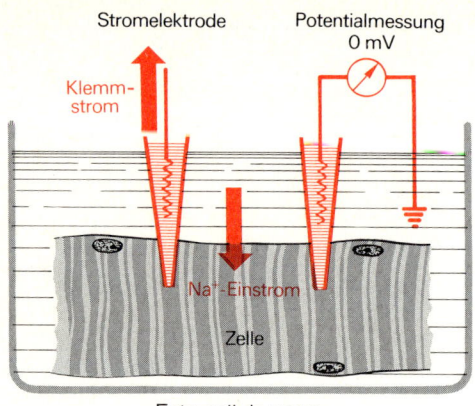

Abb. 2-13. Ströme bei der Spannungsklemme. Mit der rechten Elektrode wird zwischen dem Zellinneren und dem Interstitium das Membranpotential gemessen. Durch die linke Elektrode fließt der Klemmstrom *(roter Pfeil nach oben)* aus der Zelle, der das Potential bei 0 mV hält. Er ist gleich groß, jedoch umgekehrter Polarität wie der Na⁺-Einstrom *(roter Pfeil nach unten)* durch die Zellmembran beim Klemmpotential 0 mV

Die Versuchsanordnung für eine Spannungsklemme zeigt Abb. 2-13. Bei diesem Versuch werden zwei intracelluläre Elektroden verwendet: Mit Hilfe der einen Elektrode wird das *Membranpotential gemessen,* wie es schon in Abb. 2-1 gezeigt wurde. Die zweite intracelluläre Elektrode dient der *Zufuhr von Strom* in die Zelle. Die beiden Elektroden werden mit einer elektronischen Regeleinrichtung verbunden. Diesen Apparat kann der Experimentator so programmieren, daß das Membranpotential sich z. B. sprunghaft von einem Wert auf den anderen einstellt und dort konstant bleibt. Der Regler sorgt dafür, daß gerade die richtige Strommenge durch die Stromelektrode fließt, um die Potentialänderung herbeizuführen, und daß auch nach der Potentialänderung der Strom durch die Elektrode immer so eingerichtet wird, daß das neue Membranpotential konstant bleibt. Ist z. B. der Spannungsschritt eine vom Ruhepotential ausgehende überschwellige Depolarisation, so löst diese einen Na⁺-Einstrom aus. Der Regler läßt daraufhin gerade so viel Strom aus der Elektrode ausfließen, wie durch die Na⁺-Ionen in die Zelle einfließt (s. Abb. 2-13); da beide Ströme sich aufheben, bleibt das Membranpotential konstant. Der Klemmstrom und sein Zeitverlauf werden gemessen; da er immer gerade so groß ist, daß er den Membranstrom aufhebt, ist er ein Spiegelbild der Membranströme. Bei komstantem Klemmpotential zeigt also der Klemmstrom den *Zeitverlauf der Ionenströme* durch die Membran bei diesem Potential an.

Membranströme nach einer Depolarisation. Hodgkin und Huxley veröffentlichten 1952 eine bahnbrechende Analyse des Aktionspotentials der *Riesennervenfaser des Tintenfisches* mit Hilfe der Spannungsklemme. Dieses Präparat ist wegen seines großen Faserdurchmessers von bis zu 1 mm besonders für derartige Untersuchungen geeignet und wurde seitdem einge-

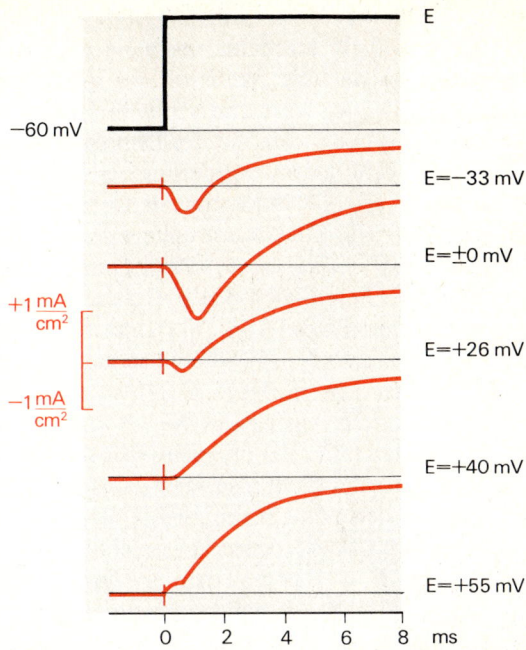

Abb. 2-14. Klemmströme nach Spannungsänderung. Oberste Zeile Zeitverlauf eines Spannungssprunges an einem Tintenfisch-Riesenaxon ausgehend vom Ruhepotential −60 mV auf ein Klemmpotential E. Darunter Klemmströme, die nach der Spannungsänderung auf das jeweils rechts angegebene Potential E fließen. Die für die Spannungsänderung auf +26 mV angegebene Eichung des Klemmstroms gilt auch für die anderen Klemmströme. Positive Klemmströme entsprechen einem Ausstrom von positiven Ionen aus der Zelle, und negative Klemmströme dem Einstrom von positiven Ionen. Nach HODGKIN, HUXLEY: J Physiol (1952) 116: 449

hend studiert. Die Abb. 2–14 zeigt deshalb an einer solchen Faser gemessene Klemmströme. Positive Klemmströme entsprechen einem Ausstrom von positiven Ionen aus der Zelle, und negative Klemmströme dem Einstrom von positiven Ionen. In der obersten Zeile der Abbildung ist der programmierte Potentialsprung vom Ruhepotential bei −60 mV auf den Wert E angedeutet. In den Zeilen darunter sind die bei den jeweiligen Potentialen E gemessenen Klemmströme dargestellt. Bei dem kleinsten Depolarisationsschritt auf E = −33 mV fließt nach der Depolarisation für etwa 1 ms ein kleiner negativer Strom, der in einen anhaltenden positiven Strom übergeht. Wird die Zelle auf 0 mV depolarisiert, so werden sowohl die vorübergehende negative wie auch die folgende anhaltende positive Stromkomponente größer. Bei stärkerer Depolarisation auf E = +26 mV wird die anfängliche negative Stromkomponente wieder kleiner, und sie verschwindet bei E = +40 mV ganz. Bei noch weiterer Depolarisation auf E = +55 mV erscheint anstelle der bisherigen negativen Stromkomponente eine positive. Während der anfängliche Strom bei Potentialen über 0 mV kleiner wird und schließlich seine Richtung umkehrt, nimmt der späte positive Strom mit der Depolarisation immer weiter zu. Die Umkehr der Stromrichtung bei +40 mV identifiziert den anfänglichen Strom als Natriumstrom, denn beim Tintenfisch-Riesenaxon liegt E_{Na} bei +40 mV. Ein *Ionenstrom* muß seine *Richtung* bei seinem *Gleichgewichtspotential umkehren:* Bei Potentialen negativer als E_{Na} fließt Na^+ in die Zelle, bei Potentialen positiver als E_{Na} aus der Zelle. Der anfängliche negative Klemmstrom kann auch mit einer weiteren Messung als Na^+-Strom erkannt werden. Wird Na^+ in der extracellulären Lösung durch ein impermeables Ion ersetzt (s. S. 29), so verschwindet diese Stromkomponente, was durch Ausfall des Na^+-Stroms in der Natrium-freien Lösung erklärt werden muß. Bei überschwelligen Depolarisationen auf ein festgehaltenes Potential fließt also für 1–2 ms ein *Natriumstrom.*

Der auf den Na^+-Strom nach einem Depolarisationsschritt folgende positive Strom ist K^+-*Strom.* Der Zeitverlauf des K^+-Stromes ist klar ersichtlich bei E = +40 mV, dem Natriumgleichgewichtspotential E_{Na}. Bei E_{Na} fließt definitionsgemäß kein Netto-Natriumstrom, der dort gemessene Strom muß also insgesamt K^+-Strom sein. Im Gegensatz zu dem sofort, aber nur kurze Zeit fließenden Natriumstrom I_{Na} beginnt der Kaliumstrom I_K mit *Verzögerung,* erreicht in 4–10 ms sein Maximum und *fällt nicht ab,* solange die Depolarisation anhält. Die Amplitude des maximalen I_K wächst etwa proportional zur Depolarisation.

In Natrium-freier Lösung entfällt, wie oben besprochen, der Natriumeinstrom nach Depolarisation. Die dann nach einem Depolarisationsschritt gemessenen Membranströme sind (im wesentlichen) K^+-Ströme. Man kann also für jedes Potential den Zeitverlauf des K^+-Stromes bestimmen. Wenn man diesen K^+-Strom von dem in normaler Badelösung gemessenen Strom abzieht, bleibt der Natriumstrom. Man kann also für jedes Membranpotential den Klemmstrom in die Na^+ und in die K^+ Komponente aufteilen. Dieses ist in Abb. 2-15 für das Potential E = 0 mV geschehen. Es ist deutlich, wie I_{Na} nach der Depolarisation fast unverzögert ansteigt und nach weniger als 1 ms wieder abfällt. I_K dagegen steigt verzögert auf einen konstanten Endwert.

Änderungen der Membranleitfähigkeiten nach einer Depolarisation. Das Verhalten der Membran nach einer Depolarisation läßt sich besser noch als an den Membranströmen an den Änderungen der Membranleitfähigkeiten ablesen. Für ein jeweils festgehaltenes Potential E ist die Membranleitfähigkeit für ein Ion proportional dem Ionenstrom durch die Membran. Es gilt z. B. für Na^+:

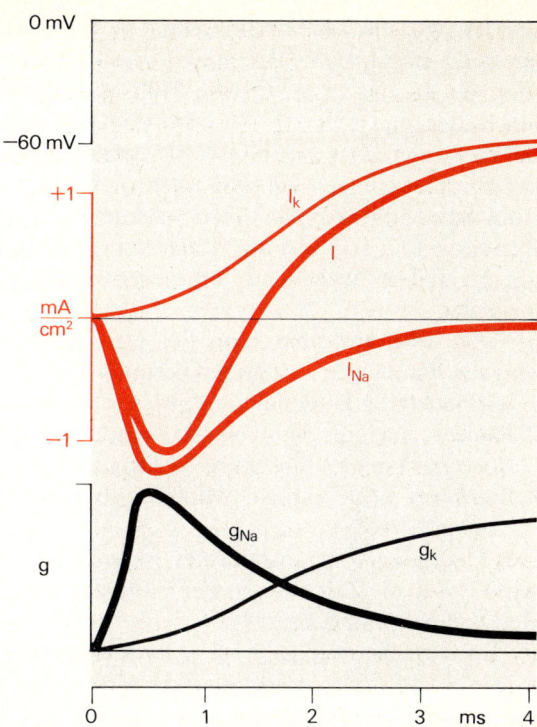

Abb. 2-15. Ionenströme und Leitfähigkeit nach Spannungsänderung. Oben der Zeitverlauf der durch die Spannungsklemme erreichten Potentialänderung von $-60\,mV$ auf $0\,mV$. Darunter der nach der Potentialänderung fließende Klemmstrom I und seine Komponenten I_{Na} und I_K. Unten der aus diesen Strömen berechnete Zeitverlauf der Membranleitfähigkeit g_{Na} und g_K. Präparat: Tintenfisch-Riesenaxon. Nach HODGKIN: Proc Roy Soc B (1958) 148: 1

$$g_{Na} = I_{Na}/(E - E_{Na}).$$

Wenn man die Gleichgewichtspotentiale E_{Na} und E_K kennt, so kann man also für ein bestimmtes Potential E aus dem Zeitverlauf von I_{Na} und I_K den Zeitverlauf von g_{Na} und g_K berechnen. Dieser ist für $E = 0\,mV$ im unteren Teil von Abb. 2-15 dargestellt. g_{Na} erreicht in weniger als 1 ms nach der Depolarisation ihr Maximum und ist nach etwa 4 ms fast verschwunden, obgleich die Depolarisation anhält. Das Letztere wird *Inaktivation* (oder „Inaktivierung") genannt.

Die Inaktivation der nach einer Depolarisation angestiegenen g_{Na} hält an, solange die Membran depolarisiert bleibt. Ist g_{Na} nach Depolarisation einmal *inaktiviert, so ist es durch weitere Depolarisation nicht aktivierbar.* Der Zustand der Inaktivation des Natriumsystems kann nur dadurch abgebaut werden, daß das Membranpotential in die Nähe des Ruhepotentials oder zu noch negativeren Potentialen zurückkehrt. Das Membranpotential muß für mindestens etwa eine Millisekunde negativer sein als -50 mV, um es dem inaktivierten Natriumsystem zu ermöglichen, wieder *aktivierbar* zu werden. Das Natriumsystem ist also nur für eine Depolarisation aktivierbar, wenn das Membranpotential vor der Depolarisation zumindest für einige Millisekunden einen ausreichend negativen Wert hatte. Ist das Ruhepotential positiver als -50 mV, so bleibt bei einem Warmblüternerv g_{Na} inaktiviert, ausgehend von diesem Potential ist also keine Erregung auslösbar.

Das Natriumsystem kann sich also in drei verschiedenen, potential- und zeitabhängigen Zuständen befinden:

1. *aktivierbar* bei Potentialen negativer als -50 mV;
2. *aktiviert*, nach überschwelligen Depolarisationen, der Zustand kann jedoch nur einige Millisekunden anhalten;
3. *inaktiviert* nach einigen Millisekunden bei Potentialen positiver als -50 mV.

Der Übergang vom Zustand der Aktivation in die Inaktivation wird bewirkt durch die Zeit, der aus der Inaktivation in die Aktivierbarkeit durch Repolarisation und Zeit.

Im Gegensatz zu g_{Na} wird *g_K nach einer Depolarisation nicht inaktiviert.* Wie Abb. 2-15 zeigt, bleibt g_K nach einer Depolarisation erhöht, solange die Depolarisation anhält. Da der Anstieg von g_K für die Repolarisation des Ruhepotentials verantwortlich ist, sichert die mit der Zeit der Depolarisation nicht abnehmende hohe g_K auf alle Fälle die Rückkehr des Potentials zum Ruhewert.

Die Membranleitfähigkeit während des Aktionspotentials. Wenn man für bestimmte festgehaltene Klemmpotentiale die Potential- und Zeitabhängigkeiten von g_{Na} und g_K kennt, so kann auch der Zeitverlauf dieser Leitfähigkeiten während des Aktionspotentials berechnet werden. Das Ergebnis einer solchen Rechnung zeigt Abb. 2-16. g_{Na} steigt zu Beginn des Aktionspotentials potentialabhängig steil an und erreicht ihr *Maximum schon vor der Spitze des Aktionspotentials.* Nach ihrem Maximum fällt g_{Na} zuerst auf Grund der zeitabhängigen Inaktivation und, wenn die Membran schon weitgehend repolarisiert ist, auch auf Grund der Potentialabhängigkeit. g_K kann zu Beginn des Aktionspotentials, ausgelöst durch die Depolarisation, auf Grund seiner Zeitabhängigkeit nur *langsam ansteigen* und erreicht sein Maximum erst während des steilsten Abschnittes der Repolarisation. Danach fällt es auf Grund seiner *Potentialabhängigkeit* langsam ab.

Refraktärphasen nach dem Aktionspotential. Schon auf der Spitze des Aktionspotentials ist g_{Na} teilweise inaktiviert und diese Inaktivation ist in etwa vollständig, wenn die Repolarisation das Null-Potential durchläuft. Die

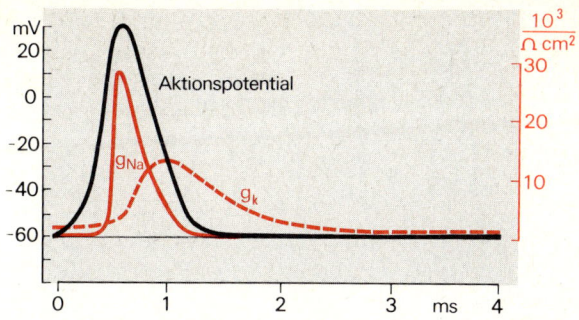

Abb. 2-16. Membranleitfähigkeit während des Aktionspotentials. Oben Zeitverlauf eines Aktionspotentials, darunter Zeitverlauf der Membranleitfähigkeit g_{Na} und g_K während des Aktionspotentials. Nach NOBLE (1966) Physiol. Rev. 46: 1

Inaktivation kann sich nur zurückbilden, das Natrium-System kann erst dann wieder aktivierbar werden, wenn das Potential für einige Millisekunden negativer wird als $-50\,\text{mV}$ (s. S. 50). g_{Na} ist also während der Repolarisation des Aktionspotentials und noch für kurze Zeit danach inaktiviert. Während dieser Zeit kann g_{Na} durch eine neue Depolarisation nicht wesentlich gesteigert werden, d. h. die Zelle ist *unerregbar.*

Die Phase der Unerregbarkeit nach dem Aktionspotential kann auch nachgewiesen werden, wenn man zu verschiedenen Zeiten nach dem Aktionspotential die Membran bis zur Schwelle depolarisiert und damit die Erregbarkeit feststellt. Das Ergebnis eines solchen Experimentes wird in Abb. 2-17 gezeigt. Die erzwungene Depolarisation der Zelle wird durch gestrichelte Kurven angedeutet. In den ersten zwei Millisekunden nach Beginn des Aktionspotentials erweist sich die Zelle als absolut *unerregbar,* die Schwelle kann durch noch so große Depolarisationen nicht erreicht werden. Diese **Phase der völligen Unerregbarkeit** wird auch als **absolute Refraktärphase** bezeichnet.

Abb. 2-17 zeigt weiter, daß für einige Millisekunden nach Beendigung der absoluten Refraktärphase die Schwelle für die Auslösung von Aktionspotentialen höher (positiver) liegt als beim ersten Aktionspotential. Die Zeit bis zur Normalisierung der Schwelle wird **relative Refraktärphase** genannt. Während dieser Phase ist auch die Amplitude des Aktionspotentials herabgesetzt, denn die Inaktivation der g_{Na} nach dem ersten Aktionspotential ist noch nicht völlig zurückgebildet.

Die absolute Refraktärphase begrenzt die maximale Frequenz, mit der in der Zelle Aktionspotentiale ausgelöst werden können. Ist wie in Abb. 2-17 die absolute Refraktärphase 2 ms nach dem Beginn des Aktionspotentials beendet, so ist die **maximale Frequenz der Aktionspotentiale** dieser Zelle 500/s. Es gibt Zellen mit noch kürzeren Refraktärzeiten, so daß im

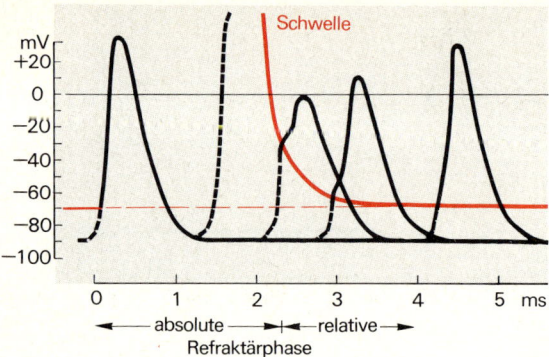

Abb. 2-17. Refraktärität nach einer Erregung. Schema des Zeitverlaufes eines Aktionspotentials eines Warmblüternerven, nach dem zu verschiedenen Zeiten weitere Erregungen ausgelöst werden. *Rot (ausgezogen)* ist die Schwelle eingezeichnet. Die Depolarisation der Faser bis zur Schwelle ist jeweils *(schwarz)* gestrichelt dargestellt, die selbsttätigen Potentialverläufe nach Überschreiten der Schwelle sind *(schwarz)* ausgezogen gezeichnet. Die Faser ist während der absoluten Refraktärphase nach dem ersten Aktionspotential unerregbar, die Schwelle kann durch noch so große Depolarisation nicht erreicht werden. In der anschließenden relativen Refraktärphase ist die Schwelle höher als normal

Extremfall in einem Nerven Frequenzen bis zu 1000/s vorkommen können. Bei den meisten Zelltypen liegen jedoch die gemessenen maximalen Aktionspotentialfrequenzen unter 500/s.

Der Membrankanal für Na⁺. Die Aktivation und Inaktivation des Na^+-Systems der Zellmembran ist die Grundlage des Aktionspotentials. Diese Vorgänge lassen sich mathematisch exakt beschreiben, wie aber sehen die Membranstrukturen aus, die *Na⁺-Kanäle,* durch welche die Na^+-Ionen schnell und präzis gesteuert in die Zelle einströmen können? Das Schema der Abb. 2-18 faßt zusammen, was man heute sicher über die Na^+-Kanäle aussagen kann. An dem Kanal lassen sich zwei Funktionen unterscheiden: 1) Das *Selektivitätsfilter* und 2) das *Tor.* Das Selektrivitätsfilter sitzt am äußeren Eingang des Na^+-Kanals. Seine Wand ist negativ geladen und stößt deshalb Anionen ab. Der Durchmesser, die Ladungsverhältnisse und die Wasserbindungen in dem Kanaleingang erlauben es ferner nur einigen Kationen, besonders den Na^+- und den Lithiumionen, unbehindert den Eingang zu passieren. Der Kanaleingang stellt somit ein *selektives Filter* dar, das insbesondere Na^+ fließen und K^+ nicht passieren läßt. Hinter dem Selektivitätsfilter liegt ein zweites Hindernis, ein *Tor.* Beim Ruhepotential ist das Tor geschlossen, öffnet sich aber bei *Depolarisation.* Es handelt sich wahrscheinlich um ein geladenes großes Eiweißmolekül, das seine Form oder Lage bei Minderung der elektrischen Feldstärke in der

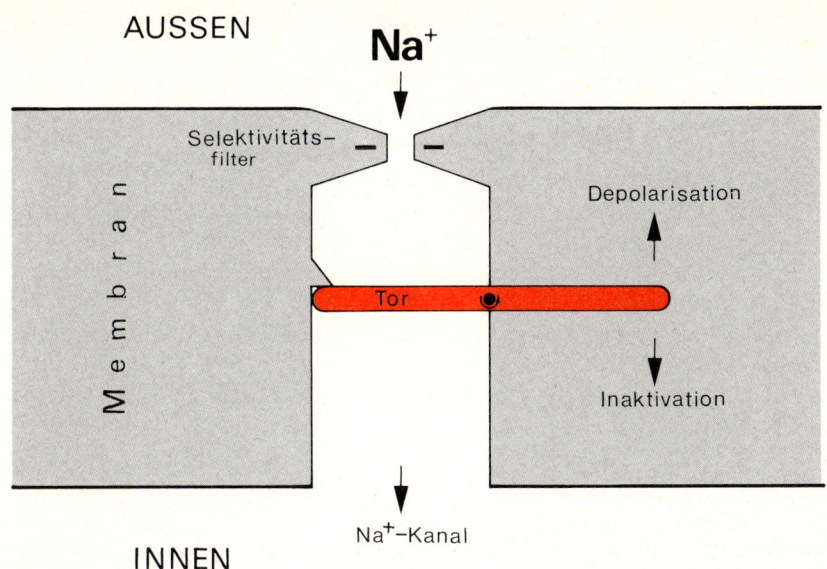

AUSSEN

Na⁺

Membran

Selektivitäts−
filter

Tor

Depolarisation

Inaktivation

INNEN

Na⁺−Kanal

Abb. 2-18. Modell-Schema eines Na⁺-Kanals durch die Membran. Eine kurze, enge Pore (0,3 × 0,5 nm) mit negativ geladener Wand bildet das Selektivitätsfilter für die Na⁺-Ionen. Im Inneren des Kanals liegt ein Tor, das bei Depolarisation aufschwenkt und durch Inaktivation wieder zuklappt

Membran ändert. Das Tor "öffnet" sich jedoch potentialabhängig immer nur für kurze Zeit, nach wenigen Millisekunden tritt schon *Inaktivation* ein. Das *Selektivitätsfilter* liegt *am Eingang des Na⁺-Kanals* und kann nur durch größere Moleküle, die von außen an die Membran kommen, beeinflußt werden. Das *Tor* liegt dagegen *in der Tiefe des Na⁺-Kanals,* und wird nur über das Zellinnere von Wirkstoffen mit größerem Molekulargewicht erreicht. Mit Hilfe von Stoffen, die sich fest mit dem Eingang der Natriumkanäle verbinden (z. B. Tetrodotoxin), kann man die Dichte der Kanäle in der Membran bestimmen. Es finden sich etwa *50 Natriumkanäle pro μm^2 Membranfläche.* Die Kanäle haben einen Durchmesser von etwa 0,5 nm und liegen im Mittel 140 nm voneinander entfernt. Die etwa 7 nm dicke Membran wird also von recht *feinen Kanälen* durchzogen, die im Maßstab der Membran gesehen *großen Abstand* voneinander haben. Setzt man die Kanäle in Analogie zu Türen von 1 m Breite in einem Flur, so wäre in einer Membran „für Menschen", anstatt für Na⁺-Ionen, die „nächste Türe" erst in 280 m Entfernung zu finden.

Die folgenden Fragen sollen Ihnen eine Überprüfung Ihres Wissens ermöglichen:

F 2.14 Auf der Spitze des Aktionspotentials wird das Membranpotential positiv, weil
a) die Na^+-Konzentration in der Zelle größer wird als die K^+-Konzentration,
b) durch Na^+-Einstrom ein kleiner Überschuß an positiven Ladungen auf der Innenseite der Membran entsteht,
c) das Membranpotential positiver wird als das Na^+-Gleichgewichtspotential,
d) das Membranpotential sich dem Na^+-Gleichgewichtspotential annähert.

F 2.15 Während der steilen Phase der Repolarisation fließt durch die Membran
a) vorwiegend Na^+-Strom,
b) vorwiegend K^+-Strom,
c) etwa gleichviel Na^+- und K^+-Strom.

F 2.16 Zeichnen Sie den ungefähren Zeitverlauf von g_{Na} und g_K während des Aktionspotentials.

F 2.17 Während der absoluten Refraktärphase nach einem Aktionspotential ist
a) die Zelle unerregbar,
b) der Natriumeinstrom größer als der Kaliumausstrom,
c) die Natriumleitfähigkeit nicht aktivierbar,
d) die Natriumpumpe nicht aktiv,
e) das Natriumgleichgewichtspotential negativ.

2.6 Elektrotonus und Reiz

Eine Erregung entsteht durch Depolarisation der Membran zur Schwelle. Der Erregungsvorgang selbst wurde in den letzten Kapiteln eingehend besprochen, es wurde jedoch noch nichts darüber ausgesagt, wie die Membran zur Schwelle depolarisiert wird. Die Depolarisation der Membran zur Schwelle wird auch *Reizung* genannt, die Charakteristika dieser Reize sollen Thema dieses Abschnittes sein.

Bei Zellen im Verbande des Organismus ist der *Reiz* für die Auslösung eines Aktionspotentials in der Regel ein elektrischer Strom, der die Zelle depolarisiert. Dieser Strom wird meist nicht an der zu reizenden Membranstelle erzeugt, sondern von „außen" geliefert. Bei Nervenzellen kommt der Strom von benachbarten Membranbezirken, von Synapsen oder von Receptoren. Im neurophysiologischen Experiment wird der Reizstrom meist über Elektroden zugeführt, weil er so in Größe und Zeitdauer leicht kontrolliert werden kann. Im folgenden wird deshalb zuerst die Reaktion der Membran auf zugeführten Strom besprochen, und da-

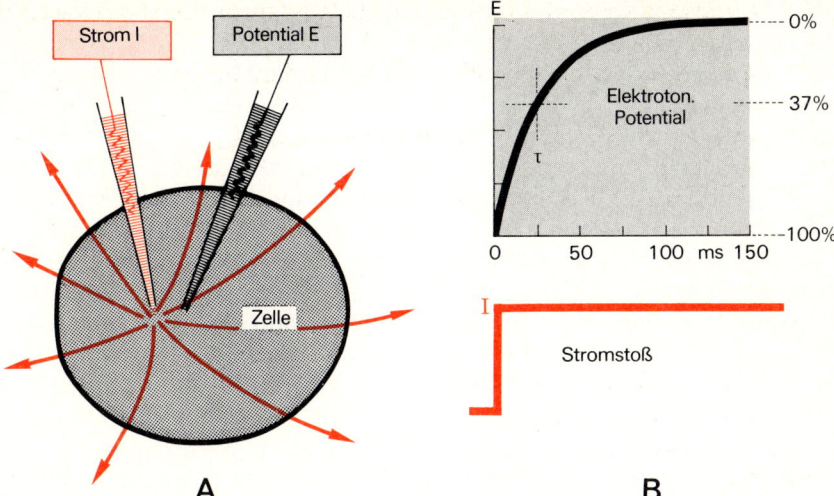

Abb. 2-19 A, B. Elektrotonisches Potential einer kugelförmigen Zelle. **A** Schema der Messung des Potentials *E* und der Zuführung des Stromes I durch intracelluläre Elektroden. Der Stromfluß durch die Membran wird durch die *roten Linien* angedeutet. **B** Unten Zeitverlauf eines Stromstoßes *I* durch die Stromelektrode. Darüber Zeitverlauf des gleichzeitig gemessenen Membranpotentials *E*, des „elektrotonischen Potentials". Die Steilheit des Anstieges des elektrotonischen Potentials wird durch die Membranzeitkonstante τ gekennzeichnet, die abgelesen wird, wenn das Potential sich seinem Endwert bis auf 37% (1/e) genähert hat

nach die Bedingungen analysiert, unter denen ein solcher Strom als Reiz wirkt.

Elektrotonus bei homogener Stromverteilung. Die Stromzuführung in eine Zelle mit Hilfe einer intracellulären Elektrode ist in Abb. 2-19 A dargestellt. Der zugeführte Strom I verläßt die Zelle wieder, indem er die Membran kreuzt. Er fließt dabei erstens über die *Membrankapazität* und zweitens als *Ionenstrom* durch die Membran. Dabei wird das Membranpotential E verändert: Die Meßelektrode mißt während und kurz nach Ende des Stromflusses ein *elektrotonisches Potential.*

Betrachten wir zunächst die Stromkomponente, die über die *Membrankapazität* abfließt. Die mit dem applizierten Strom in die Zelle gelangten überschüssigen Ladungen können je nach Polarität die negative Aufladung der Innenseite der Membran vergrößern oder verkleinern. Eingeströmte positive Ladung wird die negative Aufladung der Membraninnenseite herabsetzen (s. Abb. 2-2). Wird die negative Ladung an der Membraninnenseite vermindert, so nimmt auch die positive Aufladung der Membranaußenseite entsprechend ab. Es werden also an der Membran-

55

außenseite so viele positive Ladungen frei, wie innen zur Verminderung der negativen Ladung verbraucht wurden. Damit ist durch die Membran ein Strom geflossen, ohne daß Ladungsträger die Membran wirklich gekreuzt haben. Da dieser Strom durch Ladungsverschiebungen an der Membrankapazität vermittelt wurde, wird er *kapazitiver Strom I_c* genannt. Das Membranpotential ist nun der Ladung des Membrankondensators proportional. Bei konstanter Ladungszufuhr, d. h. nach Einschalten eines konstanten Stroms, sollte sich die Ladung des Membrankondensators und damit das Membranpotential mit konstanter Geschwindigkeit ändern. Abb. 2-19 B zeigt die Potentialänderungen in der Zelle nach Einschalten eines konstanten Stromes. Das Potential ändert sich keineswegs mit gleichbleibender Geschwindigkeit, sondern diese Geschwindigkeit sinkt mit der Zeit, und das Potential erreicht schließlich trotz weiterfließenden Stromes einen konstanten Wert. Der Verlauf der Potentialänderung ist also nicht allein durch Fließen eines kapazitiven Stromes erklärbar.

Während der Potentialänderung fließt neben dem kapazitiven Strom auch ein *Ionenstrom.* Die Membran ist beim Ruhepotential besonders durchlässig für K^+-Ionen, meist weniger für Cl^--Ionen und etwas durchlässig für Na^+-Ionen. Bei konstantem Ruhepotential ist die Summe der Ströme dieser Ionen Null. Wird das Membranpotential durch über eine Elektrode zugeführte Ladungen verschoben, so fließt ein Netto-Ionenstrom, der der Größe der Potentialverschiebung proportional ist. Denn die Ionenströme sind *proportional der Membranleitfähigkeit* und ändern sich proportional zum Abstand des Potentials vom Gleichgewichtspotential. Wenn also, wie in Abb. 2-19 B, die Membranladung durch einen konstanten Strom vermindert wird, so fließt mit wachsendem Abstand vom Ruhepotential mehr Ionenstrom über die Membran, der hauptsächlich von K^+-Ionen getragen wird. Mit wachsender Depolarisation steht also immer weniger Strom für die Entladung des Membrankondensators zur Verfügung. Deshalb ändert sich mit der Zeit das Membranpotential immer langsamer. Schließlich wird es konstant, wenn der gesamte applizierte Strom als Ionenstrom I_i über die Membran fließt.

Es resultiert der in Abb. 2-19 gezeigte *exponentielle Zeitverlauf des elektrotonischen Potentials.* Zu Beginn dieses elektrotonischen Potentials fließt nur kapazitiver Strom, am Plateau nur Ionenstrom durch die Membran. Neben der Höhe des Plateaus, der Amplitude des elektrotonischen Potentials, wird dies gekennzeichnet durch die Steilheit des exponentiellen Anstieges. Diese wird durch die *Membranzeitkonstante τ,* der Zeit bis zur Änderung des Potentials auf 37% (1/e) des Endwertes charakterisiert. τ hat an verschiedenen Membranen Werte von 10–50 ms.

Elektrotonische Potentiale werden in der Neurophysiologie viel dazu verwendet, Widerstand und Kapazität der Membran zu bestimmen. Der

Membranwiderstand r_m einer Zelle ist der Quotient aus der Endamplitude des elektrotonischen Potentials und dem zugeführten Strom. Auf dem Plateau des elektronischen Potentials fließt ja der gesamte Strom als Ionenstrom über den Membranwiderstand, und dieser läßt sich aus Spannungsänderung und Strom berechnen. Der Zeitverlauf des elektrotonischen Potentials stellt die Ladekurve des Membrankondensators über den Membranwiderstand dar, wobei die Membranzeitkonstante τ das Produkt von Widerstand und Kapazität ist. Die ***Membrankapazität*** c_m läßt sich also als Quotient von τ und r_m berechnen. Diese einfachen Beziehungen gelten allerdings nur für Zellen, in denen sich applizierter Strom homogen verteilen kann.

Das elektrotonische Potential an langgestreckten Zellen. Fast alle Nerven- und Muskelzellen sind sehr lang im Verhältnis zu ihrem Durchmesser, eine Nervenfaser kann z. B. 1 m lang sein bei einem Durchmesser von 1 μm. Bei diesen Zellen fließt natürlich an einer Stelle applizierter Strom in der Nähe dieser Stelle mit viel größerer Dichte durch die Membran als an weiter entfernten Membranbezirken. Für die elektrotonischen Potentiale an solchen Zellen müssen andere Beziehungen gelten als für die an kugeligen Zellen (Abb. 2-19 A) mit homogener Stromverteilung.

Wie Abb. 2-20 zeigt, lassen sich die elektrotonischen Potentiale in einer langgestreckten Muskelfaser durch intracelluläre Elektroden messen, die in verschiedener Entfernung – hier bei 0 mm, 2,5 mm und 5 mm – von den Stromelektroden eingestochen werden. Der gemessene ***Potentialverlauf ist nicht mehr einfach exponentiell*** wie bei der kugelförmigen Zelle der Abb. 2-19. Am Orte der Stromzuführung steigt in Abb. 2-20 das elektrotonische Potential (E_o) steiler an als bei gleichmäßiger Stromverteilung, sichtbar daran, daß es sich zum Zeitpunkt τ schon um 16% an den Endwert angenähert hat. Wie oben dargestellt fehlen bei gleichmäßigem Stromfluß durch ein isoliertes Stück der Zellmembran zum Zeitpunkt der Membranzeitkonstante τ 37% bis zum Endwert des elektronischen Potentials. Der steilere Anstieg in Abb. 2-20 wird durch die inhomogene Stromverteilung verursacht: zuerst wird der Membrankondensator in einem kleinen Bezirk nahe der Stromelektrode entladen, und dann fließt Strom über das Zellinnere, das einen beträchtlichen Längswiderstand hat, zu entfernteren Membranbezirken. Zu Beginn des applizierten Stromstoßes konzentriert sich also der Membranstrom auf die unmittelbare Umgebung der Stromelektrode und das Potential ändert sich hier sehr schnell. Mit wachsender Entfernung vom Orte der Stromzuführung wird deshalb der Zeitverlauf des elektrotonischen Potentials zunehmend langsamer. In der in Abb. 2-20 dargestellten Messung beginnt in der Entfernung von 5 mm das elektrotonische Potential (E_5) mit Verzögerung hat seinen Endwert E_{max} nach 120 ms noch nicht ganz erreicht.

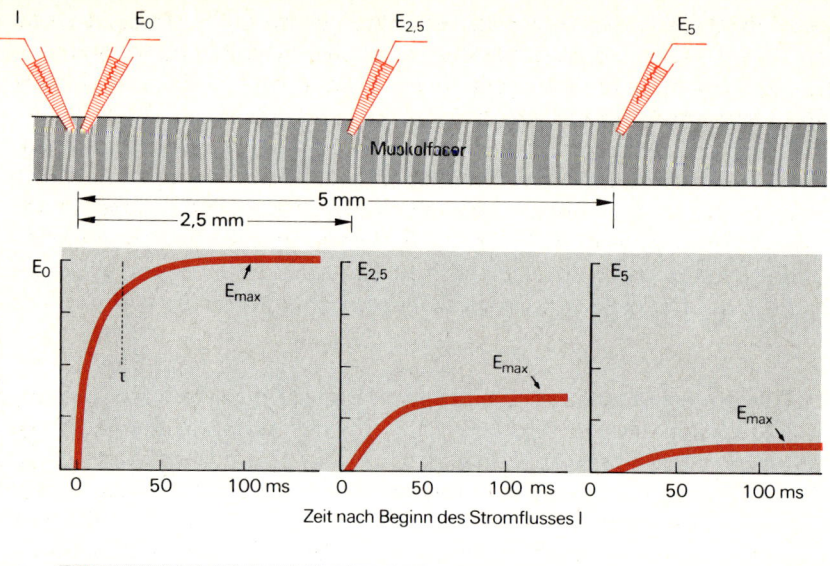

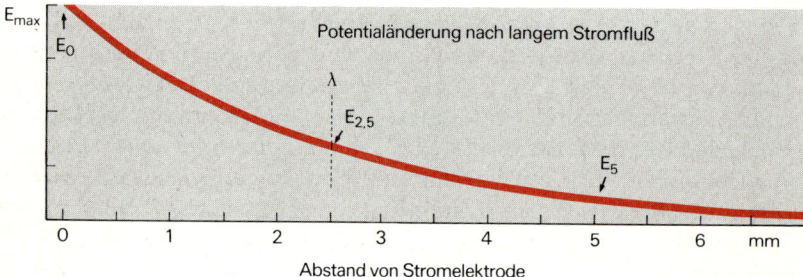

Abb. 2-20. Elektrotonisches Potential in einer langgestreckten Zelle. Oben Schema der Applikation eines Stromes I in eine langgestreckte Muskelfaser und der Messung der Potentialänderung, des elektrotonischen Potentials im Abstand 0 mm (E_0), 2,5 mm ($E_{2,5}$) und 5 mm (E_5) vom Orte der Stromeinleitung. Unter diesem Schema Zeitverläufe der elektrotonischen Potentiale E_0, $E_{2,5}$ und E_5, mit wachsender Entfernung erreichen die elektrotonischen Potentiale kleinere Endwerte E_{max}. In der untersten Kurve sind die Endwerte E_{max} der elektrotonischen Potentiale in Abhängigkeit von der Entfernung vom Orte der Stromeinleitung eingetragen. Die Steilheit des Abfallens von E_{max} mit der Entfernung wird durch die Membranlängskonstante λ gekennzeichnet, die bei 37% von E_{max} am Orte der Stromzuführung abgelesen wird

Auch wenn der zugeführte Strom längere Zeit geflossen ist und eine neue Ladungsverteilung sich eingestellt hat, fließt immer noch mehr Strom durch die nahe der Stromzuführung liegende Membran als durch entferntere Membranbezirke. Die zu diesem Zeitpunkt gemessenen Endwerte E_{max} der elektrotonischen Potentiale sind in der Abb. 2-20 unten gegen den Abstand von der Stromelektrode eingetragen. Es ergibt sich, daß die Amplitude E_{max} exponentiell mit dem Abstand fällt. Die Steilheit dieses exponentiellen Abfallens mit der Entfernung wird durch die **Membranlängskonstante** λ gekennzeichnet, bei der E_{max} auf 37% (1/e) abgefallen ist. λ ist in Abb. 2-20 2,5 mm lang, an verschiedenen Zellen hat λ Werte zwischen 0,1 und 5 mm. Mit der Längskonstante λ hat man ein Maß dafür, über wie große Entfernungen sich elektrotonische Potentiale über langgestreckte Zellen ausbreiten. Über eine Entfernung von 4 λ fällt beispielsweise die Amplitude des elektrotonischen Potentials auf etwa 2% des Ausgangswertes ab; elektrotonische Potentiale sind an Nerven also bestenfalls noch über einige Zentimeter von ihrem Ursprungsort entfernt meßbar.

Unter- und überschwellige Reize. Das *elektrotonische Potential* ist eine rein *passive Reaktion* der Membran auf zugeführten Strom, d. h. die Membran ändert während des elektrotonischen Potentials ihre Leitfähigkeit (und ihre Kapazität) nicht. Auch die Polarität des Stromes ist für den Verlauf des elektrotonischen Potentials im Prinzip gleichgültig: In Abb. 2-21 werden durch depolarisierende Stromstöße der Stärke +1 und +2 elektrotonische Potentiale ausgelöst, wird die Stromrichtung auf −1 oder −2 umgekehrt, so ergeben sich den depolarisierenden elektrotonischen Potentialen genau *spiegelbildliche* hyperpolarisierende elektrotonische Potentiale.

Ein depolarisierendes elektrotonisches Potential wird auch „Katelektrotonus", ein hyperpolarisierendes „Anelektrotonus" genannt. Diese Bezeichnungen ergeben sich aus dem Verfahren der Stromzuführung durch zwei dem Nerven anliegende extracellulären Elektroden: um die Kathode wird dann Katelektrotonus, um die Anode Anelektrotonus erzeugt.

Von den depolarisierenden Stromstößen in Abb. 2-21 erzeugen nur die ersten beiden reine elektrotonische Potentiale. Überschreitet bei den Stromstößen der Stärken +3 und +4 das Potential den Bereich von −70 mV, so wird die Depolarisation zunehmend größer, als sie bei einem reinen elektrotonischen Potential ausfallen würde. Diese Depolarisationen sind auch größer als die entsprechenden spiegelbildlichen Hyperpolarisationen ausgelöst durch die Stromstärken −3 und −4. Die über das reine elektrotonische Potential hinausgehenden Depolarisationen sind als rote Flächen eingetragen. Sie werden verursacht durch die *bei Depolarisation ansteigende Natriumleitfähigkeit* g_{Na} der Membran. Im Bereich von −70 mV ist g_{Na} gegenüber dem Wert beim Ruhepotential geringfügig erhöht, der dadurch vermehrte Einstrom von Na^+ in die Faser führt zu einer zusätzlichen Depolarisation. Überschreitet auf Grund eines noch größeren Stromstoßes (Stärke +5 in Abb. 2-21) die Depolarisation die **Schwelle,** so wird *volle Erregung,* also ein Aktionspotential ausgelöst. Im unterschwelligen Bereich kommt die Erregung nicht voll zur Ausbildung. Der Anstieg von g_{Na} ist nicht groß genug, um die Depolarisation bis über die

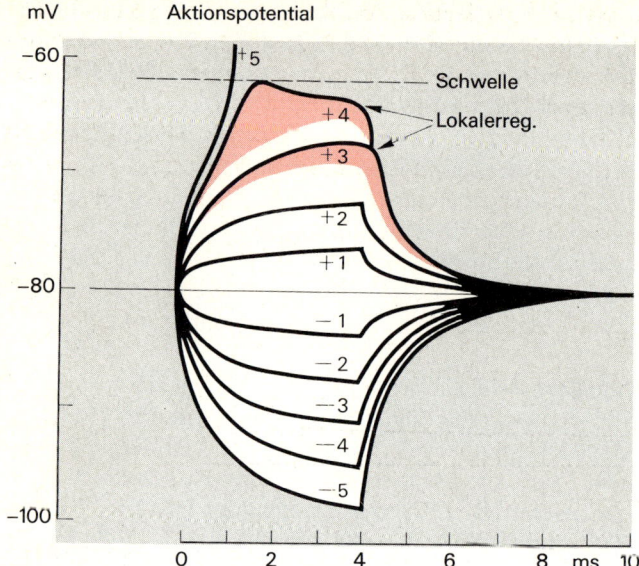

mV   Aktionspotential

Abb. 2-21. Elektrotonische Potentiale und lokale Antworten. Stromstöße (von 4 ms Dauer) der Stärke 1, 2, 3, 4 und 5 erzeugen in hyperpolarisierender Richtung gleichmäßig ansteigende elektrotonische Potentiale. In depolarisierender Richtung verlaufen die elektrotonischen Potentiale 1 und 2 spiegelbildlich zu den hyperpolarisierenden. Die depolarisierenden Stromstöße 3 und 4 erzeugen Depolarisationen, die bei Überschreiten von − 70 mV vom Verlauf der elektrotonischen Potentiale nach oben abweichen, das Ausmaß dieser Abweichung wird durch die roten Flächen unter den Kurven angedeutet. Die über den Elektrotonus hinaus selbsttätig erzeugte Depolarisation wird als Lokalerregung bezeichnet. Der depolarisierende Stromstoß der Stärke 5 erzeugt eine Depolarisation, die die Schwelle überschreitet und ein Aktionspotential auslöst

Schwelle zu treiben und damit ein Aktionspotential auszulösen, das fortgeleitet werden kann. Die roten Flächen in Abb. 2-21 entsprechen deshalb einer nicht vollständigen Form der Erregung, die man auch *Lokalerregung* oder *lokale Antwort* nennt. Während solcher Lokalerregungen kann der Na^+-Einstrom in die Zelle durchaus größer werden als der K^+-Ausstrom und damit der Erregungsprozeß in Gang gesetzt werden (siehe Reaktion auf Stromstoß + 4 in Abb. 2-21).

Eine schnelle Depolarisation der Membran erfordert viel Strom, der in die Membrankapazität fließt (s. Seite 55). Reicht der depolarisierende Strom nicht aus, so steigt die Depolarisation zu langsam an, und das Natriumsystem wird innerhalb von etwa 1 Millisekunde *inaktiviert* (s. Abb. 2-15). Die Erregung erreicht dann die Schwelle nicht und bleibt *lokal*. Durch sehr langsam ansteigende Reizströme kann deshalb die Membran sogar über die „Schwelle" hinaus depolarisiert werden, weil bei sehr langsamer Depolarisation die Inaktivation des Natriumsystems so groß wird, daß auch über der Schwelle die Natriumleitfähigkeit nicht ausreichend steigen kann. Das Ausbleiben von Erregungen bei sehr langsamer Depolarisation nennt man auch *Einschleichen.* Unterschwellige, lokale Erregungen spielen an Zellen des Zentralnervensystems, die durch eine Vielzahl von synaptischen Potentialen (s. Seite 91) häufig in die Nähe der Schwelle depolarisiert werden, eine große Rolle.

Minimaler Reizstrom und Reizzeit. Wenn ein depolarisierendes elektrotonisches Potential ausreichend schnell die Schwelle überschreitet, so wird eine Erregung ausgelöst (s. Abb. 2-21); der Stromstoß, der eine solche Potentialänderung hervorruft, wird *Reizstrom oder Reiz* genannt. Wenn der Strom gerade ausreicht, eine Erregung auszulösen, ist er der *minimale Reizstrom.* Alle Ströme, die größer sind als der minimale Reizstrom, wirken ebenfalls als Reize. Sie lösen wegen des Alles-oder-Nichts-Charakters der Erregung Aktionspotentiale gleicher Amplitude aus.

In Abb. 2-21 erreicht die durch den Stromstoß der Stärke +5 ausgelöste Depolarisation etwa 1 ms nach Beginn des Stromstoßes die Schwelle. Danach läuft im Aufstrich des Aktionspotentials die Erregung selbsttätig weiter, der Reizstrom könnte nach Auslösen des Aktionspotentials abgeschaltet werden, ohne daß der Verlauf des Aktionspotentials beeinflußt würde. Bei der Stromstärke +5 ist demnach 1 ms die *minimale Reizzeit* zur Auslösung eines Aktionspotentials. Wäre der Reizstrom etwas kleiner als +5, so würde die Depolarisation langsamer ansteigen und die Schwelle würde z. B. erst nach 2 ms erreicht: Bei der Verminderung des Reizstromes würde demnach die minimale Reizzeit anwachsen. *Gerade noch überschwellige* Reizströme müssen also relativ *lange* (mehrere Millisekunden) fließen. Andererseits wird in Abb. 2-21 bei einer Erhöhung der Reizstromstärke über den Wert +5 die Schwelle noch früher erreicht werden. Für sehr *große Reizströme* werden somit die minimalen Reizzeiten sehr *kurz,* z. B. 0,1 ms lang. Durch Erhöhung der Reizstärke läßt sich jedoch die Reizzeit nicht beliebig verkürzen. Extrem kurze Reize, beispielsweise hochfrequente Wechselspannungen oder Entladungen eines kleinen Kondensators, können deshalb selbst bei einigen 1 000 V Spitzenspannung keine Erregungen auslösen.

Die folgenden Fragen erlauben eine Kontrolle Ihres Wissens:

F 2.18 Zeichnen Sie bitte, ohne Abb. 2-19 und 20 zu betrachten, den Zeitverlauf des elektrotonischen Potentials einer kugelförmigen Zelle nach Einschalten eines konstanten Stromes in die Zelle.

F 2.19 Die Endamplitude des elektrotonischen Potentials ist (bei homogener Stromverteilung):
a) proportional der Membrankapazität,
b) proportional dem Membranwiderstand,

c) umgekehrt proportional der Membranleitfähigkeit,
d) proportional dem zugeführten Strom,
e) proportional der Stromflußzeit.

F 2.20 Wie ändert sich bei einer langgestreckten Zelle die Endamplitude des elektrotonischen Potentials mit der Entfernung vom Orte der Stromzuführung?

a) sie bleibt konstant,
b) sie nimmt proportional zur Entfernung zu,
c) sie nimmt proportional zur Entfernung ab,
d) sie nimmt proportional dem Quadrat der Entfernung zu,
e) sie nimmt exponentiell mit der Entfernung ab.

F 2.21 Ein Stromstoß wirkt als Reiz, wenn:

a) die Summe von Reizstrom und Natriumeinstrom größer ist als der Kaliumausstrom in Ruhe,
b) durch ihn die Membrankapazität vermindert wird,
c) er das Membranpotential nach 1 ms über die Schwelle depolarisiert,
d) er das Membranpotential über die Schwelle depolarisiert,
e) er den Kaliumausstrom reversibel erhöht.

2.7 Fortleitung des Aktionspotentials

Wir kommen jetzt zur Besprechung der eigentlichen Aufgaben der Nervenfasern und der Membran der Muskelfasern, nämlich zur Fortleitung der Erregung. Um diese verstehen zu können, mußte zuerst in den voraufgehenden Abschnitten der Mechanismus der Erregung der Membran besprochen werden. Danach wurde gezeigt, wie durch Ströme, die durch das Faserinnere fließen, Potentialänderungen sich über die Länge einer Faser ausbreiten. Für das Verständnis der Fortleitung eines Aktionspotentials gilt es, die Aussagen über die Erregung und über den Elektrotonus miteinander zu kombinieren.

Leitungsgeschwindigkeit des Aktionspotentials. Ausgehen wollen wir von der einfachen Beobachtung, daß ein Nerv Aktionspotentiale fortleitet: Wird an zwei nicht zu nahe beieinander liegenden Stellen eines Nerven jeweils das Aktionspotential gemessen und wird der Nerv an einem Ende gereizt, so erscheint zuerst an der näher am Reizort liegenden Meßstelle ein Aktionspotential, und etwas später auch an der zweiten Meßstelle ein Aktionspotential. Dies zeigt, daß das Aktionspotential vom Reizort an der ersten und zweiten Meßstelle vorbei *fortgeleitet* wurde.

Die *Geschwindigkeit der Fortleitung* kann aus dem Abstand zweier Meßstellen, die das Aktionspotential passiert, geteilt durch die Leitungszeit zwischen den Meßstellen, bestimmt werden. (Eine solche typische Messung könnte z. B. bei einem Meßstellenabstand von 5 cm stattfinden; wenn dann eine Leitungszeit zwischen den Meßstellen von 2,5 ms gefunden wird, so ergibt sich daraus eine Leitungsgeschwindigkeit von 0,05 m/ 0,0025 s = 20 m/s). Die an Nervenfasern gemessenen Leitungsgeschwindigkeiten liegen zwischen weniger als 1 m/s und mehr als 100 m/s, die Leitungsgeschwindigkeit hängt dabei von den Eigenschaften der Nervenfaser ab und ist für jede Faserart typisch (s. S. 68).

Mechanismus der Fortleitung. Kennzeichnend für die Fortleitung des Aktionspotentials ist, daß das Signal „Aktionspotential" durch die Fortleitung nicht verkleinert wird. Die Fortleitung kann deshalb nicht allein durch Stromfluß von einer erregten zu einer unerregten Stelle erfolgen, denn eine solche elektrotonische Ausbreitung würde Potentiale erzeugen, die mit dem Abstand vom Orte der Stromzuführung kleiner werden. Die Amplitude des Aktionspotentials bleibt auf dem Leitungsweg vielmehr konstant, weil an jeder Membranstelle jeweils wieder eine *Erregung* abläuft, für die das Alles-oder-Nichts-Gesetz gilt.

Bei der Fortleitung des Aktionspotentials wirken somit elektrotonische Ausbreitung und Erregung zusammen: Von einer schon erregten Membranstelle fließt Strom in einen noch nicht erregten, noch nicht depolarisierten benachbarten Membranbezirk. Dort wird ein *elektrotonische Potential* erzeugt, das die Schwelle erreicht und als Reiz für den Start der *Erregung* an dieser Stelle dient. Der Erregungsvorgang läuft an dieser Membranstelle jetzt *selbsttätig* ab und liefert wiederum Strom für die elektrotonische Depolarisation weiterer Membranbezirke.

So wird das Aktionspotential wie der „Funke" an einer Zündschnur fortgeleitet: Wo die Schnur angesteckt ist, explodiert das Pulver (Erregung), dadurch wird der benachbarte Abschnitt der Zündschnur soweit erwärmt (elektrotonisches Potential), daß dort das Pulver ebenfalls explodiert und wiederum Wärme zur Zündung der nächsten Abschnitte zur Verfügung stellt.

Membranströme während des fortgeleiteten Aktionspotentials. Die Zusammenhänge zwischen Membranspannung und -strömen beim fortgeleiteten Aktionspotential zeigt im Detail Abb. 2-22. Die Abbildung stellt eine Momentaufnahme des Spannungs- und Stromverlaufes entlang der Faser dar. Das Aktionspotential wird von rechts nach links geleitet. Die Faserstrecke, auf der die Gesamtlänge des Aktionspotentials Platz hat, hängt von der Leitungsgeschwindigkeit ab: bei einer Leitungsgeschwindigkeit von 100 m/s und einer Aktionspotentialdauer von 1 ms würde die Länge der Abszisse in Abb. 2-22 10 cm entsprechen. Da das Aktionspotential mit der Fortleitungsgeschwindigkeit über eine bestimmte Membranstelle läuft, kann man die Abb. 2-22 auch als den Zeitverlauf des Aktionspotentials an einer Stelle der Faser auffassen. Die Abszisse wäre dann z. B. 1 ms lang.

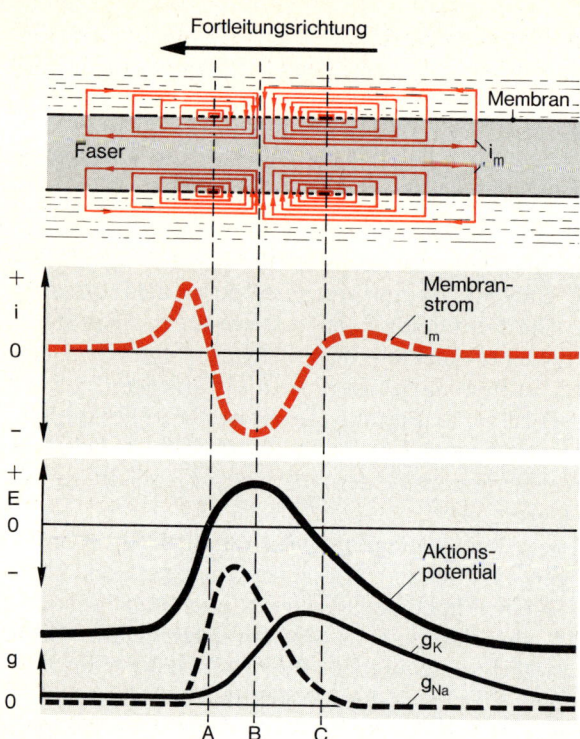

Abb. 2–22. Fortleitung des Aktionspotentials. *Unten:* Zeitverlauf oder örtliche Änderung längs der Faser des Aktionspotentials, darunter die Membranleitfähigkeiten g_{Na} und g_K. Die *rote Kurve* darüber zeigt den Membranstrom i_m. *Oben* die Stromlinien durch die Zellmembran und innerhalb und außerhalb der Faser. Die vertikalen Hilfslinien zeigen den Zeitpunkt der maximalen Anstiegssteilheit *A,* der Spitze *B* und der maximalen Repolarisationsgeschwindigkeit *C* an. Nach Noble (1966) Physiol. Rev. 46: 1

Die untersten Kurven in Abb. 2-22 zeigen den Zeitverlauf des Aktionspotentials mit den entsprechenden Änderungen von g_{Na} und g_K. Wir haben in Abschnitt 2.5 die Kinetik der Erregung in einem homogenen Präparat besprochen, in ihm lief simultan über der ganzen Membran eine Erregung ab. In diesem Fall flossen die Ionenströme an jeder Stelle gleichförmig durch die Membran und dienten allein dazu, die lokale Membrankapazität umzuladen. Die Situation der Fortleitung ist jedoch nicht homogen: Nur eine Stelle der Faser ist erregt, vor ihr (links in Abb. 2-22) liegt noch unerregte Faser, und hinter ihr eben noch erregte Faser. Da diese verschieden geladenen Faserbezirke elektrotonisch, über das Faserinnere, an einander gekoppelt sind, müssen Ausgleichsströme fließen, deren Verlauf als Membranstrom i_m in der Mitte von Abb. 2-22 rot gestrichelt angegeben ist. Zur besseren Anschaulichkeit sind die Stromschleifen dieser Ausgleichsströme darüber in das Schema einer Nervenfaser eingezeichnet.

Der erregte Bezirk entspricht dem Spitzenbereich des Aktionspotentials, zwischen den Hinweislinien A und C in Abb. 2-22. In diesem Bereich fließt auf Grund der hohen g_{Na} Strom in die Faser (i_m negativ!), der nicht nur die lokale Kapazität umlädt, sondern in der Faser in benachbarte, weniger depolarisierte Bezirke fließt, und diese elektrotonisch depolarisiert (i_m positiv). Entsprechend laufen in Abb. 2-22 oben die Stromlinien im erregten Bezirk in die Faser, die Stromlinien greifen jedoch in die Nachbarbezirke aus und laufen dort nach Kreuzen der Membran über das Außenmedium wieder zurück. Im noch unerregten Membranbezirk, links von der Linie A, wird durch diese Stromschleifen die Membran depolarisiert, und folglich steigt dort die Natriumleitfähigkeit g_{Na}. Dadurch nimmt der Na^+-Einstrom auch an dieser Stelle zu, die Schwelle wird überschritten und es tritt Erregung ein. Durch diesen Prozeß hat sich nun die Erregung aus dem eben erregten Bezirk in den unerregten fortgepflanzt, die Erregung ist fortgeleitet worden.

Die Stromschleifen haben vom erregten Bezirk nicht nur nach links, sondern auch in die weniger depolarisierte Region rechts von der Linie C ausgegriffen. Wenn in diesem Bereich nicht soeben ein Aktionspotential abgelaufen ist, d. h. die Erregung von rechts her gekommen war, so würde auch hierhin sich Erregung ausbreiten: Die Erregung wird bei Reizung der Mitte einer Nervenfaser in beide Richtungen fortgeleitet werden. Wenn wie in Abb. 2-22 angenommen jedoch das Aktionspotential von rechts her kommt, so ist dort in der Repolarisationsphase des Aktionspotentials g_K hoch, außerdem ist das eben noch aktivierte Natriumsystem inaktiviert. Die aus dem erregten Gebiet zurücklaufenden Stromschleifen können deshalb rechts von C normalerweise keine Erregung auslösen, sondern verzögern nur die Repolarisation.

Die Stromschleifen des die Membran kreuzenden Membranstromes (Abb. 2-22, oben) kann man auch mit extrazellulären Elektroden registrieren. Diese Stromschleifen verursachen nämlich in der Umgebung des erregten Faserbezirkes kleine Potentialänderungen im Außenmedium. Diese Potentialänderungen, z. B. 100 µV, kann man mit extrazellulären Elektroden relativ zur Erde messen. Mit diesem Verfahren wird ein Großteil der Registrierungen im Nervensystem bewerkstelligt, die abgeleiteten Potentialveränderungen zeigen dann den triphasischen Verlauf von i_m. Bei gleichförmiger Fortleitung entlang einer Faser entspricht i_m der zweiten Ableitung des Membranpotentials nach der Zeit.

Faktoren, die die Leitungsgeschwindigkeit beeinflussen, saltatorische Leitung. Die Leitungsgeschwindigkeit des Aktionspotentials läßt sich mit großem Aufwand berechnen aus der Potential- und Zeitabhängigkeit der Ionenströme, sowie aus den die Ausbreitung elektrotonischer Potentiale bestimmenden Größen Faserdurchmesser, Membrankapazität und Membranwiderstand. Wir wollen hier nur qualitativ die Faktoren diskutieren, die die Leitungsgeschwindigkeit beeinflussen.

Die *Leitungsgeschwindigkeit* wird vergrößert mit der *Amplitude des Na⁺-Einstroms,* denn je mehr Strom nach der Umladung des Membrankondensators während der Erregung noch zur Verfügung steht, desto mehr Strom kann in anliegende, noch nicht erregte Bezirke fließen und ihre Depolarisation beschleunigen. Startet eine Erregung von normalem Ruhepotential, so ist der Na^+-Einstrom für die betreffende Zelle maximal und damit auch die Leitungsgeschwindigkeit maximal. Wird das Ruhepotential erniedrigt (weniger negativ), so wird das Na^+-System teilweise inaktiviert und der Na^+-Einstrom bei einer Erregung verkleinert (s. S.50). Bei *erniedrigtem Ruhepotential fällt* deshalb die *Leitungsgeschwindigkeit.*

Wesentlichen Einfluß auf die Fortleitungsgeschwindigkeit hat ferner die *elektrotonische Ausbreitung* der Membranströme. Die Fortleitung wird um so schneller, je steiler die elektrotonischen Potentiale ansteigen und je weniger sie mit der Entfernung abfallen. Das elektrotonische Potential steigt um so schneller an, je geringer die Membrankapazität und desto höher der Membranwiderstand sind (s. S.56). Diese Tatsache wird bei den *markhaltigen Nerven* zur Vergrößerung der Leitungsgeschwindigkeit ausgenützt. An diesen Nervenfasern wird durch Auflagerung von isolierenden Myelinschichten (s. S.9) die Membran verdickt, wodurch ihre Kapazität stark vermindert und ihr Widerstand kräftig erhöht werden. In den von Mark umschlossenen Anteilen dieser Nervenfasern, den Internodien, wird also ein elektrotonisches Potential mit der Entfernung nur sehr wenig abfallen und sein Maximum fast ohne Verzögerung erreichen. Das Aktionspotential wird also über die *Internodien mit sehr hoher Geschwindigkeit fortgeleitet.*

Wenn man wie in Abb.2-23 fortgeleitete Aktionspotentiale an vielen Stellen eines markhaltigen Nerven gleichzeitig mißt, so sieht man, daß das Aktionspotential innerhalb der einzelnen Internodien (dicke Nervenanteile in Abb.2-23) keine meßbare Verzögerung erleidet. Verzögerungen in der Fortleitung treten dagegen an den Ranvierschen Schnürringen R_1-R_5 ein. An diesen Schnürringen fehlt die Myelinscheide, folglich haben Membranwiderstand und -kapazität ihren normalen Wert. Das elektrotonische Potential steigt also hier langsam an und die Erregung startet mit Verzögerung, die in Abb.2-23 an jedem Schnürring deutlich ist. Bei markhaltigen Nervenfasern springt also die Erregung von Schnürring zu Schnürring, die Erregungsleitung wird deshalb dort *„saltatorisch"* genannt. Da zwischen den Schnürringen kaum Leitungszeit verbraucht wird, ist insgesamt die Leitungsgeschwindigkeit an markhaltigen Fasern wesentlich höher als an

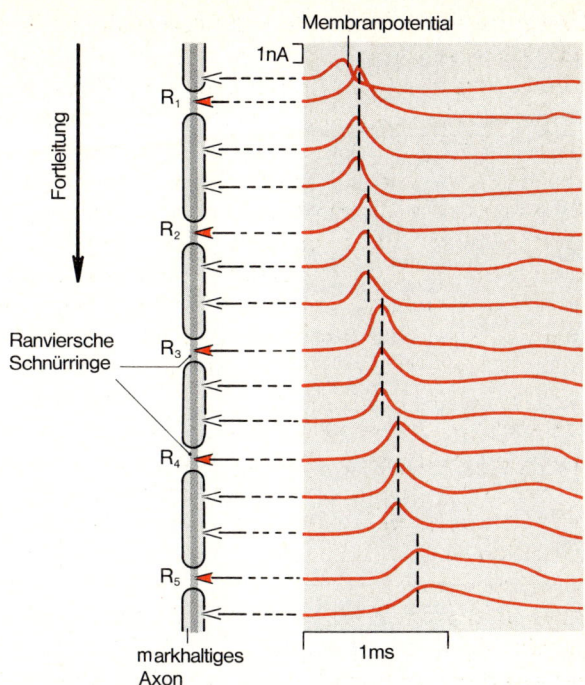

Abb. 2-23. Saltatorische Erregungsleitung Rechts Potentialverläufe des Membranpotentials, gemessen an den rechts durch Pfeile bezeichneten Stellen eines markhaltigen Axons, R_1, R_2, R_3 ... bezeichnen Ranviersche Schnürringe. Die Fortleitung des Aktionspotentials (von oben nach unten) erfährt jeweils an den Schnürringen eine Verzögerung. Nach HUXLEY, STÄMPFLI (1949) J. Physiol. 108: 1

marklosen Fasern gleicher Dicke. Bei Wirbeltieren sind alle Fasern, die mit Geschwindigkeiten über 3 m/s leiten, markhaltige Fasern.

Neben der Erhöhung der Leitungsgeschwindigkeit durch Myelinisation ist der *Faserdurchmesser* der wichtigste Faktor, der die Leitungsgeschwindigkeit bestimmt. Der Leitungswiderstand für Strom längs der Faser fällt mit dem Quadrat des inneren Faserdurchmessers. Bei kleinerem Widerstand längs der Faser fließt relativ mehr Strom von der erregten Stelle zur benachbarten Membran und diese wird durch elektrotonischen Strom schneller depolarisiert. Deshalb steigt die Leitungsgeschwindigkeit mit Vergrößerung des Faserdurchmessers.

Die Abhängigkeit der Leitungsgeschwindigkeit vom Faserdurchmesser ist in Tabelle 2–2a und b zusammengefaßt. Es gibt zwei Klassifikationen der Nervenfasern: Die eine nach *Erlanger/Gasser* (Tabelle 2–2a) benutzt die Buchstaben A, B und C, die zweite von *Lloyd/Hunt* (Tabelle 2–2b) die Zahlen I, II, III und IV, letztere bezieht sich nur auf afferente Nerven-

Tabelle 2–2a. Klassifikation der Nervenfasern nach Erlanger/Gasser

Fasertyp	Funktion, z. B.	Mittlerer Faserdurch-messer	Mittlere Leitungs-geschwindigkeit
Aα	primäre Muskelspindelafferenzen, motorisch zu Skeletmuskeln	15 μm	100 m/s
Aβ	Hautafferenzen für Berührung und Druck	8 μm	50 m/s
Aγ	motorisch zu Muskelspindel	5 μm	20 m/s
Aδ	Hautafferenzen für Temperatur und Schmerz	3 μm	15 m/s
B	sympathisch präganglionär	3 μm	7 m/s
C	Hautafferenzen für Schmerz sympathisch postganglionär	0,5 μm marklos	1 m/s

Tabelle 2–2b. Klassifikation der Nervenfasern nach Lloyd/Hunt

Gruppen	Funktion, z. B.	Mittlerer Faserdurch-messer	Mittlere Leitungs-geschwindigkeit
I	primäre Muskelspindelafferenzen (Ia) und Sehnenorganafferenzen (Ib)	13 μm	75 m/s
II	Mechanoreceptoren der Haut	9 μm	55 m/s
III	tiefe Drucksensibilität des Muskels	3 μm	11 m/s
IV	marklose Schmerzfasern	0,5 μm	1 m/s

fasern. Die Untergruppen der beiden Klassifizierungen entsprechen sich nicht ganz eindeutig, deshalb ist es kaum möglich, sich nur auf eine Klassifizierung zu beschränken. Die Fasern der Gruppe A und B, sowie I–III sind *markhaltig,* die der Gruppen C und IV *marklos* (s. Tabelle 1–1). Bei den markhaltigen Fasern steigt die Leitungsgeschwindigkeit mehr als proportional zum Faserdurchmesser. Die marklosen Fasern (C bzw. IV) haben eine sehr kleine Leitungsgeschwindigkeit. Wenn man die Leitungsgeschwindigkeit verschieden dicker markloser Fasern bestimmt, so findet man auch hier eine mit steigendem Durchmesser höhere Leitungsgeschwindigkeit. Extrem dicke marklose Fasern, wie z. B. die Riesennervenfaser des Tintenfisches mit 0,7 mm Dicke, leiten mit einer Geschwindigkeit von etwa 25 m/s.

Gemischte Nerven der Körperperipherie, z. B. der Nervus ischiadicus, der Muskulatur und Haut des Beines versorgt, enthalten afferent die Fasergruppen I–IV und dazu noch efferente motorische und vegetative Fasern. Wird ein solcher Nerv an einem Ende gereizt, so wird die Erregung in den verschiedenen Fasergruppen mit sehr unterschiedlicher Geschwindigkeit fortgeleitet. Wenn nun das Aktionspotential in einiger Entfernung vom Reizort registriert wird, so wird zuerst das Aktionspotential der Gruppe I Fasern eintreffen, danach das der langsameren Gruppe II Fasern, dann das der Gruppe III und zuletzt das der Gruppe IV. Es ergibt sich so nach einem Reiz ein Spektrum von Aktionspotentialen. Bei 1 m Leitungsstrecke würden bei den Werten der Tabelle 2-2 z. B. die Aktionspotentiale der Gruppe I Fasern nach 13 ms, und die der Gruppe IV Fasern nach 1 s registriert werden.

Mit den folgenden Fragen können Sie Ihr Wissen kontrollieren:

F 2.22 Zeichnen Sie an einer langgestreckten Zelle den Verlauf der Stromlinien (i_m) von einer erregten Stelle in die Nachbarschaft. Tragen Sie unter dieser Zeichnung den Potentialverlauf des Aktionspotentials ein.

F 2.23 Wo liegt die Stromquelle für den Strom, der beim fortgeleiteten Aktionspotential die Membran an einer noch nicht erregten Selle bis zur Schwelle depolarisiert?

   a) in der treibenden Kraft für die Kalium-Ionen,

   b) in dem Natrium-Einstrom der noch nicht erregten Membranstelle,

   c) im Natrium-Einstrom einer benachbarten schon erregten Membranstelle,

   d) im Axoplasma der Zelle.

F 2.24 Welche der folgenden Aussagen trifft für den Stromfluß zum Zeitpunkt der Spitze des fortgeleiteten Aktionspotentials zu? Sie können zur Lösung dieser Aufgabe Abb. 2-22 zu Hilfe nehmen.

   a) Der Na^+-Einstrom ist gleich groß wie der K^+-Ausstrom,

   b) Der Na^+-Einstrom überwiegt den K^+-Ausstrom, der Differenzstrom lädt die Membrankapazität um,

   c) Der Na^+-Einstrom überwiegt den K^+-Ausstrom, der Differenzstrom fließt in benachbarte Membranbezirke und depolarisiert diese,

   d) Der K^+-Ausstrom überwiegt den Na^+-Einstrom, der Differenzstrom depolarisiert benachbarte Membranbezirke,

   e) An der Spitze des Aktionspotentials fließt kein Strom in die Membrankapazität.

F 2.25 Durch welche der folgenden Faktoren wird die Leitungsgeschwindigkeit eines Nerven herabgesetzt?

   a) Verkleinerung des Faserdurchmessers,

   b) Abnahme des Ruhepotentials um 10 mV,

   c) Verlust der Myelinscheide (bei Degeneration),

   d) Erhöhung der extracellulären Na^+-Konzentration,

   e) Erniedrigung der extracellulären K^+-Konzentration auf die Hälfte.

3. Synaptische Übertragung

R. F. SCHMIDT

Die Verbindungsstelle einer axonalen Endigung mit einer Nerven-, Muskel- oder Drüsenzelle hat Sherrington *Synapse* genannt (s. auch Kap. 1, S. 2, 3). An den Synapsen wird das fortgeleitete Aktionspotential auf die nächste Zelle übertragen. Ursprünglich wurde fälschlich geglaubt, daß das Axon immer fest mit der Zelle, an der es endigt, verbunden sei, so daß die fortgeleitete Erregung ohne Unterbrechung auf diese Zellen übertragen werde. Elektrophysiologische und mikroskopische Untersuchungen haben aber gezeigt, daß diese Form der Synapse, die heute als *elektrische Synapse* bezeichnet wird, selten vorkommt. Insbesondere beim Säugetier, d. h. auch beim Menschen, ist ein anderer Typ von Synapsen viel häufiger. Bei ihr setzt die axonale Endigung bei Einlaufen der Erregung einen chemischen Stoff frei, der dann an der benachbarten Zellmembran eine Erregung oder Hemmung bewirkt. Dieser Typ von Synapse wird *chemische Synapse* genannt. Aufbau und Arbeitsweise der erregenden und hemmenden, chemischen Synapsen sollen in diesem Kapitel geschildert werden.

Bedeutung der Synapsen. Vorweg sei darauf hingewiesen, daß Synapsen aus mehreren Gründen für das Nervensystem von zentraler Bedeutung sind. Beispielsweise werden an elektrischen wie chemischen Synapsen Signale fast immer nur von der präsynaptischen (axonalen) Seite auf die postsynaptische Seite der nachfolgenden Zelle übertragen. Synapsen haben also eine *Ventilfunktion,* ohne die eine geordnete Tätigkeit des Nervensystems kaum denkbar wäre. Zum nächsten sind die Synapsen in ihrer Effizienz modifizierbar; sie übertragen bei häufiger Benutzung besser als wenn sie selten oder nicht benutzt werden. Synapsen haben also eine gewisse *Plastizität* und damit *Lern-* und *Gedächtnisfunktionen.* Und schließlich sind die Synapsen die Wirkstellen, d. h. die *Angriffspunkte zahlreicher Pharmaka.*

3.1 Die neuromuskuläre Endplatte: Beispiel einer chemischen Synapse

Bauelemente chemischer Synapsen. Licht- und elektronenmikroskopische Untersuchungen haben gezeigt, daß synaptische Verbindungen eine große Mannigfaltigkeit in ihren Formen aufweisen. Funktionell lassen sich aber

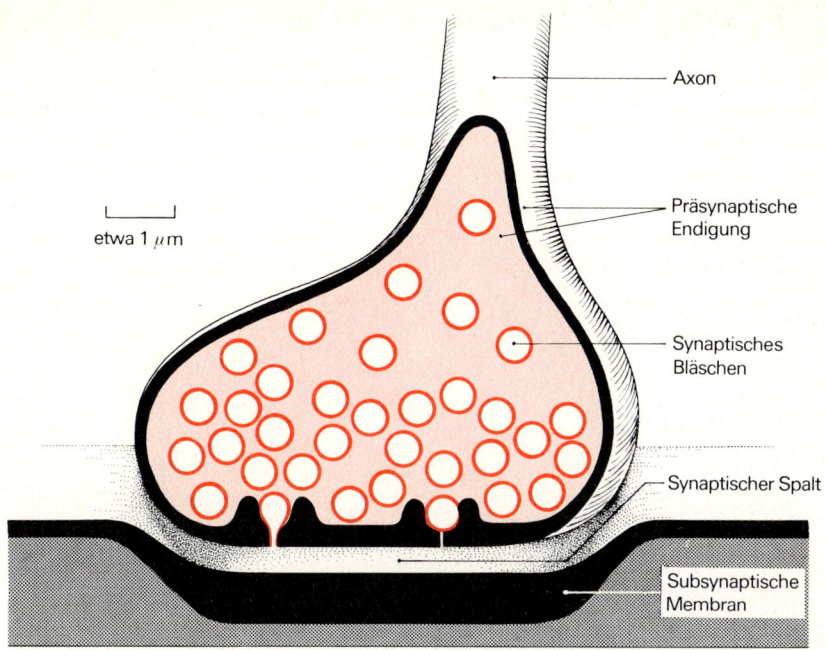

Axon

Präsynaptische Endigung

etwa 1 μm

Synaptisches Bläschen

Synaptischer Spalt

Subsynaptische Membran

Abb. 3-1. Schematischer Schnitt durch eine chemische Synapse. Alle bei der synaptischen Übertragung wichtigen Bauelemente sind eingezeichnet. Der Durchmesser der synaptischen Bläschen und die Breite des synaptischen Spaltes sind relativ zu den übrigen Anteilen der Synapse mehrfach überhöht gezeichnet.

alle Anteile chemischer Synapsen auf die in Abb. 3-1 gezeigten und im folgenden besprochenen und definierten Grundelemente zurückführen.

In Abb. 3-1 endet das Axon in der *präsynaptischen Endigung.* Dies zeigt sich im mikroskopischen Bild häufig als Auftreibung oder Verdickung des axonalen Endstückes (vgl. Abb. 3-9), daher auch der Name „synaptischer Endkopf". Die präsynaptische Endigung ist durch einen schmalen Spalt, der 10–50 nm (100–500 Å) breit ist, von der postsynaptischen Seite getrennt. Dieser Spalt wird als *synaptischer Spalt* bezeichnet. Er ist nur im Elektronenmikroskop deutlich auszumachen.

Derjenige Anteil der (postsynaptischen) Zellmembran, der der präsynaptischen Endigung genau gegenüber liegt, also auf der postsynaptischen Seite den synaptischen Spalt begrenzt, wird *subsynaptische Membran* genannt. Elektronenmikroskopisch erscheint die subsynaptische Membran meist etwas dicker als die übrige postsynaptische Membran, was darauf hindeutet, daß die subsynaptische Membran auch funktionell von der übrigen postsynaptischen Membran verschieden ist.

Die präsynaptische Endigung enthält zahlreiche submikroskopische, also nur mit dem Elektronenmikroskop sichtbare, kugelförmige Strukturen, die als *synaptische Bläschen* oder auch als *synaptische Vesikel* bezeichnet werden. Ihr Durchmesser beträgt etwa 50 nm. Es gibt zahlreiche experimentelle Befunde, von denen die wesentlichsten in diesem Kapitel erläutert werden, die dafür sprechen, daß die synaptischen Bläschen in den präsynaptischen Endigungen die *Überträgersubstanz* enthalten, also den Stoff, der bei Erregung in den synaptischen Spalt freigesetzt wird und dann an der subsynaptischen Membran die Erregung oder Hemmung auslöst.

Die Endplatte. Die Motoaxone der motorischen Vorderhornzellen des Rückenmarks bilden Synapsen mit quergestreiften Muskelfasern (den Skelettmuskelfasern). Auf Grund ihrer Form wird diese Synapse, insbesondere ihr präsynaptischer Anteil, als *neuromuskuläre Endplatte* bezeichnet (Abb. 3-2). Sie besitzt alle typischen morphologischen Merkmale einer chemischen Synapse, d. h. neben der präsynaptischen Endigung mit ihren charakteristischen synaptischen Bläschen, einen synaptischen Spalt und

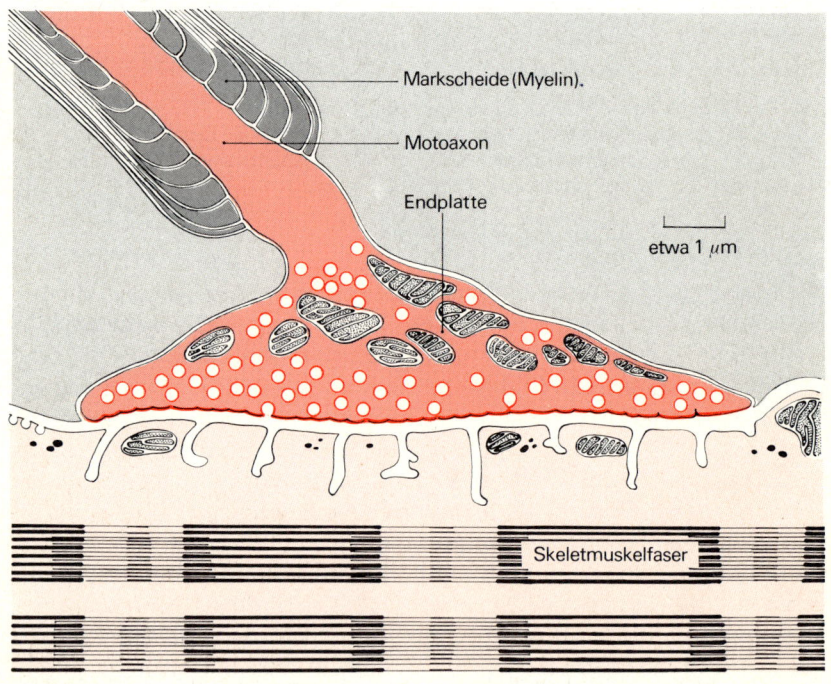

Markscheide (Myelin).

Motoaxon

Endplatte

etwa 1 μm

Skeletmuskelfaser

Abb. 3-2. Schematischer Schnitt durch eine neuromuskuläre Endplatte. Der Durchmesser der synaptischen Bläschen ist relativ zu den übrigen Anteilen der Synapse zu groß. Nur ein Teil der Skeletmuskelfaser ist eingezeichnet

eine vielfach eingefaltete subsynaptische Membran auf der postsynaptischen Seite. Die postsynaptische Seite ist jedoch in diesem Fall keine andere Nervenzelle, sondern eine Muskelzelle der Skelet(Arbeits)muskulatur.

Skeletmuskeln können mit ihren zugehörigen Nerven aus dem lebenden Organismus herauspräpariert werden und sind in einer Blutersatzlösung (z. B. Ringerlösung, Tyrodelösung) noch lange lebensfähig. Sie sind daher für die Untersuchung synaptischer Prozesse, besonders geeignet. Bekannte *in vitro-Präparate* dieser Art sind beim Frosch der Musculus gastrocnemius (Wadenmuskel) und der M. sartorius mit ihren zugehörigen, gleichnamigen Nerven und bei der Ratte das Zwerchfell (Diaphragma) mit dem N. phrenicus.

Nachweis des Endplattenpotentials. Abb. 3-3 zeigt den Versuchsaufbau bei der Untersuchung der synaptischen Übertragung an der neuromuskulären Endplatte eines herausgeschnittenen Skeletmuskels. Es ist nur eine Muskelfaser mit ihrem zugehörigen Motoaxon gezeigt, nämlich die, in die eine Mikroelektrode zur intracellulären Ableitung ihres Membranpotentials eingestochen wurde. Wird eine solche Mikroelektrode von der Badelösung aus in das Innere der Muskelzelle vorgeschoben, so wird am Kathodenstrahloscillographen oder einem anderen geeigneten Meßinstrument ein *Ruhepotential* von etwa − 70 mV angezeigt (Abb. 3-4, s. a. Abb. 2-1).

Wird nun das zugehörige Motoaxon durch elektrische Reizung erregt, so läuft auf der präsynaptischen Seite mit kurzer Latenz ein Aktionspotential ein und löst auf der postsynaptischen Seite, also an der Membran der

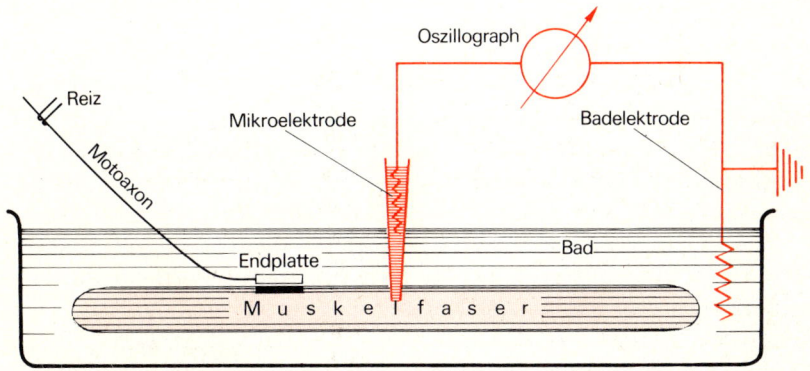

Abb. 3-3. Versuchsaufbau zur Registrierung des Endplattenpotentials. Das Bad ist mit Blutersatzlösung gefüllt. Die intracelluläre Mikroelektrode registriert die Potentialänderungen an der Muskelfasermembran relativ zur indifferenten Elektrode in der Badelösung. Das Motoaxon wird elektrisch gereizt. Um Kurzschluß zwischen den Reizelektroden zu vermeiden, wird der Nerv während der Reizung in Luft oder einer Schicht von Paraffinöl gehalten

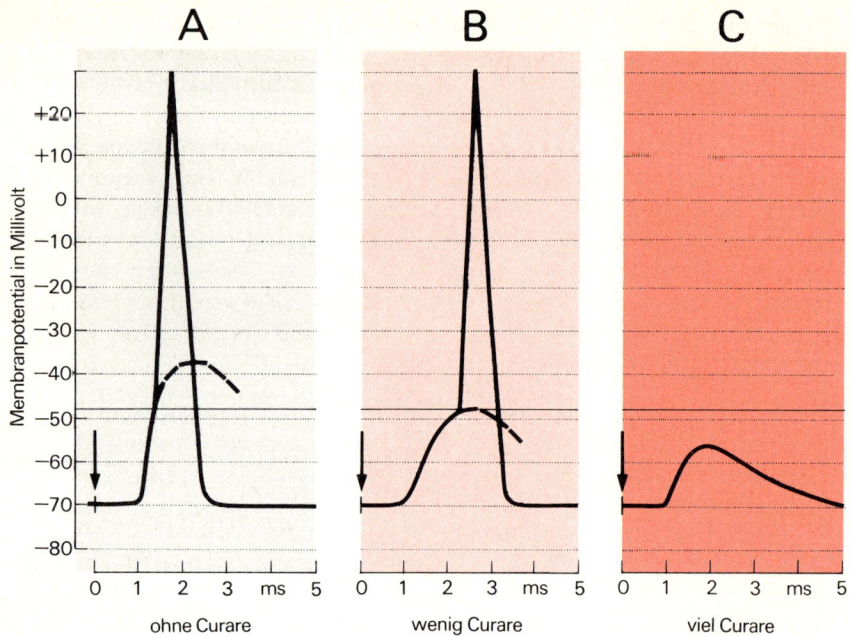

A B C

+20
+10
0
-10
-20
-30
-40
-50
-60
-70
-80

Membranpotential in Millivolt

0 1 2 3 ms 5   0 1 2 3 ms 5   0 1 2 3 ms 5

ohne Curare   wenig Curare   viel Curare

Abb. 3-4 A–C. Endplattenpotentiale. Registrierung mit einer intracellulären Mikroelektrode. Versuchsaufbau wie in Abb. 3-3 gezeigt. **A** Intracelluläre Potentialänderungen nach Reizung *(Pfeil)* des zugehörigen Motoaxons. Muskelfaser in normaler Blutersatzlösung. **B** Nach Zusatz einer geringen Menge Curare in die Badelösung. **C** Nach Verdoppelung der Curarekonzentration in der Badelösung. Die Schwelle für eine fortgeleitete Erregung (Aktionspotential) ist als dünne Linie bei etwa − 48 mV eingezeichnet

Muskelfaser, die in Abb. 3-4 A gezeigten Potentialänderungen aus: Mit einer Latenzzeit von etwa 1 ms nach der Reizapplikation (abhängig von der Länge des Nerven und der Leitungsgeschwindigkeit des Motoaxons) depolarisiert die Membran zur Schwelle und es erscheint ein typisches *Aktionspotential* (vgl. Abb. 2-10 und 2-11). Es ist deutlich zu sehen, wie die anfängliche Depolarisation bei etwa − 48 mV in den steilen Aufstrich des Aktionspotentials übergeht. Das fortgeleitete Aktionspotential löst eine *Zuckung* (Kontraktion) der Muskelfaser aus (Einzelheiten darüber in Kapitel 5).

Wird der Badelösung eine geringe Menge (Größenordnung 10^{-7} − 10^{-6} g/ml) des indianischen Pfeilgiftes *Curare* zugesetzt und die Reizung des Motoaxons wiederholt, so werden die in Abb. 3-4 B gezeigten Membranpotentialänderungen gemessen: Die anfängliche Depolarisation verläuft langsamer und das Aktionspotential startet deshalb etwas später. Die Form des Aktionspotentials bleibt jedoch unverändert, auch eine Kontraktion ist noch zu sehen. Wird der Badelösung jedoch noch etwas mehr Curare zugesetzt (Abb. 3-4 C), so geht die anfängliche Depolarisation nicht mehr in ein Aktionspotential über, sondern bleibt unterschwellig und kehrt nach einigen Millisekunden auf den Ruhepotentialwert zurück. (Es tritt jetzt auch keine Zuckung mehr auf.) Wir bezeichnen das nach dem Verschwinden des Aktionspotentials verbleibende Potential als *Endplattenpotential.* Durch die gestrichelten Linien in Abb. 3-4 A und B ist angedeutet, daß auch hier Endplattenpotentiale abliefen, die aber nach Überschreiten der Schwelle (dünne Linie in Abb. 3 bei −48 mV) durch die Aktionspotentiale weitgehend verdeckt wurden. Endplattenpotentiale können also, je nach ihrer Amplitude, *über- oder unterschwellig* sein.

Im gesunden Muskel sind die Endplattenpotentiale immer weit überschwellig: jedes präsynaptische Aktionspotential löst also eine Zuckung der zugehörigen Muskelfasern aus. Vergiftung mit Curare verkleinert das normalerweise überschwellige Endplattenpotential in seiner Amplitude, so daß es, bei genügend hoher Curare-Konzentration, schließlich unterschwellig wird, d. h. kein Aktionspotential der Muskelfaser und damit keine Kontraktion mehr auslöst. Durch Curare wird also die *neuromuskuläre Übertragung blockiert.* Ein mit Curare vergifteter Mensch erstickt, weil die neuromuskuläre Übertragung seiner quergestreiften Muskulatur, also auch seiner Atemmuskulatur, blockiert ist.

Mechanismus der neuromuskulären Übertragung. Allein aus dem in Abb. 3-3 und 3-4 gezeigten und soeben geschilderten Versuch läßt sich nicht schließen, welche prä- und postsynaptischen Vorgänge zur Entstehung des Endplattenpotentials (EPP) führen und in welcher Weise z. B. Curare die Amplitude des Endplattenpotentials verkleinert. Eine intensive, seit einigen Jahrzehnten betriebene und zum Teil noch weitergeführte experimentelle Analyse war zur Aufklärung der Zusammenhänge notwendig. Die Ergebnisse werden im nächsten Absatz zunächst *im Überblick* beschrieben. Danach werden die wesentlichsten Tatsachen etwas eingehender behandelt.

Das in die präsynaptische Endigung einlaufende *Aktionspotential* setzt eine bestimmte Menge *Überträgerstoff* in den synaptischen Spalt frei. Der Überträgerstoff diffundiert zur *subsynaptischen Membran* und löst dort Veränderungen aus, die zur Entstehung des *EPP* führen. An der neuromuskulären Endplatte ist der Überträgerstoff das *Acetylcholin* (ACh). Es wirkt nur kurze Zeit nach seiner Freisetzung auf die subsynaptische Membran ein, danach wird es durch ein Ferment, die *Cholinesterase,* in zwei unwirksame Bestandteile, Cholin und Essigsäure zerlegt.

Schon diese kurze Schilderung zeigt, daß es eine ganze Reihe von Möglichkeiten gibt, die chemische synaptische Übertragung zu beeinflussen. Ein Pharmakon, also eine körperfremde, biologisch aktive chemische

Substanz, kann z. B. auf folgende Weisen die Übertragung hemmen: es kann verhindern, daß die Erregung in die präsynaptische Endigung hineinläuft; es kann den Mechanismus blockieren, der beim Einlaufen des präsynaptischen Aktionspotentials Überträgersubstanz freisetzt; es kann die Produktion oder Speicherung von Überträgersubstanz hemmen; es kann die Überträgersubstanz rasch in unwirksame Bestandteile spalten, es kann schließlich mit der Überträgersubstanz um die Wirkstellen (pharmakologische Receptoren) an der subsynaptischen Membran konkurrieren oder die Receptoren sonstwie beeinflussen. Beispiele gibt es für fast alle diese Möglichkeiten. *Curare,* zum Beispiel, wirkt über den letztgenannten Mechanismus: es *verdrängt kompetitiv* das ACh von seinen Wirkstellen (Receptoren) an der synaptischen Membran.

Die Natur des Endplattenpotentials. Im folgenden wenden wir uns der Frage zu, welche Veränderungen der subsynaptischen Membran zum Auftreten des EPP führen. Wir werden zunächst sehen, daß das EPP nur an der subsynaptischen Membran entsteht und dann Versuche kennenlernen, die beweisen, daß das EPP durch eine *kurze Leitfähigkeitserhöhung für kleine Kationen* (Na^+, K^+, Ca^{++}) bewirkt wird.

Abb. 3-5 zeigt die intracelluläre Ableitung von Endplattenpotentialen an einem curarisierten Nerv-Muskel-Präparat in verschiedenen Abständen von der Endplatte. Die Einstichstellen sind etwa 1 mm voneinander entfernt. Es ist offensichtlich, daß die Amplitude des EPP desto kleiner und sein Anstieg und Abfall desto langsamer sind, je weiter die Einstichstelle der Mikroelektrode von der Endplatte entfernt ist. Wie bereits ge-

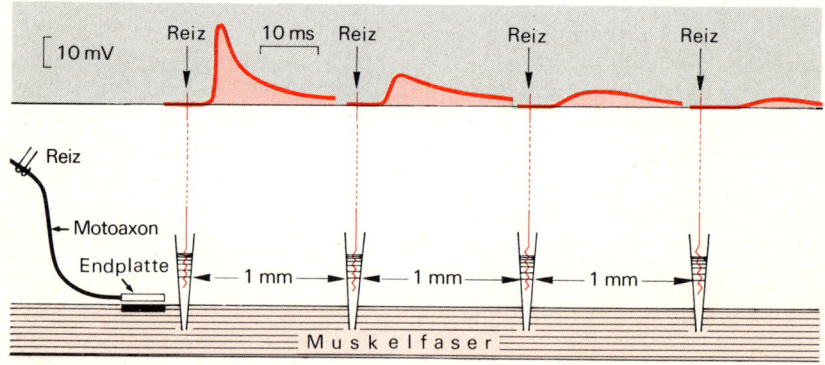

Abb. 3-5. Elektrotonische Natur des Endplattenpotentials. Registrierung mit einer intracellulären Mikroelektrode, Versuchsaufbau wie in Abb. 3-3. Der Badelösung ist genügend Curare zugesetzt, um fortgeleitete Aktionspotentiale in der Muskelfaser bei Reizung des zugehörigen Motoaxons zu verhindern. Ableitung der EPP in immer größerem Abstand von der Endplatte

zeigt (s. Abschnitt 2.6), ist dieser Befund ein eindeutiges Zeichen dafür, daß sich **das EPP vom Ort seiner Entstehung,** also der subsynaptischen Membran, nicht aktiv, sondern **passiv elektrotonisch ausbreitet.** Es bleibt also festzuhalten, daß es bei der Erregung der Endplatte an der subsynaptischen Membran zu einer Depolarisation, dem Endplattenpotential kommt, das sich, solange es unterschwellig bleibt (also kein fortgeleitetes Aktionspotential auslöst), entsprechend den Kabeleigenschaften der Muskelfasermembran elektrotonisch entlang der Muskelfaser ausbreitet.

Die rechnerische Analyse des Zeitverlaufs und der räumlichen Ausbreitung des EPP, ebenso wie Spannungsklemmversuche führten zu dem Schluß, daß die **anfängliche Phase der Depolarisation,** während der die Überträgersubstanz Acetylcholin (ACh) mit der subsynaptischen Membran reagiert, **nur etwa 1–2 ms dauert.** Mit anderen Worten: die Änderung der Membranleitfähigkeit, die zu einer Ladungsverschiebung am Membrankondensator führt, dauert nur etwa diese kurze Zeitspanne. Der weitere Potentialverlauf des EPP ist durch die passiven elektrischen Eigenschaften der Muskelfasermembran, also durch die Membrankapazität und den Membranwiderstand bestimmt.

Die Natur der **Leitfähigkeitsänderungen während der initialen Phase des EPP** wurde vor allem durch die Bestimmung des Gleichgewichtspotentials des EPP in normaler Blutersatzlösung und nach systematischen Veränderungen der extracellulären Ionenkonzentrationen geklärt (in diesen Versuchen wurde durch Zusatz von Curare oder durch andere Maßnahmen die Amplitude des EPP unterschwellig gehalten). Eine Versuchsanordnung zur Messung des Gleichgewichtspotentials des EPP, also desjenigen Membranpotentials, bei dem während der ACh-Wirkung keine Potentialänderung erfolgt, ist in Abb. 3-6 skizziert. Außer der Registrierelektrode ist

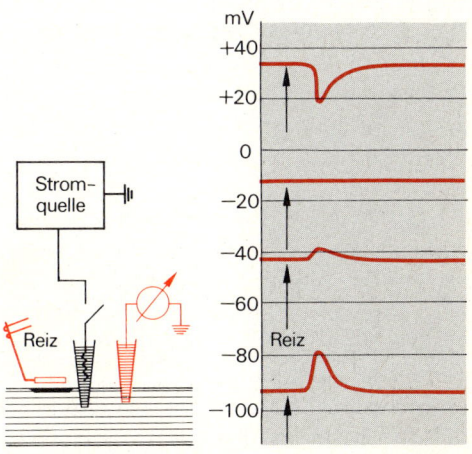

Abb. 3-6. Das Gleichgewichtspotential des EPP. Der Versuchsaufbau ist links skizziert, er entspricht der Abb. 3-3. Zusätzlich ist eine Mikroelektrode in die Faser eingestochen, über die durch von außen zugeführten Strom das Membranpotential der Muskelfaser verändert werden kann. Die *Pfeile rechts* in der Abbildung zeigen die überschwellige Reizung des zugehörigen Motoaxons an. Die Dauer der EPP beträgt etwa 10 ms

eine zweite Mikroelektrode in die Zelle eingestochen, durch die das Membranpotential mit Hilfe einer Stromquelle verändert werden kann. Die rechte Hälfte der Abb. 3-6 zeigt den Reizerfolg in curarisierter aber ansonsten normaler Blutersatzlösung bei vier verschiedenen Membranpotentialen: Wird das EPP von einem Membranpotential von -95 mV ausgelöst, so beträgt seine Amplitude etwa 15 mV in depolarisierender Richtung, bei -45 mV sind es 5 mV in depolarisierender Richtung, bei -15 mV sind es 0 mV und bei $+30$ mV sind es 15 mV in hyperpolarisierender Richtung. Dieses Versuchsergebnis zeigt, daß das Gleichgewichtspotential des EPP (E_{EPP}) unter normalen Umständen bei etwa -15 mV liegt, also etwa in der Mitte zwischen den Gleichgewichtspotentialen für Kalium ($E_K = -80$ mV) und Natrium ($E_{Na} = +45$ mV).

Diese und weitere Messungen führten zu dem Schluß, daß zur Zeit der ACh-Einwirkung auf die subsynaptische Membran, also für etwa 1–2 ms, *die Leitfähigkeit der Membran für kleine Kationen* (Na^+, K^+, Ca^{++}) *stark erhöht ist.* Unter normalen Umständen werden daher auf Grund der gegebenen Ionenverteilung (s. Tabelle 2-1, S. 24) besonders Na^+-Ionen in die Muskelfaser fließen und dadurch das Membranpotential verringern, denn bei einem Membranpotential von -70 mV ist die treibende Kraft für die Na^+-Ionen größer als die treibende Kraft für die K^+-Ionen: es fließt ein von Na^+-Ionen getragener Nettoeinwärtsstrom, der als *Endplattenstrom* bezeichnet wird. Ist die Leitfähigkeitsänderung groß genug, so wird durch diesen Strom die Muskelfasermembran an der Endplatte bis zur Schwelle umgeladen und es entsteht ein fortgeleitetes Aktionspotential (s. Abb. 3-4), das sich über die gesamte Zelle ausbreitet.

Das Schicksal des Acetylcholins. Im Normalfall diffundiert das ACh nach seiner Freisetzung durch den synaptischen Spalt zur subsynaptischen Membran und verbindet sich dort mit (pharmakologischen) *Receptoren.* Wegen des kurzen Weges nimmt die Diffusion nur Bruchteile einer Millisekunde in Anspruch. Die Verbindung des ACh mit den subsynaptischen Receptoren führt zur Erhöhung der Membranpermeabilität für kleine Kationen. Bildlich gesprochen: Der Schlüssel ACh wird in das Schloß Receptor gesteckt, wodurch sich die Tür Leitfähigkeit für kleine Kationen, weit öffnet.

Das ACh kann aber nur für 1–2 ms an der subsynaptischen Membran wirken, da es, wie oben schon kurz erwähnt, durch das *Ferment Cholinesterase* in die unwirksame Bestandteile Cholin und Essigsäure gespalten wird. (Spezielle Färbemethoden haben gezeigt, daß die Cholinesterase in großen Mengen an der Endplatte vorhanden ist. Daneben zirkuliert Cholinesterase auch im Blut, so daß ACh, welches von der Endplatte in den umgebenden Extracellulärraum und in die Blutbahn abdiffundiert, ebenfalls in Cholin und Essigsäure zerlegt wird.) Die Spaltprodukte des ACh,

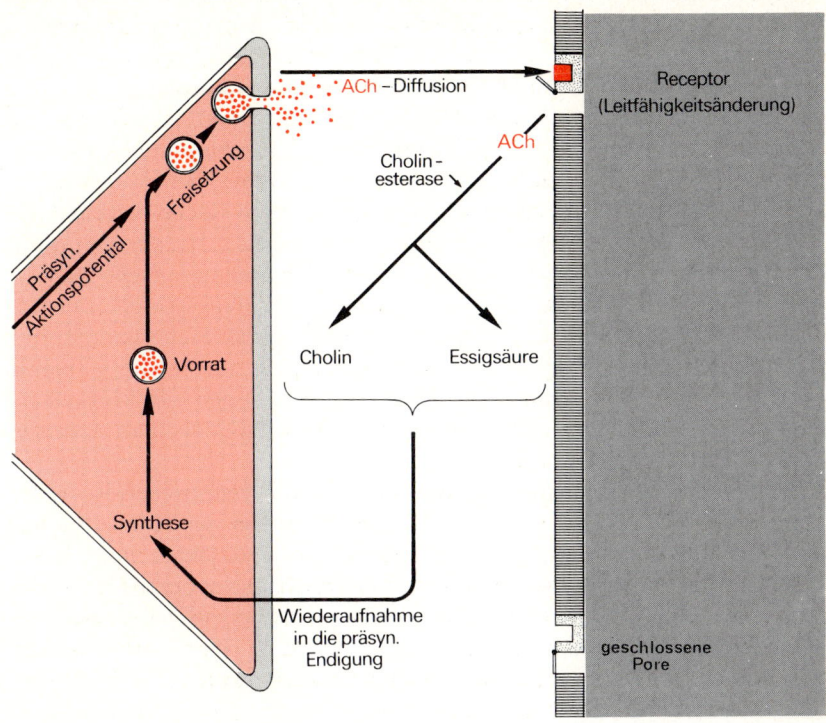

Abb. 3-7. Zyklus des Acetylcholinstoffwechsels an der neuromuskulären Endplatte. Weitere Erklärung im im Text

also Cholin und Essigsäure, werden zum großen Teil von der präsynaptischen Endigung wieder aufgenommen und dort, wieder mit Hilfe von Fermenten, zu ACh resynthetisiert und bis zur erneuten Freisetzung in den synaptischen Bläschen der präsynaptischen Endigung gespeichert. Der „Kreislauf" des ACh ist in Abb. 3-7 schematisch dargestellt.

Lokalisation der ACh-Receptoren. Wird ACh mit einer Mikropipette elektrophoretisch auf eine Muskelfaser gegeben, so löst es ***nur an der Endplatte*** Depolarisationen aus, nicht an anderen Abschnitten der Muskelfasermembran. Die ACh-Receptoren sitzen also nur an der subsynaptischen, nicht an der übrigen postsynaptischen Membran. Eine Injektion von ACh in die Muskelfaser bewirkt ebenfalls keine Membranpolarisation: ACh, wie alle übrigen Transmittersubstanzen, wirkt ***nur an der äußeren Oberfläche*** der subsynaptischen Membran. (Interessanterweise breitet sich die

ACh-Empfindlichkeit der subsynaptischen Membran bei Degeneration des präsynaptischen Axons, z. B. nach Durchschneidung, über die übrige Muskelfaser aus, und bei Reinnervation bildet sie sich wieder zurück.)

Neuromuskuläre Blockade. Wird einem Menschen Curare in genügender Menge eingespritzt, so wird, wie bereits geschildert (vgl. Abb.3-4), seine neuromuskuläre Übertragung blockiert. Dies wird während Narkosen zur Entspannung der Muskulatur ausgenutzt. Der Patient, der in dieser Zeit künstlich beatmet wird, benötigt dann nur eine relativ flache Narkose, die zwar Bewußtsein und Schmerzempfindung ausschaltet, bei der aber ohne Curare noch eine gewisse Muskelgrundspannung und motorische Reflexe (unbewußte Bewegungen) auftreten würden. (Die Hauptvorteile der flachen Narkose sind ihre geringe Giftigkeit, ihre leichte Steuerbarkeit und ihre schnelle Umkehrbarkeit.) Curare und andere Stoffe, die während Narkosen oder in anderen therapeutischen Situationen zur Muskelentspannung verwendet werden, bezeichnet man ganz allgemein als *Relaxantien.*

Stoffe wie Curare, die das ACh von seinem subsynaptischen Receptor kompetitiv, d.h. reversibel und in Abhängigkeit von der Konzentration der beiden Partner, verdrängen, ohne die Membranleitfähigkeit zu verändern, werden als *nicht-depolarisierende Muskelrelaxantien* bezeichnet. Eine zweite, ebenfalls praktisch genutzte Gruppe von Relaxantien hat einen anderen Wirkungsmechanismus: Diese Stoffe, z.B. Succinylcholin, wirken wie ACh auf die subsynaptische Membran, sie können aber von der Cholinesterase nicht oder nur langsam gespalten werden. Die dadurch bedingte Dauerdepolarisation der subsynaptischen Membran blockiert ebenfalls die neuromuskuläre Übertragung. Diese Substanzen werden daher *depolarisierende Muskelrelaxantien* genannt.

Hemmung der Cholinesteraseaktivität im synaptischen Spalt durch Gabe von *Cholinesterasehemmstoffen* könnte ebenfalls zu einem neuromuskulären Block führen, da es durch die verzögerte Spaltung des ACh zu einer verstärkten und etwas verlängerten Depolarisation an der subsynaptischen Membran kommt. Wegen starker Nebenwirkungen wird dies klinisch nicht ausgenutzt, doch sind verschiedene Insecticide und einige Nervengase *irreversible* Cholinesterasehemmstoffe. Ihre Einnahme führt über ein Zwischenstadium erhöhter Erregbarkeit der Muskulatur (Krämpfe) zu Atemlähmung und Tod.

Cholinesterasehemmstoffe können allerdings unter bestimmten Umständen auch die *neuromuskuläre Übertragung fördern.* So kann bei Vergiftung (Überdosierung) mit Curare durch eine Hemmung der Cholinesterase das verkleinerte und eventuell unterschwellige EPP wieder vergrößert und eine normale neuromuskuläre Übertragung wieder ermöglicht werden. Bei der unter dem Namen *Myasthenia gravis* bekannten Muskelerkrankung ist die Anzahl der postsynaptischen ACh-Receptoren vermindert, so daß es trotz ausreichender präsynaptischer Ausschüttung von ACh zu verkleinerten Endplattenpotentialen kommt, die teilweise unterschwellig bleiben. Typischerweise verschlechtert sich die am Morgen gute neuromuskuläre Übertragung bei diesen Patienten im Laufe des Tages (Frühsymptom: hängende Augenlider). Auch hier sind Gaben von reversiblen Cholinesterasehemmstoffen wie Neostigmin eine effektive und die bisher wirksamste Behandlungsmöglichkeit.

Mit den folgenden Fragen können Sie Ihren Wissenszuwachs überprüfen:

F 3.1 Freisetzung von ACh an der Endplatte führt zu einer kurzzeitigen Erhöhung der Leitfähigkeit der subsynaptischen Membran für
a) K^+-Ionen
b) Na^+-Ionen
c) Cl^--Ionen
d) Ca^{++}-Ionen
e) Mg^{++}-Ionen

F 3.2 Depolarisation einer Muskelfasermembran von $-70\,mV$ auf etwa $-30\,mV$
a) läßt das EPP unverändert,
b) verkürzt die Dauer des EPP beträchtlich,
c) verlängert die Dauer des EPP beträchtlich,
d) verkleinert die Amplitude des EPP,
e) Keine der Aussagen a–d ist richtig.

F 3.3 Hemmung der Cholinesterase durch Vergiftung mit einem irreversiblen Cholinesterasehemmstoff blockiert die neuromuskuläre Übertragung
a) weil ACh von seinem Receptor kompetitiv verdrängt wird,
b) weil präsynaptisch kein ACh mehr freigesetzt wird,
c) weil ACh nicht gespalten wird und es zu einer Dauerdepolarisation der subsynaptischen Membran kommt,
d) weil das EPP seine Polarität umkehrt,
e) weil es zu einer Blockierung der ACh-Synthese in der präsynaptischen Endigung kommt.

F 3.4 Bei einer Curare-Vergiftung
a) ist die präsynaptische Synthese des ACh nicht wesentlich verändert,
b) ist die Spaltung des ACh nach seiner Freisetzung in den synaptischen Spalt stark verlangsamt,
c) kommt es zu einer Verdrängung des ACh vom subsynaptischen Receptor,
d) verschiebt sich das Gleichgewichtspotential des EPP zum Ruhepotential,
e) verlangsamt sich der Zeitverlauf des EPP erheblich.

3.2 Die Quantennatur der chemischen Übertragung

Die in diesem Abschnitt zusammengefaßten Versuchsergebnisse zeigen, daß die Überträgersubstanz nicht frei in den präsynaptischen Endigungen enthalten ist, sondern konzentriert in den dortigen Bläschen oder Vesikeln (vgl. Abb. 3-1 und 3-2) vorliegt. Aus diesen Vesikeln wird der Transmitter nach festen Regeln in den synaptischen Spalt freigesetzt. Kenntnis dieser Regeln ist eine wichtige Voraussetzung zur gezielten pharmakologischen Beeinflussung von Synapsen (wie z. B. bei der eben erwähnten neuromuskulären Blockade).

Miniatur-Endplattenpotentiale. Wird, wie in der Einsatzfigur in Abb. 3-8 A skizziert, eine Mikroelektrode in eine *ruhende Muskelfaser* eingestochen, so werden, wie in Abb. 3-8 A zu sehen, kleine, kurze, in unregelmäßigen Abständen auftretende Depolarisationen registriert. Diese spontanen Depolarisationen ähneln in ihrem Zeitverlauf normalen EPP, jedoch ist ihre Amplitude um ein Vielfaches kleiner (vgl. Ordinatenmaßstab in Abb. 3-8 mit dem in 3-4). Auf Grund ihres vergleichbaren Zeitverlaufs und ihrer sehr kleinen Amplitude werden diese spontanen Depolarisationen *Miniatur-Endplattenpotentiale* (Min.EPP) genannt. Versuche nach Abb. 3-5 haben eindeutig gezeigt, daß die Min.EPP, wie die EPP auch, nur an der subsynaptischen Membran entstehen und sich von dort elektrotonisch auf der Muskelfaser ausbreiten. (Wegen ihrer kleinen Amplitude sind sie nur in unmittelbarer Nähe der Endplatte meßbar.) Auch die pharmakologischen Eigenschaften der EPP und der spontanen Min.EPP sind identisch. Man darf daher folgern, daß die Min.EPP durch die *spontane Freisetzung kleiner ACh-Mengen* verursacht werden.

Freisetzung in Quanten. Die Miniatur-Endplattenpotentiale in Abb. 3-8 haben alle etwa die gleiche Amplitude. Daraus ist zu schließen, daß sie durch etwa gleich große Mengen ACh ausgelöst werden. Diese etwa gleich großen „Pakete" von ACh hat man als *Quanten* bezeichnet. Durch einen experimentellen Kunstgriff kann gezeigt werden, daß auch das normale EPP durch die Freisetzung von Quanten verursacht wird. Es kann nämlich die Menge der pro Aktionspotential freigesetzten Überträgersubstanz durch Entzug von Ca^{++}-Ionen aus der Badelösung oder Zusatz von Mg^{++}-Ionen in die Badelösung erheblich verkleinert werden. EPP, die unter diesen Bedingungen ausgelöst wurden, sind in Abb. 3-8 B im rot aufgerasterten Teil registriert. (Außerdem sind einige spontane Min.EPP zu sehen.) Insgesamt wurden 7 Reize (Pfeil) gegeben. Zweimal war das EPP etwa genau so groß wie die spontanen Min.EPP, zweimal war es etwa doppelt, einmal etwa dreimal so groß, und zweimal war nach dem Reiz kein EPP zu sehen. Es ergibt sich aus diesem Befund der Verdacht, daß auch das normale EPP immer aus ganzzahligen Vielfachen der Min.EPP

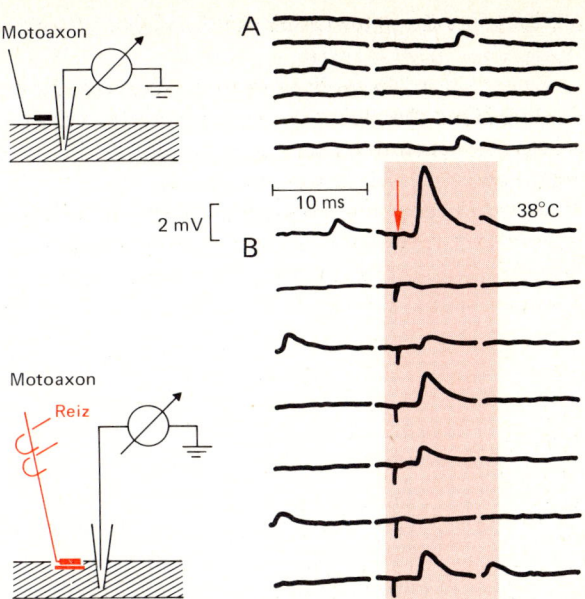

Abb. 3-8 A, B. Miniatur-Endplattenpotentiale. **A** Ableitung von einer ruhenden Muskelfaser. Wie die Einsatzfigur zeigt, ist die Mikroelektrode in unmittelbarer Nähe der Endplatte eingestochen. **B** Auslösung von Endplattenpotentialen durch elektrische Reizung des zugehörigen Motoaxons *(roter Pfeil und rote Aufrasterung)* in einer Blutersatzlösung mit 1 mM Ca^{++} und 6 mM Mg^{++}. Daneben sind einige spontane Miniatur-Endplattenpotentiale zu sehen. In zwei Fällen wird kein Endplattenpotential ausgelöst, in den anderen Fällen entspricht die Amplitude der eines Miniatur-Endplattenpotentials oder eines ganzzahligen Vielfachen davon. Nach LILEY, 1956

zusammengesetzt ist, also durch die gleichzeitige Freisetzung einer großen Zahl von Quanten verursacht wird.

Steuerung der Überträgersubstanzfreisetzung durch das präsynaptische Aktionspotential. Die Miniatur-Endplattenpotentiale an der ruhenden Endplatte treten in unregelmäßigen Abständen auf (vgl. Abb. 3-8). Die Freisetzung der Quanten erfolgt also nicht mit präzise voraussagbarer Regelmäßigkeit, sondern mit einer gewissen, mit statischen Methoden beschreibbarer Wahrscheinlichkeit. Diese Wahrscheinlichkeit ist in Ruhe gering, denn die Miniatur-Endplattenpotentiale treten im Durchschnitt nur einmal pro Sekunde auf. Sie wird aber durch das präsynaptische Aktionspotential für kurze Zeit, nämlich für weniger als eine Millisekunde, vieltausendfach vergrößert. In dieser Zeit werden einige hundert Quanten freigesetzt, die das normale Endplattenpotential auslösen. Es ist abgeschätzt worden, daß an der Endplatte des Frosches pro präsynaptisches Aktionspotential etwa

200 Quanten freigesetzt werden. An anderen Synapsen reichen die Schätzungen bis 2000 Quanten.

Die Zeit, die vom Einlaufen der Aktionspotentiale in die präsynaptische Endigung bis zum Beginn des Endplattenpotentials vergeht, wird als *synaptische Latenz* bezeichnet. Sie beträgt an den meisten peripheren und zentralnervösen Synapsen etwa 0,2 ms.

Die **Erhöhung der Freisetzungswahrscheinlichkeit** durch das präsynaptische Aktionspotential erfolgt nicht in einer Alles-oder-Nichts-Form, sondern hängt in ihrem Umfang mindestens teilweise unmittelbar vom Ausmaß der Membranpotentialänderung ab, wie die folgenden Befunde zeigen: Bei Depolarisation des präsynaptischen Membranpotentials durch Erhöhung der extracellulären K^+-Konzentration oder durch von außen applizierten Strom erhöht sich die Frequenz der Miniatur-Endplattenpotentiale, während Hyperpolarisation des Membranpotentials sie verringert. Experimentelle Variation der Aktionspotentialamplitude und Imitation des präsynaptischen Aktionspotentials durch von außen erzwungene Membranpotentialänderung haben ebenfalls eindeutig gezeigt, daß die Größe des EPP, d.h. die Zahl der pro Aktionspotential freigesetzten Quanten, von der Amplitude des Aktionspotentials abhängt.

Beteiligung des Calcium. Wie bei der Besprechung der Abb. 3-8 B schon erwähnt, ist neben der Amplitude des Aktionspotentials auch der Gehalt an Ca^{++}-Ionen in der Badelösung für das Ausmaß der Transmitterfreisetzung von großer Bedeutung. Wird nämlich bei einem in vitro Versuch der Badelösung Ca^{++} entzogen, so setzt das präsynaptische Aktionspotential nicht einige Hundert, sondern weniger Quanten frei, wobei die Zahl der pro Impulse freigesetzten Quanten um einen Mittelwert schwankt, der von der jeweils wirksamen Ca^{++}-Konzentration abhängt. Bei geringer Ca^{++}-Konzentration treten EPP auf, deren Amplituden, wie Abb. 3-8 B zeigt, geringzahlige Vielfache der Min.EPP sind, und gelegentlich wird auch kein Quantum freigesetzt. Die Größe der Quanten ändert sich dabei nicht. Die Versuche lassen keinen Zweifel, daß die **Anwesenheit von Ca^{++}-Ionen** für ein normales Ablaufen der durch ein präsynaptisches Aktionspotential ausgelösten Quantenfreisetzung **unbedingt erforderlich** ist.

Ähnlich wie Ca^{++}-Entzug wirkt der Zusatz von Mg^{++}-Ionen in die Badelösung. Anscheinend verdrängen die Mg^{++}-Ionen die Ca^{++}-Ionen kompetitiv von ihrem Wirk- oder Eintrittsort an der präsynaptischen Membran. Da die Zahl der freigesetzten Acetylcholin-Quanten etwa von der vierten Potenz der extracellulären Ca^{++}-Konzentration abhängt, scheinen für die Freisetzung eines Quantums vier Ca^{++}-Ionen benötigt zu werden.

An einer Riesensynapse des Tintenfisches ist die Rolle des Ca^{++} noch eingehender als an der Endplatte untersucht worden und es ergab sich folgendes Bild: Depolarisation der präsynaptischen Membran, entweder durch ein Aktionspotential oder durch einen Strompuls, öffnet nicht nur Na^{++}-, sondern auch Ca^{++}-Poren der präsynaptischen Membran, so daß *Ca^{++}-Ionen in die präsynaptische Endigung* einfließen. Dieser Prozeß hat eine Schwelle von 30 bis 40 mV Depolarisation. Das Ausmaß der Änderung der Ca^{++}-Leitfähigkeit und damit die Größe des Ca^{++}-Einstromes hängen von der Größe der Depolarisation ab. Entsprechend nimmt die Transmitterausschüttung mit der Größe und Dauer der Depolarisation zu, denn das in die und durch die Membran diffundierende Calcium nimmt in noch unbekannter aber entscheidender Weise an der Entleerung der Vesikel in den synaptischen Spalt teil. Wie an der Endplatte verhindert Mg^{++} und auch Mn^{++} den Einstrom von Ca^{++} in die präsynaptische Endigung und damit die Transmitterfreisetzung. Auch an anderen peripheren Synapsen ist Calcium für eine normale Freisetzung von Überträgersubstanz notwendig, so daß man annehmen muß, daß es an allen chemischen Synapsen die gleiche Rolle spielt.

Neuromuskuläre Blockade durch Ca^{++}-Entzug oder Mg^{++}-Applikation kann am Menschen, im Gegensatz zu den bereits erwähnten Methoden, nicht angewandt werden, da andere Organsysteme, z. B. Herz, Niere, ZNS, glatte Muskulatur, durch diese Änderungen des Ionenmilieus in ihrer Funktion stark gestört werden. Das Gift der Botulinus-Bakterien (in verdorbenem Fleisch, Fisch, Konserven) wirkt auf die Endplatte ähnlich wie Ca^{++}-Entzug: über eine *Hemmung der ACh-Quantenfreisetzung* führt *Botulinustoxin-Vergiftung* zu oft tödlichen Lähmungen (Atmung) der Muskulatur. Da Botulinustoxin hitzeempfindlich ist, kann man sich im Zweifelsfalle durch Kochen, Durchbraten, etc. der fraglichen Lebensmittel wirksam vor einer Botulinustoxinvergiftung schützen.

Verallgemeinerung der Quantenhypothese. Unterdessen hat man nicht nur an der Endplatte, sondern auch an vielen anderen chemischen Synapsen Vesikel und spontane Miniaturpotentiale gefunden. Es ist auch geglückt, synaptische Vesikel durch Ultrazentrifugation zu isolieren und in ihnen Acetylcholin oder andere Stoffe nachzuweisen, denen Transmitterfunktion zugeschrieben wird. Es ist daher die Hypothese erlaubt, daß an all diesen Synapsen der Transmitter in den synaptischen Bläschen gespeichert und in Quanten freigesetzt wird und daß der *Inhalt eines Bläschens ein Quantum Transmitter* darstellt. Ein solches Quantum (nicht zu verwechseln mit dem physikalischen Begriff des Energiequants) enthält wahrscheinlich einige Tausend Transmittermoleküle, die in allerkürzester Zeit in den sehr schmalen ($\sim 0,1$ μm) synaptischen Spalt entleert werden und dadurch praktisch gleichzeitig an der subsynaptischen Membran wirken können. An der Froschendplatte enthält ein Quantum etwa 1 000 bis 10 000 Acetylcholin-Moleküle, an der Endplatte der Ratte 4 000 bis 20 000 Moleküle, an denen der Schlange etwa 10 000 Moleküle, an anderen Synapsen gibt es noch keine genügend fundierten Abschätzungen. Es läßt sich im Augenblick noch nicht angeben, ob den Miniaturpotentialen eine physiologische Bedeutung zukommt, da es dazu keine entsprechenden Befunde gibt.

Außer den bisher geschilderten Vorgängen ist über die Prozesse, die sich zwischen dem Einlaufen des präsynaptischen Aktionspotentials und dem Beginn des postsynaptischen Potentials, also während der synaptischen Latenz, abspielen, nur wenig bekannt. Es bleibt festzuhalten, daß die Zahl der pro Impuls freigesetzten Quanten von der Impulsamplitude abhängig ist, die die Freisetzung teils direkt, teils über die Steuerung des Ca^{++}-Einstromes beeinflußt. Weitere Faktoren und Aspekte der Steuerung der synaptischen Übertragung werden im Zusammenhang mit der synaptischen Potenzierung (s. S. 112) und der präsynaptischen Hemmung (s. S. 98) besprochen.

Mit den folgenden Fragen können Sie Ihren Wissenszuwachs überprüfen:

F 3.5   Welche der folgenden Aussagen über Miniatur-Endplattenpotentiale (Min.EPP) treffen zu?

a) Die Min.EPP werden durch die Freisetzung *eines* Moleküls ACh verursacht.

b) Die Frequenz der Min.EPP ist unabhängig vom Membranpotential der präsynaptischen Endigung.

c) Der Zeitverlauf der Min.EPP ist ähnlich dem normaler EPP.

d) Curare wird die Min.EPP in ihrer Amplitude verkleinern oder völlig unsichtbar machen.

e) Cholinesterasehemmstoffe lassen die Min.EPP unverändert.

f) Die Min.EPP verbessern die synaptische Übertragung.

F 3.6   Welche(r) der folgenden Faktoren *vergrößern*(t) die Zahl der pro präsynaptisches Aktionspotential freigesetzten Überträgerstoffquanten?

a) Abnahme der Ca^{++}-Konzentration in der Badelösung.

b) Zugabe von Cholinesterasehemmstoffen in die Badelösung.

c) Zunahme der Amplitude des präsynaptischen Aktionspotentials.

d) Zugabe von Curare in die Badelösung.

e) Abnahme der Mg^{++}-Konzentration in der Badelösung.

F 3.7   Welcher der folgenden Befunde an der Endplatte stützt die Hypothese, daß die präsynaptischen Vesikel je ein Quantum Überträgerstoff enthalten?

a) Für die Freisetzung von ACh ist die Anwesenheit von Ca^{++} notwendig.

b) An der Endplatte treten Miniatur-Endplattenpotentiale (Min. EPP) auf.

c) Die Min.EPP werden in zufälliger Reihenfolge freigesetzt.

d) Der Überträgerstoff wird immer in ganzzahligen Vielfachen einer Mindestmenge freigesetzt.

e) Abnahme des präsynaptischen Ruhepotentials erhöht die Frequenz der Min.EPP.

3.3 Zentrale erregende Synapsen

Die Grundvorgänge bei der Erregungsbildung an chemischen Synapsen sind im bisherigen Teil dieses Kapitels am Beispiel der neuromuskulären Endplatte geschildert worden. Es ist daher jetzt möglich, sich den etwas komplexeren Vorgängen bei der Erregungsübertragung an zentralen Neuronen zuzuwenden. Während nämlich Muskelfasern meist nur eine Endplatte besitzen und jedes EPP normalerweise weit überschwellig ist, besitzen zentrale Neurone meist viele Dutzend bis einige Tausend Synapsen und die erregenden postsynaptischen Potentiale der einzelnen Synapsen sind fast immer unterschwellig, so daß nur die gleichzeitige Tätigkeit zahlreicher erregender Synapsen zu einer fortgeleiteten Erregung führt. Dazu kommt, daß neben den erregenden auch hemmende Synapsen auf dem Soma und den Dendriten der Neurone enden, deren Aktivierung dem Entstehen einer fortgeleiteten Erregung entgegenwirkt.

Die *motorische Vorderhornzelle* (Motoneuron) in der grauen Substanz des Rückenmarks, deren Nervenfaser (Motoaxon) das Rückenmark durch die Vorderwurzeln verläßt und Skeletmuskelfasern innerviert, hat sich wegen ihrer Größe (Durchmesser des Somas bis zu 100 μm), ihrer relativ guten Zugänglichkeit und ihren gut bekannten erregenden und hemmenden Verbindungen für das Studium neuronaler synaptischer Potentiale als besonders geeignet erwiesen. Die an Motoneuronen gewonnenen Ergebnisse lassen sich außerdem ohne größere Einschränkungen auf die Mehrzahl der zentralen Neurone übertragen, so daß diese Ergebnisse zur Grundlage der jetzigen Erörterung gemacht werden können.

Erregende postsynaptische Potentiale. EPSP. Abb. 3-9 zeigt schematisch, daß über die Oberfläche eines Neurons mit Ausnahme des Axonhügels und des Axons zahlreiche Synapsen verteilt sind. Es wird geschätzt, daß jedes Motoneuron insgesamt etwa 6 000 axo-somatische und axo-dendritische Synapsen besitzt. Die Synapsen sind teils erregender, teils hemmender Natur und ihre Axone stammen zum größten Teil von zentralen Neuronen. Ihr Aufbau entspricht dem der Synapse in Abb. 3-1; es handelt sich also um *chemische Synapsen.*

Ein kleiner Teil der Axone der erregenden Synapsen kommt direkt von Dehnungsreceptoren der quergestreiften Muskulatur, den Muskelspindeln. Diese Axone sind also afferente Nervenfasern, die von den Muskelnerven über die Hinterwurzeln in das Rückenmark eintreten. Wie später

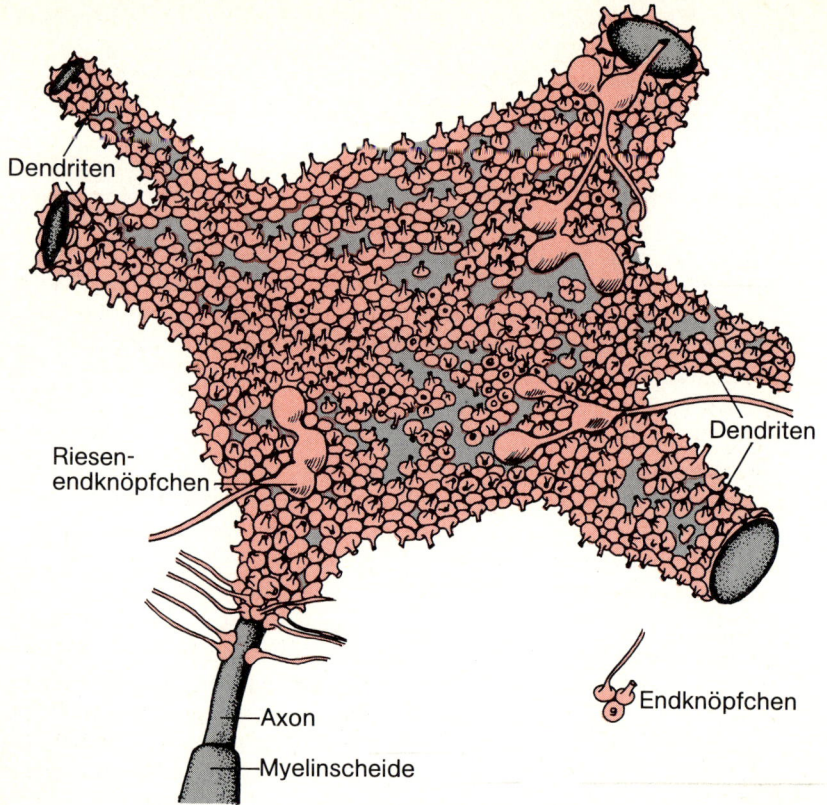

Abb. 3-9. Synapsen auf Motoneuron. Stark vereinfachte, schematisierte Darstellung. Die Dendriten sind kurz nach ihrem Ursprung aus dem Soma abgeschnitten, sie würden sich bei diesem Vergrößerungsmaßstab weit über die Fläche des Buches hinaus erstrecken. Soma und Dendriten, mit Ausnahme des Axonhügels, sind nahezu vollständig von Synapsen bedeckt, von denen einige samt ihren Axonen *rot* hervorgehoben sind

im Detail gezeigt wird (Abschnitt 4.2), bilden die Muskelspindelafferenzen direkte erregende Synapsen immer nur mit Motoneuronen ihres eigenen (homonymen) Muskels. Diese Verschaltung macht es möglich, erregende Synapsen eines Motoneurons durch periphere elektrische Reizung des zugehörigen Muskelnerven zu aktivieren und die postsynaptischen Prozesse durch eine intracelluläre Mikroelektrode zu beobachten.

Links in Abb. 3-10 ist ein solcher Versuchsaufbau gezeigt: eine Mikroelektrode ist in das Soma eines Motoneurons eingestochen und die zugehörigen Muskelspindelafferenzen sind in der Peripherie auf Reizelektro-

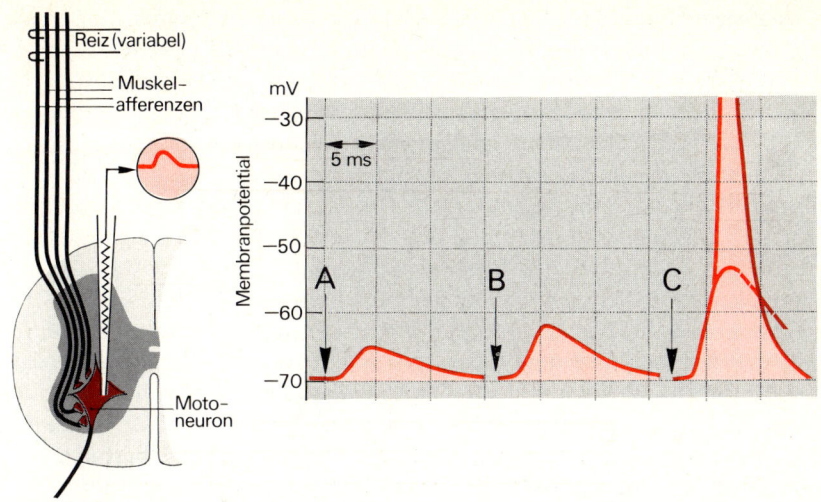

Abb. 3-10. Erregende postsynaptische Potentiale, EPSP. Intracelluläre Ableitung von einem Motoneuron, periphere Reizung des zugehörigen Muskelnerven mit elektrischen Reizen. Von *A* und *C* zunehmende Reizstärke

den gelegt worden. Die Mikroelektrode registriert ein Ruhepotential von − 70 mV. Werden die Afferenzen elektrisch gereizt (Pfeile in A, B, C) so tritt nach kurzer Verzögerung (Latenz) eine Depolarisation der Membran auf. Den Zeitverlauf der Depolarisation in Abb. 3-10 A und B (nicht C!) ist dem des EPP ähnlich. Die Amplituden hängen von der Zahl der erregten Afferenzen ab, bei elektrischer Reizung also von der Reizstärke. In A wurde der Nerv also weniger stark gereizt als in B. In C wurde der Nerv noch stärker gereizt als in B und die Depolarisation wurde so groß, daß ein fortgeleitetes Aktionspotential auftrat.

Da die depolarisierenden Potentiale das Motoneuron erregen können, werden sie *erregende postsynaptische Potentiale,* abgekürzt *EPSP,* genannt. Die EPSP sind also den Endplattenpotentialen an der neuromuskulären Endigung analog. Während das Endplattenpotential aber durch die Aktivierung einer einzelnen Synapse, nämlich der Endplatte, entsteht, sind die EPSP meist durch die gleichzeitige Aktivierung mehrerer oder vieler Synapsen verursacht.

Die Anstiegsphase eines EPSP dauert etwa 2 ms, der Abfall 10–15 ms. Der Zeitverlauf ist, wie Abb. 3-10 A, B zeigen, unabhängig von der Amplitude des EPSP. Dies bedeutet, daß sich die an verschiedenen Synapsen gleichzeitig ausgelösten EPSP in der Amplitude addieren und sich außerdem gegenseitig nicht beeinflussen. (Die Unabhängigkeit der „unitären" EPSP voneinander gilt nur in gewissen Grenzen, die aber hier vernachlässigt werden können.)

Ionenmechanismus des EPSP. Sie erinnern sich, daß das Endplattenpotential durch eine kurzzeitige Leitfähigkeitserhöhung für kleine Kationen (Na^+, K^+) hervorgerufen wird. Da die EPSP sich experimentell in vieler Hinsicht analog dem Endplattenpotential verhalten, wird angenommen, daß auch die EPSP durch eine *kurzzeitige Leitfähigkeitserhöhung für kleine Kationen* entstehen. (Zusätzlich scheint auch die Leitfähigkeit für Cl^--Ionen erhöht zu werden.) Eine solche Analogie liegt unter anderem darin, daß das Gleichgewichtspotential des EPSP bei etwa dem gleichen Membranpotential wie das des Endplattenpotentials, also bei etwa $-15\,mV$ liegt. Weiterhin ließ sich aus dem Zeitverlauf des EPSP und der Membranzeitkonstante des Motoneurons errechnen, daß die Dauer der Leitfähigkeitsänderung für kleine Ionen etwa solange anhält wie an der aktivierten Endplatte, nämlich 1–2 ms. Die (unbekannte, s. 3.5) Überträgersubstanz wirkt also etwa ebensolange an der subsynaptischen Membran des Motoneurons wie das Acetylcholin an der Endplatte. (Die Überträgersubstanz der motoneuronalen EPSP ist sicher nicht Acetylcholin, wie zahlreiche pharmakologische Tests zweifelsfrei gezeigt haben.)

Die Auslösung des Aktionspotentials. Bei überschwelligen EPSP werden fortgeleitete Aktionspotentiale ausgelöst (Abb. 3-10 C). Es hat sich nun gezeigt, daß die Membran des Motoneurons am Abgang des Axons aus dem Soma, dem *Axonhügel* (s. Abb. 3-9), die *niedrigste Schwelle* hat. Die Schwelle des Somas und der Dendriten ist mindestens doppelt so hoch wie die des Axonhügels. Fortgeleitete Aktionspotentiale entstehen daher in Motoneuronen und wahrscheinlich auch in anderen, wenn auch nicht allen Nervenzellen am Axonhügel. Der Vorteil der höheren Schwellen des Somas und der Dendriten verglichen mit der des Axonhügels liegt darin, daß unabhängig von der Lage der jeweils aktivierten Synapsen, alle erregenden postsynaptischen Potentiale einen gemeinsamen Wirkort haben, nämlich den Axonhügel. Da dieser in das Axon übergeht, ist außerdem gewährleistet, daß ein einmal entstandenes Aktionspotential sich mit Sicherheit in die Peripherie fortpflanzt, unabhängig von der jeweiligen Situation am Soma und den Dendriten. Für die Funktion der Nervenzelle ist es, so gesehen, bedeutungslos, ob das Aktionspotential in das Soma und die Dendriten hineinläuft oder nicht.

Da die EPSP sich passiv elektrotonisch auf der Zellmembran ausbreiten, sollte man erwarten, daß axo-somatische Synapsen in der Nähe des Axonhügels einen größeren Einfluß auf die Erregbarkeit eines Motoneurons haben als weiter entfernte axo-somatische und axo-dendritische Synapsen. Zum Teil ist dies richtig, zum Teil scheint dieser Nachteil dadurch kompensiert zu werden, daß an den Dendriten besonders große EPSP auftreten. (Die Ursache dafür liegt wahrscheinlich nicht in einer vermehrten Transmitterfreisetzung, sondern in den Kabeleigenschaften der Dendriten, also auf der postsynaptischen Seite.) Die Ansichten der Fachleute über die relative Bedeutung der axo-somatischen versus axo-dendritischen Synapsen sind aber noch sehr kontrovers.

Unter sonst gleichen Bedingungen ist bei Motoneuronen die **Erregbarkeit um so größer, je kleiner das Neuron** ist. Diese Verhältnisse treffen wahrscheinlich auch für andere Neurone zu. Dem liegt zugrunde, daß die Membran einer kleinen Zelle einen größeren elektrischen Widerstand darstellt als die einer großen Zelle mit zahlreichen parallel liegenden „Widerstandselementen". Folglich wird bei einer kleinen Zelle ein gegebener durch die subsynaptische Membran eintretender Ionenstrom beim Ausstrom durch die übrige postsynaptische Membran eine größere Membranpotentialänderung, also ein größeres EPSP hervorrufen als der gleiche Strom an einer großen Zelle. Die wichtigste Folge dieses Zusammenhangs ist, daß kleine Motoneurone und die ihnen zugehörigen Muskelfasern im Laufe eines Lebens viel häufiger tätig sind als große.

Generell ist noch anzumerken, daß EPSP des eben beschriebenen Typs auch an anderen Neuronen des Zentralnervensystems auftreten. Zum Teil sind etwas kürzere und längere Zeitverläufe sowohl im Anstieg wie im Abfall des EPSP beobachtet worden, wobei insgesamt derzeit der Eindruck vorherrscht, daß die EPSP der Motoneurone eher kürzer als die meisten anderen EPSP sind.

Elektrische Synapsen. Elektrische Synapsen, bei denen die prä- und postsynaptischen Membranen nicht durch einen synaptischen Spalt getrennt, sondern elektrisch leitend miteinander verbunden sind, wurden vereinzelt in Nervensystemen von Wirbellosen (Krebsen) und Wirbeltieren (Goldfischen, Vögeln) beobachtet, bisher aber nicht eindeutig bei Säugetieren. Ihre Eigenschaften werden daher hier nicht besprochen. Es ist aber sehr wahrscheinlich, daß auch im Säugetiernervensystem elektrische Synapsen vorkommen. Elektronenmikroskopische Hinweise dafür gibt es jedenfalls: in verschiedenen Hirnabschnitten sind *Spaltverbindungen* (gap junctions, Nexus) zwischen Neuronen beobachtet worden, deren morphologisches Erscheinungsbild auf eine elektrische Synapse hindeutet.

Mit den folgenden Fragen können Sie Ihren Wissenszuwachs überprüfen:

F 3.8 Bei welchem Membranpotential liegt etwa das Gleichgewichtspotential des EPSP?
   a) bei $-80\,\text{mV}$,
   b) bei $-15\,\text{mV}$,
   c) bei $+40\,\text{mV}$,
   d) bei $+100\,\text{mV}$.
   e) Das EPSP hat kein Gleichgewichtspotential.

F 3.9 Welche Stelle des Motoneurons (der motorischen Vorderhornzelle) hat die niedrigste Schwelle für ein fortgeleitetes Aktionspotential?
   a) die Dendriten,
   b) das Soma,
   c) der Axonhügel,
   d) das Axon.
   e) Alle diese Stellen haben die gleichen Schwellen.

F 3.10 Die Gesamtdauer eines motoneuronalen EPSP beträgt etwa
   a) 500 ms,
   b) 100 ms,
   c) 15 ms,
   d)   2 ms,
   e) 0,2 ms.

F 3.11 Während der Einwirkung des erregenden Transmitters kommt es an der subsynaptischen Membran einer erregenden Synapse eines Motoneurons
   a) zu einer Erhöhung der Na^+-Leitfähigkeit,
   b) zu einer Abnahme der K^+-Leitfähigkeit,
   c) zu keiner Leitfähigkeitsänderung für Kationen,
   d) zu einem Durchtritt von großen Anionen,
   e) zu einer lokalen Hyperpolarisation.

3.4 Zentralnervöse hemmende Synapsen

Neben den lokalen und fortgeleiteten erregenden Prozessen im Nervensystem, die in Kapitel 2 und 3 bisher geschildert wurden, laufen an den Nervenzellen auch Vorgänge ab, die die Aktivität der beteiligten neuronalen Strukturen reduzieren. Dabei handelt es sich nur zum kleinen Teil um Folgen einer vorhergehenden Erregung, wie z. B. die Refraktärphase im Anschluß an ein Aktionspotential. Viel wichtiger sind aktive Prozesse, die den Erregungszustand der Neurone herabsetzen. Ersterer Vorgang wird als *Depression,* letzterer als *Hemmung oder Inhibition* bezeichnet. Die wichtigste Form der Hemmung ist synaptischer Natur. Bei ihr führt Aktivierung der Synapse nicht zu einem gesteigerten, sondern zu einem verminderten Erregungszustand der postsynaptischen Membran. Diese Synapsen werden daher hemmende Synapsen genannt.

   Die Bedeutung hemmender Prozesse für das Zentralnervensystem läßt sich gut durch folgendes Experiment illustrieren: Injiziert man einem Versuchstier einige Milligramm Strychnin, ein Pharmakon, das viele hemmende Synapsen blockiert, die erregenden aber unbeeinflußt läßt, so setzen innerhalb weniger Minuten schwere Krämpfe ein, an denen der Organismus schließlich zugrunde geht. Eindrucksvoller kann kaum demonstriert werden, daß die Hemmung ein mit der Erregung gleichrangiger Grundprozeß zentralnervöser Tätigkeit ist.

Zwei Typen von Hemmung über chemische Synapsen sind uns bekannt: bei der *postsynaptischen Hemmung* wird der Erregungszustand der Soma- und Dendritenmembran der Neurone herabgesetzt, während bei der *präsynaptischen Hemmung* die Transmitterfreisetzung an präsynaptischen Endigungen reduziert oder völlig verhindert wird. Im Zentralnervensystem der Wirbeltiere scheint die postsynaptische Hemmung die größere Rolle zu spielen; die präsynaptische Hemmung findet sich vorwiegend an den präsynaptischen Endigungen somatischer und visceraler Afferenzen, weniger im übrigen Nervensystem.

Inhibitorische postsynaptische Potentiale im Motoneuron. Es ist seit langem bekannt, daß Reizung von Muskelspindelafferenzen nicht nur die homonymen (eigenen) Motoneurone erregt (Abb. 3-10), sondern gleichzeitig die Motoneurone des Gegenspielers (des Antagonisten) hemmt. Zum Beispiel wird Reizung der Muskelspindelafferenzen des Musculus biceps, der den Ellenbogen beugt, gleichzeitig den Musculus triceps, der den Ellenbogen streckt, hemmen. Details dieses Reflexweges werden im nächsten Kapitel geschildert.

Die Abb. 3-11 ist mit einer der Einsatzfigur in Abb. 3-10 entsprechenden Versuchsanordnung aufgenommen. Sie zeigt die in einem Motoneuron mit Hilfe einer Mikroelektrode registrierten Membranpotentialänderungen (rot) bei Reizung antagonistischer Muskelspindelafferenzen. Das Ruhepotential beträgt − 70 mV (siehe Ordinate). Bei den Pfeilen wird der antagonistische Muskelnerv gereizt, wobei die Reizstärke von A nach D stufenweise vergrößert wird. Jeder Reiz löst eine *hyperpolarisierende Poten-*

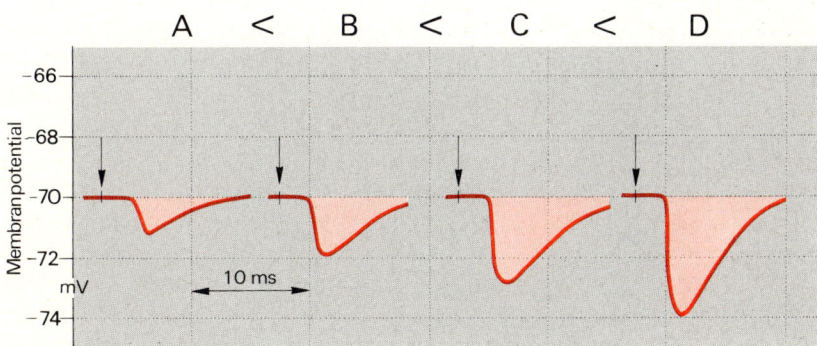

Abb. 3-11. Inhibitorische postsynaptische Potentiale, IPSP. Versuchsanordnung wie in Abb. 3-10, es wird jedoch ein antagonistischer Nerv gereizt

tialänderung aus, wobei auf Grund der gewählten Reizstärken die Amplituden der Hyperpolarisationen von A nach D um jeweils 1 mV zunehmen. Es fällt auf, daß der Zeitverlauf der Potentialänderung unabhängig von der Amplitude ist und sehr dem Zeitverlauf des EPSP ähnelt.

Durch die in Abb. 3-11 gezeigte Hyperpolarisation wird das Membranpotential weiter von der Schwelle für eine fortgeleitete Erregung entfernt, das Motoneuron also gehemmt. Diese Hyperpolarisationen werden daher als hemmende oder *inhibitorische postsynaptische Potentiale,* abgekürzt *IPSP,* bezeichnet.

Ionenmechanismus des IPSP. Der Zeitverlauf des IPSP ist praktisch spiegelbildlich dem der EPSP mit einem Anstieg von 1–2 ms und einem Abfall von 10–12 ms. Schon daraus kann geschlossen werden, daß hier, wie an der Endplatte und den zentralen erregenden Synapsen, die subsynaptische Leitfähigkeitsänderung, die zum Auftreten des IPSP führt, kurz ist, also etwa 1–2 ms dauert. Dieser Verdacht wurde durch weitere Experimente und rechnerische Analyse des Zeitverlaufs bestätigt.

Der wichtigste Versuch zur *Bestimmung der ionalen Ladungsträger* des IPSP ist die *Messung seines Gleichgewichtspotentials,* also desjenigen Membranpotentials, bei dem Aktivierung der hemmenden Synapsen keine Potentialänderung auslöst. Die Versuchsanordnung ist links in Abb. 3-12 ein-

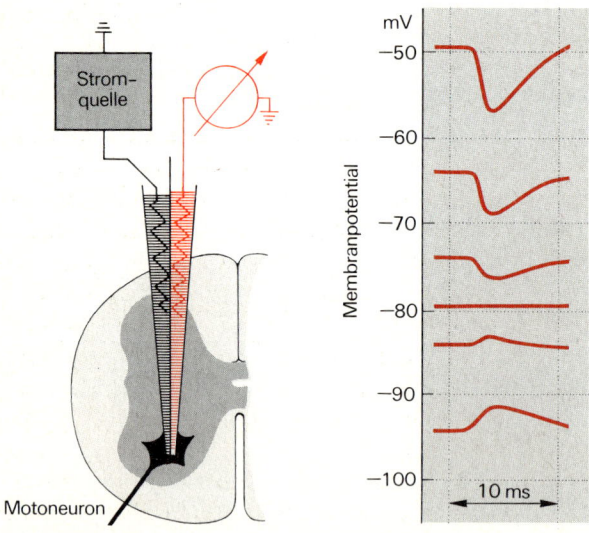

Abb. 3-12. Gleichgewichtspotential des IPSP. Versuchsaufbau wie in Abb. 3-10. Durch den zweiten Lauf der doppelläufigen Mikroelektrode kann über von außen zugeführten Strom das Membranpotential des Motoneurons verändert werden

gezeichnet, sie ist analog der in Abb. 3-6 gezeigten. Die beiden einzelnen Mikroelektroden sind durch eine doppelläufige ersetzt, da es sonst praktisch unmöglich wäre, sie in dasselbe, einige Millimeter unter der Oberfläche des Rückenmarks liegende Motoneuron einzustechen (vgl. a. Abb. 3-10). Ein bei einem Membranpotential von -65 mV (Ruhepotential dieser Zelle) ausgelöstes IPSP hat eine Amplitude von 5 mV in hyperpolarisierender Richtung. Wird das Membranpotential durch von außen zugeführten Strom erniedrigt (in depolarisierende Richtung verschoben), so nimmt die Amplitude des IPSP (bei gleichem peripheren Reiz) stark zu. Dies bedeutet, daß die treibenden Kräfte für das IPSP bei Depolarisation des Membranpotentials größer werden. Umgekehrt werden bei Erhöhung des Membranpotentials die Amplituden der IPSP zunächst kleiner und bei etwa -80 mV gleich Null. Bei noch höheren Membranpotentialen kehrt sich die Richtung des IPSP um. Das Gleichgewichtspotential des IPSP, E_{IPSP}, liegt also bei -80 mV. Da das Gleichgewichtspotential der K^+-Ionen bei etwa -90 mV liegt, das der Cl^--Ionen beim Ruhepotential, liegt das E_{IPSP} also etwa in der Mitte zwischen E_K und E_{Cl}.

Die Lage des Gleichgewichtspotentials des IPSP weist also darauf hin, daß es während der Einwirkung des inhibitorischen Transmitters an der subsynaptischen Membran zu einer *starken Erhöhung der Leitfähigkeit für K^+- und Cl^--Ionen* kommt. Weitere Versuche haben diesen Verdacht vollauf bestätigt. Unter anderem wurden in diesen Versuchen aus mehrläufigen Mikroelektroden eine große Zahl verschiedenster Anionen und Kationen in die Zellen elektrophoretisch injiziert und die darauffolgenden Änderungen des IPSP gemessen. Es ergab sich, daß sowohl kleine Kat- wie auch kleine Anionen die aktivierte subsynaptische Membran hemmender Synapsen passieren können, während dies Ionen nicht möglich war, deren Durchmesser größer ist als der des hydratisierten K^+-Ions (also z. B. Na^+-Ionen).

Allgemein hat man aus solchen und anderen, ähnlichen Versuchsergebnissen an anderen Synapsen die Vorstellung entwickelt, daß die *Transmitter* an subsynaptischen Membranen *Poren bestimmter Weite öffnen,* die für alle Ionen mit einem Durchmesser kleiner als diese Weite passierbar sind. Wird außerdem die *Porenwandung elektrisch geladen,* so wirkt diese Ladung als Diffusionshindernis für gleich gepolte Ionen. Eine negativ geladene Pore würde also nur Kationen, aber keine Anionen durchlassen, bei einer positiv geladenen Pore könnten nur Anionen passieren.

Hemmende Wirkungen des IPSP. Es wurde bei der Besprechung des IPSP schon gesagt, daß die Hyperpolarisation während des IPSP das Membranpotential von der Schwelle für eine fortgeleitete Erregung entfernt und dadurch das Neuron hemmt. Die hemmenden Wirkungen des IPSP werden jetzt etwas näher betrachtet. Vor allem ist wichtig, ob die Hyperpo-

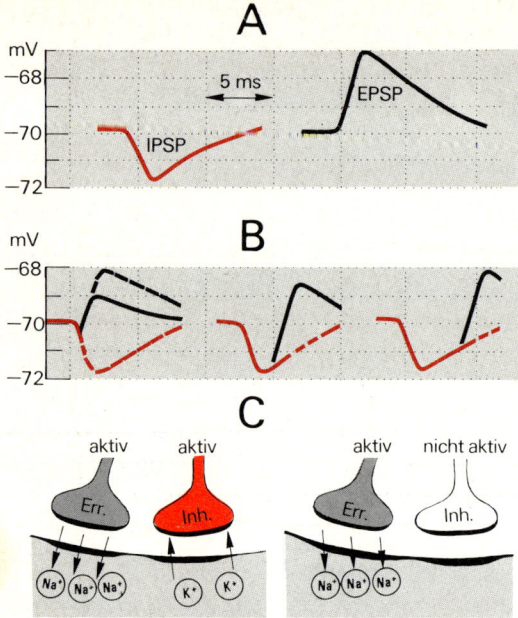

Abb. 3-13 A–C. Wirkung von IPSP auf EPSP. Versuchsaufbau wie in Abb. 3-10 und 3-11. Reizung des antagonistischen Nerven ergibt das IPSP in **(A)**, Reizung des homonymen Nerven das EPSP. In **(B)** wurde das EPSP etwa 1,3 und 5 ms nach Beginn des IPSP ausgelöst. **C** skizziert die subsynaptischen Leitfähigkeitsänderungen bei gleichzeitiger Aktivierung erregender und hemmender Synapsen *(links)* und bei alleiniger Aktivierung der erregenden Synapse

larisation allein für die Hemmung verantwortlich ist. Wäre dem so, dann würde ein beim E_{IPSP}, also bei einem Membranpotential von -80 mV ausgelöstes IPSP überhaupt keine hemmende Wirkung auf das Neuron haben!

In Abb. 3-13 A sind je ein typisches IPSP und EPSP zu sehen. Die maximalen Amplituden betragen 2 bzw. 3 mV. In B wird gezeigt, wie sich die Amplitude des EPSP verhält, wenn es zu verschiedenen Zeiten des IPSP ausgelöst wird. Wird in 3-13 B das EPSP 3 oder 5 ms nach Beginn des IPSP ausgelöst (mittlere und rechte Registrierung in B), so ist seine maximale Amplitude genauso groß wie die des Kontroll-EPSP in A. Die hemmende Wirkung des IPSP beruht hier also allein auf der Verschiebung des Membranpotentials in hyperpolarisierender Richtung, also weg von der Schwelle für eine fortgeleitete Erregung. Wird in B (linke Registrierung) das EPSP jedoch in der ersten Millisekunde nach Beginn des IPSP ausgelöst, so ist das resultierende EPSP kleiner als das Kontroll-EPSP. Es findet also keine einfache Addition statt, wie sie bei den späteren Zeitpunkten zu sehen ist, d. h. die *hemmende Wirkung des IPSP ist während der Einwirkung des inhibitorischen Transmitters auf die subsynaptische Membran größer als während des passiv elektrotonischen Rückgangs des IPSP auf das Ruhepotential.*

Die Skizzen in Abb. 3-13 C zeigen die Ursache für diesen unterschiedlichen Effekt des IPSP während und nach der aktiven Phase: in der linken Skizze sind die erregende und hemmende Synapse gleichzeitig aktiviert und der Einstrom der Na^+-Ionen an der subsynaptischen Membran der erregenden Synapse wird durch die gleichzeitig an der hemmenden Synapse ausströmenden K^+-Ionen teilweise kompensiert. Die resultierende Potentialänderung in depolarisierender Richtung ist daher kleiner als zu dem in Abb. 3-13 C rechts gezeigten Zeitpunkt, bei dem die inhibitorische Synapse nicht aktiviert ist. Die Leitfähigkeitserhöhung unter der aktivierten, hemmenden, subsynaptischen Membran kann auch reziprok als eine Abnahme des Widerstandes der Membran bezeichnet werden. Diese Abnahme des Widerstandes führt für einen gegebenen Membranstrom (z. B. die Na^+-Ionen in Abb. 3-13 C) zu einer geringeren Potentialänderung an der Membran.

Nach der bisher gegebenen Darstellung ist die *Rolle der Cl^--Ionen* bei der Entstehung des IPSP gering. Dies ist richtig, solange das IPSP vom normalen Ruhepotential seinen Ausgang nimmt, da E_{Cl} beim Ruhepotential liegt. Nimmt das IPSP jedoch von einem (vorübergehend durch EPSP) depolarisierten Membranpotential seinen Ausgang, so wird die erhöhte Cl^--Leitfähigkeit zu einem verstärkten Einströmen von Cl^--Ionen führen und dadurch zu den vergrößerten IPSP beitragen, wie sie z. B. in Abb. 3-12 zu sehen sind.

Nach diesen Erläuterungen läßt sich auch die einleitende Frage beantworten, ob eine Aktivierung hemmender Synapsen dann keine Hemmung mehr bewirkt, wenn das Membranpotential beim Gleichgewichtspotential des IPSP liegt. In diesem Fall löst definitionsgemäß die Aktivierung hemmender Synapsen keine Potentialänderung aus. Die Zelle ist jedoch während der subsynaptischen Leitfähigkeitserhöhung durch den verringerten Membranwiderstand gehemmt. In dieser Zeit wird jede Ladungsverschiebung durch die dann einsetzenden entgegengesetzten Ladungsverschiebungen unter der hemmenden subsynaptischen Membran mindestens teilweise kompensiert (s. Abb. 3-13 C). Bei repetitiver, asynchroner Aktivierung zahlreicher hemmender Synapsen kann die postsynaptische Membran durch die dann auftretenden großen Leitfähigkeitserhöhungen regelrecht „kurzgeschlossen" werden, so daß auch große erregende Ströme nur noch zu kleinen Depolarisationen führen.

Die erregenden und hemmenden synaptischen Vorgänge an den Membranen zentraler Neurone sind in Abb. 3-14 *im Überblick zusammengefaßt.*

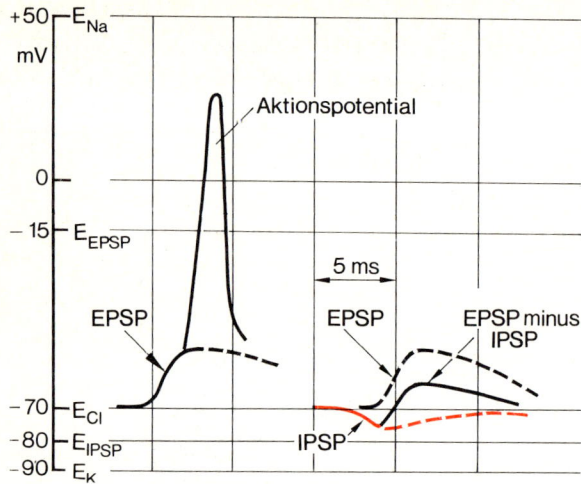

Abb. 3-14. Wirkung von IPSP auf Aktionspotential. Versuchsaufbau wie in Abb. 3-13. Der homonyme Nerv wird so stark gereizt, daß *links* im Bild ein überschwelliges EPSP entsteht. *Rechts* wird der antagonistische Nerv etwa 3 ms vor dem homonymen gereizt. Die Gleichgewichtspotentiale von Na^+, K^+, Cl^-, EPSP und IPSP sind eingetragen

Das E_{EPSP} liegt bei etwa -15 mV. Aktivierung der erregenden subsynaptischen Membran führt also zu einer Depolarisation, die eventuell die Schwelle erreicht (EPSP links im Bild) und dann am Axonhügel ein fortgeleitetes Aktionspotential auslöst. Das E_{IPSP} liegt bei etwa -80 mV. Unter der aktivierten, hemmenden, subsynaptischen Membran ist die Leitfähigkeit für K^+- und Cl^--Ionen erhöht, wodurch es zu einer Hyperpolarisation (rot, rechts im Bild) kommt. Das EPSP erreicht durch das IPSP nicht mehr die Schwelle, die Zelle ist gehemmt.

Präsynaptische Hemmung. Bei der präsynaptischen Hemmung kommt es zu keinen Veränderungen des Erregungszustandes der postsynaptischen Membran, sondern der hemmende Vorgang bewirkt eine *verminderte Transmitterfreisetzung* an der präsynaptischen Endigung der erregenden Synapse, also einen Vorgang, wie wir ihn ähnlich an der Endplatte bei Zusatz von Mg^{++}-Ionen oder bei Botulinusvergiftung kennenlernten. Präsynaptische Hemmung wird durch die *Aktivierung axo-axonischer Synapsen* ausgelöst.

Abb. 3-15 zeigt den Aufbau einer axo-axonischen Synapse und ihren Einfluß auf das postsynaptische EPSP. Axon 1 bildet mit Neuron 3 eine axo-somatische Synapse, während Axon 2 mit Axon 1 eine axo-axonische Synapse bildet. Nach Anordnung der synaptischen Bläschen und der subsynaptischen Membranverdickungen ist Axon 1 präsynaptisch zu Neu-

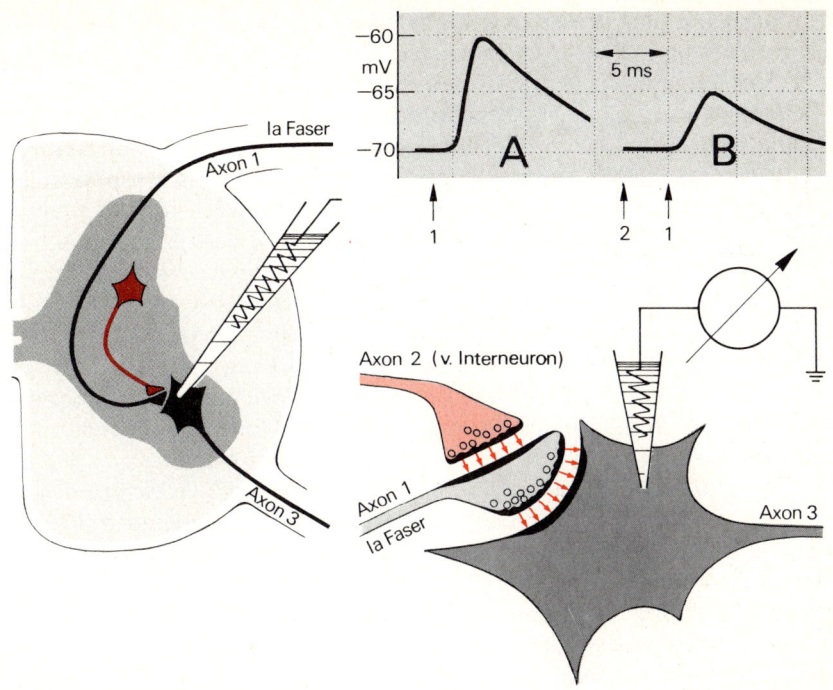

Abb. 3-15. Präsynaptische Hemmung eines Motoneurons. Ausführliche Erläuterungen im Text

ron 3 und Axon 2 präsynaptisch zu Axon 1. Aktivierung der synaptischen Endigung 1 (Pfeil in Abb. 3-15 A) ruft in Neuron 3 ein EPSP von etwa 10 mV hervor. Die axo-somatische Synapse ist also eine erregende Synapse. Wird Axon 2 vor Axon 1 aktiviert (Pfeile in B), so beträgt die Amplitude des EPSP nur noch 5 mV, ohne daß ein IPSP an der postsynaptischen Membran der Zelle 3 auftritt. Diese Form der EPSP-Hemmung *ohne* Änderung der postsynaptischen Membraneigenschaften bezeichnet man als *präsynaptische Hemmung.* Der Zeitverlauf der präsynaptischen Hemmung beträgt etwa 100–150 ms, ist also wesentlich länger als der des IPSP.

Es ist nicht genau bekannt, welche Überträgersubstanz von Axon 2 freigesetzt wird und welche subsynaptischen Leitfähigkeitsänderungen von diesem Transmitter in der präsynaptischen Endigung des Axon 1 ausgelöst werden. Einiges spricht dafür, daß der Überträgerstoff der axo-axonischen Synapsen im Rückenmark die Gamma-aminobuttersäure (*GABA,* s. 3.5) ist. Das Krampfgift *Bicucullin* zum Beispiel, das ein spezifischer Antagonist des GABA ist, hemmt die präsynaptische Hemmung (vgl. Wirkung des Strychnin auf die postsynaptische Hemmung, s. 3.5).

Bezüglich des *Mechanismus der verminderten Transmitterfreisetzung* erscheint derzeit am wahrscheinlichsten, daß dies über eine Reduzierung der Amplitude des präsynaptischen Aktionspotentials in Endigung 1 geschieht. Es kann nämlich während der präsynaptischen Hemmung eine Depolarisation des Axons 1 beobachtet werden. Da eine Depolarisation des Ruhepotentials zu einer verringerten Amplitude des Aktionspotentials führt und da die Transmittersubstanzfreisetzung zum Teil von der Amplitude des Aktionspotentials abhängt, wird ein während präsynaptischer Hemmung in Endigung 1 einlaufendes Aktionspotential weniger Transmitter freisetzen und dadurch ein kleines EPSP auslösen. Im Extremfall, z. B. bei repetitiver Aktivierung der axo-axonischen Synapse, kann Endigung 1 eventuell soweit depolarisiert werden, daß eine fortgeleitete Erregung nicht mehr möglich ist und dadurch nur noch ein sehr reduziertes, elektrotonisch fortgeleitetes Aktionspotential die Endigung erreicht und nur noch sehr wenig oder keinen Transmitter mehr freisetzt.

Präsynaptische Hemmung findet sich im Zentralnervensystem der Säuger, also auch des Menschen, vorwiegend an den erregenden Synapsen, die von den Endigungen afferenter Fasern im Rückenmark gebildet werden. Ist zum Beispiel Neuron 3 in Abb. 3-15 ein Motoneuron, so ist Axon 1 eine afferente Faser von einer Muskelspindel (Ia-Faser), während Axon 2 von einem Zwischenneuron aus der grauen Substanz des Rückenmarks (propriospinalem Interneuron) stammt. Die *funktionelle Bedeutung* der präsynaptischen Hemmung primär afferenter Fasern (also von Fasern die von den peripheren Receptoren kommend über die Hinterwurzel in das Rückenmark eintreten), liegt vor allem in der Kontrolle der von der Peripherie eintreffenden sensiblen Signale. Die Möglichkeit der Hemmung der von den Receptoren in das Nervensystem einströmenden Impulse an frühestmöglichen Stelle, nämlich bevor diese Impulse irgendeine erregende Wirkung auf das Nervensystem gehabt haben, wird vom Organismus zum Beispiel zur Empfindlichkeitsverstellung der afferenten Kanäle, also zur Unterdrückung unerwünschter Information und zur Auswahl erwünschter Information (z. B. bei der Ausrichtung der Aufmerksamkeit) und zur Kontrastverschärfung (vgl. Abb. 4-4C) eingesetzt. Dazu kommt, daß über präsynaptische Hemmung einzelne afferente Zuflüsse zu einer Nervenzelle gezielt gehemmt werden können, ohne die Gesamterregbarkeit des postsynaptischen Neurons zu verändern.

F 3.12 Bei welchem Membranpotential liegt etwa das Gleichgewichtspotential des IPSP, E_{IPSP}?

    a) bei -90 mV,

    b) bei -70 mV,

    c) bei -15 mV,

    d) bei $+40$ mV.

    e) Keiner dieser Werte ist richtig.

F 3.13 Die Gesamtdauer eines IPSP beträgt etwa
  a) 1– 2 ms,   d)   200 ms,
  b) 10–15 ms,   e)   1500 ms.
  c)   100 ms,

F 3.14 Ein IPSP hemmt ein Motoneuron, weil es
  a) das Membranpotential hyperpolarisiert,
  b) zu einer verminderten Überträgersubstanzfreisetzung an erregenden Synapsen führt,
  c) die Schwelle des Neurons verändert,
  d) die Leitfähigkeit der Membran erhöht,
  e) die Dauer des Aktionspotentials erheblich verkürzt.

F 3.15 Depolarisation einer Nervenzelle auf -50 mV
  a) verkürzt die Dauer des EPSP beträchtlich,
  b) erhöht die Amplitude des IPSP,
  c) verhindert ein Entstehen eines EPSP,
  d) erhöht die Amplitude des EPSP,
  e) läßt EPSP und IPSP unverändert.

F 3.16 Die präsynaptische Hemmung eines Motoneurons
  a) wird durch die Aktivierung einer axon-axonischen Synapse bewirkt,
  b) geschieht über eine Verlängerung des IPSP,
  c) führt zu keinerlei Änderung der Erregbarkeit der motoneuronalen Membran,
  d) ist pharmakologisch nicht zu beeinflussen,
  e) ist das Resultat einer verminderten Freisetzung von Überträgersubstanz an der primär afferenten Faser (Ia-Faser).

3.5 Überträgerstoffe chemischer Synapsen

Die Überträgerstoffe (Transmitter) an pheripheren Synapsen des Zentralnervensystems, z. B. an der neuromuskulären Endplatte (vgl. 3.1) und in sympathischen Ganglien (vgl. Kap. 7) sind bekannt. Die klinische Anwendung dieser Kenntnisse wurde in 3.1 am Beispiel des neuromuskulären Blockes verdeutlicht. Unser Wissen über die Überträgerstoffe an zentralen Synapsen (Rückenmark, Hirnstamm, Großhirn, Kleinhirn) ist dagegen noch sehr bruchstückhaft. Es wird jedoch intensiv an der Aufklärung dieser Transmitter gearbeitet. Da die Synapsen als *modifizierbare Schaltstellen neuronaler Netzwerke* bevorzugte *Angriffspunkte neuronal wirksamer Arzneimittel* sind, ist diese Forschungsarbeit nicht nur aus theoretischer, sondern auch aus klinisch praktischer Sicht von großem Interesse. Schon jetzt hat in Einzelfällen (z. B. bei der Schüttellähmung, Morbus Parkinson) die Aufklärung des an der Schädigung beteiligten zentralen Transmitters (Dopamin, s. u.) zu unmittelbaren therapeutischen Konsequenzen (Verabreichung seiner Vorstufe Dopa) geführt.

Allgemeine Gesichtspunkte. Für alle Überträgerstoffe gilt, daß im Neuron – wie am Beispiel des Acetylcholin in 3.1 geschildert – Möglichkeiten für ihre Synthese, Vorratshaltung, Freisetzung, Inaktivierung und für die Wiederaufnahme der Spaltprodukte in die präsynaptischen Endigungen nachgewiesen oder anzunehmen sind und daß sie mit subsynaptischen Receptoren reagieren müssen. Jedes Neuron scheint nur jeweils ein solches System zu besitzen, mit der Folge, daß an allen seinen Endigungen der gleiche Transmitter freigesetzt wird. Dieser Befund wird nach seinem Entdecker als *Dalesches Prinzip* bezeichnet. Damit steht wahrscheinlich in Zusammenhang, daß im Zentralnervensystem der Wirbeltiere jedes Neuron regelmäßig entweder nur erregende oder hemmende Wirkung hat. Dies wurde zuerst von Eccles als *Konzept der funktionalen Spezifität* postuliert. Dieses Konzept beinhaltet, daß es im Nervensystem nur zwei Grundtypen von Neuronen gibt, nämlich erregende und hemmende.

Erregende und hemmende Neurone können allerdings durchaus den gleichen Transmitter haben. So wirkt beispielsweise das vom Motoaxon freigesetzte Acetylcholin erregend auf Skeletmuskelfasern, während das gleiche Acetylcholin (von Vagusfasern freigesetzt) die Herzmuskelfasern hemmt. Es sind also nicht die Transmitter selbst, sondern die *Eigenschaften der subsynaptischen Membran,* die über die erregende oder hemmende Wirkung des Transmitters entscheiden.

Acetylcholin als Überträgersubstanz im Nervensystem. Die Motoaxone geben schon im Rückenmark Kollaterale ab, die innerhalb des Vorderhorns an Zwischenneuronen, die nach ihrem Entdecker *Renshaw-Zellen* heißen, erregende Synapsen bilden (vgl. Abb. 4-4, S. 111, für die funktionelle Bedeutung dieser Renshaw-Zellen). Entsprechend dem Daleschen Prinzip ist die Überträgersubstanz an diesen Synapsen Acetylcholin. Ferner ist Acetylcholin die Überträgersubstanz an genau bekannten Synapsen des autonomen Nervensystems. Dies wird in Kapitel 7 ausführlich besprochen. Im übrigen Zentralnervensystem ist es bisher nicht gelungen, weitere cholinerge Synapsen eindeutig zu identifizieren, obwohl der hohe Gehalt an Acetylcholin und Acetylcholinesterase vieler Hirnabschnitte für deren Vorkommen spricht.

Adrenerge Überträgersubstanzen. Zu den adrenergen Überträgersubstanzen zählen wir Adrenalin und Noradrenalin und deren Vorstufe Dopamin. Diese drei Transmitter werden auch als *Catecholamine* zusammengefaßt. Zusammen mit dem Serotonin (5-Hydroxytryptamin, 5-HT) werden sie auch als *Monoamine* bezeichnet. Adrenalin und besonders Noradrenalin sind wichtige Überträgerstoffe im autonomen Nervensystem, wie in Kap. 8 im Detail geschildert wird. Aber auch im übrigen Zentralnervensystem werden immer mehr Synapsen bekannt, bei denen die Monoamine, insbesondere die Catecholamine als Transmitter dienen. Die Vorgänge bei der Biosynthese, Speicherung und Freisetzung der Monoamine sind in etwa denen beim Acetylcholin analog. Sie werden hier nicht weiter geschildert. Deutlich unterschiedlich zu den Verhältnissen beim Acetylcholin ist, daß die **Beendigung der Transmitterwirkung** an der subsynaptischen Membran weniger durch enzymatischen Abbau (wie beim Acetylcholin durch die Acetylcholinesterase), sondern vor allem durch **Wiederaufnahme** der Transmitter **in die präsynaptische Endigung** erfolgt. Diese Wiederaufnahme ist nicht nur für die rasche Beendigung der Transmitterwirkung von Bedeutung, sondern verhindert auch eine Entleerung der präsynaptischen Speicher bei repetitiver Benutzung.

Für die klinische Praxis ist bemerkenswert, daß die adrenerge Übertragung auf verschiedenen Stufen der Synthese, Speicherung, Freisetzung und Inaktivierung in vielfältiger Weise pharmakologisch beeinflußbar ist. Beispiele werden im Kapitel 7 gegeben. Hier sei nur erwähnt, daß es unterdessen an einigen adrenergen Synapsen gelingt, die physiologischen Überträgerstoffe in den präsynaptischen Endigungen durch Gabe entsprechender Pharmaka gegen sogenannte **falsche Transmitter** oder **Ersatztransmitter** auszutauschen, die keine oder nur abgeschwächte Transmitterwirkung haben. Die catecholaminergen Stoffwechselsysteme lassen sich über die wahre oder vielmehr falsche Natur dieser Ersatztransmitter täuschen, mit der Folge, daß die betroffenen Synapsen ganz oder teilweise blockiert werden.

Aminosäuren als Überträgersubstanzen. Einige Aminosäuren kommen im Nervensystem in besonders hoher Konzentration vor. Schon aus diesem Grunde stehen sie im Verdacht, Transmitterfunktion zu haben. Es scheint sich herauszukristallisieren, daß neutrale Aminosäuren, wie z.B. Gamma-Aminobuttersäure (GABA) und Glycin als hemmende Transmitter dienen, während saure Aminosäuren, z.B. Glutaminsäure, als erregende Transmitter in Frage kommen.

Wie bei der Besprechung der präsynaptischen Hemmung schon erwähnt, spricht einiges dafür, daß **GABA** als Transmitter an den axo-axonischen Synapsen dient. Eindeutig ist GABA als hemmende Übertragersubstanz bei Krebsen nachgewiesen worden. **Glycin** ist wahrscheinlich der Transmitter an einigen postsynaptischen hemmenden Synapsen des Rückenmarks. Strychnin scheint ein spezifischer Antagonist des Glycin zu sein. Gaben von Strychnin führen daher wegen des Wegfalls der postsynaptischen Hemmung zu Krämpfen (vgl. die Wirkung von Bicucullin an axo-axonischen Synapsen, S. 99).

Es gibt möglicherweise auch **peptiderge Transmitter.** Zu diesen zählen die Peptide Substanz P, Enkephalin, Angiotensin, Vasopressin und andere, die an immer mehr Orten im Nervensystem nachgewiesen werden. Vielleicht ist aber die wichtigere Aufgabe dieser Peptide, mehr indirekt auf humoralem Wege, das heißt über die Blutbahn und die Extracellulärflüssigkeit ähnlich wie die Hormone auf einzelne Neurone und Neuronenpopulationen zu wirken und deren Erregbarkeit zu verändern. Diese Art der Einwirkung wird als **Neuromodulation** bezeichnet. So führt die Gabe oder Ausschüttung von Enkephalin zu einer hemmenden Modulation besonders derjenigen Neurone der Schmerzbahn, die auch vom Morphin und seinen Verwandten gehemmt werden. Enkephalin und ähnlich wirkende körpereigene Stoffe werden daher auch als **Endorphine** (körpereigene Morphine) bezeichnet.

F 3.17 Welche der folgenden Aussagen beschreibt am besten das Dalesche Prinzip?

  a) Alle Neurone des Zentralnervensystems sind entweder erregender oder hemmender Natur.

  b) An allen motorischen Endplatten wird Acetylcholin als Transmitter freigesetzt.

  c) Ein Transmitter hat überall im Nervensystem entweder ausschließlich erregende oder ausschließlich hemmende Wirkungen.

  d) Jedes Neuron setzt an allen seinen präsynaptischen Endigungen den gleichen Transmitter frei.

  e) Bei allen catecholaminergen Synapsen ist die Beendigung der Transmitterwirkung vor allem durch die Wiederaufnahme der Catecholamine in die präsynaptische Endigung verursacht.

F 3.18 Welche Substanzen werden als Catecholamine zusammengefaßt?

  a) Adrenalin und Noradrenalin.

  b) Adrenalin, Noradrenalin und Serotonin (5-HT).

  c) Adrenalin, Noradrenalin und Dopamin.

  d) Adrenalin, Noradrenalin, Dopamin und Serotonin.

  e) Dopamin und Serotonin.

F 3.19 Strychnin und Bicucullin sind Krampfgifte. Sie wirken durch

  a) eine Erregung aller erregenden Synapsen im Rückenmark,

  b) die Blockierung hemmender Synapsen,

  c) den Einbau als Ersatztransmitter in monoaminerge Synapsen,

  d) eine direkte Erregung der Skelettmuskelfasern,

  e) eine Absenkung des Ca^{++}-Spiegels.

4. Physiologie kleiner Neuronenverbände, Reflexe

R. F. SCHMIDT

Axonale Impulsleitung einerseits und erregende und hemmende synaptische Übertragung andererseits sind die beiden Grundprozesse neuronaler Tätigkeit. Die komplexen Fähigkeiten des Gehirns werden vor allem durch entsprechende Verknüpfungen der Neurone erzielt. Diese Neuronen-Netzwerke bauen sich zum Teil aus einfachen *neuronalen Grundschaltungen* auf, die in allen Abschnitten des Gehirns immer wieder vorkommen. Einige dieser Grundschaltungen, die z. B. dazu dienen, schwache Signale zu verstärken, oder eine zu starke Aktivität zu dämpfen, werden im Abschnitt 4.1 dieses Kapitels vorgestellt.

Eine Sonderform neuronaler Grundschaltungen stellen die *Reflexbögen* dar, die in den Abschnitten 4.2 und 4.3 besprochen werden. Unter Reflexbögen verstehen wir neuronale Verschaltungen, die vom peripheren Receptor über das Zentralnervensystem bis zum peripheren Effector reichen. Sie dienen dazu, immer wieder vorkommende *stereotype Reaktionen des Organismus* auf seine Umwelt in zuverlässiger Art und Weise und mit möglichst geringem Aufwand durchzuführen.

4.1 Typische neuronale Verschaltungen

Divergenz. Die Axone der meisten Neurone teilen sich nach ihrem Abgang aus dem Soma früher oder später in einige bis zahlreiche Kollateralen auf, die mit mehreren bis vielen anderen Neuronen Synapsen bilden. Diese Tatsache wird als *Divergenz*, manchmal auch als *Divergenzprinzip neuronaler Verschaltung* bezeichnet. Zum Beispiel splittern sich die afferenten Fasern peripherer Nerven, die über die Hinterwurzeln in das Rückenmark eintreten, dort in zahlreiche Kollateralen auf, die zu spinalen Neuronen ziehen. Diese Divergenz ist schematisch in Abb. 4-1 A gezeigt. Sie dient dazu, die afferente Information verschiedenen Abschnitten des Zentralnervensystems zugänglich zu machen, also z. B. gleichzeitig den Motoneuronen, dem Kleinhirn und der Großhirnrinde. Eine von einer einzelnen Receptorafferenz kommende Erregung kann also durch die Aufsplitterung des Axons in zahlreiche Kollateralen, also durch Divergenz, erheblich verstärkt werden.

Die Aufsplitterung der Hinterwurzelfasern in zahlreiche Kollaterale ist nur ein Beispiel der praktisch in allen Teilen des ZNS vorkommenden Di-

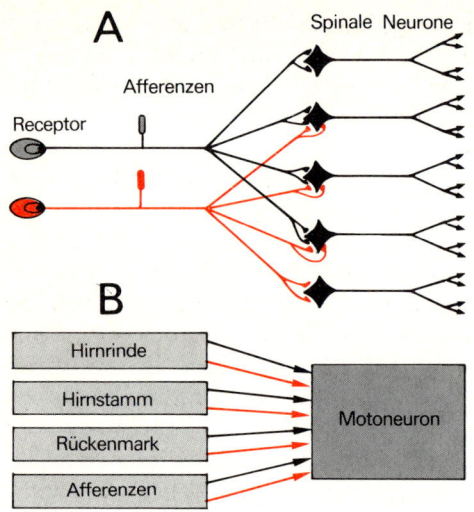

A

Spinale Neurone

Afferenzen

Receptor

B

Hirnrinde

Hirnstamm

Rückenmark

Afferenzen

Motoneuron

Abb. 4-1. A Schematische Darstellung der Divergenz zweier Hinterwurzelfasern (Afferenzen) auf spinale Neurone. Die Axone dieser Neurone zweigen sich wiederum in zahlreiche Kollaterale auf. **B** Schematische Darstellung der auf ein Motoneuron konvergierenden erregenden *(schwarze Pfeile)* und hemmenden *(rote Pfeile)* Zuflüsse. Das Motoneuron bildet die „gemeinsame Endstrecke" aller motorischen Reflexe

vergenz. Sie zahlenmäßig zu erfassen ist außerordentlich schwierig, da es meistens weder mit histologischen (mikroskopischen) noch mit physiologischen Methoden möglich ist, alle Kollateralen eines Neurons zu verfolgen. Eine erwähnenswerte Ausnahme bilden die Motoaxone. Sie verlassen das Rückenmark durch die Vorderwurzeln und ziehen zum Muskel. Dort verzweigen sie sich in Kollaterale, die je nach Muskel, mehr oder weniger zahlreiche Muskelfasern versorgen. Da jede Muskelfaser nur von einer Kollateralen versorgt wird, läßt sich aus der Zahl der in einem Muskel vorhandenen Motoaxone und Muskelfasern die **durchschnittliche Divergenz** jedes Motoaxons berechnen. Beim Menschen finden sich Werte zwischen 1 : 15 (äußere Augenmuskeln) und 1 : 1900 (Extremitätenmuskulatur) und mehr. (Daneben geben die Motoaxone schon im Rückenmark, also bevor sie in die Vorderwurzeln eintreten, Kollateralen ab, deren Zahl uns nicht genau bekannt ist.)

Konvergenz. Entsprechend der Divergenz der neuronalen Kollateralen empfangen die meisten Neurone Synapsen von zahlreichen anderen Neuronen. Dies wird **Konvergenz** oder auch **Konvergenzprinzip neuronaler Verschaltung** genannt. Abb. 4-1 A zeigt zwei afferente Fasern, deren Axone zu je 4 Neuronen divergieren. Dadurch haben drei der insgesamt 5 eingezeichneten Neurone Verbindungen zu beiden afferenten Fasern. Von den Neuronen her gesehen **konvergieren** also zwei afferente Fasern auf je ein Neuron. Auf die meisten Neurone des Zentralnervensystems konvergieren **viele Dutzende bis einige Tausende Axone.** Dies sei am Beispiel des Motoneurons verdeutlicht. An ihm enden im Durchschnitt etwa 6000 Axonkollateralen. Wie in Abb. 4-1 B zusammengefaßt, stammen diese nicht nur aus der Peripherie, sondern auch von Neuronen des Rückenmarks, des Hirnstamms und der Hirnrinde. Sie bilden zum Teil erregende (symbolisiert durch schwarze Pfeile), zum Teil hemmende (rote Pfeile) Synapsen. Da einige Tausend Axonkollaterale auf das Motoneuron konvergieren, kann man sich leicht vorstellen, daß es von Summe und Polarität (erregend/hemmend) der zu jedem Zeitpunkt wirksamen synaptischen Prozesse abhängt, ob ein Motoneuron ein fortgeleitetes Aktionspotential aussendet oder nicht. In diesem Sinne verarbeitet oder integriert das Motoneuron (und viele andere Neurone) die an seiner Membran ablaufenden erregenden und hemmenden Prozesse. Diese integrierende Funktion der Motoneurone war schon lange vor der Entdeckung der EPSP und IPSP aus Studien der Muskelkontraktionen nach peripherer und zentraler elektrischer Reizung bekannt geworden. Um die Jahrhundertwende hatte der englische Physiologe Sherrington das Motoneuron deswegen bereits als *gemeinsame Endstrecke der Motorik* bezeichnet. In ihm werden alle erregenden und hemmenden Einflüsse (Abb. 4-1 B) gegenseitig verrechnet: Aktionspotentiale werden nur dann ausgesandt, wenn die erregenden Einflüsse überwiegen, oder, in moderner Sprache, wenn es zu überschwelligen erregenden postsynaptischen Potentialen kommt.

Zeitliche und räumliche Bahnung. Links in Abb. 4-2 A ist eine Versuchsanordnung zum Studium der Wirkung repetitiver Reizung eines Axons auf ein Neuron zu sehen. Ein Einzelreiz (Pfeil rechts oben) ruft ein typisches EPSP hervor mit einer Gesamtdauer von etwa 15 ms. Bei Doppelreizung mit einem Reizabstand von etwa 4 ms (Pfeile rechts Mitte) beginnt das zweite EPSP, bevor das erste völlig abgeklungen ist. Das Neuron wird dadurch stärker depolarisiert, das Membranpotential nähert sich der Schwelle. Durch ein drittes, 4 ms später ausgelöstes EPSP (Pfeile rechts unten in Abb. 4-2 A) wird die Schwelle erreicht und es tritt ein fortgeleitetes Aktionspotential auf. Kurz hintereinander ausgelöste EPSP addieren sich also in ihrer erregenden Wirkung auf ein Neuron. Diese Art der Erregbarkeitssteigerung durch *aufeinanderfolgende EPSP* wird daher als *zeitliche Bahnung* bezeichnet. Zeitliche Bahnung ist von großer physiologischer Bedeutung, da viele nervöse Prozesse, z. B. Receptorentladungen, repetitiv ablaufen und sich dadurch an Synapsen zu überschwelligen Erregungen summieren können.

Die Versuchsanordnung in Abb. 4-2 B demonstriert das Zustandekommen *räumlicher Bahnung:* Reiz 1 allein erzeugt ein unterschwelliges EPSP (rechts oben in B), alleinige Reizung von 2 (rechts Mitte) ergibt ebenfalls ein unterschwelliges EPSP. Werden jedoch 1 und 2 gleichzeitig gereizt (rechts unten), so wird die Schwelle erreicht und ein Aktionspotential ausgelöst. Die gemeinsame Reizung von 1 und 2 führt also zu einem fortgelei-

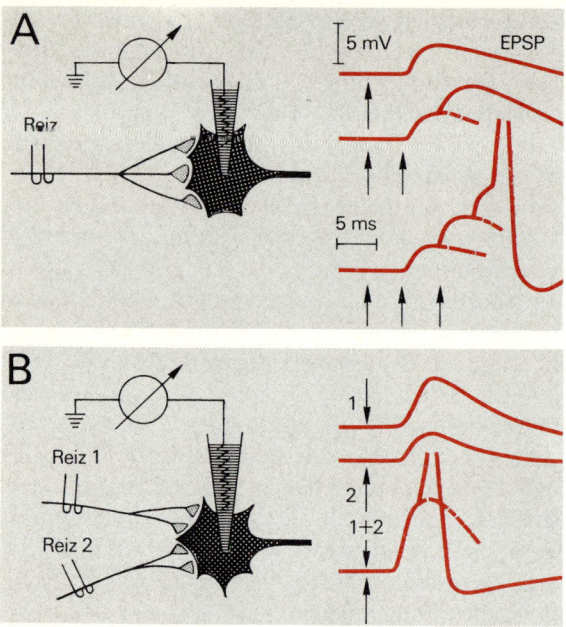

Abb. 4-2. A, B. Bahnung im Nervensystem. **A** Zeitliche Bahnung: Einzelreiz *(ein Pfeil)*, und Doppelreiz *(zwei Pfeile,* Reizabstand etwa 4 ms) erzeugen ein unterschwelliges EPSP, der dritte Reiz *(drei Pfeile)* löst ein Aktionspotential aus. **B** Räumliche Bahnung: Reiz 1 und Reiz 2 lösen je ein unterschwelliges EPSP aus. Gleichzeitige Reizung beider Axone führt zu einem Aktionspotential. Nur Anfang und Ende der bei diesem Maßstab rund 10 cm hohen Aktionspotentiale (1 mm ~ 1 mV, siehe Eichung) sind eingezeichnet

teten Aktionspotential, also zu einem Prozeß, der durch die einzelnen EPSP nicht ausgelöst werden konnte!

Die Wirkungsweise der **Bahnung in einer Neuronenpopulation** wird in Abb. 4-3 A–C verdeutlicht. Weiße Neurone sind unerregt, hellgraue Neurone sind unterschwellig erregt und dunkelgraue Neurone auf rotem Hintergrund sind überschwellig erregt. Die afferenten Zuflüsse 1 und 2 divergieren zu je acht Neuronen, wobei auf die mittlere Reihe mit 4 Neuronen beide Zuflüsse konvergieren. Wie A zeigt, kommt es bei der Aktivierung des afferenten Zuflusses 1 zu unterschwelligen EPSP in 5 Neuronen und zu überschwelligen EPSP in drei Neuronen, davon liegt eines in der mittleren Reihe. Der afferente Zufluß 2 erregt nur zwei Neurone überschwellig, die anderen sechs unterschwellig, darunter alle in der mittleren Reihe. Werden, wie in C gezeigt, beide afferenten Zuflüsse gemeinsam aktiviert, so summieren sich die unterschwelligen Zuflüsse in der mittleren Reihe,

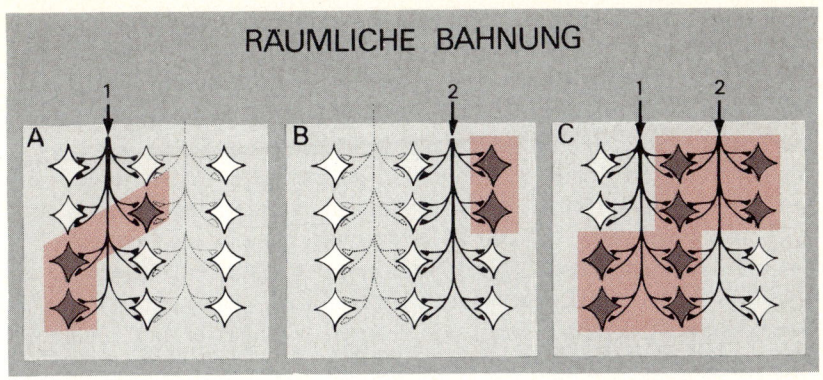

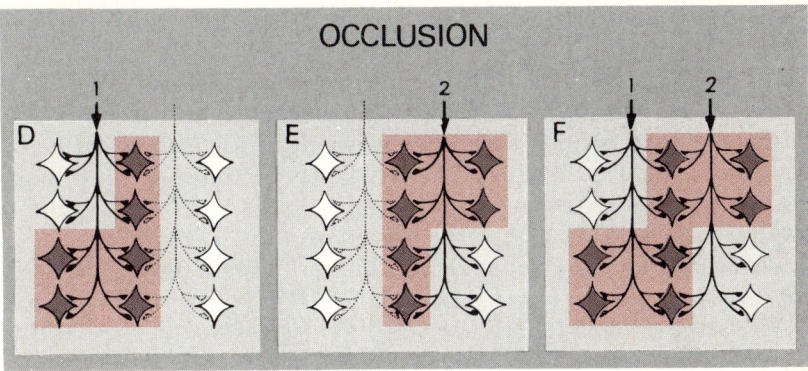

Abb. 4-3. A–C. Räumliche Bahnung. Die afferenten Zuflüsse 1 und 2 divergieren zu je acht der insgesamt zwölf Neurone, wobei auf die mittlere Reihe mit vier Neuronen beide Zuflüsse konvergieren. **(A)** Aktivierung des Zustroms 1 führt zu unterschwelligen EPSP in fünf Neuronen (hellgrau) und zu überschwelligen EPSP in drei Neuronen (dunkelgrau auf rotem Hintergrund). **(B)** Aktivierung des Zuflusses 2. Sechs Neurone sind unterschwellig, zwei überschwellig erregt. **(C)** Gleichzeitige Aktivierung der Zuflüsse 1 und 2 erregt alle Neurone der mittleren Reihe überschwellig. Dadurch ist die Zahl der überschwellig erregten Neurone größer als die Summe der bei Einzelreizung erregten, $8 > 3 + 2$. **(D–F)** Occlusion. Erregen die beiden afferenten Zuflüsse die ihnen gemeinsamen Neurone schon bei Einzelreizung überschwellig (s. **D** und **E**), so ist bei gemeinsamer Aktivität in beiden Zuströmen **(F)** die Zahl der überschwellig erregten Neurone geringer als die Summe der bei Einzelreizung erregten Neurone, $8 < 6 + 6$

und es wird eine überschwellige Erregung nicht nur in $3 + 2 = 5$, sondern in insgesamt 8 Neuronen ausgelöst. Es werden also *mehr Neurone überschwellig erregt, als es der Summe der bei Einzelreizung überschwellig erregten Neurone entspricht*. Diesen Vorgang bezeichnen wir als *Bahnung,* in diesem Fall als räumliche Bahnung.

Occlusion. Es kann aber auch der Fall eintreten, daß von einer gegebenen Neuronenpopulation bei Einzelreizung zweier Eingänge alle oder nahezu alle Neurone überschwellig erregt werden. Diese Situation ist in Abb. 4-3 D–F gezeigt. Werden nämlich durch jeden der Zuflüsse 1 (siehe D) und 2 (siehe E) je 6 Neurone überschwellig erregt und dabei jeweils alle vier der mittleren Reihe, so werden bei gleichzeitiger Aktivierung von 1 und 2 (in F gezeigt) nicht 6 + 6 = 12 Neurone, sondern lediglich 8 Neurone überschwellig erregt. Diesen Befund bezeichnet man als *Occlusion.* Der in A bis C gezeigte Vorgang der Bahnung ist also, durch eine Zunahme der Erregbarkeit der beteiligten Neurone (z. B. durch weitere erregende Einflüsse), umgeschlagen in Occlusion. Halten wir fest: ist der Reizerfolg mehrerer gleichzeitig oder kurz hintereinander gegebenen Reize größer als die Summe der Einzelreize, so bezeichnen wir dies als Bahnung; ist der *Reizerfolg kleiner als die Summe der Einzelreize,* so nennen wir dies *Occlusion.*

Ist der Reizerfolg mehrer gleichzeitig oder kurz hintereinander gegebenen Reize genauso groß wie die Summe der Einzelreize, so sollte dies als *Summation* (oder Addition) bezeichnet werden. Da dieses Ereignis im Nervensystem extrem selten ist, hat sich dieser Fachausdruck nicht eingeführt. Der Begriff Summation wird dagegen in der Reflexlehre dazu benutzt, diejenigen Vorgänge zu kennzeichnen, die, wahrscheinlich über zeitliche und räumliche Bahnung, bei längerer Einwirkung unterschwelliger Reize (z. B. Kitzeln in der Nase) zu einer überschwelligen Reflexauslösung (Niesen) führen (s. Abschnitt 4.3).

Einfache hemmende Schaltkreise. Pharmakologische Ausschaltung hemmender Prozesse des ZNS (Strychnin, Tetanustoxin) führt zu Krämpfen und Tod. Offensichtlich dienen hemmende Schaltkreise zur Unterdrückung überflüssiger und überschießender Erregungen. Diese Aufgabe wird vor allem von solchen Schaltkreisen wahrgenommen, die auf die Erregung selbst zurückwirken, wobei sie diese um so stärker hemmen, je stärker die Erregung ursprünglich war. In der Elektronik sind vergleichbare Schaltungen als „negative Rückkopplungen" (negative feedback) bekannt geworden. Daneben gibt es hemmende Schaltkreise, die automatisch während eines Erregungsvorganges entgegengesetzte Erregungsvorgänge unterdrücken oder dafür sorgen, daß eine Erregung ungestört von benachbarter Aktivität bleibt. Diese verschiedenen, für das Zentralnervensystem typischen hemmenden Schaltkreise werden jetzt besprochen.

Es wurde bereits bei der Besprechung der IPSP erwähnt, daß die afferenten Nervenfasern der Dehnungsreceptoren der Muskelspindeln (Ia-Fasern genannt) an ihren homonymen Motoneuronen erregende Synapsen und, über ein Interneuron, an antagonistischen Motoneuronen hemmende Synapsen bilden. Diese Situation ist in Abb. 4-4 A dargestellt. Die

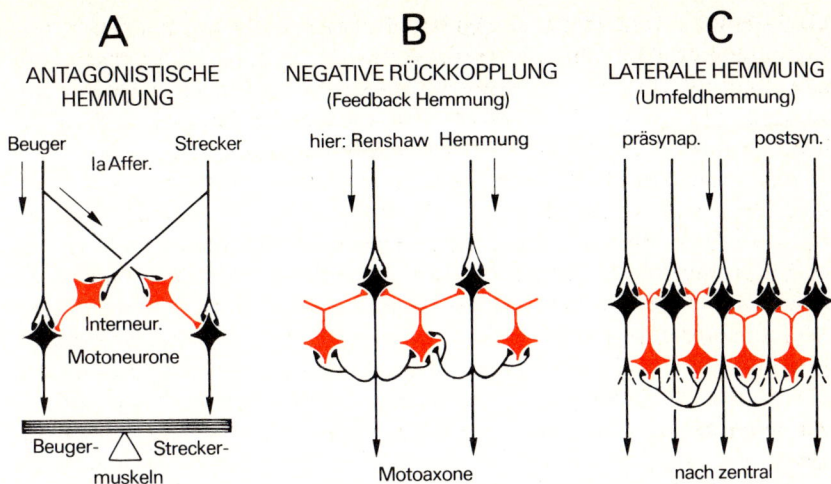

A	B	C
ANTAGONISTISCHE HEMMUNG	**NEGATIVE RÜCKKOPPLUNG** (Feedback Hemmung)	**LATERALE HEMMUNG** (Umfeldhemmung)

A: Beuger — Ia Affer. — Strecker — Interneur. — Motoneurone — Beuger- / Strecker-muskeln

B: hier: Renshaw Hemmung — Motoaxone

C: präsynap. — postsyn. — nach zentral

Abb. 4-4. Typische hemmende Schaltkreise. In allen drei Neuronenschaltungen sind die hemmenden Interneurone *rot* eingetragen. Ausführliche Erläuterungen im Text

Hemmung wird als ***antagonistische Hemmung*** bezeichnet. Hier wie auch in B und C sind die hemmenden Interneurone rot eingezeichnet. Werden also beispielsweise die Ia Afferenzen an den Muskelspindeln eines Beugemuskels aktiviert (Pfeile in Abb. 4-4 A), so erregen sie die Motoneurone des homonymen Beugemuskels und hemmen die Motoneurone der am selben Gelenk angreifenden Streckermuskeln. Auf die physiologische Bedeutung dieser Verschaltung wird im Zusammenhang mit Abb. 6-3 eingegangen.

Bei der in Abb. 4-4 A illustrierten antagonistischen Hemmung werden die antagonistischen Motoneurone gehemmt, ohne daß sie selbst vorher erregt wurden. Man bezeichnet einen solchen Typ der Hemmung als ***Vorwärtshemmung*** oder ***Feedforward-Hemmung.*** Vorwärtshemmungen kommen an vielen Stellen des Nervensystems vor.

Wirken die hemmenden Interneurone auf diejenigen Zellen zurück, von denen sie selbst aktiviert wurden, so bezeichnet man diese Form der negativen Rückkopplung als ***Rückwärtshemmung*** oder ***Feedback-Hemmung.*** Ein besonders klares Beispiel einer solchen Feedback-Hemmung liefern die Motoneurone. Wie Abb. 4-4 B zeigt, geben diese (schon im Rückenmark) Kollaterale zu Interneuronen ab, deren Axone wiederum hemmende Synapsen auf Motoneurone bilden. Nach seinem Entdecker wird der hemmende Schaltkreis als ***Renshaw-Hemmung*** bezeichnet und die hemmenden Interneurone werden ***Renshaw-Zellen*** genannt. Je stärker die Motoneuronen erregt werden, um so mehr werden auch die Renshaw-Zellen erregt und um so stärker ist die mit kurzer Latenz (1 Interneuron) folgende Hemmung der Motoneurone. Dadurch ist gewährleistet, daß geringe Aktivität der Motoneurone ungestört an die Muskeln weitergeleitet wird, während überschießende Aktivität abgedämpft und damit ein Aufschaukeln von Erregungen (Oscillieren in der Elektronik, Krämpfe im motorischen System) verhindert wird.

Eine weitere im ZNS häufig angewandte Form der Feedback-Hemmung ist die in Abb. 4-4 C dargestellte *laterale Hemmung*. Die hemmenden Interneurone sind so verschaltet, daß sie nicht nur auf die erregte Zelle (Pfeil) selbst zurückwirken, sondern auch auf benachbarte Zellen gleicher Funktion und zwar so, daß diese Zellen besonders stark gehemmt werden. Lateral (seitlich) von der Erregung entsteht dadurch eine Hemmzone. Erregung ist also auf allen Seiten, rundherum, von Hemmung umgeben, daher auch die Bezeichnung *Umfeld-Hemmung*. Die laterale oder Umfeld-Hemmung spielt eine besonders große Rolle in afferenten Systemen. Sie ist dort teils als postsynaptische (rechts in Abb. 4-4 C), teils als präsynaptische (links in C) Hemmung ausgeführt. Ihre Vorteile werden im „Grundriß der Sinnesphysiologie" ausführlich geschildert.

Fördernde Mechanismen: positive Rückkopplung und synaptische Potenzierung. Die große Bedeutung hemmender Schaltkreise für das normale Funktionieren des ZNS ist vielfach experimentell nachgewiesen worden und allgemein anerkannt. Umstritten ist dagegen die immer wieder vorgebrachte Ansicht, daß im ZNS auch positiv rückgekoppelte Schaltkreise vorliegen, die durch Rückkopplung von Erregung auf bereits erregte Zellen zu einem Kreisen der Erregung führen würden. Eine solche hypothetische erregende Rückkopplung ist in Abb. 4-5 skizziert. Sie könnte dazu dienen, eine einmal ausgelöste Aktivität für längere Zeit aufrechtzuerhalten. Das Kurzzeitgedächtnis wird von verschiedenen Seiten auf ein Kreisen von Erregungen in solchen positiv rückgekoppelten Schaltungen zurückgeführt, jedoch gibt es experimentell dafür so gut wie keine Anhaltspunkte (s. a. Kap. 9.4). Es muß also derzeit offen bleiben, ob erregende Rückkopplungen im Nervensystem in nennenswertem Umfang vorkommen und welche physiologische Bedeutung sie haben.

Besser gesichert ist eine andere Möglichkeit, die Wiederholung induzierter Aktivität zu erleichtern: wiederholte Benutzung einer Synapse führt häufig zu einer beträchtlichen Vergrößerung der synaptischen Potentiale. Diese *synaptische Potenzierung* tritt oft schon während der tetanischen Reizung auf und wird dann *tetanische Potenzierung* genannt. Häufig überdauert die Potenzierung die Reizserie oder setzt erst nach dem Ende des Tetanus ein, es tritt also eine *posttetanische Potenzierung* auf. Zum Beispiel führen im Experiment der Abb. 4-6 Einzelreize zu EPSP von etwa 1 mV (Kontrollwerte links im Bild). Nach kurzer tetanischer Reizung beträgt die

ERREGENDE RÜCKKOPPLUNG

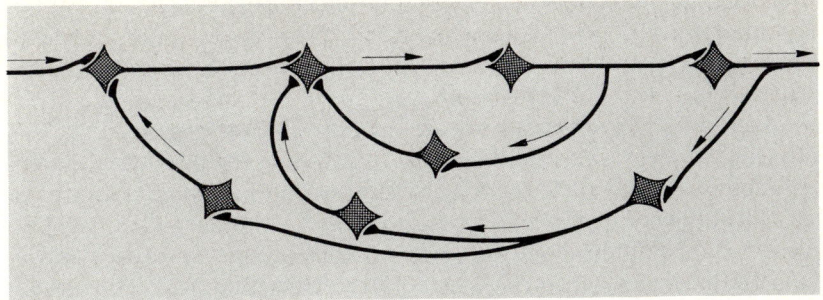

Abb. 4-5. Neuronenverschaltung einer erregenden Rückkopplung. Diese hypothetische Verschaltung könnte bei entsprechender Dimensionierung zu einem Kreisen von Erregung führen

Amplitude des EPSP etwa 2 mV, also etwa das Doppelte des Ausgangswertes. Diese posttetanische Potenzierung nimmt in den meisten Fällen zunächst rasch, dann langsamer ab und ist in dem gezeigten Beispiel nach etwa 5 bis 6 min nicht mehr zu sehen.

Ausmaß und Dauer der posttetanischen Potenzierung hängen sehr stark von der jeweiligen Synapse und der Dauer und Frequenz der repetitiven Reizung ab. Die längsten bisher bekannten posttetanischen Potenzierungen dauern mehrere Stunden. Funktionell gesehen ist posttetanische Potenzierung ein durch Üben erleichterter Ablauf eines zentralnervösen Vor-

POSTTETANISCHE POTENZIERUNG

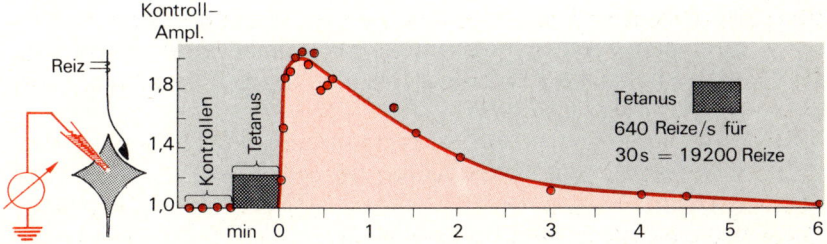

Abb. 4-6. Posttetanische Potenzierung. Skizze des Versuchsaufbaues links im Bild. Reizung des präsynaptischen Axons mit regelmäßig wiederholten Einzelreizen. Dazwischen wird das Axon für 30 s mit einer Reizfrequenz von 640 Hz (= 19 200 Reize) gereizt. Die Zeit auf der Abszisse rechts im Bild gibt die Zeit nach Ende des Tetanus an. Auf der Ordinate ist die Amplitude der EPSP in Vielfachen der Kontrollwerte aufgetragen. Im Text wird beispielhaft angenommen, daß die Kontrollwerte 1,0 mV groß waren

ganges, also ein Lernprozeß. In diesem Zusammenhang erscheint bedeutungsvoll, daß besonders lange posttetanische Potenzierungen im Hippocampus gefunden werden, einer zentralnervösen Struktur, der besondere Aufgaben bei Lern- und Gedächtnisprozessen zugeschrieben werden (s. Kap. 9.4).

Welches ist der *Mechanismus der synaptischen Potenzierung?* Praktisch alle Glieder in der langen Kette der bei Aktivierung einer chemischen Synapse ablaufenden Prozesse (s. Kap. 3) könnten dafür in Frage kommen. Es hat sich aber im Experiment herausgestellt, daß im wesentlichen zwei präsynaptische Faktoren verantwortlich sind. Einmal führt repetitive Aktivierung der präsynaptischen Axonmembran zu einer Zunahme (Hyperpolarisation) des Ruhepotentials und dadurch zu einer *Zunahme der Aktionspotentialamplitude.* Das vergrößerte Aktionspotential setzt mehr Überträgerstoff in den synaptischen Spalt frei. Dieser Prozeß ist also in etwa umgekehrt dem, den wir bei der präsynaptischen Hemmung kennengelernt haben, wo Verringerung der präsynaptischen Aktionspotentialamplitude zu verminderter Transmitterfreisetzung führt. Zum zweiten führt repetitive Aktivierung zu einer vermehrten Bereitstellung von Transmitter am synaptischen Spalt. Diese *Mobilisation* bewirkt ebenfalls eine verbesserte synaptische Übertragung, da pro Aktionspotential ein vergrößerter Anteil des in der präsynaptischen Endigung vorrätigen Transmitters freigesetzt wird.

Bitte überprüfen Sie Ihr neu erworbenes Wissen an Hand der folgenden Fragen.

F 4.1 Betrachten Sie jetzt nochmals Abb. 4-2 A. Wie wird eine Verminderung der Reizfrequenz die zeitliche Bahnung verändern?

    a) Sie wird zu einer Zunahme der Bahnung führen.

    b) Sie wird zu einer Abnahme der Bahnung führen.

    c) Sie wird die Bahnung nicht verändern.

F. 4.2 In einer Neuronenpopulation führt Aktivierung eines Nerven zu überschwelliger Erregung von 22 Neuronen, eines anderen Nerven zu überschwelliger Erregung von 10 Neuronen. Gemeinsame, gleichzeitige Aktivierung beider Nerven ergibt eine überschwellige Aktivierung von 32 Neuronen. Würden Sie dies als Bahnung oder als Occlusion bezeichnen?

F 4.3 Nach unserem heutigen Erkenntnisstand sind für die posttetanische Potenzierung hauptsächlich folgende zwei Faktoren verantwortlich:

    a) vermehrte Transmittersynthese,

    b) vermehrte Bereitstellung von Transmitter am synaptischen Spalt (Mobilisation),

    c) verlangsamter Abbau von Transmitter im synaptischen Spalt,

    d) erhöhte Sensibilität der postsynaptischen Membran,

    e) vergrößerte präsynaptische Aktionspotentiale.

F 4.4 Welche der folgenden Aussagen trifft am besten zu?
Die Renshaw-Hemmung
a) ist ein Beispiel für laterale Hemmung (Umfeldhemmung),
b) wird durch Aktivität in Ia-Fasern ausgelöst,
c) besitzt in ihrem Reflexbogen ein Interneuron,
d) ist ein Beispiel für positive Rückkopplung im Nervensystem,
e) ist ausschließlich als präsynaptische Hemmung ausgeführt.

4.2 Der monosynaptische Reflexbogen

Definition des Reflexbegriffs. Auf Reize aus der Umwelt oder in uns selbst reagiert der Körper häufig mit zwar nicht starren (automatenhaften) aber doch relativ gleichförmigen Reaktionen, die sich im Laufe der stammesgeschichtlichen oder individuellen Entwicklung als besonders zweckmäßige Antworten auf die Reize herausgestellt haben. Solche *stereotypen Reaktionen des Organismus auf sensible Reize nennen wir Reflexe*. Eine Vielzahl von Beispielen sind Ihnen sicher geläufig. So führt Berühren der Hornhaut des Auges immer zu einem Lidschlag (Cornealreflex); Anfassen eines heißen Gegenstandes läßt uns die Hand zurückziehen, noch bevor uns der Hitzeschmerz bewußt wurde und wir willkürlich darauf hätten reagieren können; Fremdkörper in der Luftröhre verursachen Husten; Verbringen von Speisen an die hintere Rachenwand löst Schlucken aus, und so weiter.

Der Ablauf der meisten Reflexe wird jedoch von uns nicht bewußt wahrgenommen. Dies gilt zum Beispiel für diejenigen Reflexe, die für den Transport und die Aufbereitung der Nahrungsmittel im Magen und im Darmtrakt sorgen, oder für die, die Kreislauf und Atmung kontinuierlich an die jeweiligen Erfordernisse des Organismus anpassen. Ebenfalls kaum bewußt wahrgenommen werden normalerweise all die motorischen Reflexe, die tagaus, tagein die aufrechte Haltung unseres Körpers im Raum bewirken, unser Gleichgewicht bewahren und durch entsprechende Mit- und Gegenregulationen es ermöglichen, willkürliche Bewegungen sicher auszuführen. Von der Vielzahl der Reflexbögen, die an dieser Regelung und Steuerung der Motorik beteiligt sind, wollen wir hier nur den einfachsten kennenlernen, nämlich den monosynaptischen Reflexbogen des Dehnungsreflexes, der trotz seines einfachen Bauplanes wahrscheinlich einer der wichtigsten Reflexe der Motorik ist.

Aus der ärztlichen Sprechstunde ist Ihnen sicher eine sehr häufige Reflexprüfung geläufig: ein leichter Schlag mit einem Reflexhammer auf die Sehne gerade unterhalb der Kniescheibe führt zu einem leichten Zukken der Kniestrecker des Oberschenkels (Musculus quadriceps). Diese Untersuchung prüft, ob der Reflexbogen des monosynaptischen Dehnungsreflexes des M. quadriceps intakt ist. Die nachfolgende Erläuterung der einzelnen Anteile des Reflexbogen geht von seinem Receptor, nämlich der Muskelspindel, aus.

Die Muskelspindel. Jeder Muskel enthält *Dehnungsreceptoren,* die auf Grund ihrer Form als *Muskelspindeln* bezeichnet werden. Ihr Aufbau ist schematisch in Abb. 4-7 dargestellt. Eine bindegewebige Kapsel umhüllt eine Anzahl Muskelfasern, die dünner und kürzer als die gewöhnlichen Muskelfasern sind. Die in der Kapsel liegenden Muskelfasern werden als *intrafusale Muskelfasern* bezeichnet, während die gewöhnlichen Muskelfasern, die den Großteil des Muskels ausmachen, *extrafusale Muskelfasern* genannt werden. Nur zur Veranschaulichung sei angeführt, daß der Durchmesser der intrafusalen Muskelfasern bei etwa 15 bis 30 µm, ihre Länge bei 4 bis 7 mm liegt. Die extrafusalen Muskelfasern haben dagegen

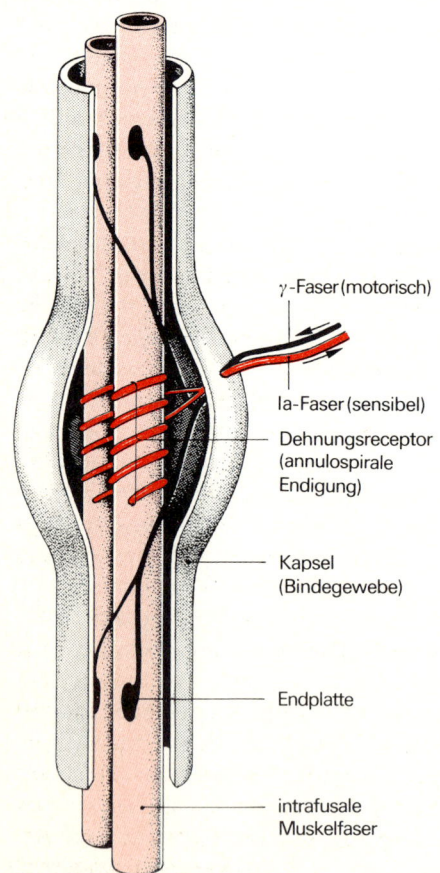

γ-Faser (motorisch)

Ia-Faser (sensibel)

Dehnungsreceptor
(annulospirale
Endigung)

Kapsel
(Bindegewebe)

Endplatte

intrafusale
Muskelfaser

Abb. 4-7. Stark vereinfachte, schematische Darstellung einer Muskelspindel. Die intrafusalen Muskelfasern enden kurz nach ihrem Austritt aus der bindegewebigen Kapsel (nicht eingezeichnet). Zur Verdeutlichung ihrer nervösen Versorgung ist ihr Durchmesser relativ zu ihrer Länge stark überhöht worden. Ausführliche Beschreibung im Text

einen Durchmesser in der Größenordnung von 50 bis 100 μm, und ihre Länge schwankt von einigen Millimetern bis zu vielen Zentimetern und Decimetern (näheres in Kap. 5).

Die *sensible Innervation* des Dehnungsreceptors Muskelspindel wird durch afferente Fasern gebildet, die sich mehrmals um das Zentrum der intrafusalen Muskelfasern herumschlingen (Abb. 4-7). Diese Endformation wird daher als *annulospirale Endigung* bezeichnet. Die afferenten Fasern sind dicke markhaltige Nervenfasern (Durchmesser um 13 μm), denen man den Terminus technicus *Ia-Fasern* gegeben hat (vgl. a. Tabelle 2-2). In jede Spindel zieht immer nur eine Ia-Faser zur Versorgung der annulospiralen Endigungen der Spindel. Wegen ihrer Versorgung durch die Ia-Fasern werden die annulospiralen auch als *primär sensible Endigungen* bezeichnet (bzgl. der sekundären s. übernächster Absatz).

Werden der Muskel und damit die in ihm liegenden Muskelspindeln gedehnt, so werden von den annulospiralen Endigungen Aktionspotentiale nach zentral gesandt, deren Frequenz dem Ausmaß der Dehnung proportional ist. Je mehr der Muskel gedehnt wird, d. h. je länger er wird, desto größer ist also die Impulsfrequenz der Muskelspindeln. Verkürzt sich der Muskel durch Kontraktion der extrafusalen Muskelfasern, so werden die Muskelspindeln entdehnt und die Impulsfrequenz der Ia-Fasern wird geringer oder sogar Null. Die Muskelspindeln *signalisieren also die Länge* der Muskeln.

Viele, wenn auch nicht alle Muskelspindeln besitzen eine *zweite sensible Innervation*. Auch diese sensiblen Endigungen sind dehnungsempfindlich. Ihre afferenten Fasern sind aber dünner als die der annulospiralen Endigungen (Gruppe II Fasern, Durchmesser um 9 μm, vgl. Tabelle 2-2). Wie man letztere wegen der Ia-Innervation auch primäre Muskelspindelendigungen nennt, so bezeichnet man die von *Gruppe II Fasern* innervierten Receptorstrukturen als *sekundäre Muskelspindelendigungen.* Ihre Form ähnelt der der primären Endigungen, ist aber bei weitem nicht so regelmäßig, sie werden oft als spiralig, manchmal auch als blütendoldenartig beschrieben. (Die Afferenzen der sekundären Muskelspindelendigungen sind nicht am monosynaptischen Dehnungsreflex beteiligt. Auf ihre zentrale Verschaltung wird hier nicht weiter eingegangen.)

Außer der sensiblen besitzen die intrafusalen Muskelfasern genau wie die extrafusalen eine *motorische Innervation*. Die Motoaxone der intrafusalen Muskelfasern sind dünner als normale Motoaxone. Letztere werden meist als Aα-Fasern, abgekürzt α-Fasern (α = alpha) bezeichnet, während man die Motoaxone der intrafusalen Muskulatur Aγ-Fasern, abgekürzt γ-Fasern (γ = gamma) nennt. (α-Fasern haben Durchmesser von 12–21 μm, γ-Fasern von 2–8 μm, vgl. Tabelle 2-2, S. 68. Sowohl bei den α- wie bei den γ-Fasern sind die Durchmesser der Muskelfasern proportional den Durchmessern der Nervenfasern. Die Ursache für diese Gesetzmäßigkeit ist nicht bekannt.) Die γ-Motoaxone bilden Endplatten-ähnliche synaptische Verbindungen auf den intrafusalen Muskelfasern, die, wie Abb. 4-7 zeigt, meist in den lateralen Dritteln der Muskelfasern liegen. Morphologisch lassen sich je zwei Typen von intrafusalen Fasern, von γ-Motoaxonen und von intrafusalen Endplattenformationen unterscheiden. Die physiologische Bedeutung dieser Unterschiede ist noch umstritten. Es wird daher hier nicht näher darauf eingegangen. (Die Aufgabe der motorischen Innervation wird weiter unten im Zusammenhang mit Abb. 4-10 C erläutert.)

Der monosynaptische Dehnungsreflex. Welche Wirkung hat Dehnung der Muskelspindeln auf die homonyme extrafusale Muskulatur? Es ist bei der Besprechung der zentralen erregenden Synapsen und in Abb. 4-4 A bereits gesagt und gezeigt worden, daß die Ia-Fasern erregende Synapsen auf homonymen Motoneuronen bilden. *Aktivierung der primären Muskelspindelendigungen* durch Dehnung des Muskels muß also zu einer *Erregung der homonymen Motoneurone* führen. Ein entsprechender Versuch ist in Abb. 4-8 aufgezeichnet. Kurzfristige Dehnung des Muskels durch einen leichten Hammerschlag auf den Registrierhebel führt, wie die Registrierkurve links unten im Bild zeigt, nach einer kurzen Latenz zu einer Kontraktion (Zuckung) des Muskels.

Bei dem vorhin erwähnten Beispiel aus der ärztlichen Sprechstunde läuft ein völlig vergleichbarer Vorgang ab: Der Hammerschlag auf die Sehne des Musculus quadriceps unterhalb der Kniescheibe (Patella) dehnt den Quadriceps kurzfristig. Hierdurch werden seine Muskelspindeln gedehnt und es kommt nach kurzer Latenz zu einer leichten Zuckung des Muskels, wodurch bei freihängendem Unterschenkel dieser leicht angehoben wird (bitte ausprobieren). Irreführenderweise wird dieser Reflex *Patellarsehnenreflex* genannt, da ursprünglich angenommen wurde, Receptoren in der Sehne seien für seine Auslösung verantwortlich.

Die kurzfristige Dehnung hatte also primäre Muskelspindelendigungen aktiviert, so daß über die Ia-Fasern eine Salve von Aktionspotentialen ins Rückenmark einlief und dort monosynaptische EPSP in den homonymen Motoneuronen auslöste. Einige dieser EPSP waren überschwellig und lösten eine leichte Muskelzuckung aus. Diesen Reflex nennt man den Dehnungsreflex der Muskulatur. Da bei seiner Auslösung nur einmal zentrale Synapsen übersprungen werden, nämlich die der Ia-Fasern auf die homonymen Motoneurone, wird er *monosynaptischer Dehnungsreflex* genannt.

Ein kompletter Reflexbogen besteht, wie Abb. 4-9 A zeigt, aus Receptor, afferentem Schenkel, einem oder mehreren zentralen Neuronen, einem efferenten Schenkel und einem Wirkorgan oder Effector. Für den monosynaptischen Dehnungsreflex sind die entsprechenden Reflexbo-

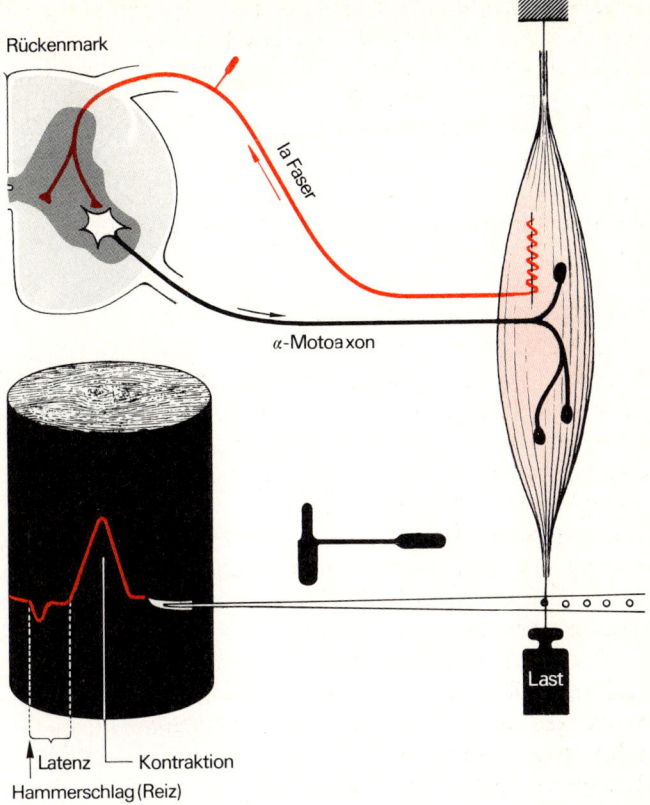

Rückenmark

Ia Faser

α-Motoaxon

Last

Latenz —— Kontraktion

Hammerschlag (Reiz)

Abb. 4-8. Reflexbogen des monosynaptischen Dehnungsreflexes. Ein leichter Hammerschlag auf den Zeiger des Meßinstruments (Ausschlag nach unten auf dem Registrierpapier) führt nach kurzer Latenz zu einer Kontraktion des Muskels. Der Reflexbogen dieses Reflexes von den Muskelspindeln über die Ia-Fasern zu den Motoneuronen und zurück zum Muskel ist angegeben

genanteile in Abb. 4-9 B eingetragen. Wie ein Vergleich von A mit B zeigt, ist der **monosynaptische Dehnungsreflex das einfachste Beispiel eines vollständigen Reflexbogens.** Bei ihm liegen die Receptoren, also die Muskelspindeln, und der Effector, die extrafusale Muskulatur, im gleichen Organ, nämlich dem Muskel. Der Dehnungsreflex wird daher oft als **Eigenreflex** bezeichnet. Der Ausdruck **Dehnungsreflex** ist ihm aber angemessener.

Die Zeit zwischen Beginn des Reizes und Aktion des Effectors bezeichnen wir als **Reflexzeit.** Beim Patellarsehnenreflex ist eine Verzögerung zwischen Hammerschlag und Muskelzuckung mit dem Auge kaum wahr-

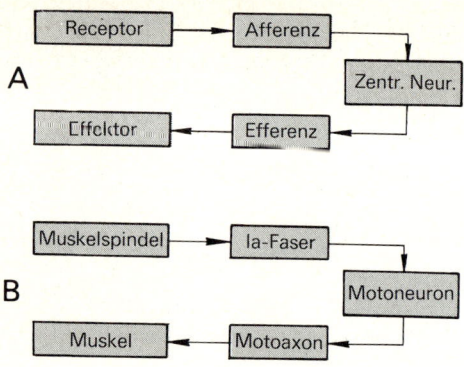

Abb. 4-9. A Allgemeine Bezeichnungen der Anteile eines kompletten Reflexbogens. **B** Die Reflexbogenanteile des monosynaptischen Dehnungsreflexes

nehmbar (bitte ausprobieren), was darauf hindeutet, daß die Reflexzeit sehr kurz ist. Sie ist vorwiegend bedingt durch die Leitungszeit der afferenten und efferenten Aktionspotentiale in den Ia-Fasern und den α-Motoaxonen. Der Weg vom M. quadriceps zum Rückenmark und zurück beträgt etwa 80 + 80 = 160 cm. Die Leitungsgeschwindigkeit in Ia-Fasern und α-Motoaxonen beträgt rund 100 m/s. Die Strecke von 160 cm = 1,6 m wird also in 1,6/100 s = 16 ms durchlaufen. Zu dieser Leitungszeit von 16 ms kommen noch einige Millisekunden (a) für die Zeit bis zur Auslösung des ersten Aktionspotentials in der Muskelspindel, (b) für die Übertragung in den Synapsen an den Motoneuronen (Synapsenzeit), (c) für die Übertragung von den Endplatten auf die Muskelfasern, (d) für die Ausbreitung des Muskelaktionspotentials entlang der Faser und (e) für die Auslösung der Kontraktion durch das Muskelaktionspotential (elektromechanische Kopplung). Insgesamt liegt also die *Reflexzeit des monosynaptischen Dehnungsreflexes* (Eigenreflexes) in diesem Beispiel bei rund 25 bis 30 ms.

Die große physiologische Bedeutung der Dehnungsreflexe wird in den Kapiteln 6 und 7 ausführlich besprochen. Hier sei noch kurz auf ihre *klinisch-diagnostische Bedeutung* eingegangen. Fehlende, abgeschwächte oder überschießende Reaktionen bei der Auslösung der Patellarsehnenreflexe und entsprechender Reflexe an anderen Muskeln würden auf eine Störung hinweisen, die dann durch zusätzliche neurologische Untersuchungen genauer ermittelt werden müßte. Die Störung könnte einmal in den einzelnen Anteilen des Reflexbogens (Abb. 4-9) liegen, es könnte aber auch sein, daß die übrigen Zuflüsse zum Motoneuron (Abb. 4-1) nicht normal sind und dadurch eine Unter- oder Übererregbarkeit dieser Nervenzelle verursachen. Insgesamt ist also die Testung der Patellarsehnen- und entsprechender Reflexe eine sehr einfache Prüfung des motorischen Systems.

Funktion der intrafusalen Muskelfasern. Die eine Möglichkeit, den Dehnungsreceptor Muskelspindel zu erregen, ist nach dem eben Gesagten die Dehnung des Muskels (Abb. 4-8), also Dehnung der extrafusalen und der ihnen parallel liegenden intrafusalen Muskelfasern (vgl. Abb. 4-10 A mit B). Es gibt eine zweite Möglichkeit, die primären Muskelspindelendigungen zu erregen, nämlich eine Erregung und damit Kontraktion der intrafusalen Muskelfasern, die über die γ-Motoneurone ausgelöst wird (Abb. 4-10 C).

Die Erregung der intrafusalen Muskelfasern allein ändert Länge und Spannung des gesamten Muskels nicht, denn dafür ist die resultierende Kontraktionskraft zu gering, auch wenn sich alle intrafusalen Muskelfasern eines Muskels gleichzeitig kontrahieren. Die intrafusale Kontraktion reicht aber aus, den *zentralen Anteil der intrafusalen Fasern zu dehnen* (Abb. 4-10 C) und damit Erregungen in den primär sensiblen Endigungen zu induzieren. Dies führt dann, ebenso wie die Dehnung des gesamten Muskels, zu afferenten Aktionspotentialen in Ia-Fasern und damit zu EPSP in den homonymen α-Motoneuronen.

Eine Reflexkontraktion der extrafusalen Muskulatur kann also von den Muskelspindeln ausgelöst werden, (a) wenn der Muskel gedehnt wird

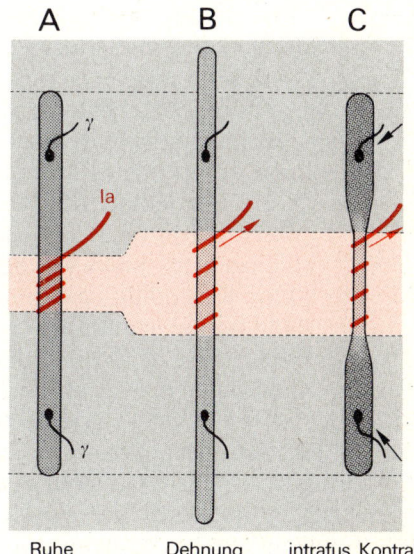

Abb. 4-10 A–C. Aktivierung einer ruhenden (**A**) primär sensiblen (annulospiralen) Endigung einer Muskelspindel durch Dehnung des gesamten Muskels (**B**) oder durch intrafusale Kontraktion (**C**). Vergleiche auch Abb. 6-1 und 6-2

Ruhe   Dehnung   intrafus. Kontrakt.

oder (b) wenn die intrafusalen Muskelfasern sich durch Aktivierung über die γ-Motoaxone kontrahieren. Diese beiden Vorgänge, **Muskeldehnung und intrafusale Kontraktion** können sich auch **gegenseitig ergänzen** oder in ihrer Wirkung **abschwächen:** intrafusale Kontraktion bei gleichzeitiger Dehnung des Muskels wird zu einer besonders starken Aktivierung des Dehnungsreceptors führen. Umgekehrt werden gleichzeitige extrafusale Kontraktion und intrafusale Erschlaffung den Dehnungsreceptor völlig entspannen. Zwischen diesen beiden Extremen, maximaler Aktivierung und völliger Inaktivierung, kann durch entsprechend abgestufte Kontraktionen der intrafusalen Muskulatur jeder denkbare Zwischenwert vorkommen. Mit anderen Worten, über die **intrafusale Vorspannung** des Dehnungsreflexes kann z. B. seine **Schwelle verändert** werden. Bei intrafusaler Kontraktion ist die Schwelle des Dehnungsreceptors auf eine Muskeldehnung erniedrigt: die Muskelspindel reagiert empfindlicher auf eine Muskeldehnung (weitere Einzelheiten werden in Kapitel 6 und 7 berichtet).

Bitte überprüfen Sie Ihr neu erworbenes Wissen an Hand der folgenden Fragen.

F 4.5 Welche der folgenden Aussagen über die Muskelspindel sind richtig?

    a) Die intrafusalen Muskelfasern sind dünner und länger als die extrafusalen Muskelfasern.

    b) Die γ-Motoaxone innervieren die primären Dehnungsreceptoren.

    c) Die Muskelspindeln haben außer der sensiblen keine weitere Innervation.

    d) Afferente Salven in den Ia-Fasern hemmen die homonymen Motoneurone und erregen ihre Antagonisten.

    e) Keine der Aussagen ist richtig.

F 4.6 Welche(r) der folgenden Vorgänge wird/werden zu einer Erhöhung der Spannung (des Tonus) der extrafusalen Muskulatur über den monosynaptischen Dehnungsreflex führen?

    a) Passive Verkürzung des Muskels (z. B. ein herunterhängender Unterschenkel wird von einem Dritten gestreckt, wodurch der M. quadriceps passiv verkürzt wird).

    b) Aktive Kontraktion der intrafusalen Muskelfasern.

    c) Dehnung der extrafusalen Muskelfasern.

    d) Erschlaffung der intrafusalen Muskelfasern.

    e) Kontraktion der extrafusalen Muskelfasern.

F 4.7 Der afferente und efferente Schenkel eines monosynaptischen Dehnungsreflexbogens seien je 120 cm lang (z. B. von einem Fußmuskel). Die Leitungsgeschwindigkeit der afferenten Ia-Fasern beträgt 100 m/s und die der α-Motoaxone 80 m/s. Wie viele Millisekunden beträgt die Reflexzeit mindestens? Addieren Sie zu den

Leitungszeiten 13 ms für die auf S. 120 genannten Synapsen- und Aktivierungsvorgänge.

F 4.8 Unter welchen Umständen werden die Dehnungsreceptoren der Muskelspindel stärker erregt?

a) Kontraktion der extrafusalen Muskelfasern bei gleichzeitiger Kontraktion der intrafusalen Muskelfasern.

b) Kontraktion der extrafusalen Muskelfasern bei gleichzeitiger Erschlaffung der intrafusalen Muskelfasern.

4.3 Polysynaptische motorische Reflexe

Die Motoneurone sind die einzigen zentralen Neurone in den Reflexbögen der monosynaptischen Dehnungsreflexe (die Neurone der Ia-Fasern liegen in den Hinterwurzelganglien, also außerhalb des ZNS, vgl. Abb. 1-10, 1-11, 4-8). Bei allen anderen motorischen Reflexen sind im Reflexbogen *mehrere zentrale Neurone hintereinander geschaltet* und das Motoneuron ist dabei immer das letzte Glied in der Kette der zentralen Neurone. Diese Reflexe sind also *polysynaptisch* (vgl. Abb. 6-6, S. 169). Ferner ist bei den polysynaptischen Reflexen Receptor und Effector im Organismus meistens räumlich getrennt, so daß sie auch als Fremdreflexe bezeichnet werden. (Polysynaptische Eigenreflexe könnte man diejenigen Reflexe nennen, die von Receptoren im Muskel ausgehen und auf den jeweiligen Muskel zurückwirken. So gibt es auch beim Dehnungsreflex eine polysynaptische Komponente, auf die hier aber nicht eingegangen wird.)

Polysynaptische motorische Reflexe spielen eine große Rolle bei der Fortbewegung *(Lokomotionsreflexe),* bei der Nahrungsaufnahme *(Nutritionsreflexe)* und bei der Absicherung des Organismus gegen seine Umwelt *(Schutzreflexe).* Beispiele für diese Reflextypen werden wir im folgenden kennenlernen. Bei der Charakterisierung der Eigenschaften der Fremdreflexe sollten wir immer im Auge behalten, daß schon beim monosynaptischen Dehnungsreflexbogen der Reflexerfolg nicht fest (automatengleich) an den Reiz gekoppelt ist, sondern durch andere, gleichzeitig am Motoneuron angreifende, bahnende und hemmende Einflüsse modifiziert werden kann. Bei den polysynaptischen Reflexbögen ist es möglich, entsprechend der größeren Anzahl der beteiligten Neurone, den Reflexerfolg noch besser an die jeweiligen Erfordernisse des Organismus anzupassen.

Beispiele polysynaptischer motorischer Reflexe. Das einfachste Beispiel eines lokomotorischen Fremdreflexes zeigte bereits Abb. 4-4 A. Dort wurde gezeigt, daß die von den Dehnungsreceptoren der Muskelspindeln kommenden Ia-Fasern nicht nur monosynaptische erregende Verbindungen zu homonymen Motoneuronen, sondern gleichzeitig zu antagonistischen

Motoneuronen hemmende Verbindungen haben. Diese Verbindung erfolgt über Interneurone (rot gezeichnet in Abb. 4-4 A). Die hemmenden Reflexbögen der Ia-Fasern auf antagonistische Motoneurone haben also zwei zentrale Synapsen, einmal von den Ia-Fasern auf die Interneurone (erregende Synapsen), zum zweiten von den Axonen der Interneurone auf die Motoneurone (hemmende Synapsen). Es sind die kürzesten hemmenden Reflexbögen, die wir kennen. Man nennt diese Hemmung daher auch *direkte Hemmung*. Besser ist ihre Bezeichnung *reziproke antagonistische Hemmung*, die beinhaltet, daß die Motoneurone antagonistischer Muskeln (z. B. Beuge- und Streckmuskeln am selben Gelenk) wechselseitig über diesen Reflexbogen gehemmt werden können (zur Funktion s. Abschnitt 6.1).

Die meisten anderen von peripheren Receptoren (aus den Muskeln, den Gelenken, der Haut) kommenden erregenden und hemmenden Zuflüsse zu den Motoneuronen haben mehr als ein, oft sehr viele, Interneurone auf ihrem Reflexbogen, sie sind also nicht di-, sondern polysynaptisch. Betrachten wir einige Beispiele. Beim Neugeborenen führt Berührung der Lippen mit der Brustwarze der Mutter zu Saugbewegungen. Die gleichen Bewegungen lassen sich auch durch eine Fingerspitze oder durch einen Schnuller auslösen, was deutlich den Reflexcharakter dieses Vorganges zeigt. Der *Saugreflex* ist ein *Nutritionsreflex*. Die Receptoren dieses polysynaptischen Reflexbogens sind berührungsempfindliche Strukturen in der Haut der Lippen (Mechanoreceptoren); Effectoren sind die Muskeln der Lippen, der Wangen, der Zunge, des Rachens, des Brustkorbs und des Zwerchfelles. Der Saugreflex ist also ein sehr komplexer Fremdreflex, wobei zusätzlich zu bedenken ist, daß die Saugbewegungen mit der normalen Atmung koordiniert werden müssen.

Legt man einem großhirnlosen Frosch (Großhirn in Narkose entfernt, Frosch kann viele Tage bis Wochen weiterleben) ein säuregetränktes Stückchen Filterpapier auf die Rückenhaut, so wird er nach kurzer Latenz das Papierstückchen mit der nächstgelegenen Hinterextremität wegwischen. Es ist dies ein Beispiel eines *Schutzreflexes*. Bei diesem *Wischreflex* liegen die (Schmerz)-Receptoren in der Haut des Rückens, während die Muskulatur der Hinterextremität der Effector ist. Auch dieser Reflex ist ein polysynaptischer Fremdreflex.

Eigenschaften polysynaptischer Reflexe. Der Hustenreflex des Menschen dient dazu, die Atemwege von Hindernissen für das Be- und Entlüften der Lunge freizuhalten. Der Hustenreflex ist also ein typischer Schutzreflex. Die Receptoren liegen in der Schleimhaut der Luftröhre (Trachea) und ihrer Verzweigungen (Bronchien). Die Reizung dieser Schleimhautreceptoren löst nicht nur den Hustenreflex, sondern auch bewußte Empfindungen aus. Dadurch ist es möglich, Reizintensität und Reflexerfolg miteinander zu vergleichen und an Hand dieses Reflexes die charakteristischen Eigenschaften polysynaptischer Reflexe kennenzulernen.

Ein leichtes „Kitzeln" oder „Kratzen" im Hals führt nicht sofort, wohl aber nach einer Weile zum Husten. Bei polysynaptischen Reflexen können sich also unterschwellige Reize, wenn sie lange genug anhalten, zu einem überschwelligen Reiz summieren. Diese *Summation* ist ein zentrales Phänomen, d. h. sie findet an den Zwischenneuronen und Motoneuronen des Reflexbogens statt, nicht an den peripheren Receptoren. Die subjektiven Mißempfindungen (Kitzeln, Kratzen) vor der Reflexauslösung sind nämlich ein klares Zeichen, daß die für den Reflex verantwortlichen Receptoren schon erregt sind.

Bei zunehmender Reizintensität wird die Zeit zwischen Reizbeginn (Kitzeln) und Reflexauslösung (Husten), also die Reflexzeit, kürzer, auch wenn die Reize schon überschwellig sind. Dies zeigt, daß beim polysynaptischen Reflex die *Reflexzeit von der Reizintensität abhängig* ist: je stärker der Reiz, desto früher beginnt der Reflex. (Beim monosynaptischen Dehnungsreflex ist dagegen die Reflexzeit relativ konstant.) Die verkürzte Reflexzeit des polysynaptischen Reflexes bei steigender Reizintensität ist eine Folge der schnelleren, überschwelligen Erregung der zentralen Neurone des Reflexbogens durch die zahlreicher und intensiver aktivierten Receptoren: sie ist also hauptsächlich durch zeitliche und räumliche Bahnung verursacht.

Husten kann in seiner Intensität vom leichten Räuspern bis zum langanhaltenden Würgehusten reichen, wiederum in Abhängigkeit von der Reizintensität. Auch diese Zunahme des Reflexerfolgs bei steigender Reizintensität ist eine typische Eigenschaft polysynaptischer motorischer Reflexe. Dabei greift der Reflex auch auf bisher unbeteiligte Muskelgruppen über, ein Phänomen, das als *Ausbreitung* bezeichnet wird. Offensichtlich werden bei starken Reizen bisher unterschwellig erregte Neurone überschwellig erregt. Die Ausbreitung läßt sich beim Hustenreflex gut demonstrieren: bei einem leichten Räuspern werden vorwiegend Halsmuskeln aktiviert, während bei einem schweren Würgehusten auch die Brust-, Schulter-, Bauch- und Zwerchfellmuskeln teilnehmen.

Motorische und vegetative polysynaptische Reflexe. Bei den motorischen Reflexen, also z. B. den Lokomotions-, Nutritions- und Schutzreflexen, bilden die Motoaxone die efferenten Schenkel der Reflexbögen, während die Receptoren vorwiegend in der Haut und in den Muskeln, Sehnen und Gelenken liegen. Es gibt auch zahlreiche polysynaptische Reflexe, die ebenfalls an Motoneuronen enden, aber von Eingeweidereceptoren ausgehen: das prominenteste Beispiel sind die *Atemreflexe,* die von Dehnungsreceptoren der Lunge und Chemoreceptoren des Blutes ausgehen und deren efferente Schenkel die Motoaxone des Zwerchfelles und der

Atemmuskeln des Brustkorbes sind. Diejenigen Neurone des vegetativen Nervensystems, die zu Drüsen und glatten Muskeln führen, sind die efferenten Schenkel zahlreicher *vegetativer Reflexe.* Im Kapitel 8, Das vegetative Nervensystem, werden wir einige Beispiele näher kennenlernen. Im jetzigen Zusammenhang seien nur die Stichworte *Kreislaufreflexe, Verdauungsreflexe, Sexualreflexe,* erwähnt.

Die didaktisch notwendige Gruppierung und Typisierung der polysynaptischen Reflexe sollte uns nicht den Blick dafür verstellen, daß es vielerlei Arten von Mischformen gibt und daß jede der bekannten „Einteilungen" in der einen oder anderen Weise willkürlich ist. Zum Beispiel ist der Hustenreflex sicher ein Schutzreflex, aber er ist im engeren Sinne kein motorischer Reflex, denn seine Receptoren liegen in der Schleimhaut der Luftröhre und der Bronchien, sie sind also Eingeweidereceptoren (Visceroceptoren). Viele der komplexen Reflexe haben auch gleichzeitig motorische und vegetative efferente Schenkel, z. B. die Sexualreflexe. Ein weiterer Aspekt, der bei der isolierten Betrachtung einzelner Reflexe leicht verloren geht, ist der, daß *die meisten Moto- und Interneurone in zahlreichen Reflexbögen vertreten* sind. Ein Motoaxon der Rachenmuskulatur wird beispielsweise bei Schluck-, Saug-, Husten-, Nies- und Atemreflexen beteiligt sein, also für zahlreiche Reflexbögen die eine gemeinsame Endstrecke bilden.

Angeborene und erworbene Reflexe. Bei den Reflexen, die wir bisher betrachtet haben, handelt es sich um stereotype Reaktionen des Organismus, die im Bauplan des ZNS festgelegt sind. Sie können bei allen Individuen der gleichen Art in praktisch gleicher Form beobachtet werden. Die Neurone dieser präformierten Reflexbögen liegen meist in den entwicklungsgeschichtlich älteren Teilen des ZNS, also im Rückenmark und Hirnstamm, auch wenn es sich um sehr komplexe Reflexe handelt (z. B. Säurewischreflex beim großhirnlosen Frosch). Jedes Individuum hat daneben die Fähigkeit, reflektorische Reaktionen seines Organismus zu erlernen, um dadurch besser und müheloser auf ständig wechselnde Situationen in seiner Umwelt zu reagieren. Diese Reflexbögen der erlernten Reflexe laufen meist über die höheren Abschnitte des ZNS. Die erlernten Reflexe (die auch wieder vergessen werden können) werden nach den verschiedensten Gesichtspunkten von den stereotypen angeborenen Reaktionen des Organismus abgegrenzt. Diese Abgrenzungen und Einteilungen sind nicht Lehrstoff dieses Buches. (Bekannte, experimentell gut untersuchte Beispiele erlernter Reflexe sind die *bedingten Reflexe* und die durch *operante Konditionierung* erzielten Verhaltensänderungen, die beide im „Grundriß der Sinnesphysiologie" beschrieben sind.)

Die folgenden Fragen können Sie zur Überprüfung Ihres Wissenszuwachses benutzen:

F 4.9 Ordnen Sie die folgenden Reflexe als Nutritions- oder Schutzreflex ein:
a) Tränensekretionsreflex,
b) Speichelsekretionsreflex,
c) Corneal-(Lidschluß)reflex,
d) Saugreflex,
e) Niesreflex,
f) Hustenreflex.

F 4.10 Welcher der folgenden Prozesse wird als Summation bezeichnet:
a) die Zunahme des Reflexerfolges bei steigender Reizintensität,
b) die Modifizierung der Reflexantwort durch gleichzeitig an den Interneuronen des Reflexbogens angreifende Einflüsse,
c) die Verkürzung der Latenzzeit zwischen Reizbeginn und Reflexerfolg bei steigender Reizintensität,
d) die gleichzeitige Hemmung antagonistischer Motoneurone bei der Erregung homonymer Motoneurone durch die Ia-Fasern.

F 4.11 Wieviel zentrale Synapsen hat der Reflexbogen der direkten Hemmung?
a) keine,
b) eine,
c) zwei,
d) drei,
e) viele.

F 4.12 Welche der folgenden Prozesse an zentralen Neuronen sind an der „Ausbreitung" polysynaptischer motorischer Reflexe beteiligt?
a) Direkte Hemmung,
b) Zeitliche Bahnung,
c) Posttetanische Potenzierung,
d) Occlusion,
e) Räumliche Bahnung.

5. Der Muskel

J. Dudel

Das quantitativ weitaus am stärksten ausgebildete Organ des Menschen und anderer Wirbeltiere ist die Muskulatur, das „Fleisch". Die Muskeln haben nämlich einen Anteil am Gesamtkörpergewicht von 40 bis 50%. Ihre Hauptfunktion ist die Kontraktion, das Entwickeln von Kraft. Außerdem sind sie unter anderem wichtig für die Wärmeregulation des Körpers, der Gesichtspunkt der Wärmeabgabe der Muskulatur soll jedoch hier im Zusammenhang mit der Neurophysiologie nicht besprochen werden.

Der Mensch kann nur durch Betätigung seiner Muskulatur Arbeit leisten und auf seine Umwelt einwirken. Dies gilt für körperliche Arbeit, jedoch genauso auch für „geistige Aktivitäten", denn sowohl Sprechen wie Schreiben erfordern das fein abgestimmte Zusammenspiel von Muskeln. So kann man das Nervensystem, vielleicht einseitig, auffassen als ein Organ, das die auf den Organismus treffenden Reize mit entsprechenden Muskelkontraktionen beantwortet. Dies macht den Muskel zu einem wichtigen Thema der Neurophysiologie. Dazu kommt, daß die Arbeitsweise der Muskelzellen besser bekannt ist als die der meisten anderen Zelltypen. Sowohl die Morphologie, wie auch die chemischen Bausteine und Reaktionen, wie auch die physiologischen Funktionen der Muskelzellen sind weitgehend erforscht, und diese verschiedenen Betrachtungsweisen sind in den letzten Jahren zu einer einheitlichen Theorie der Muskelkontraktion zusammengefaßt worden. Bei der Besprechung der Funktionen der Muskeln muß deshalb besonders auf ihren Aufbau und ihre chemische Zusammensetzung eingegangen werden.

5.1 Die Kontraktion des Muskels

Der wichtigste Anteil der Muskulatur, die *Skeletmuskulatur,* gliedert sich in einzelne Muskeln, ein Beispiel zeigt Abb. 5-3 A. Ein solcher Muskel ist ein langgestrecktes „Fleischpaket", das an beiden Enden in feste *Sehnen* ausläuft. Über diese Sehnen wird der Muskel mit dem Knochen, dem „Skelet" verknüpft und kann auf dieses Kraft ausüben. Zum Studium seiner Funktion wird der Muskel meist isoliert; dies ist leicht möglich, indem die Sehnen durchtrennt werden. An den Sehnenstümpfen kann der Muskel dann in geeigneter Weise in einem Versuchsbad befestigt werden (s.

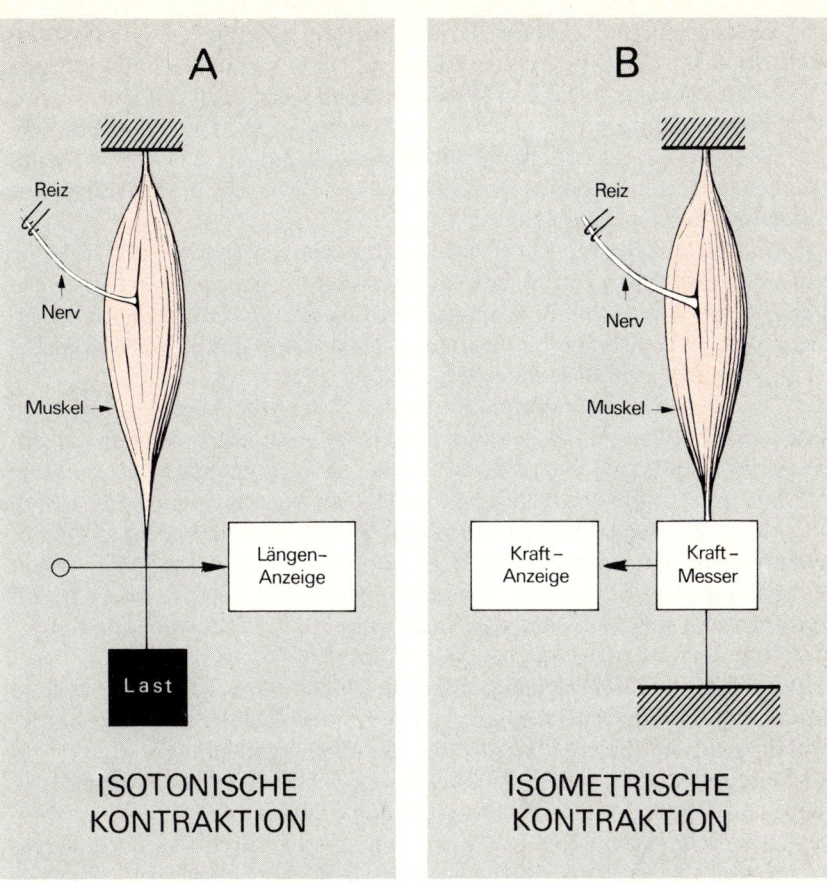

Abb. 5-1 A, B. Kontraktionsmessung. **A** Messung der isotonischen Kontraktion: der Muskel ist einseitig befestigt und hebt eine konstante Last, registriert wird die Änderung der Muskellänge. **B** Messung der isometrischen Kontraktion: der Muskel ist beidseitig befestigt und hat also konstante Länge, registriert werden Änderungen der Kraft, mit der der Muskel an seinen Befestigungen zieht

Abb. 5-1). Die Reaktionen eines solchen isolierten Muskels auf Erregung seiner Fasern sollen nun besprochen werden.

Isotonische und isometrische Kontraktion. Wird ein Muskel durch Impulse im motorischen Nerven (s. S. 74) oder direkte überschwellige Depolarisation seiner Fasern gereizt, so *kontrahiert* er sich, d. h. er versucht sich zu verkürzen, wobei er an seinen Befestigungen zieht. Ob bei dieser Kontraktion eine Verkürzung des Muskels eintritt, hängt davon ab, ob die Befestigung nachgeben kann. Wenn der Verlauf einer Muskelkontraktion gemes-

sen werden soll, muß deshalb dazu die Art der Befestigung definiert werden. Zwei verschiedene Meßbedingungen werden hauptsächlich benutzt:
1. Die Muskelkontraktion kann gemessen werden, indem der Muskel an einem Ende starr befestigt wird, und an das andere Ende eine bewegliche, aber *konstante Last* gehängt wird (Abb. 5-1 A). Die unter diesen Bedingungen gemessene *Verkürzung* des Muskels bei konstanter Belastung wird *isotonische Kontraktion* genannt.
2. Die Muskelkontraktion kann auch gemessen werden, indem beide Enden unbeweglich fest eingespannt werden, wobei an einem Ende ein Kraftmesser eingeschaltet wird, der bei Belastung seine Länge nicht ändert (Abb. 5-1 B). Die so bei *konstanter Muskellänge* gemessene *Kraftänderung* heißt *isometrische Kontraktion*.

Bei den natürlichen Kontraktionen der Muskeln sind die Bedingungen der Isotonie oder Isometrie kaum je erfüllt. Wenn mit dem Arm z. B. ein Eimer Wasser angehoben wird, so ist das für den Arm eine „isotonische Verkürzung"; die Belastung der einzelnen Muskeln des Arms wird jedoch wegen der Änderung der Winkelstellung der Armknochen nicht ganz konstant bleiben. Annähernd isometrische Bedingungen herrschen z. B., wenn der Rumpf des Körpers durch gleichzeitiges Anspannen der Rücken- und der Bauchmuskulatur stabilisiert wird, wenn man „Haltung" annimmt.

Zeitverlauf der Einzelzuckung. Wird ein Muskel durch einen einzelnen Reiz erregt, so kontrahiert er sich kurz, er „zuckt". Unter isotonischen Bedingungen wird diese Einzelzuckung als vorübergehende Verkürzung registriert, unter isometrischen Bedingungen als kurzdauernde Zunahme der Kraft. Den Zeitverlauf einer *isometrischen Einzelzuckung* eines Warmblütermuskels zeigt Abb. 5-2. Die Kontraktion wird durch das oben dargestellte Muskelaktionspotential ausgelöst, sie beginnt *wenige Millisekunden* nach dem Aufstrich des Aktionspotentials. Die Kontraktionskraft steigt innerhalb von etwa 80 ms auf das Maximum an und fällt etwas langsamer auf den Ruhewert zurück. Dies wird als *Anstiegs-* und *Erschlaffungsphase* der Kontraktion bezeichnet. Bei isotonischer Kontraktion ist der Zeitverlauf der Längenänderung ganz ähnlich wie der Zeitverlauf der Kraft in Abb. 5-2. Vergleicht man den Zeitverlauf der Kontraktion mit der Dauer des Aktionspotentials, so ist vor allem der weit langsamere Verlauf der Kontraktion bemerkenswert: Das Aktionspotential ist fast zu Ende, ehe die von ihm ausgelöste Kontraktion beginnt. Die Kontraktion läuft dann etwa 100mal langsamer ab als die Erregung.

Die Dauer der Muskelkontraktion ist allerdings bei verschiedenen Muskeln nicht so gleichförmig wie die des Aktionspotentials. Die in Abb. 5-2 gezeigte Kontraktionskurve eines Daumenmuskels ist ein Beispiel für einen „schnellen" Warmblütermuskel. Es gibt auch langsame Warmblütermuskeln, deren Kontraktion erst nach 200 ms das Maximum

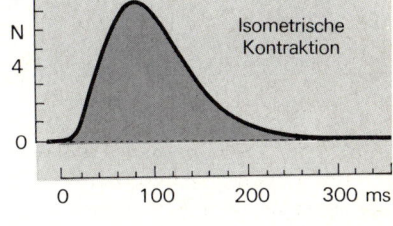

mV

0

−80

Aktionspotential

8

N

4

0

Isometrische
Kontraktion

0   100   200   300 ms

Abb. 5-2. Aktionspotential und Muskelkontraktion. Zeitverlauf des Aktionspotentials und der folgenden Kontraktionen eines menschlichen Daumenmuskels (adductor pollicis). Die Kontraktion beginnt 2 ms nach dem Aufstrich
des Aktionspotentials und erreicht erst
nach 80 ms ihr Maximum[1]

erreicht, und bei Kaltblütermuskeln niedriger Temperatur kann die Anstiegsphase der Kontraktion Sekunden dauern.

Feinstruktur des Skeletmuskels. Der Mechanismus der Muskelkontraktion
kann nur genauer dargestellt werden, wenn die Feinstruktur der Muskeln
bekannt ist. Diese soll an Hand der Abb. 5-3 in den für uns relevanten Details besprochen werden. Der Skeletmuskel in Abb. 5-3 A setzt sich aus Fa-
serbündeln (Abb. 5-3 B) zusammen, die noch mit freiem Auge gut sichtbar
sind (s. „Fasern" des gekochten Rindfleisches). Die einzelnen *Muskelfasern* des Bündels (Abb. 5-3 C) sind einige bis viele cm lange Zellen mit
10–100 µm Durchmesser. Die Muskelfasern durchlaufen meist die Gesamtlänge des Muskels und gehen an beiden Enden in die bindegewebigen Sehnen über. Die Muskelfasern enthalten in hoher Konzentration
contractile Eiweißstrukturen. Diese sind faserförmig in der Längsrichtung
der Muskelzelle angeordnet und heißen *Myofibrillen* (Abb. 5-3 D).

Die Muskelfasern zeigen bei mikroskopischer Betrachtung eine charakteristische *Querstreifung.* Dieses Streifenmuster entsteht dadurch, daß
die in der Faser längs verlaufenden Myofibrillen selbst quergestreift sind
(Abb. 5-3 D) und in der Faser streng geordnet nebeneinander liegen. Die
Querstreifung der Myofibrillen wird dadurch erzeugt, daß in ihnen das
Licht stark doppelbrechende und schwach doppelbrechende Anteile regelmäßig aufeinander folgen. Im durchfallenden Licht erscheinen die

---

1 In der unteren Ordinate von Abb. 5-2 erscheint als Maß der Kraft N (Newton), das
neuerdings als Norm vorgeschrieben ist. Bisher wurde als Kraftmaß meist das kg-
Gewicht oder kp (Kilopond) eingesetzt. Das kg ist jedoch die Einheit der *Masse,* man
erhält ihr Gewicht durch Multiplikation mit der Erdbeschleunigung 9,81 m · s^{-2}. Es ist
also 1 kp = 9,81 kg · m · s^{-2} ≡ 9,81 N

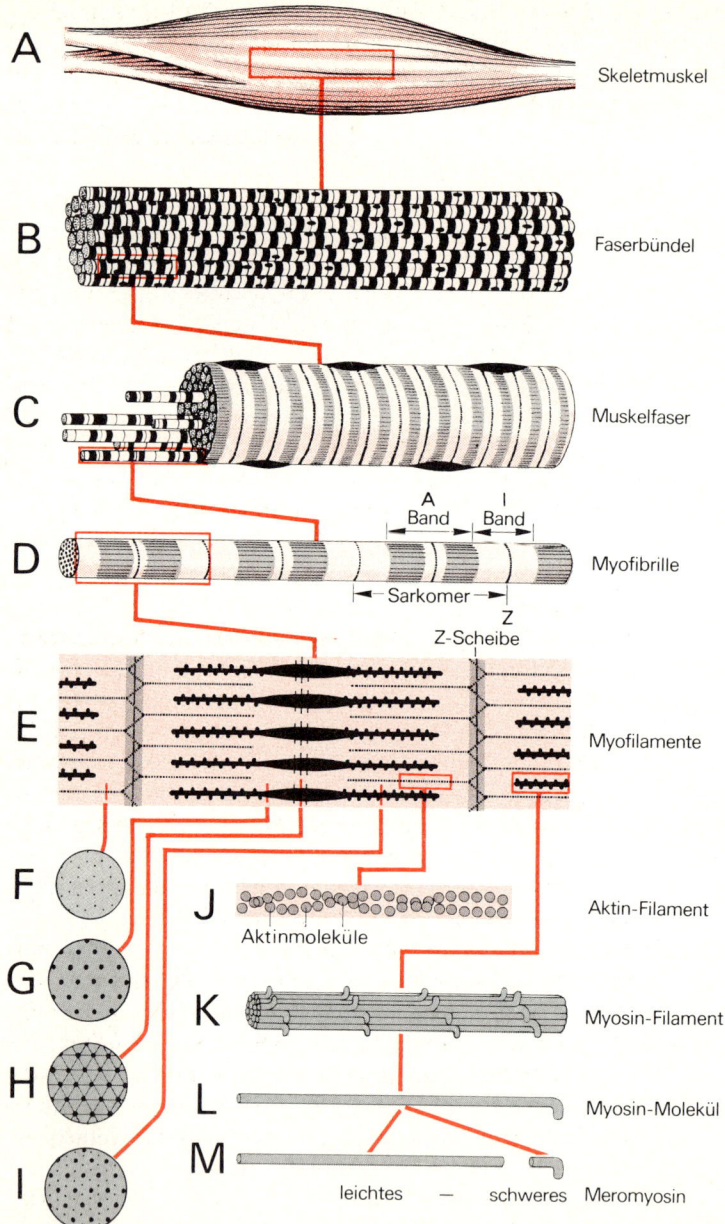

Abb. 5-3. Feinstruktur des Skeletmuskels. Schematisierte Zeichnung der Struktur des Muskels vom Gesamtmuskel über die Muskelfaser, Muskelfibrille, Myofilamente bis zum molekularen Aufbau der kontraktilen Eiweiße. Ausführliche Besprechung im Text. Nach Bloom, Fawcett (1969) A Textbook of Histology, Saunders Co., Philadelphia

stark doppelbrechenden Streifen dunkler als die weniger doppelbrechenden. Sie sind entsprechend in Abb. 5-3 D als *anisotrope A-Bänder* und als *isotrope I-Bänder* bezeichnet. In der Mitte des I-Bandes liegt ein dünner dunkler Streifen, die *Z-Scheibe*. Die Strecke zwischen zwei Z-Scheiben ist die kleinste funktionelle Einheit der Myofibrille, das *Sarkomer*. Dieses ist etwa 2 µm lang.

Die Feinstruktur des Sarkomers kann mit Hilfe des Elektronenmikroskopes weiter aufgelöst werden (Abb. 5-3 E–I). Wie Abb. 5-3 E zeigt, verknüpft die Z-Scheibe nebeneinanderliegende *dünne Myofilamente*. Im mittleren Anteil des Sarkomers liegen zwischen den dünnen Myofilamenten *dicke Myofilamente*. Wie die Querschnitte in Abb. 5-3 F–I zeigen, sind die dünnen und die dicken Myofilamente kristallähnlich regelmäßig angeordnet. Mit chemischen Methoden wurde nachgewiesen, daß die dünnen Myofilamente aus dem Eiweiß *Aktin* (Abb. 5-3 J) bestehen, während die dicken Myofilamente aus anderen langgestreckten Eiweißmolekülen, dem *Myosin* zusammengesetzt sind (Abb. 5-3 K–M). Damit bestehen die I-Bänder der Myofibrille vorwiegend aus dem Eiweiß Aktin, und die A-Bänder im mittleren Anteil ganz aus Myosin. In den seitlichen Anteilen des A-Bandes sind sowohl Aktin wie Myosin vertreten.

Verschiebungen der Aktin- und Myosinfilamente während der Kontraktion.
Die chemischen und physikalischen Prozesse, die der Kontraktion zugrunde liegen, werden deutlich, wenn man das Verhalten der in Abb. 5-3 dargestellten Strukturelemente des Muskels während der Kontraktion beobachtet. Wenn der Muskel sich während der Kontraktion verkürzen kann, z. B. bei einer isotonischen Kontraktion, bleibt die Breite der *A-Bänder konstant*, während die *I-Bänder schmaler* werden. Die Doppelbrechung im A-Band entsteht durch die Anwesenheit der Myosinfilamente. Wenn die Breite der A-Bänder während der Kontraktion konstant bleibt, muß auch die Länge der Myosinfilamente konstant bleiben.

Das I-Band wird während der isotonischen Kontraktion schmaler. Trotzdem kann man durch elektronenmikroskopische Aufnahmen zeigen, daß auch die Aktinfilamente, die ja im I-Band allein vorhanden sind, während der Kontraktion ihre Länge nicht ändern. Bei konstanter Länge der Myosin- und der Aktinfilamente kann deshalb die Sarkomerlänge nur dadurch während der Kontraktion abnehmen, daß die *Filamente aneinander vorbeigleiten* (sliding filaments). Das I-Band wird also dadurch verschmälert, daß dort Myosinfilamente zwischen die Aktinfilamente gleiten.

Die Verschiebung der Moysin- und Aktinfilamente während der Kontraktion wird durch Abb. 5-4 veranschaulicht, die schematisiert ein Sarkomer zu Beginn und auf dem Maximum einer Kontraktion zeigt. Während der Kontraktion (von A nach B) verkürzt sich das Sarkomer: Der Abstand der Z-Scheiben wird kleiner. Dies geschieht durch ein An-

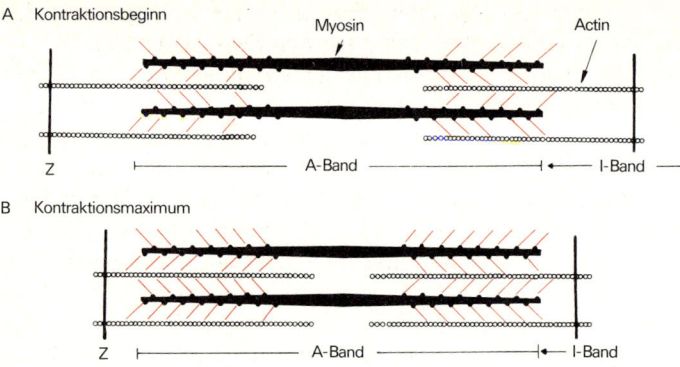

A Kontraktionsbeginn
Myosin
Actin
Z
A-Band
I-Band

B Kontraktionsmaximum
Z
A-Band
I-Band

Abb. 5-4 A, B. Mechanismus der Kontraktion. Schematisierte Darstellung der Anordnung der Myosin- und Aktinfilamente in einem Sarkomer (von Z bis Z) und der zwischen ihnen bestehenden „Brücken". Es wird angenommen, daß die Brücken sich verkürzen können und dadurch die Aktinfilamente zwischen die Myosinfilamente gleiten. **A** Zustand bei Kontraktionsbeginn. **B** Zustand auf dem Maximum der Kontraktion – das Sarkomer hat sich verkürzt!

einander-Vorbei-Gleiten der Myosin- und Aktinfilamente. Die Enden der Myosinfilamente nähern sich den Z-Scheiben und verschmälern dadurch die I-Bänder.

Molekularer Mechanismus der Kontraktion. Welche Kräfte bewirken nun die Verschiebung der Myofilamente während der Kontraktion? In der Abb. 5-4 sind zwischen die Aktin- und die Myosinfilamente schräge Striche eingezeichnet, die von den Myosinfilamenten ausgehen. Diese sollen Brücken symbolisieren, Molekülgruppen, die chemische Bindungen zwischen Myosin- und Aktinfilamenten herstellen. Wenn eine Bindung in der in Abb. 5-4 angedeuteten Ausrichtung zustande kommt, *verkürzt* sie sich und zieht so das Aktinfilament zwischen die Myosinfilamente hinein. Nach der Verkürzung löst sich die Bindung wieder und der Zyklus kann von neuem beginnen: Es knüpft sich eine neue Bindung zwischen den eben verschobenen Myosin- und Aktinfilamenten, diese verkürzt sich wiederum, usw.

Die „Bindungen" oder „Brücken", deren Verkürzung die Verschiebung der Myosinfilamente und damit die Kontraktion verursacht, gehen von dem verdickten Ende des Myosinmoleküls aus. Abb. 5-3 K zeigt, daß das Myosinfilament aus gestaffelt nebeneinanderliegenden Myosinmolekülen (Abb. 5-3 K, L) aufgebaut ist. Im Filament liegen regelmäßig verteilt die verdickten Enden der Moysinmoleküle. Dieses Teilstück des Myosins wird „schweres Meromyosin" (Abb. 5-3 M) genannt. Das schwere Meromyosin kann einerseits chemische Bindungen mit dem Aktin eingehen, andererseits ist es ein Enzym, das von dem in der Zelle vorkommenden *Adenosintriphosphat* (ATP) ein Phosphat *abspaltet*. Dabei wird Energie frei, die teils für die Verkürzung der Brücken zwischen Myosin und Aktin dient, teils als Wärme frei wird. Ursache für die Muskelkontraktion ist also die Bildung von Komplexen aus **Myosin, Aktin** und **ATP,** wobei ATP gespalten und die Brücken zwischen Myosin und Aktin verkürzt werden. Es spricht vieles dafür, daß die „Brücken" aus zwei starren Gliedern zusammengesetzt sind, die einen Winkel miteinander bilden. Bei der „Verkürzung" dieser Brücken würde sich dann der Winkel zwischen den beiden Gliedern verkleinern.

Die Reaktion von Myosin, Aktin und ATP, die die Kontraktion bewirkt, kann nur stattfinden, wenn **Ca^{++}-Ionen** in der Zelle in einer freien Konzentration von etwa 10^{-5} mol/l vorhanden sind, außerdem ist für den Ablauf der Reaktion auch die Anwesenheit von Mg^{++} notwendig. Die Ca^{++}-Konzentration von 10^{-5} mol/l ist im Muskel nur während des Ablaufes der Kontraktion vorhanden. Im erschlafften Muskel liegt die Ca^{++}-Konzentration bei 10^{-8} mol/l, die Reaktion von Myosin, Aktin und ATP kann also nicht stattfinden. Die Zelle verfügt über einen Mechanismus, zur Einleitung der Kontraktion die Ca^{++}-Konzentration auf den Wert von 10^{-5} mol/l heraufzusetzen, damit die Reaktion der Myosin-, Aktin und ATP eintreten kann. Auf molekularem Niveau wird also die Kontraktion über die Ca^{++}-Konzentration gesteuert. Dieser Vorgang wird im Abschnitt 5.3 (Elektromechanische Koppelung) eingehend besprochen.

Neben der Energielieferung für die Muskelkontraktion hat ATP noch einen weiteren Effekt auf das contractile System. Nur in Anwesenheit von ATP löst sich die Bindung zwischen Myosin und Aktin, wenn am Ende der Kontraktion die Ca^{++}-Konzentration auf den Ruhewert von 10^{-8} mol/l absinkt. Dieser Effekt des **ATP** wird **Weichmacherwirkung** genannt. Wenn also in einem Muskel die ATP-Konzentration nach Drosselung der Energiezufuhr absinkt, so kann der Muskel nicht erschlaffen, er bleibt „hart" oder starr. Auch nach dem Tode sinkt die ATP-Konzentration im Muskel. Dabei entfällt die Weichmacherwirkung des ATP auf den Myosin-Aktin-Komplex, und es tritt die Totenstarre, der **Rigor mortis** ein.

Herzmuskulatur und glatte Muskulatur. In diesem Abschnitt wurde ausführlich die Feinstruktur und der Mechanismus der Kontraktion der Skeletmuskelfasern besprochen. Neben diesen quantitativ überwiegendem Muskeltyp gibt es noch Herzmuskulatur und glatte Muskulatur. Die letztere besteht aus kürzeren und dünneren Fasern als der Skeletmuskel, und diese Fasern sind miteinander netzförmig verbunden. Die glatten Muskelfasern enthalten Myofibrillen wie die Skeletmuskelfasern, die Myofibrillen sind jedoch nicht so dicht gepackt und so regelmäßig angeordnet wie im Skeletmuskel. Deshalb ist auch im glatten Muskel keine Querstreifung sichtbar. Die Kontraktion der Myofibrillen der glatten Muskeln erfolgt ebenso wie die der Skeletmuskeln. Da die Aktionspotentiale im glatten Muskel anders verlaufen als im Skeletmuskel, ist auch der Zeitverlauf der Kontraktion der glatten Muskeln anders, im allgemeinen langsamer, als bei den Skeletmuskeln. Dies wird im Kapitel 8 näher ausgeführt.

Die Herzmuskulatur stellt in bezug auf Struktur und Kontraktionsverlauf eine Übergangsform zwischen Skelet- und glatter Muskulatur dar. Der Kontraktionsmechanismus ist ebenfalls am Herzmuskel derselbe wie am Skeletmuskel.

Die folgenden Fragen dienen als Kontrolle über das in diesem Kapitel Gelernte:

F 5.1 Zeichnen Sie schematisch den Aufbau einer Muskelfibrille aus dikken und dünnen Myofilamenten und die Verknüpfung der Filamente an den Z-Scheiben. Geben Sie in der Zeichnung die Sarkomerlänge an und schreiben Sie die chemischen Namen der Eiweißbausteine an die Moyfilamente.

F 5.2 Während einer isotonischen Kontraktion
a) ändert sich die Kontraktionskraft bei konstanter Länge des Muskels,
b) ändert sich die Muskellänge bei konstanter Belastung des Muskels,
c) bleibt die Sarkomerlänge konstant,
d) verkürzt sich die Sarkomerlänge,
e) verkürzen sich die anisotropen und die isotropen Bänder,
f) verkürzen sich die isotropen Bänder und die anisotropen bleiben konstant,
g) verkürzen sich die anisotropen Bänder und die isotropen bleiben konstant.
(Mehrere Antworten sind richtig).

F 5.3 Zeichnen Sie den Zeitverlauf einer isometrischen Kontraktion eines Warmblütermuskels unter Angaben des Zeitmaßstabes.

F 5.4 Welche 4 Stoffe nehmen neben Mg^{++}-Ionen an der chemischen Reaktion teil, die der Kontraktion zugrunde liegt, oder müssen bei der Reaktion in ausreichender Konzentration anwesend sein? Unterstreichen Sie den Stoff, der die Energie für die Kontraktion liefert.
1) . . . . .
2) . . . . .
3) . . . . .
4) . . . . .

5.2 Abhängigkeit der Muskelkontraktion von Faserlänge und Verkürzungsgeschwindigkeit

Im voraufgehenden Abschnitt wurde der Mechanismus der Kontraktion der Muskelfasern beschrieben. Bei allen Muskelkontraktionen werden die Aktinfilamente zwischen die Myosinfilamente gezogen – wieweit jedoch dieser Grundvorgang als Kraftentwicklung an den Sehnen des Muskels erscheint und wieweit sich der Muskel verkürzt, hängt von den Begleitumständen der Kontraktion ab. Den stärksten Einfluß auf die Muskelkontraktion haben (a) die *Faserlänge* zu Beginn der Kontraktion oder die *Vordehnung,* sowie (b) die *Geschwindigkeit der Verkürzung* der contractilen Elemente. Da diese Parameter auch im Organismus große Bedeutung für den Kontraktionsverlauf haben und zum Teil zur Steuerung der Kraftentwicklung eingesetzt werden, sollen sie im folgenden eingehend besprochen werden.

Ruhedehnungskurve. Muskeln oder auch isolierte Muskelfasern, die bei ihrer „Ruhelänge" gehalten werden, üben keine Kraft auf ihre Befestigung aus. Wird nun am Ende des Muskels gezogen, so wird dieser gedehnt. Wenn man die zur Dehnung nötige Kraft gegen die Muskellänge aufträgt, erhält man die in Abb. 5.5 (schwarz) gezeigte *„Ruhedehnungskurve".* Diese steigt, von der Kraft Null bei der Ruhelänge l_0 ausgehend, mit zunehmender Steilheit etwa exponentiell an. Die Dehnung des Muskels bis zu etwa dem 1,8fachen der Ruhelänge beschädigt ihn nicht, bei größerer Dehnung würden die Fasern einreißen.

Bei der Dehnung des Muskels verlängern sich erstens die Sarkomere, indem die Aktin- und Myosinfilamente aneinander vorbei gleiten (s. Abb. 5-4). Dabei werden die I-Bänder verbreitert und die A-Bänder nicht verändert. Neben den Sarkomeren, den contractilen Elementen, verlän-

Abb. 5-5. Ruhedehnungskurve und isometrische Maxima. Abhängigkeit der Kraft von der Muskellänge beim ruhenden Muskel, „Ruhedehnungskurve" *(schwarz),* und auf dem Maximum einer isometrischen Kontraktion, „isometrische Maxima" *(rot).* l_0 ist die Ruhelänge des Muskels; in der Abszisse sind Vielfache von l_0 eingetragen. P_0 ist die maximale isometrische Extrakraft, der maximale Kraftzuwachs während einer isometrischen Kontraktion

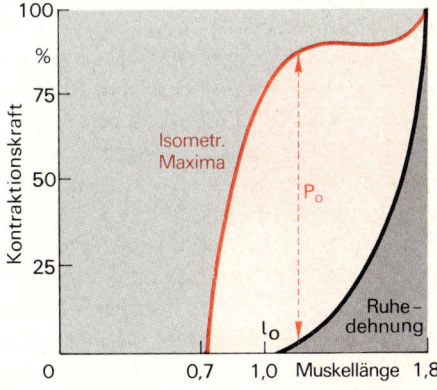

gern sich bei der Dehnung des Muskels zweitens auch passiv *elastische Elemente*. Das sind hauptsächlich die Sehnen, in die der Muskel ausmündet. Wie noch zu besprechen sein wird, hat die Dehnung der passiven elastischen Elemente eine große Bedeutung für die Dynamik der Muskelkontraktion.

Die Kurve der isometrischen Kontraktionsmaxima. Die Vordehnung ist nicht nur für die Ruhespannung des Muskels wichtig, auch die Kraftentwicklung des Muskels während der Kontraktion hängt von seiner Länge ab. Mißt man z. B. isometrische Kontraktionen mit dem in Abb. 5-1 gezeigten Verfahren, so kann man vor jeder Kontraktion die Länge des Muskels durch Verschiebung seiner Befestigungen einstellen. Wird nun bei verschiedenen Ausgangslängen der Muskel zur Kontraktion gebracht, so erhöht sich die Kraft über die Ausgangsspannung jeweils bis zum *„isometrischen Maximum"*. Die Kurve der isometrischen Maxima ist rot in Abb. 5-5 eingezeichnet. Die bei einer bestimmten Muskellänge über die Ruhespannung hinaus entwickelte Kraft ist die Differenz zwischen der Kurve der isometrischen Maxima und der Ruhedehnungskurve.

Die *Kraftentwicklung* des Muskels ist *etwa bei der Ruhelänge* des Muskels l_0 *maximal* (P_0). Die entwickelte Kraft ist sehr viel kleiner, wenn der Muskel vor Beginn der Kontraktion nicht bis zur Ruhelänge l_0 aufgespannt wurde. Der Schnittpunkt der roten Kurve der isometrischen Maxima in Abb. 5-5 mit der Abszisse gibt die kleinste Länge an, bei der der Muskel gerade noch Kraft entwickelt. Der Muskel könnte sich also bei einer *isotonischen* Kontraktion maximal bis *auf etwa 70% der Ruhelänge l_0 verkürzen*. Die während der isometrischen Kontraktion entwickelte Kraft nimmt ebenfalls ab, wenn der Muskel beträchtlich über die Ruhelänge hinaus gedehnt wird. Bei etwa dem 1,8fachen der Ruhelänge laufen die Kurven in Abb. 5-5 zusammen, der Muskel entwickelt dort also während der Kontraktion *keine weitere Kraft*. Der Muskel kann also nur in dem Längenbereich von 70% der Ruhelänge bis zu 180% der Ruhelänge Kraft entwickeln.

Die Abhängigkeit der Kontraktionskraft von der Ruhedehnung kann durch die Anordnung der Myofilamente im Sarkomer erklärt werden. In Abb. 5-6 wird für ein Sarkomer die isometrisch entwickelte Kontraktionskraft in Abhängigkeit von der Sarkomerlänge gezeigt. Darunter sind die elektronenmikroskopisch festgestellten Anordnungen der Aktin- und Myosinfilamente im Sarkomer bei verschiedenen Muskellängen (A–E) eingezeichnet. Bei maximaler Vordehnung (A) überlappen die Filamente nicht mehr, es können sich also keine Brücken zwischen ihnen ausbilden und es wird deswegen während der Kontraktion keine Kraft entwickelt. Bei geringerer Vordehnung (zwischen A und B) nimmt die Überlappung der Myofilamente zu, und proportional steigt die entwickelte Kontrakti-

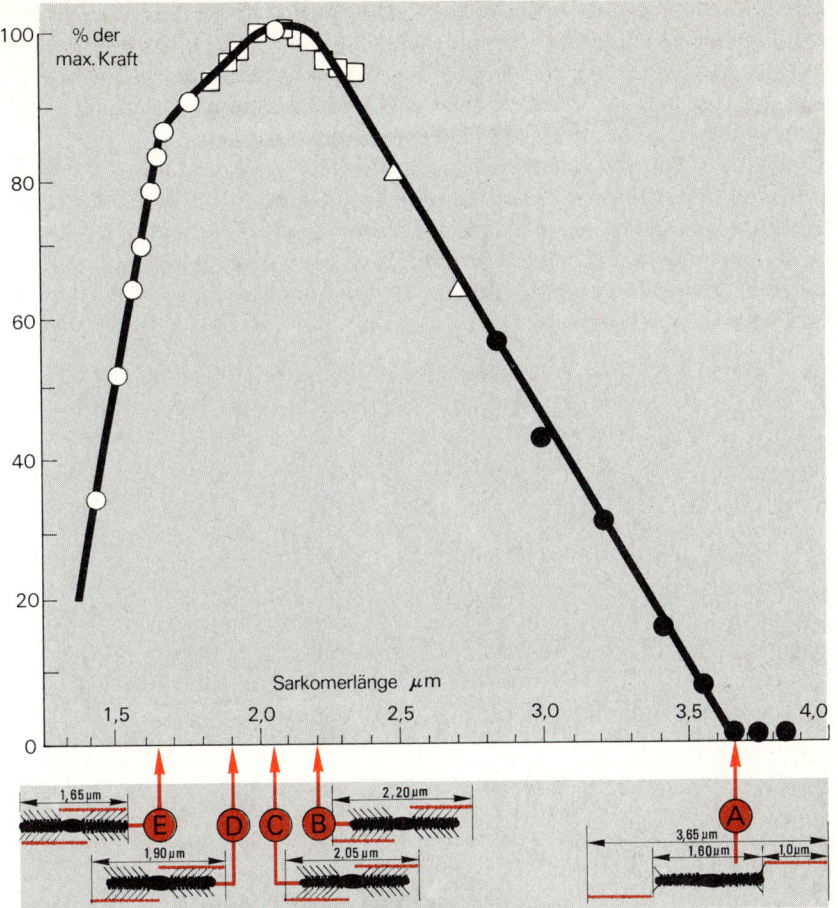

Abb. 5-6. Bei verschiedenen Sarkomerlängen entwickelte maximale isometrische Kraft. Im Diagramm ist die maximale isometrische Extrakraft in Abhängigkeit von der Sarkomerlänge eingetragen. Darunter wird für Sarkomerlängen von 3,65 μm bis zu 1,65 μm in A–E die Überlappung der Aktin- und Myosinfilamente gezeigt, die Längen A–E sind auch an den entsprechenden Stellen der Abszisse des Diagramms vermerkt. Die Abhängigkeit der entwickelten Kraft von der Sarkomerlänge läßt sich aus den Bildern A–E ableiten, nähere Besprechung im Text. Nach RUCH, PATTON (1965) Physiology and Biophysics, Saunders Co., Philadelphia

onskraft. Die optimale Kontraktionskraft wird erreicht (zwischen B und C), wenn auf der gesamten Länge des Myosinfilamentes Bindungen zum Aktin geknüpft werden können.

Bei Muskellängen kleiner als die Ruhelänge (C–E) nimmt die Kontraktionskraft schnell ab, weil die Aktinfilamente so weit zwischen die Myosinfilamente hineingezogen werden, daß sie sich in der Mitte der Myosinfilamente gegenseitig stören und schließlich die Z-Scheiben an die Myosinfilamente anstoßen (E). Dazu wird auch noch die elektromechanische Koppelung (siehe 5.3) durch Scherungen des endoplasmatischen Reticulums behindert. Die **Abhängigkeit der Kontraktionskraft von der Vordehnung** kann also quantitativ durch den jeweiligen **Grad der Überlappung der Myosin- und Aktinfilamente** erklärt werden. Denn nur wo die Eiweiße Aktin und Myosin nahe nebeneinander stehen, kann die chemische Reaktion, die die Kontraktion bewirkt, eintreten; die Kontraktionskraft ist proportional der Zahl der in der Zeiteinheit miteinander reagierenden Aktin- und Myosinmoleküle.

Kontraktionskraft und Verkürzungsgeschwindigkeit. Die Abhängigkeit der Kontraktionskraft von der Vordehnung konnte also durch den Aufbau des contractilen Apparates erklärt werden. In ähnlicher Weise läßt sich auch der Einfluß der Verkürzungsgeschwindigkeit auf die Kraftentwicklung aus den Eigenschaften des contractilen Apparates ableiten.

Gehen wir aus von einer alltäglichen Beobachtung an uns selbst. Wir können mit unseren Muskeln nur maximale Kraft ausüben, wenn sie sich dabei nicht oder sehr wenig verkürzen, wenn wir z. B. „stemmen" oder „drücken". Sehr schnelle Bewegungen können wir dagegen nur bei sehr geringer Belastung des Muskels, bei „entspannter" Muskulatur ausführen, z. B. beim Werfen eines handlichen Steines oder beim Klavierspielen.

Für einen isolierten Armmuskel zeigt Abb. 5-7 den Zusammenhang von maximaler Kontraktionsgeschwindigkeit und Kraftentwicklung. Dieser Muskel kann, ohne sich zu verkürzen, eine Kraft von 190 N ausüben. Mit abnehmender Belastung kann er sich zunehmend schneller kontrahieren, bei der Last Null wird schließlich eine Verkürzungsgeschwindigkeit von fast 8 m/s erreicht. Ein ähnlicher Zusammenhang von Kraft und

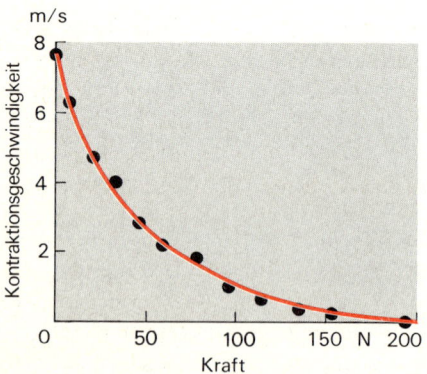

Abb. 5-7. Abhängigkeit der Verkürzungsgeschwindigkeit des Muskels von der Belastung. Die Abszissenwerte entsprechen der Belastung des Muskels bei einer isotonischen Kontraktion, die Ordinatenwerte der maximalen Verkürzungsgeschwindigkeit des Muskels. Die interpolierte Kurve stellt einen Hyperbelast dar. Nach WILKIE, (1949) J Physiol 110: 249

Geschwindigkeit der Kontraktion wird bei allen Muskeln gefunden. Diese Abnahme der Kontraktionskraft mit zunehmender Verkürzungsgeschwindigkeit läßt sich quantitativ aus dem Kontraktionsmechanismus der aneinander vorbeigleitenden Aktin- und Myosinfilamenten ableiten. Die Kraftentwicklung des Muskels ist nämlich proportional der Zahl der Bindungen, die sich in der Zeiteinheit zwischen den Aktin- und Myosinfilamenten ausbilden (s. Abb. 5-6). *Je schneller* sich während einer Kontraktion die Aktin- und Myosinfilamente gegeneinander bewegen, *desto geringer* ist die Zahl der Bindungen, die in der Zeiteinheit zwischen den Filamenten geknüpft werden können. Mit der Geschwindigkeit der Kontraktion muß also die *Kraft* der Kontraktion sinken.

Die Abnahme der Kontraktionsgeschwindigkeit mit der Belastung wird in der Regel an isotonischen Kontraktionen bestimmt, bei denen sich der Muskel bei konstanter Belastung verkürzen kann. Die Kontraktionsgeschwindigkeit wirkt sich jedoch auch bei isometrischen Kontraktionen aus, bei denen ja eigentlich gar keine Verkürzung eintritt. Auf dem Niveau der contractilen Einheit, des Sarkomers, gibt es nämlich *keine streng isometrische Kontraktion.* Während der isometrischen Einzelkontraktion des Muskels werden seine elastischen Elemente, besonders die Sehnen, gedehnt. Damit können sich auch während isometrischer Kontraktionen die Sarkomere verkürzen, und die Myosin- und Aktinfilamente verschieben sich gegeneinander. Diese Relativbewegung der Myofilamente vermindert die während einer Kontraktion mögliche Kraftentwicklung. Es wird also auch bei einer isometrischen Einzelkontraktion die bei der Verkürzungsgeschwindigkeit Null der Sarkomere mögliche maximale Kraft nicht erreicht. Diese Tatsache ist nun Vorbedingung für einen funktionell sehr wichtigen Mechanismus, nämlich für die Summation der Einzelzuckungen von Muskelfasern. Diese Summation soll im folgenden näher besprochen werden.

Summation von Einzelzuckungen, Tetanus. Abb. 5-8 A zeigt eine isometrische Einzelzuckung eines schnellen Warmblütermuskels. Diese Kontraktion steigt in weniger als 50 ms auf ihr Maximum und fällt etwas langsamer wieder ab (s. auch Abb. 5-2). Wird nun der Muskel vor der völligen Erschlaffung wieder erregt, so startet die nächste Kontraktion von einer erhöhten Ausgangsspannung und erreicht eine höhere maximale Kraft als die erste Kontraktion (Abb. 5-8 B). Diese Tatsache wird *Summation* genannt.

Im Organismus werden Muskeln meist durch Serien von Aktionspotentialen erregt. Ist der Abstand der Aktionspotentiale kürzer als die Gesamtdauer der Kontraktion, d. h. die Frequenz höher als 5–10/s, so tritt bei jeder neuen Kontraktion Summation ein, wie auch Abb. 5-8 B–E zeigen. Die *Summation der Einzelkontraktionen* ist jedoch *nicht linear.* In

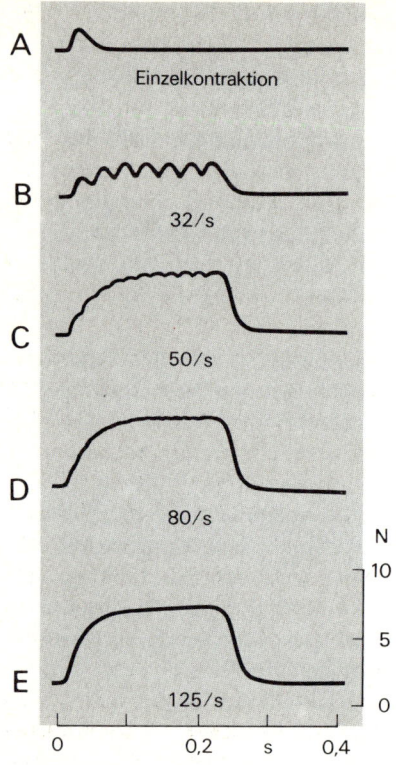

A
Einzelkontraktion

B
32/s

C
50/s

D
80/s

E
125/s

N
10

5

0

0   0,2   s   0,4

Abb. 5-8. A–E. Summation von Einzelkontraktionen bis zum vollständigen Tetanus. Die Abbildung zeigt isometrisch gemessene Kontraktionen eines schnellen Warmblütermuskels (Flexor hallucis longus der Katze). **A** Einzelkontraktion, **B–E** Kontraktionsserien, erzeugt durch Reize von der jeweils unter der Kurve angegebenen Frequenz. In **C** u. **D** wird ein unvollständiger, in **E** ein vollständiger Tetanus erreicht. Nach BULLER, LEWIS (1965) J Physiol 176: 337

Abb. 5-8 B–D ist deutlich, daß der Zuwachs an Kontraktionskraft pro Einzelkontraktion mit der Zahl der Reize innerhalb der Serie abnimmt. Ist die Reizserie ausreichend lang, so tritt nach einer gewissen Zahl von Reizen überhaupt kein Zuwachs an Kontraktionskraft während der Einzelkontraktion ein. Die Kontraktion erreicht dann ein Plateau, auf dem die Kraft leicht schwankt. Kontraktionsserien, die durch Summation der Einzelkontraktionen eine einigermaßen gleichmäßige, längere Zeit gehaltene Kraft erzeugen, heißen *tetanische Kontraktionen oder Tetanus.* Ein Tetanus wird in Abb. 5-8 C–E bei Reizfrequenzen von 50–125/s gemessen. Eine völlig gleichmäßige Kraft ohne sichtbare Schwankungen entwickelt sich allerdings nur bei der höchsten Reizfrequenz von 125/s, dieser Zustand wird vollständiger Tetanus genannt. Bei niedrigeren Reizfrequenzen schwankt die Kraft etwas im Rhythmus der Reize, der Tetanus ist dann unvollständig. Der bei hoher Reizfrequenz durch Summation der Einzelkontraktionen erzeugte *vollständige Tetanus* ist **die maximale Kraft, die die Muskelfaser bei der betreffenden Vordehnung erzeugen kann.** Diese Kraft ist zwei- bis fünfmal so hoch wie die in der Einzelkontraktion erreichte Kraft.

Mechanismus der Summation. Die maximale Kraftentwicklung, derer der Muskel fähig ist, wird also bei einer Einzelzuckung nicht erreicht. Man könnte danach vermuten, daß bei einer Einzelzuckung das contractile System nicht voll aktiviert wird, daß die chemischen Reaktionen, die der Kontraktion zugrunde liegen, nicht im vollen Umfang stattfinden. Das ist jedoch nicht der Fall: Mit Methoden, die hier nicht näher behandelt werden können, wurde gezeigt, daß auch während der Einzelzuckung das contractile System für kurze Zeit voll aktiviert wird, d. h. die Reaktion zwischen Myosin und Aktin unter Spaltung von Adenosintriphosphat findet in vollem Umfang statt. Trotzdem erscheint an den Sehnen bei der Einzelzuckung nur ein Teil der tetanischen Kraft, denn während der Zuckung können sich die Sarkomere verkürzen. Dies gilt, wie oben besprochen, auch für isometrische Kontraktionen, denn bei ansteigender Kraft werden die elastischen Elemente verlängert. Während des Anstiegs der isometrischen Einzelzuckung *verkürzen* sich also die Sarkomere mit einer gewissen Geschwindigkeit, und dies *mindert* die entwickelte *Kraft* (s. Abb. 5-7).

Wird nun die Muskelfaser vor Ablauf einer Einzelzuckung wieder erregt, so sind die Sarkomere durch die erste Kontraktion noch verkürzt. Sie können sich daraufhin während der zweiten Kontraktion weniger verkürzen als bei der ersten, folglich wird während der zweiten Kontraktion bei verringerter Verkürzungsgeschwindigkeit eine größere Kraft entwickelt. Dies ist der *Mechanismus der Summation.* Die Summation besteht also nicht aus einer stärkeren Reaktion des contractilen Systems, sondern aus einer *Vordehnung der elastischen Elemente durch die voraufgehende Kontraktion.* Wird der Muskel mit ausreichender hoher Frequenz erregt, so werden tetanische Kontraktionen erzeugt. Dabei können sich durch wiederholte Aktivierung des contractilen Systems die Sarkomere so weit verkürzen, daß die von den elastischen Elementen aufgenommene Zugkraft gleich groß wird wie die maximale Kontraktionskraft. In diesem Gleichgewichtszustand wird dann die Sarkomerlänge nicht mehr verändert, und bei der *Verkürzungsgeschwindigkeit Null wird die maximale Kontraktionskraft* in voller Höhe an den Sehnen meßbar.

Die folgenden Fragen dienen zur Überprüfung des in diesem Kapitel Gelernten:

F 5.5   Für die Kurve der isometrischen Maxima gilt:
   a) die maximale Kraftentwicklung tritt etwa bei der halben Ruhelänge ein,
   b) die maximale Kraftentwicklung tritt bei der Muskellänge ein, bei der sich Myosin- und Aktin-Filamente während der Kontraktion im größtmöglichen Ausmaß überlappen,
   c) die maximale Kraftentwicklung tritt bei der Ruhelänge ein,

d) die maximale Kraftentwicklung tritt bei der Muskellänge ein, bei der sich Myosin- und Aktin-Filamente während der Kontraktion möglichst wenig überlappen,

e) am Schnittpunkt der Kurve der isometrischen Maxima und der Ruhedehnungskurve ist die Überlappung der Myosin- und Aktin-Filamente für die Kontraktion optimal.

Bitte kreuzen Sie alle richtigen Aussagen an!

F 5.6 Die Kontraktionskraft des Muskels verringert sich mit der Verkürzungsgeschwindigkeit, weil:

a) die Bereitstellung von Adenosintriphosphat bei hoher Verkürzungsgeschwindigkeit nicht ausreicht,

b) die geleistete Arbeit proportional zur Verkürzungsgeschwindigkeit steigt,

c) die Zahl der in der Zeiteinheit zwischen Myosin- und Aktin-Filamenten bestehenden Bindungen mit der Verkürzungsgeschwindigkeit fällt,

d) die Zahl der in der Zeiteinheit zwischen Myosin- und Aktin-Filamenten bestehenden Bindungen mit der Verkürzungsgeschwindigkeit steigt,

F 5.7 Für die Summation von Muskelkontraktionen gelten folgende Sätze:

a) Muskelkontraktionen werden summiert, wenn der 2. Reiz in die Refraktärphase der ersten Erregung fällt,

b) Muskelkontraktionen werden summiert, wenn die 2. Kontraktion ausgelöst wird, bevor die 1. Kontraktion abgeklungen ist,

c) durch Summation von Muskelkontraktionen wird eine Kraft erreicht, die der Zahl der summierten Kontraktionen proportional ist,

d) durch Summation von Muskelkontraktionen kann maximal die tetanische Kontraktionskraft der Faser erreicht werden.

F 5.8 Muskelkontraktionen von Einzelfasern können summiert werden, weil:

a) bei jeder Kontraktion nur ein Teil der Myofibrillen aktiviert wird,

b) das contractile System bei einer Kontraktion nicht genug ATP geliefert bekommt,

c) bei der Einzelzuckung sich während des Zustandes der maximalen Aktivierung des contractilen Systems die Sarkomere noch verkürzen,

d) bei der Einzelzuckung der Zustand der maximalen Aktivation des contractilen Systems nicht lange genug anhält, um die Verkürzung der Sarkomere ihren Maximalwert erreichen zu lassen.

5.3. Die elektro-mechanische Kopplung

Mensch und Tier können sich mit Hilfe ihrer Muskeln nur dann bewegen und auf ihre Umgebung einwirken, wenn die Muskelkontraktionen genau kontrolliert werden können. Dazu dient der motorische Anteil des Nervensystems, der in den Muskelfasern nach Erregung der motorischen Nerven Endplattenpotentiale erzeugt (s. Kap. 3). Diese lösen in den Muskelfasern Aktionspotentiale aus, die über die Fasern geleitet werden. Auf die Erregung der Membran folgt die Kontraktion der Faser. Eine Änderung des Membranpotentials steuert also die Reaktion der contractilen Eiweiße des Muskels. Dieser Vorgang wird *elektromechanische Kopplung* genannt und soll in diesem Abschnitt näher besprochen werden.

Abhängigkeit der Kontraktionskraft vom Membranpotential. Die elektromechanische Kopplung läßt sich besonders gut untersuchen, wenn im Experiment die Kontraktion durch aufgezwungene sprunghafte Änderung des Membranpotentials auf einen beliebigen Wert (Spannungsklemme; s. S. 45) ausgelöst wird. Die mit dieser Methode gemessene Abhängigkeit der Kraft vom Membranpotential zeigt Abb. 5-9. Wenn die Muskelfaser, vom Ruhepotential ausgehend, auf bis zu − 55 mV depolarisiert wird, so tritt keine Kontraktion auf. Bei einer etwas größeren Depolarisation auf − 50 mV wird nun die *mechanische Schwelle* überschritten: Der Muskel kontrahiert sich bei Depolarisation auf − 50 mV und weniger negative Potentiale. Die Kontraktion folgt jedoch nicht dem Alles-oder-Nichts-Gesetz wie die Membranerregung: zwischen − 50 und − 20 mV vergrößert sich die Kraftentwicklung etwa proportional zur Potentialänderung. In diesem Bereich ist also das Ausmaß der Kontraktion durch die Depolarisation *steuerbar.* Erreicht die Depolarisation − 20 mV oder weniger negative Werte, so ändert sich die Kraft bei weiterer Depolarisation nicht mehr. In

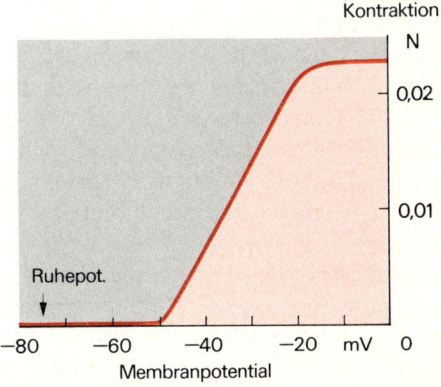

Abb. 5-9. Abhängigkeit der Kontraktionskraft vom Membranpotential. Der Muskel entwickelt nur Kraft, wenn das Potential die „mechanische Schwelle" bei etwa − 50 mV überschreitet. Zwischen − 50 und − 20 mV ist die Kraft etwa proportional der Depolarisation, nimmt jedoch bei Depolarisation über − 20 mV hinaus kaum noch zu

diesem *Sättigungsbereich* der Depolarisation wird also unabhängig vom Potential die maximale Kraft entwickelt.

Da das Aktionspotential der Muskelfaser in seiner Spitze ein positiveres Potential erreicht als $-20\,mV$ (s. Abb. 2-10), wird das contractile System durch das *Aktionspotential für kurze Zeit voll aktiviert*. Diese Aktivation hält freilich nicht lange genug an, als daß die maximale isometrische Kraft meßbar würde (s. S. 143).

Wegen des Alles-oder-Nichts-Charakters des *Aktionspotentials* ist bei Skeletmuskelfasern die Abstufung der Kontraktion durch graduierte Depolarisation nicht wirksam: Da jedes Aktionspotential einer Muskelfaser den gleichen Verlauf hat, wird dadurch auch immer wieder das contractile System im gleichen Ausmaß und für die gleiche Zeit aktiviert. Im Gegensatz zum Skeletmuskel kann glatte Muskulatur durch synaptische Potentiale oder Dehnung zu verschiedenen Potentialen depolarisiert werden (s. S. 232, 233). Bei diesen Muskeln z. B. wird auch das Ausmaß der Kraftentwicklung durch Depolarisation der Fasermembran gesteuert.

Funktion des endoplasmatischen Reticulum. Die Steuerung der Kraftentwicklung durch die Depolarisation erfolgt sehr schnell. Die Kraft beginnt 1–2 ms nach der Spitze des Aktionspotentials steil anzusteigen (s. Abb. 5-2) und das contractile System ist innerhalb weniger Millisekunden voll aktiviert. Diese schnelle Kopplung zwischen Membrandepolarisation und Kontraktion der intracellulären Myofibrillen kann nicht durch Diffusion eines Stoffes von der Membran zu den Myofibrillen bewerkstelligt werden, eine solche Diffusion würde mehr Zeit als 1–2 ms erfordern. Während der Erregung in die Zelle einströmende Stoffe können also am Skeletmuskel nicht die elektromechanische Kopplung bewirken. Es muß vielmehr die Membrandepolarisation mit Hilfe besonderer Prozesse in das Zellinnere weitergegeben werden. Für die schnelle Kopplung von Membrandepolarisation und Kontraktion hat sich bei den verhältnismäßig dicken Skeletmuskelfasern ein spezieller Komplex von Strukturen, das *endoplasmatische Reticulum*, herausgebildet. Es sind dies *zwei Systeme von Hohlräumen* oder „Röhren" innerhalb der Muskelfasern, die an Hand der Abb. 5-10 besprochen werden sollen. In der Abb. 5-10 ist am rechten Rand die Zellmembran dargestellt. In diese äußere Zellmembran stülpen sich in regelmäßigen Abständen dünne Röhrchen ein, die *transversalen Tubuli*. Diese verlaufen jeweils in Höhe der Z-Scheiben in die Tiefe der Fasern und können sie ganz durchqueren. Da die transversalen Tubuli Einstülpungen der äußeren Membran sind, steht ihr Inneres in unmittelbarer Verbindung mit dem Extracellulärraum.

An die transversalen Tubuli grenzt ein zweites Röhrensystem, das *sarkoplasmatische Reticulum* (s. Abb. 5-10). Dieses verläuft rechtwinklig zu den transversalen Tubuli, es liegt parallel zu den Myofilamenten des Sarko-

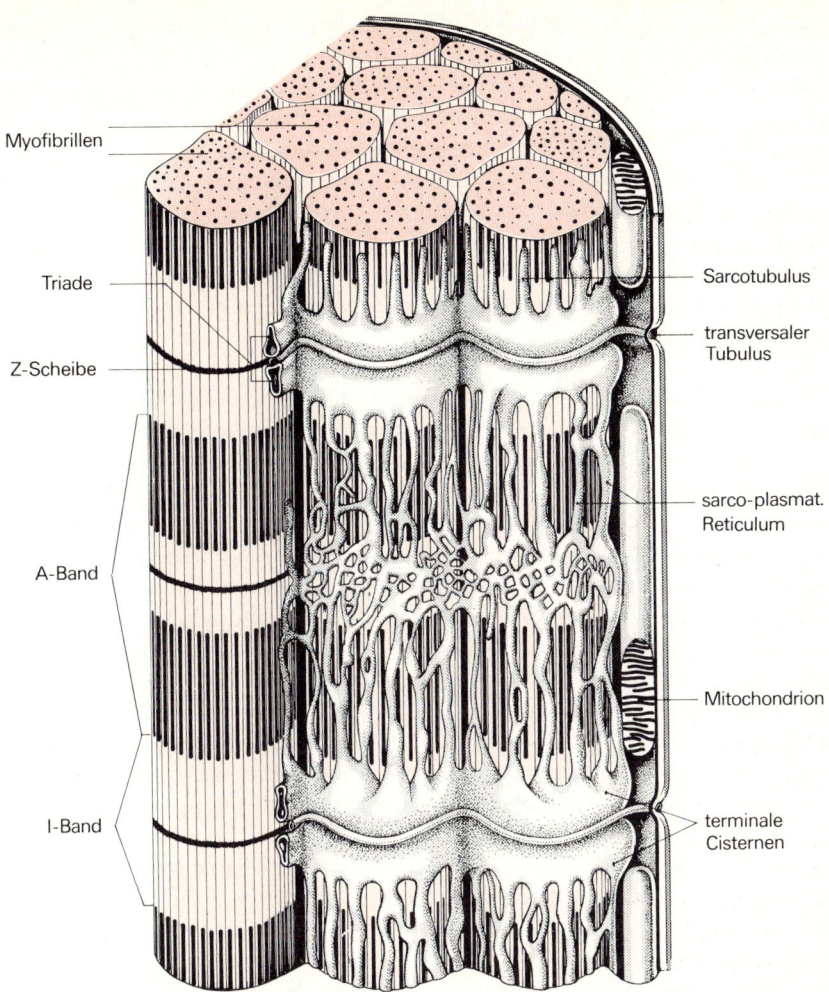

Myofibrillen

Triade

Z-Scheibe

A-Band

I-Band

Sarcotubulus

transversaler Tubulus

sarco-plasmat. Reticulum

Mitochondrion

terminale Cisternen

Abb. 5-10. Endoplasmatisches Reticulum einer Skeletmuskelfaser. Zeichnung des Feinbaus eines Teils einer Muskelfaser nach elektronenmikroskopischen Aufnahmen. Am *rechten Bildrand* die Zellmembran. Jeweils auf der Höhe der Z-Scheiben stülpen sich transversale Tubuli in die Membran ein und verlaufen quer durch die Faser. Zwischen den Z-Scheiben ist parallel zu den Myofibrillen das sarkoplasmatische Reticulum ausgebildet, das mit sackförmigen Erweiterungen, den „terminalen Cisternen", an die transversalen Tubuli angrenzt. Ein Querschnitt durch transversalen Tubulus und angrenzende terminale Cisterne ergibt als Schnittfigur eine „Triade" *(links oben).* Nach BLOOM, FAWCETT (1969) A Textbook of Histology, Saunders Co., Philadelphia

mers und ist also longitudinal ausgerichtet. Das sarkoplasmatische Reticulum bildet ein Netzwerk von Hohlräumen entlang den Myofibrillen, das jeweils von Z-Scheibe zu Z-Scheibe für jedes Sarkomer ausgebildet ist. Wo das sarkoplasmatische Reticulum an die transversalen Tubuli angrenzt, zeigt es Aussackungen. Ein Querschnitt durch diesen Bereich zeigt deshalb eine charakteristische Schnittfigur von einem dünnen Rohr, auf zwei Seiten begleitet von zwei dicken Röhren, diese Schnittfigur wird „Triade" genannt (s. Abb. 5-10, linker Rand). In diesem Schnitt ist besonders deutlich sichtbar, daß die transversalen Tubuli und das sarkoplasmatische Reticulum kein gemeinsames System von Hohlräumen bilden, sondern nur in engem Kontakt stehen.

Funktion der transversalen Tubuli. Die transversalen Tubuli als Einstülpungen der äußeren Zellmembran setzen diese Membran in das Zellinnere fort und umschließen Extracellulärraum. Deshalb kann die Erregung der äußeren Zellmembran in den transversalen Tubuli fortgeleitet werden, und auch elektrotonische Depolarisationen der äußeren Zellmembran werden sich über die transversalen Tubuli in das Zellinnere fortpflanzen. Die *transversalen Tubuli* können also *Depolarisationen* der äußeren Zellmembran *schnell in das Zellinnere fortleiten.* Sie ermöglichen damit die schnelle Aktivation des contractilen Systems im Zellinneren, selbst wenn der Faserdurchmesser groß ist. Die transversalen Tubuli sind deshalb auch bei dicken Muskelfasern besonders gut ausgebildet.

Die Rolle der transversalen Tubuli bei der elektromechanischen Kopplung läßt sich durch ein elegantes Experiment aufzeigen. Wird mit Hilfe einer feinen Pipette, die der Zellmembran anliegt, nur die Mündung eines einzelnen transversalen Tubulus depolarisiert, so wird eine lokale Kontraktion der beiden an die betreffende Z-Scheibe angrenzenden Halb-Sarkomere beobachtet. Das Ausmaß dieser Kontraktion ist abhängig von der Stärke des depolarisierenden Stromes. Das zu einer Z-Scheibe gehörende System der transversalen Tubuli kontrolliert also die Kontraktion in den auf beiden Seiten der Z-Scheibe liegenden Halb-Sarkomeren.

Kontrolle der intracellulären Ca^{++}-Konzentration durch das endoplasmatische Reticulum. Wie aber kontrolliert das System der transversalen Tubuli die Kontraktion? Bei der Besprechung des molekularen Mechanismus der Kontraktion wurde erwähnt, daß die Ca^{++}-Konzentration im Intracellulärraum die Reaktionen der contractilen Eiweiße steuert (s. S. 135). Myosin und Aktin können sich nur dann unter Spaltung von Adenosintriphosphat miteinander verbinden, wenn die Ca^{++}-Konzentration 10^{-5} mol/l erreicht. Das *endoplasmatische Reticulum* übt nun seine Kontrolle über die Kontraktion aus, indem es *schnelle Änderungen der intracellulären Ca^{++}-Konzentration* herbeiführt.

Die ruhende Muskelfaser hat eine sehr niedrige Ca^{++}-Konzentration von etwa 10^{-8} mol/l. Während der Kontraktion steigt die Ca^{++}-Konzentration auf etwa 10^{-5} mol/l an. Diese Änderungen der intracellulären Ca^{++}-Konzentration lassen sich elegant nachweisen, indem man in eine Muskelfaser einen luminescierenden Farbstoff injiziert (z. B. Aequorin), dessen Lichtemission stark von der Ca^{++}-Konzentration abhängt. Wenn eine solche Muskelfaser depolarisiert wird, so steigt schnell die Lichtemission auf einen Wert, der 10^{-5} mol/l Ca^{++} entspricht. Danach fällt die Lichtemission und damit die freie Ca^{++}-Konzentration schnell wieder ab.

Wo kommen die Ca^{++}-Ionen her, die die freie Ca^{++}-Konzentration im Intracellulärraum nach einer Depolarisation schnell auf das Tausendfache des Ruhewertes erhöhen? Eine sehr *hohe Ca^{++}-Konzentration* wurde beim erschlafften Muskel in den sackförmigen Erweiterungen des *sarkoplasmatischen Reticulums* nahe den transversalen Tubuli (s. Abb.5-10) nachgewiesen. Es wird angenommen, daß nach Depolarisation der transversalen Tubuli diese in dem *sarkoplasmatischen Reticulum* in noch unbekannter Weise eine Erhöhung der Membrandurchlässigkeit für Ca^{++}-Ionen erzeugen. Wegen des hohen Konzentrationsgradienten *strömen* dann *Ca^{++}-Ionen aus dem sarkoplasmatischen Reticulum* in den Intracellu-

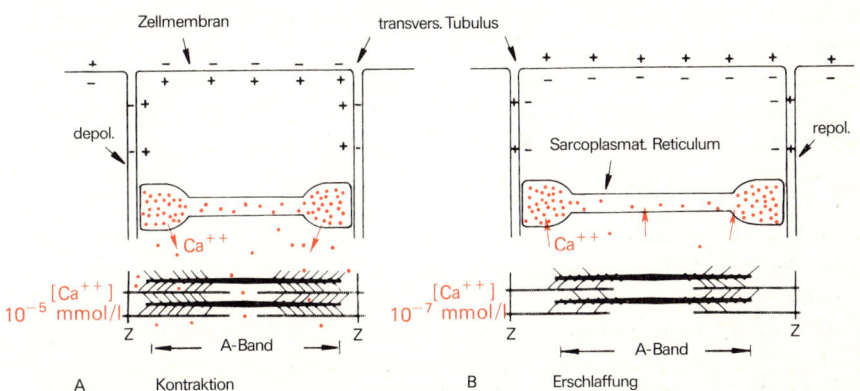

Abb.5-11 A, B. Elektro-mechanische Kopplung. Schematische Zeichnung der Zellmembran mit transversalen Tubuli, einem dazwischenliegenden Anteil des sarkoplasmatischen Reticulums und einem Sarkomer. Die als rote Punkte dargestellten Ca^{++}-Ionen liegen in hoher Konzentration im sarkoplasmatischen Reticulum. Während der Kontraktion in **(A)** wird die Membran des sarkoplasmatischen Reticulums auf Grund der Depolarisation der transversalen Tubuli durchlässig für Ca^{++}, diese können ausströmen und ermöglichen an den Myofilamenten die Kontraktion. Während der Erschlaffung im **(B)** sind die transversalen Tubuli repolarisiert, der Ca^{++}-Ausstrom aus dem sarkoplasmatischen Reticulum hört deshalb auf und dieses pumpt Ca^{++} aktiv aus dem Intracellulärraum. Bei erniedrigter intracellulärer freier Ca^{++}-Konzentration hört die Kontraktion auf

lärraum. Damit wird die Ca^{++}-Konzentration erhöht und die Reaktion von Myosin, Aktin und ATP ermöglicht, die die Kontraktion bewerkstelligt. Die elektromechanische Kopplung erfolgt also über eine Kontrolle der Ca^{++}-Konzentration. Die Schritte des Kopplungsvorganges sind noch einmal schematisch in Abb. 5-11 A gczcigt: die Depolarisation der Zellmembran wird über die transversalen Tubuli in das Zellinnere geleitet. Diese Depolarisation veranlaßt das sarkoplasmatische Reticulum, Ca^{++}-Ionen freizusetzen. Die Ca^{++}-Ionen diffundieren zu den benachbarten Myofilamenten und ermöglichen dort die chemischen Reaktionen, die zur Kontraktion führen.

Wird die Depolarisation beendet, so sinkt sehr schnell die intracelluläre Ca^{++}-Konzentration und die *Erschlaffung* beginnt. Das schnelle Absinken der intracellulären Ca^{++}-Konzentration wird nicht nur durch das Aufhören der Ca^{++}-Freisetzung aus dem sarkoplasmatischen Reticulum verursacht. Dieses nimmt vielmehr Ca^{++}-Ionen aktiv aus dem Zellinneren auf. In der Membran des sarkoplasmatischen Reticulums ist eine Ionenpumpe lokalisiert, die unter Aufwendung von Stoffwechselenergie Ca^{++}-Ionen gegen den Konzentrationsgradienten in das sarkoplasmatische Reticulum transportiert. Diese *Ca^{++}-Pumpe des sarkoplasmatischen Reticulums* arbeitet ganz analog zur Na^{+}-Pumpe in der Membran der Nerven und Muskelfasern (s. S. 33) und auch anderer Zellen. Durch die Ca^{++}-Pumpe wird die freie Ca^{++}-Konzentration im Intracellulärraum in Ruhe sehr niedrig, bei 10^{-8} mol/l gehalten, und das sarkoplasmatische Reticulum kann Ca^{++} in hoher Konzentration speichern. Die Pumpe erzielt auch den schnellen Abfall der Ca^{++}-Konzentration am Ende einer Depolarisation: Die meisten zu dieser Zeit im Intracellulärraum vorhanden Ca^{++} werden schnell über die Pumpe in das endoplasmatische Reticulum aufgenommen.

Die Einleitung der Erschlaffung durch das sarkoplasmatische Reticulum ist zusammenfassend und schematisch in Abb. 5-11 B dargestellt. Die Zellmembran ist repolarisiert, ist also wieder innen negativ geladen, diese Repolarisation erfaßt auch die transversalen Tubuli. Daraufhin wird die Membran des sarkoplasmatischen Reticulums wieder undurchlässig für diffundierende Ca^{++}-Ionen und der Ca^{++}-Ausstrom wird beendet. Mit Hilfe der Pumpe werden die Ca^{++} wieder in das sarkoplasmatische Reticulum befördert und die Kontraktion muß wegen zu geringer intracellulärer Ca^{++}-Konzentration aufhören.

Mit den folgenden Fragen können Sie Ihr Wissen über den Stoff dieses Kapitels kontrollieren:

F 5.9   Die transversalen Tubuli
      a) sind zum Extracellulärraum hin offen,
      b) verlaufen quer durch die Muskelfaser,

c) werden bei Depolarisation der äußeren Zellmembran ebenfalls depolarisiert,

d) haben offene Verbindungen zum sarkoplasmatischen Reticulum,

e) setzen zur Einleitung der Kontraktion Ca^{++}-Ionen in den Intracellulärraum frei.

Kreuzen Sie alle richtigen Sätze an!

F 5.10 Das sarkoplasmatische Reticulum

a) ist zum Extracellulärraum hin offen,

b) kann Ca^{++}-Ionen speichern,

c) verläuft in der Längsrichtung der Muskelfasern,

d) kann aktiv Ca^{++}-Ionen in sich aufnehmen,

e) reguliert die intracelluläre K^+-Konzentration.

F 5.11 Die Kontraktion der Skeletmuskelfaser wird ausgelöst durch:

a) Membrandepolarisation während des Aktionspotentials,

b) Erhöhung der intracellulären Na^+-Konzentration während des Aktionspotentials,

c) Erhöhung der intracellulären freien Ca^{++}-Konzentration,

d) Erhöhung des intracellulären freien ATP-Spiegels während der Membrandepolarisation,

e) Hemmung der Na^+-Pumpe während der Membrandepolarisation.

Mehrere Antworten sind richtig!

F 5.12 Die freie Ca^{++}-Konzentration ist im erschlafften Muskel sehr niedrig, bei 10^{-8} mol/l, weil

a) die äußere Zellmembran für Ca^{++} impermeabel ist,

b) eine Ca^{++}-Pumpe Ca^{++}-Ionen in das sarkoplasmatische Reticulum pumpt und dadurch die freie intracelluläre Ca^{++}-Konzentration vermindert,

c) die contractilen Eiweiße Ca^{++} an sich binden und dadurch die freie intracelluläre Ca^{++}-Konzentration vermindern,

d) während der Kontraktion Ca^{++}-Ionen verbraucht werden, so daß am Ende der Kontraktion die freie Ca^{++}-Konzentration sehr niedrig wird.

5.4 Regulation der Kontraktion eines Muskels

Bei der Besprechung der Muskelkontraktion haben wir bisher unsere Aufmerksamkeit der einzelnen Muskelfaser und ihren Myofibrillen zugewandt. Im Organismus kontrahieren sich jedoch kaum je einzelne isolierte Fasern, sondern wechselnde Zahlen von Fasern, die in einem Muskel zusammengefaßt sind. Bei der Kontraktion eines Muskels wirken also viele

Einzelfasern zusammen, und bei der Steuerung der Muskelkraft muß das Nervensystem die Aktivität der einzelnen Fasern koordinieren. Diese Regulation der Kontraktion eines Gesamtmuskels soll im folgenden dargestellt werden.

Summation der Kontraktion mehrerer Fasern. Die Kontraktionskraft einer *einzelnen Muskelfaser* kann über die Frequenz, mit der sie erregt wird, in gewissen Grenzen reguliert werden. Bei sehr niedrigen Frequenzen, z. B. 2/s, wird nur jeweils die maximale Kraft der Einzelzuckung erreicht; wird die Frequenz gesteigert, so kann durch Summation maximal die tetanische Kraft erreicht werden. Die im Tetanus erreichte Kraft kann etwa fünfmal höher werden als die der Einzelzuckung, der Bereich, in dem mit Hilfe der Frequenz der Erregungen die Kontraktionskraft *einer* Faser reguliert werden kann, ist also verhältnismäßig klein.

Neben der beschränkten Summation der Kontraktionen der Einzelfasern findet im Gesamtmuskel auch eine *Summation der Kontraktionen paralleler Fasern* statt. Die parallelen Fasern des Muskels enden ja alle an den gleichen Sehnen, die ihre Kraftentwicklung zusammenfassen. Diese Summation der Kontraktionen paralleler Fasern soll durch das Schema in Abb. 5-12 verdeutlicht werden. Darin sind gleich große Kontraktionen von drei Einzelfasern gezeichnet, die wegen der niedrigen Reizfrequenzen zwischen 2 und 4/s keine Summation zeigen. In der untersten Kurve der Abb. 5-12 ist die Summe der Kontraktionskraft der drei einzelnen Fasern zu jedem Zeitpunkt eingetragen. Diese Kurve entspricht also der an einer Sehne, die die drei Fasern zusammenfaßt, gemessenen Kraft. Die maximale Kraft in dieser Summenkurve ist mehr als doppelt so hoch wie die der Einzelzuckungen, und die Kraft fällt zu keiner Zeit auf Null (gestrichelte Linie). Bei der Summation der Einzelzuckungen von einer großen Zahl von Fasern würde die Summenkurve noch gleichförmiger verlaufen und eine höhere maximale Kraft erreichen als die Summenkurve in Abb. 5-12.

Muskeltonus. Durch Summation der Einzelzuckungen vieler Fasern, die asynchron mit niedrigen Frequenzen von bis zu 5/s erregt werden, ergibt sich also eine kaum schwankende Gesamtkraft, deren Amplitude etwa der durchschnittlichen Frequenz der Erregungen proportional sein muß. Eine solche durch Summation von Einzelzuckungen vieler Fasern entstehende Grundspannung des Muskels wird „Tonus" genannt. Alle Muskeln im lebenden Organismus haben einen solchen Tonus. Auch bei einer „entspannten" Extremität werden die motorischen Nerven mit niedriger Frequenz aktiviert. Der dadurch entstehende *Tonus* ist als *Widerstand bei einer passiven Beugung* der Extremität spürbar.

Der Tonus der Muskeln dient vor allem ihrer *Haltefunktion.* Selbst wenn wir entspannt sitzen, so werden doch z. B. die Extremitäten nicht

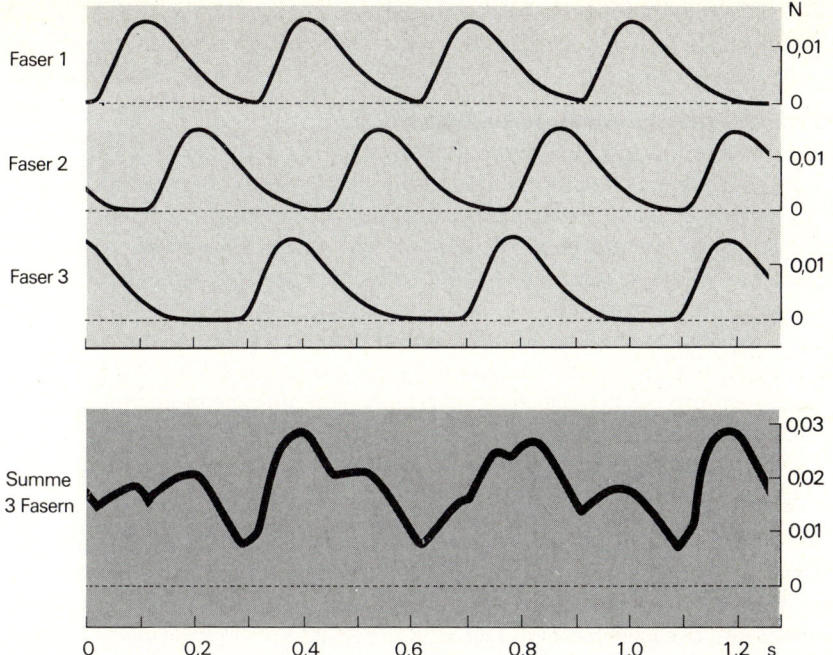

Abb. 5-12. Summation der Kontraktion von Einzelfasern. Schematisch gezeichnete Folgen von gleich großen Einzelkontraktionen in 3 parallelen Fasern eines Muskels, darunter die Summenkurve der Kontraktionen der 3 Fasern. In dieser Summenkurve geht die Kraft nie auf Null *(gestrichelte Linie)* zurück, während die Kontraktionen der einzelnen Fasern noch keine Summation zeigen

völlig passiv „gelegt", sondern halten eine bestimmte Stellung. Diese „Haltung" wird durch die relative Stärke des Tonus in den verschiedenen Muskelgruppen bedingt. Wenn die „Haltung" gefährdet wird, wenn eine Störung zu erwarten ist, wie z.B. in einem Auto, vor dem eine unübersichtliche Situation auftaucht, so steigt der Tonus, d.h. die Grundspannung aller Muskeln erhöht sich, so daß die angenommene Haltung besser fixiert, fester wird.

Der Tonus spielt außerdem eine wichtige Rolle bei der *Wärmeregulation* des Organismus. Wie oben beschrieben, erscheint bei jeder Kontraktion ein Teil der umgesetzten Energie als Wärme, und bei tonischen Kontraktionen, bei denen nach außen keine Arbeit geleistet wird, wird auch die in den Kontraktionen enthaltene Energie letztlich in Wärme umgesetzt. Durch Veränderung des Muskeltonus kann deshalb die Wärmeproduktion des Körpers sehr stark verändert werden, was zur Regulation der Körpertemperatur bei verschiedenen Außentemperaturen eingesetzt wird.

Bei sehr starker Muskelarbeit wird bei den chemischen Reaktionen viel Wärme frei, die den Organismus zu starker Wärmeabgabe durch z. B. Schwitzen zwingt.

Erzeugung der maximalen Muskelkraft. Wird die Frequenz der Erregungen in den motorischen Nervenfasern über 5/s gesteigert, so wächst die Kraft der Kontraktion durch Summation der Einzelzuckungen in den Einzelfasern wie auch durch Summation der Kontraktionen der parallelen Einzelfasern. *Die maximale Muskelkraft* wird erreicht, wenn *alle* parallelen *Einzelfasern* die *tetanische Kraft* entwickeln. Diese Kraft kann an den meisten Warmblütermuskeln schon mit Frequenzen von etwa 50/s erzielt werden, weil die Summation der Kontraktionen vieler Fasern die bei dieser Frequenz noch auftretenden leichten Schwankungen der Kraft der Einzelfasern (s. Abb. 5-8 D) ausgleicht. Da die Nerven und die motorischen Endplatten (s. S. 73) noch bei Frequenzen von einigen 100/s funktionieren, kann die maximale Kontraktionskraft durch das motorische System leicht erreicht werden.

Die motorische Einheit, das Elektromyogramm. Die Aussagen über die parallelen, unabhängig voneinander sich kontrahierenden Einzelfasern bedürfen einer Ergänzung. Es werden nicht alle Fasern unabhängig voneinander und asynchron erregt. Die Zahl der Motoneurone, die einen Muskel innervieren, ist kleiner als die Zahl seiner Muskelfasern. Die Nervenfasern verzweigen sich nämlich innerhalb des Muskels und innervieren jeweils mehrere Muskelfasern. Es wird also durch Erregung einer Nervenfaser jeweils eine Gruppe von Muskelfasern gleichzeitig erregt. Man nennt deshalb die *motorische Nervenfaser* zusammen mit den von ihr *innervierten Muskelfasern eine motorische Einheit.*

Die motorischen Einheiten sind sehr verschieden groß: an dicht innervierten Muskeln wie den äußeren Augenmuskeln umfassen sie durchschnittlich sieben Muskelfasern, an Muskeln des Unterschenkels durchschnittlich 1700 Muskelfasern. Durch die Zusammenfassung der Muskelfasern zu motorischen Einheiten wird die Abstufbarkeit der Muskelkontraktion etwas herabgesetzt, weil ja immer alle Fasern der motorischen Einheit gleichzeitig sich kontrahieren. Deshalb umfassen offenbar an Muskeln, deren Kraftentwicklung sehr fein reguliert werden muß (z. B. Augenmuskeln), die motorischen Einheiten nur wenige Fasern.

Die Erregungen der motorischen Einheiten können mit dem sog. *Elektromyogramm (EMG)* registriert werden. Dies ist eine *extracelluläre Potentialableitung vom Muskel.* Die Elektroden liegen entweder auf der Haut über dem Muskel oder werden in den Muskel (extracellulär!) eingestochen. Ein Elektromyogramm von einem menschlichen Lidmuskel zeigt (Abb. 5-13. In A sind keine Potentialänderungen sichtbar, der Muskel ist völlig entspannt. In B, C und D wird das Lid mit steigender Kraft ge-

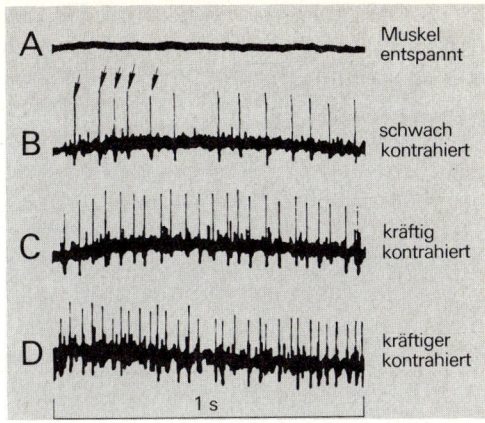

Abb. 5-13 A–D. Elektromyogramm des Lidmuskels. Während der Registrierung der Elektromyogramme (EMG) war der Muskel in **(A)** ganz entspannt und in **(B–C)** zunehmend kräftiger kontrahiert. Die großen Impulse in **(B–D)**, zu Beginn von **(B)** durch Pfeile gekennzeichnet, werden alle von einer motorischen Einheit erzeugt. Die Frequenz der Erregungen in dieser motorischen Einheit nimmt von **(A)** nach **(D)** zu. Außerdem werden mit der kräftigeren Kontraktion zunehmend kleine Impulse sichtbar, die Erregungen auch in benachbarten motorischen Einheiten anzeigen. Nach BELL, DAVIDSON, SCARBOROUGH (1968) Textbook of Physiology and Biochemistry, Livingston LTD, Edinburgh

schlossen. Dabei treten im Elektromyogramm extracellulär abgeleitete Aktionspotentiale oder „Impulse" auf. Es sind dies schnelle Potentialausschläge nach oben, die von einem kleinen Ausschlag nach unten gefolgt werden. Die großen Impulse in Abb. 5-13 B–D stammen alle von einer motorischen Einheit. Die ersten 5 solcher Impulse sind in B durch Pfeile gekennzeichnet. Die Frequenz der Erregungen in dieser motorischen Einheit nimmt nun mit steigender Kraftentwicklung zu: in B sind bei schwacher Kontraktion 13 große Impulse pro Sekunde zu sehen, dies steigert sich bei kräftiger Kontraktion auf 31/s (Abb. 5-13 D). Bei 31/s dürfte in dieser motorischen Einheit bei kräftiger Kontraktion des Muskels schon fast ein Tetanus aufgetreten sein.

Neben der *Frequenz* der Erregung in der einen motorischen Einheit nimmt in Abb. 5-13 mit steigender Kontraktionskraft auch die *Zahl der aktivierten motorischen Einheiten* zu. Neben den „großen Impulsen" treten nämlich in C und D zunehmend auch kleinere Impulse verschiedener Gestalt auf. Diese kleinen Impulse werden von benachbarten motorischen Einheiten erzeugt, die von den Meßelektroden weiter entfernt sind und deshalb dort nur kleine Potentialänderungen hervorrufen. Die zunehmende Zahl der kleinen Impulse zeigt, daß auch eine größere Anzahl von motorischen Einheiten bei stärkeren Kontraktionen aktiviert wird.

155

Das *Elektromyogramm* ist ein in der *Neurologie* viel benutztes *Mittel zur Diagnose von Muskelerkrankungen.* Diese Erkrankungen bestehen einerseits in Lähmungen oder abgeschwächter Kraftentwicklung, „Myasthenie", und andererseits in unkontrolliert starken Kontraktionen „Myotonien". Bei vielen Krankheitsbildern spiegeln die Reaktionen der Muskulatur Schädigungen oder Erkrankungen des motorischen Nervensystems wider, in anderen Fällen ist die neuromuskuläre Übertragung betroffen. Die Registrierung der Erregungsmuster der motorischen Einheiten durch das Elektromyogramm trägt neben der genauen Feststellung der Art der motorischen Störung sehr zur Diagnose bei. Erkrankungen des eigentlichen contractilen Systems in den Muskelfasern sind relativ selten. Es handelt sich um degenerative Veränderungen in den Muskelfasern, um Muskeldystrophien, die meist auf erbliche Enzymdefekte oder auf hormonelle Störungen zurückgeführt werden können.

Die folgenden Fragen dienen zur Kontrolle des in diesem Abschnitt Gelernten:

F 5.13 Die Kontraktionskraft eines Muskels kann gesteuert werden durch
   a) Änderung der Frequenz der Erregung der einzelnen motorischen Einheiten,
   b) Änderung der Zahl der Muskelfasern, die zu einer motorischen Einheit gehören,
   c) Änderung der Zahl der aktivierten motorischen Einheiten,
   d) Erhöhung des ATP-Spiegels in der Muskelfaser,
   e) *allein* durch Änderung der Zahl der aktivierten motorischen Einheiten.
   Mehrere Antworten sind richtig!

F 5.14 Beim Elektromyogramm wird registriert
   a) die Amplitude der Muskelkontraktion,
   b) die Dauer der Muskelkontraktion,
   c) die Erregung in den motorischen Nervenfasern,
   d) die Erregung in den motorischen Einheiten,
   e) Änderungen in der Zahl der aktivierten motorischen Einheiten.
   Mehrere Antworten sind richtig!

F 5.15 Eine motorische Einheit
   a) besteht aus allen Muskeln, die gemeinsam dieselbe Bewegung ausführen,
   b) besteht aus einer motorischen Nervenfaser mit den Muskelfasern, die von ihr innerviert werden,
   c) umfaßt immer mindestens 100 Muskelfasern,
   d) wird in allen Elementen etwa gleichzeitig erregt.
   Mehrere Antworten sind richtig!

6. Motorische Systeme

R. F. SCHMIDT

Nur mit Hilfe seiner Skeletmuskeln kann der Mensch auf seine Umwelt einwirken und sich mit ihr auseinandersetzen. Dies gilt für die gröbste Handarbeit wie für die Übermittlung der subtilsten Gedanken und Gefühle, zum Beispiel durch Sprechen oder Schreiben, durch Mimik oder Gestik. Alle diese Bewegungen können nur gut und richtig ausgeführt werden, wenn durch eine angemessene Haltung des Körpers und eine entsprechende Stellung der Gliedmaßen die für diese Tätigkeiten notwendigen Ausgangspositionen eingenommen werden.

Die nervöse Kontrolle von Haltung und Bewegung ist daher eine der wichtigsten Aufgaben des Zentralnervensystems. Die dafür in erster Linie verantwortlichen Strukturen, die *motorische Zentren* genannt werden, liegen in einem *kaskadenförmigen Aufbau* in den verschiedensten Abschnitten des Zentralnervensystems, vom entwicklungsgeschichtlich ältesten Teil, dem Rückenmark, bis zum jüngsten, der Hirnrinde. Die Untersuchung der motorischen Funktionen der verschiedenen Hirnabschnitte ergab, daß die bei der fortschreitenden Differenzierung des Tierreiches notwendig werdenden Ergänzungen des Zentralnervensystems weniger durch Umbau der vorhandenen, als durch Überbau mit zusätzlichen, leistungsfähigeren Reflex- und Steuersystemen bewerkstelligt wurden. Die motorischen Zentren sind also, so gesehen, *hierarchisch geordnet.* In den folgenden Abschnitten werden zunächst die Fähigkeiten der in der Hierarchie untersten Zentren dargestellt. Danach wird untersucht, wie weit diese Fähigkeiten durch die höheren Abschnitte modifiziert und ergänzt werden.

Bei der Betrachtung der motorischen Leistungen des Nervensystems darf von Anfang an nicht außer acht gelassen werden, daß ein ununterbrochener Strom von afferenter Information zu den an der Kontrolle von Haltung und Bewegung beteiligten zentralnervösen Strukturen notwendig ist, damit diese ihren Aufgaben gerecht werden können. Um die große Bedeutung der Sinnesorgane für die Kontrolle von Haltung und Bewegung zu betonen, wird oft auch von *Sensomotorik* gesprochen, wenn die Gesamtheit der an der Motorik beteiligten afferenten und efferenten Funktionen bezeichnet werden soll. Auf der Ebene des Rückenmarks wird die Abhängigkeit der motorischen Leistungen von den afferenten Zuflüssen besonders deutlich, da hier einzelne Receptortypen (z.B. die Muskelspindelreceptoren) in relativ stereotyper Weise mit den Motoneuronen zu Reflexkreisen verschaltet sind. In den ersten beiden Abschnitten dieses Kapitels, die sich mit den motorischen Leistungen des Rückenmarks befassen, werden wir daher die Bedeutung der afferenten Zuflüsse für die Motorik besonders herausstellen.

6.1 Spinale Motorik I: Aufgaben der Muskelspindeln und Sehnenorgane

Im Abschnitt 4.2 wurde bereits ausführlich der Aufbau der Muskelspindeln und die zentrale Verschaltung der Ia-Afferenzen an den homonymen Motoneuronen behandelt. Es wurde gezeigt, daß der monosynaptische Dehnungsreflex einerseits durch Dehnung des gesamten Muskels und andererseits durch intrafusale Kontraktion ausgelöst werden kann. In den Abschnitten 4.1 und 4.3 wurde außerdem kurz erwähnt, daß die Ia-Fasern nicht nur erregende Verbindungen zu homonymen Motoneuronen haben (siehe Abb. 4-4 A). In diesem Abschnitt werden wir an diese Kenntnisse anknüpfen und zunächst Lage und Entladungsmuster der beiden wichtigsten muskulären Receptororgane, der Muskelspindeln und der Golgi-Sehnenorgane näher beleuchten. Anschließend werden die Reflexverschaltungen der zugehörigen Afferenzen, also der Ia- und Ib-Fasern besprochen und die Bedeutung dieser Reflexverschaltungen für die Motorik erörtert.

Aufbau und Lage von Muskelspindel und Sehnenorgan. Der Aufbau der Muskelspindel wurde bereits an Hand der Abb. 4-7 beschrieben. Dabei und bei der Besprechung der Aktivierung dieses Receptors durch Dehnung des Muskels oder durch intrafusale Kontraktion (Abb. 4-10) wurde stillschweigend davon ausgegangen, daß die Muskelspindeln, wie Abb. 6-1 zeigt, parallel zur extrafusalen Muskulatur liegen.

Außer den Muskelspindeln kommen als zweiter wichtiger Typ von Dehnungsreceptor Receptoren in den Sehnen vor, die aus den Sehnenansätzen von etwa 10 extrafusalen Muskelfasern bestehen, von einer bindegewebigen Kapsel umhüllt sind und von 1 bis 2 dicken, myelinisierten Nervenfasern versorgt werden (Abb. 6-1 E). Diese Dehnungsreceptoren werden **Sehnenorgane** (syn. **Golgi-Organe**) genannt. Ihre afferenten Nervenfasern werden als **Ib-Fasern** bezeichnet (Leitungsgeschwindigkeit um 75 m/s, vgl. Tabelle 2-2). Wie Abb. 6-1 zeigt, liegen die Sehnenorgane hintereinander (in Serie) zur extrafusalen Muskulatur.

Entladungsmuster der Muskelspindeln und Sehnenorgane. Die unterschiedliche Anordnung von Muskelspindel und Sehnenorgan im Muskel führt zu unterschiedlichen Entladungsmustern der beiden Receptortypen bei der Muskelkontraktion. Dies zeigt ein Vergleich der Abb. 6-1 mit Abb. 6-2.

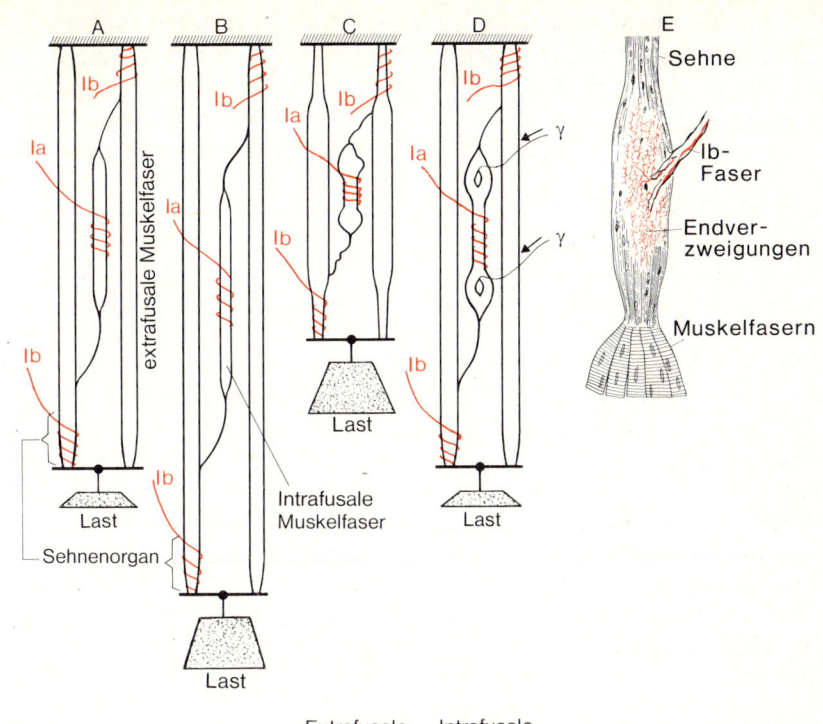

Abb. 6-1 A–E. Schematische Zeichnung der Lage der Muskelspindeln und der Golgi-Sehnenorgane im Muskel in Ruhe **(A)** und ihre Formveränderungen bei passiver Dehnung **(B)** bei isotonischer Kontraktion der extrafusalen Muskelfasern **(C)** und bei alleiniger Kontraktion der intrafusalen Muskelfasern **(D)**. Nur eine intrafusale Muskelfaser einer Muskelspindel ist gezeichnet. **(E)** zeigt die lichtmikroskopische Zeichnung eines Golgi-Sehnenorgans durch Ramon y Cajal

Ist ein Muskel etwa auf seine Ruhelänge gedehnt (Abb. 6-1 A, 6-2 A), entladen die primären Muskelspindelendigungen (versorgt von Ia-Fasern), während die Sehnenorgane (versorgt von Ib-Fasern) stumm sind. Die Schwellen der Sehnenorgane liegen nämlich etwas höher als die der Muskelspindeln, so daß für eine gegebene Muskellänge (vgl. auch B in 6-1 und 6-2) die Entladungsfrequenz der Sehnenorgane immer etwas niedriger liegt als die der Muskelspindeln. Bei Dehnung (B in 6-1 und 6-2) nimmt die Entladungsfrequenz der Muskelspindeln zu und auch die Sehnenorgane beginnen zu entladen. Während des Dehnungsvorganges ist die Entladungsfrequenz höher als nach Erreichen der neuen Länge. Letzteres bedeutet, daß die Entladungsfrequenz beider Typen von Dehnungs-

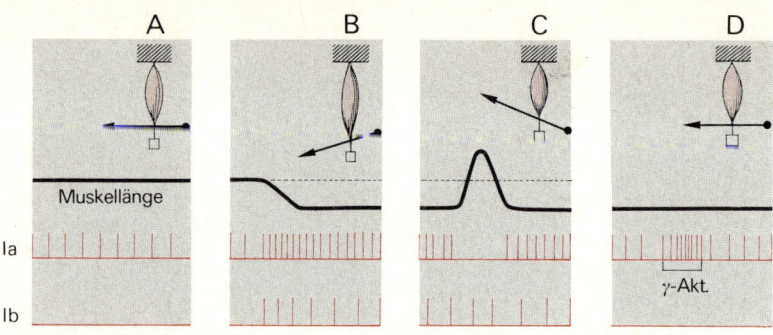

Abb. 6-2 A–D. Entladungsmuster von Muskelspindeln (über Ia-Fasern) und Sehnenorganen (über Ib-Fasern) in Ruhe **(A)**, bei Dehnung **(B)**, bei isotonischer Kontraktion der extrafusalen Muskulatur **(C)** und bei Kontraktion der intrafusalen Muskelfasern nach Aktivierung über die motorischen γ-Fasern **(D)**

receptoren nicht nur proportional der Länge des Muskels, sondern auch proportional ist der Geschwindigkeit der Längenänderung (d. h. der ersten Ableitung der Längenänderung nach der Zeit). Diese Komponente ist bei Muskelspindeln wesentlich ausgeprägter als bei Sehnenorganen.

Isotonische Kontraktion der extrafusalen Muskulatur (C in Abb. 6-1 und 6-2) entlastet die Muskelspindeln und führt dadurch zu einem Aufhören der Ia-Entladungen. Das Sehnenorgan bleibt gedehnt, ja seine Entladungsfrequenz nimmt während der isotonischen Kontraktion sogar vorübergehend zu, da die Beschleunigung der Last zu einer kurzzeitigen stärkeren Dehnung des Sehnenorgans führt. Wir können daraus folgern, daß die *Muskelspindeln* vorwiegend die *Länge des Muskels* messen, während die *Sehnenorgane* vorwiegend die *Spannung* registrieren. Es ist also zu erwarten, daß bei *isometrischer Kontraktion* (also bei Spannungserhöhung ohne Längenänderung) die Entladungsfrequenz der Sehnenorgane stark zunimmt, während die der Muskelspindeln etwa gleichbleibt.

Intrafusale Kontraktion durch Aktivierung der γ-Motoneurone (D in Abb. 6-1 und 6-2) hat keinen Einfluß auf die Entladung der Ib-Fasern, da, wie bei der Besprechung der Abb. 4-10 schon geschildert, alleinige Kontraktion der intrafusalen Fasern zu keiner meßbaren Änderung der Muskelspannung führt. Jedoch kommt es durch die Dehnung der zentralen Anteile der Muskelspindelreceptoren (Abb. 4-10 C, 6-1 D) zu einer vermehrten Entladung der Ia-Afferenzen (Abb. 6-2 D). Auf die Bedeutung dieses Mechanismus für die Motorik wird im Anschluß an die nachfolgende Besprechung der zentralen Verschaltung der Ia-Afferenzen nochmals eingegangen.

Dehnungsreflex und reziproke antagonistische Hemmung. Abb. 6-3 A zeigt am Beispiel des Beugers (Flexors) und des Streckers (Extensors) des Ellen-

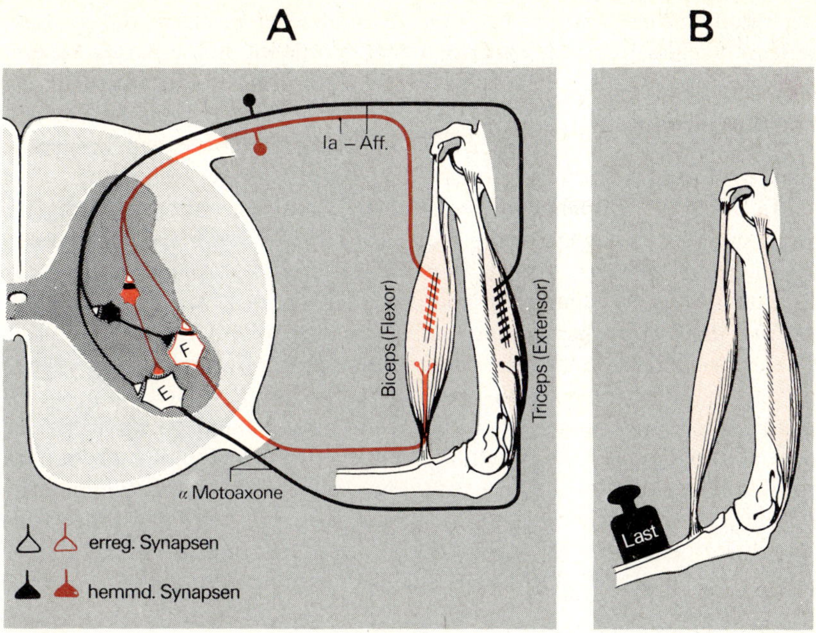

A   **B**

Ia – Aff.

Biceps (Flexor)

Triceps (Extensor)

α Motoaxone

F

E

Last

△ 人 erreg. Synapsen

▲ 𝅒 hemmd. Synapsen

Abb. 6-3. A Reflexwege des Dehnungsreflexes und der reziproken antagonistischen Hemmung. F, Flexormotoneuron, E, Extensormotoneuron des Ellbogengelenks. Die Beuger (Biceps) und Strecker (Triceps) dieses Gelenks und die Polarität der Synapsen sind in der Abbildung angegeben. Die Folgen der in **(B)** gezeigten passiven Streckung des Gelenks durch eine von außen angreifende Kraft (Last) werden im Text geschildert

bogengelenks, nämlich des Musculus biceps, bzw. des M. triceps, die zentrale Verschaltung der von beiden entgegengesetzt wirkenden (antagonistischen) Muskeln kommenden Ia-Muskelspindelafferenzen, wie wir sie im Kapitel 4 bereits kennengelernt haben (vgl. Abb. 4-4, 4-8 und zugehörigen Text). An Hand der Abb. 6-3 können jetzt die Vorgänge bei einer durch eine äußere Kraft bewirkten *passiven Veränderung der Gelenkstellung* im Zusammenhang betrachtet werden. Diese Betrachtung wird deutlich machen, daß alle von den Muskelspindeln der agonistischen und antagonistischen Muskeln ausgehenden Änderungen der Reflexaktivität zusammenwirken, um die Änderung der Gelenkstellung zu verhindern oder rückgängig zu machen, also die vorgegebene *Muskellänge konstant zu halten.*

Nehmen wir an, die in Abb. 6-3 A eingestellte Gelenkstellung des Ellbogens würde durch eine auf den Unterarm aufgelegte Last gestört, so wie das in Abb. 6-3 B gezeigt ist. Die *Dehnung des Biceps* wird zu einer vermehrten Aktivität seiner Muskelspindelreceptoren führen und dadurch (erstens) die Bicepsmotoneurone verstärkt erregen und (zweitens) die Tricepsmotoneurone verstärkt hemmen. Während der Biceps durch die Last gedehnt wird, wird gleichzeitig der Triceps entdehnt. Diese *passive Verkürzung des Triceps* hat zur Folge, daß die Tricepsmuskelspindeln weniger aktiviert werden, so daß (drittens) die homonyme Erregung der Tricepsmotoneurone reduziert und (viertens) die reziproke Hemmung der Bicepsmotoneurone vermindert wird (eine solche „Wegnahme von Hemmung" wird häufig auch als *Disinhibition* bezeichnet). Eine von außen erzwungene Streckung des Ellbogengelenks führt also zu einer *vermehrten Aktivierung der Bicepsmotoneurone,* weil die homonyme Erregung zu- und die reziproke antagonistische Hemmung abnimmt. Gleichzeitig verringert sich die *Aktivität der Tricepsmotoneurone,* weil deren homonyme Erregung ab- und die reziproke antagonistische Hemmung zunimmt. Insgesamt gesehen, werden die in den vier mono- und disynaptischen Reflexbögen ausgelösten Aktivitätsänderungen über eine Spannungsabnahme des Triceps die Veränderungen der Gelenkstellung weitgehend rückgängig machen, also auf die Konstanthaltung der ursprünglich eingestellten Muskellänge hinwirken. Die vier Reflexbögen bilden also zusammen ein *Längen-Kontroll-System* der beteiligten Muskeln. Auf die regeltechnischen Aspekte dieses System wird ausführlich in Kap. 7 eingegangen.

Aufgaben der γ-Schleife. Im Abschnitt 4.2 wurde bereits gezeigt, daß über die efferente Innervation (γ-Motoaxone) der intrafusalen Muskelfasern die Entladungsfrequenz der Muskelspindelafferenzen beeinflußt (vgl. auch Abb. 6-2 D) und dadurch die Muskellänge verstellt werden kann. Wir werden uns jetzt mit diesem Mechanismus noch etwas genauer befassen; es ist zweckmäßig, vorher nochmals die entsprechenden Absätze im Abschnitt 4.2 nachzulesen.

Kurve a in Abb. 6-4 zeigt den Zusammenhang zwischen der Muskellänge (Abscisse) und der Frequenz der Ia afferenten Impulse von den Muskelspindelreceptoren (Ordinate) bei geringer Aktivität der γ-Fasern, also geringer intrafusaler Kontraktion. Die *Entladungsfrequenz der Ia-Fasern* ist also der *Muskellänge direkt proportional.* Erhöhung der γ-Aktivität bewirkt, daß Muskelspindeln, die bisher mit geringer Frequenz feuerten (z. B. Punkt 1 in a) jetzt mit höherer Frequenz antworten (Punkt 2 in b), ohne daß sich die Muskellänge verändert hat. Diese vermehrte Aktivität der Ia-Fasern wird die homonymen Motoneurone verstärkt erregen und die antagonistischen Motoneurone verstärkt hemmen. Die Entladungsfrequenz der antagonistischen Muskelspindelafferenzen ist zunächst nicht verändert, da sich, im Gegensatz zu Abb. 6-3 B, die Muskellängen des Agonisten und des Antagonisten nicht verändert haben. Die verstärkte Aktivität der agonistischen Ia-Fasern wird also zu einer Kontraktion (Tonuserhöhung) des Agonisten bei gleichzeitiger Erschlaffung (Tonusverminderung) des Antagonisten führen, also zu einer Bewegung im betroffenen

Abb. 6-4. Die Beziehung zwischen Muskellänge *(Abszisse)* und Frequenz der afferenten Impulse aus den primären Endigungen der Muskelspindeln *(Ordinate)* bei geringer (Gerade a) und starker *(Gerade* b) Aktivität der motorischen γ-Nervenfasern und damit unterschiedlichem Tonus der intrafusalen Muskelfasern. Die mit 1 bis 4 bezeichneten Meßpunkte werden im Text erläutert

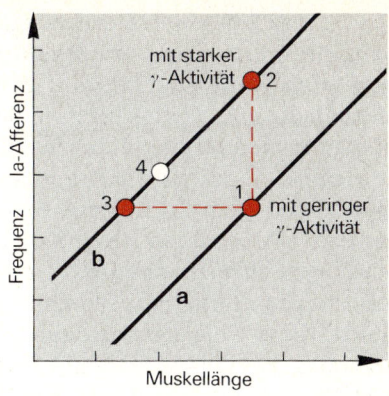

Gelenk. Die Bewegung wird aufhören, sobald Punkt 3 in Kurve b erreicht ist, d. h. sobald die Muskelspindelafferenzen wieder die gleiche Anzahl Impulse aussenden wie am Punkt 1 der Kurve a. Über die γ-*Efferenzen* läßt sich also die Muskellänge verstellen, *ohne daß* sich die Entladungsfrequenz der Muskelspindelreceptoren *dauernd* ändert.

Da die veränderte Gelenkstellung den Antagonisten gedehnt hat, muß, sofern Punkt 3 den gleichen Ordinatenwert haben soll wie Punkt 1, auch die Spannung der antagonistischen intrafusalen Muskelfasern etwas geändert werden. Sie muß nämlich, um den leicht erhöhten afferenten Ausstrom aus dem (gedehnten) Antagonisten auf das ursprüngliche Niveau zu bringen, etwas vermindert werden. Wird die intrafusale Spannung der antagonistischen Muskelspindeln nicht vermindert, so resultiert eine verstärkte reziproke Hemmung der agonistischen Motoneurone, die dann dazu führt, daß die Muskellänge nicht bis zu Punkt 3 in Abb. 6-4, sondern eventuell nur bis Punkt 4 verkürzt wird. Eine gegenüber Punkt 1 leicht erhöhte agonistische Ia-Impulsfrequenz kompensiert dann die erhöhte Impulsfrequenz der antagonistischen Ia-Fasern.

Kontraktionen der Muskulatur können nach dem bisher Gesagten entweder über die γ-Schleife oder durch direkte Aktivation der α-Motoneurone ausgelöst werden. Die *direkte Aktivation der α-Motoneurone von supraspinalen Zentren* hat den Vorteil der kurzen Latenz, aber den Nachteil, daß das sorgfältige Gleichgewicht des über den Dehnungsreflex arbeitenden Längenkontroll-Systems zunächst empfindlich gestört wird, wobei die betroffenen Muskelspindeln eventuell nicht mehr ausreichend (unterschwellig) oder zu sehr (Sättigung) gedehnt werden. Dagegen bewirkt *Aktivierung der γ-Schleife* eine Verkürzung des Muskels ohne oder mit geringer dauernder Veränderung der Entladungsfrequenz der Muskelspindelafferenzen.

Neuere Untersuchungen, auch am Menschen, zeigen, daß eine Änderung der Muskellänge *ausschließlich über die γ-Schleife* anscheinend *nicht vorkommt.* Zwar kann bei Muskelkontraktionen eine Zunahme der Spindelentladungen beobachtet werden (was zweifelsfrei eine intrafusale Kontraktion des sich verkürzenden Muskels anzeigt), aber diese vermehrten Entladungen gehen der Bewegung nicht voraus, wie beim Folge-Servomechanismus gefordert, sondern treten mit ihr zusammen auf. Die α- und γ-Motoneurone werden also gleichzeitig aktiviert, weshalb man von α-γ-*Coaktivierung* oder α-γ-*Kopplung* spricht. Die Aufgabe der α-Motoneurone wird also durch die Tätigkeit der γ-Motoneurone unterstützt. Diese Unterstützung wirkt ähnlich wie eine Lenk- oder Bremshilfe in einem Automobil, wobei gleichzeitig der Meßfühler, also die primäre Muskelspindelendigung, in einem günstigen Meßbereich gehalten wird. Die *Aufgabe der γ-Schleife* kann daher am besten als die der *Servo-Unterstützung von Bewegungen* beschrieben werden (s. a. Kap. 7).

Segmentale Verschaltung der Ib-Fasern. Aufgaben der Golgi-Organe. Die segmentale Verschaltung der Ib-Fasern (Abb. 6-5) ist, funktionell gesehen, spiegelbildlich der der Ia-Fasern (vgl. mit Abb. 6-3 A). Die Sehnenorgane haben *hemmende Verbindungen* zu ihren *homonymen* Motoneuronen und *erregende Verbindungen* zu *antagonistischen* Motoneuronen. Es gibt allerdings keine monosynaptischen Verbindungen zu den Motoneuronen. Sowohl die erregenden als auch die hemmenden Verbindungen sind zumindest disynaptisch. Da die Sehnenorgane durch die *Spannung des Muskels aktiviert* werden, wird eine starke Erhöhung der Muskelspannung, sei es durch Dehnung, durch Kontraktion oder durch eine Mischung von beiden, zu einer Hemmung der homonymen Motoneurone über die Ib-Fasern führen und damit im Sinne eines *Überlastungsschutzes* ein zu starkes Anwachsen der Spannung (Gefahr des Muskel- oder Sehnenrisses) verhindern. Im Tierexperiment führt zunehmende Dehnung eines Muskels zu zunehmender Muskelspannung (über den Dehnungsreflexbogen), bis bei starker Dehnung der Muskeltonus plötzlich nachläßt. Dieses Phänomen wird *Taschenmesserklappreflex* genannt und der hemmenden Wirkung der homonymen Sehnenorgane zugeschrieben. Man hat daraus gefolgert, daß die Aufgabe des Ib-Reflexbogens vorwiegend die eines *Schutzreflexes* sei.

Die Aufgabe der Sehnenorgane, den Muskel vor Überdehnung zu schützen, ist aber nur ein Teilaspekt der Funktion der Sehnenorgane. Während nämlich Zunahme der Muskelspannung über die Sehnenorgane zu einer Hemmung der homonymen Motoneurone führt, wird Abnahme der Muskelspannung zu einer Abnahme der Impulsaktivität in den Ib-Fasern führen und damit eine Disinhibition (Wegnahme von Hemmung, Enthemmung) der homonymen Motoneurone ergeben, wodurch die Mus-

A   B

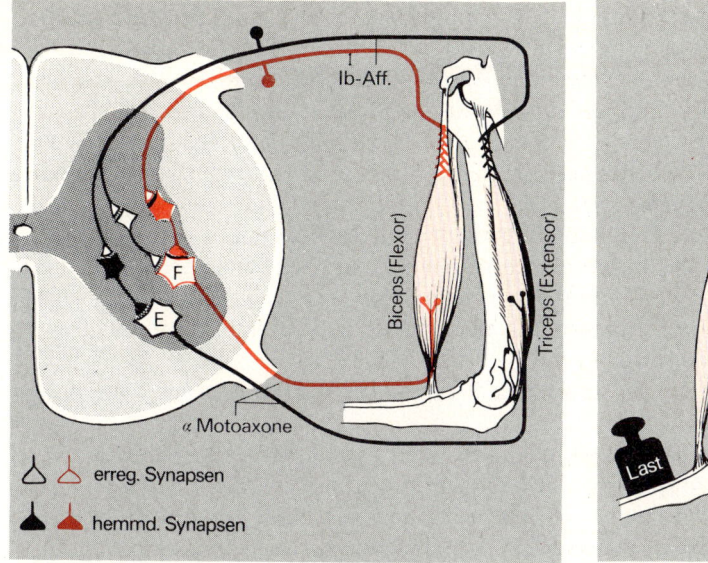

Abb. 6-5 A, B. Segmentale Verschaltung der Ib-Fasern von den Sehnenorganen im Muskel. Darstellung analog Abb. 6-3. Die erregende Verbindung der Flexor-Ib-Faser zum Streckermotoneuron *(E)* ist weggelassen, da dieser Reflexweg nicht an allen Gelenken ausgebildet ist

kelspannung wieder zunehmen sollte. Mit anderen Worten: der ***Reflexbogen der Sehnenorgane*** ist so verschaltet, daß er dazu dienen kann, die ***Spannung des Muskels konstant*** zu halten. Jeder Muskel besitzt also zwei Rückkopplungs-(feedback)-systeme (Regelkreise): ein Längen-Kontroll-System mit den Muskelspindeln als Fühlern, und ein Spannungs-Kontroll-System mit den Sehnenorganen als Fühlern. (In Kap. 7 wird eine erweiterte Interpretation des Längen-Kontroll-Systems aus der Sicht der Regelungslehre gegeben.)

Vom ***regeltechnischen Standpunkt*** ist die Notwendigkeit des Spannungs-Kontroll-Systems neben dem des Längen-Kontroll-Systems nicht sofort einsichtig (s. a. Kap. 7). In einem idealen Längen-Kontroll-Regelkreis wäre die vom Muskel entwickelte Kraft immer proportional der efferenten Impulse in den α-Motoaxonen, und ein Spannungs-Kontroll-System wäre überflüssig. Wir wissen aber auch aus Kap. 5, daß die vom Muskel entwickelte Kraft auch von der Vordehnung, der Geschwindigkeit der Kontraktion und dem Grad der Ermüdung des Muskels abhängt. Die durch diese Faktoren verursachten Abweichungen der Muskelspannung vom gewünschten Wert werden von den Sehnenorganen gemessen und über das Spannungs-Kontroll-System korrigiert.

Beantworten Sie bitte die folgenden Fragen zur Überprüfung Ihres neu erworbenen Wissens:

F 6.1 Welche der folgenden Aussage(n) ist/sind richtig?

a) Die Muskelspindeln liegen parallel zur intrafusalen Muskulatur,

b) Die Sehnenorgane liegen hintereinander zur extrafusalen Muskulatur,

c) Die Sehnenorgane werden von Ia-Afferenzen innerviert,

d) Die Ib-Afferenzen haben disynaptische erregende Verbindungen zu homonymen Motoneuronen,

e) Die efferente Innervation der Sehnenorgane erfolgt über γ-Fasern.

F 6.2 Welche der folgenden Zuflüsse eines Motoneurons wirken erregend?

a) Afferente Aktivität von homonymen Muskelspindeln,

b) Afferente Aktivität von homonymen Sehnenorganen,

c) Afferente Aktivität von antagonistischen Muskelspindeln,

d) Afferente Aktivität von antagonistischen Sehnenorganen.

F 6.3 Erhöhte Aktivität der γ-Efferenzen eines Beugemuskels

a) läßt die Gelenkstellung unverändert,

b) bewirkt eine Streckung des Gelenks über das Spannungskontrollsystem,

c) erhöht den Tonus der Beuger und Strecker bei unveränderter Gelenkstellung,

d) führt reflektorisch zu einer Beugung des Gelenks,

e) vermindert die Ia-Aktivität des antagonistischen Streckers.

F 6.4 Der Taschenmesserklappreflex (plötzliches Nachlassen des Muskeltonus bei extremer Dehnung) ist verursacht durch

a) starke Erregung der homonymen Muskelspindeln,

b) starke Erregung der antagonistischen Muskelspindeln,

c) völlige Entlastung der antagonistischen Muskelspindeln,

d) starke Erregung der homonymen Sehnenorgane,

e) völlige Entlastung der heteronymen Sehnenorgane.

F 6.5 Welcher Receptortyp ist

a) der Fühler im Längen-Kontroll-System des Muskels,

b) der Fühler im Spannungs-Kontroll-System des Muskels.

6.2 Spinale Motorik II: Polysynaptische motorische Reflexe; der Flexorreflex

Im vorhergehenden Abschnitt haben wir die Aufgaben der im Muskel selbst liegenden Receptoren, der Muskelspindeln und Sehnenorgane, betrachtet. Viele der übrigen Receptoren des Organismus, z. B. die der Haut, können ebenfalls motorische Reflexe auslösen (s. Beispiele in Abschnitt 4.3). Experimente an spinalisierten Tieren haben gezeigt, daß die Reflexbögen von vielen dieser Reflexe im Rückenmark verlaufen. Ihnen allen ist gemeinsam, daß sie polysynaptisch sind, also mehr als ein Interneuron auf ihrem Reflexweg im Rückenmark liegt. Im folgenden werden wir die wichtigsten dieser polysynaptischen, spinalen, motorischen Reflexe und ihre Eigenschaften kennenlernen. Das prominenteste Beispiel ist der *Flexorreflex*, den wir deswegen zum Ausgangs- und Mittelpunkt unserer Erörterungen machen. Wir werden aber sehen, daß gleichzeitig mit dem Flexorreflex immer auch andere Reflexbögen aktiviert werden, die hauptsächlich dafür sorgen sollen, daß die durch den Flexorreflex ausgelösten Störungen des Körpergleichgewichts aufgefangen und ausgeglichen werden. Im letzten Teil dieses Abschnittes werden wir sehen, zu welchen *reflektorischen Leistungen das isolierte menschliche Rückenmark* fähig ist. Diese Frage ist von großer praktischer Bedeutung, nachdem Rückenmarksdurchtrennungen beim Menschen bei Unfällen, insbesondere im Straßenverkehr, immer häufiger auftreten. Das klinische Bild wird als *Querschnittslähmung* bezeichnet.

Flexorreflex und gekreuzter Extensorreflex. Wird am spinalisierten Tier eine Hinterpfote schmerzhaft gereizt (durch Kneifen, starke elektrische Reize, Hitze), so beobachtet man ein Wegziehen der gereizten Extremität, also eine Beugung (Flexion) im Sprung-, Knie- und Hüftgelenk. Dieses Phänomen bezeichnet man als den *Flexorreflex.* Schmerzhafte Reizung der Vorderpfote bewirkt ebenfalls ein Wegziehen der gereizten Extremität, also einen Flexorreflex. In diesem Fall werden Sprung-, Ellbogen- und Schultergelenk gebeugt. Die Receptoren des Flexorreflexes liegen in der Haut der Extremitäten, die Effectoren sind die Flexormuskeln. Es handelt sich also um einen *Fremdreflex.* Der Flexorreflex dient offensichtlich dazu, die Extremität aus dem Bereich des schmerzhaften, d. h. schädlichen, Reizes wegzuziehen. Er ist also ein typischer *Schutzreflex.* Pressen einer Pfote mit verschiedener Intensität zeigt, daß Reflexzeit und Reflexerfolg stark von der Reizintensität abhängen. Mit Zunehmen der Reizintensität wird die Reflexzeit kürzer und das Wegziehen der Extremität erfolgt brüsker. Diese Möglichkeit der Summation ist, wie wir in Abschnitt 4.3 gesehen haben, eine typische Eigenschaft *polysynaptischer Reflexe.* Aus unseren Beobachtungen können wir also zusammenfassend schließen: der Flexorreflex ist von der anatomischen Lage der Receptoren und Effectoren her gesehen ein Fremdreflex. Sein Auftreten im spinalisierten Tier und seine Eigenschaften zeigen, daß er einen spinalen, polysynaptischen Reflexbogen besitzt. Funktionell gesehen ist er ein Schutzreflex.

Durch Betasten der Extremitätenmuskulatur des gebeugten Beines während eines Flexorreflexes kann man feststellen, daß die *Streckmuskulatur während der Beugung erschlafft*. Dies läßt darauf schließen, daß die Extensormotoneurone der gebeugten Extremität während dieser Zeit gehemmt werden. Ferner läßt sich beobachten, daß die Flexion einer Hinteroder Vorderextremität immer von einer Streckung (Extension) der gegenüberliegenden (contralateralen) Extremität begleitet wird. Schmerzhafte Reizung einer Extremität hat also ipsilateral einen Flexorreflex und contralateral einen Extensor- oder Streckreflex zur Folge. Der contralaterale Streckreflex wird auch als *gekreuzter Streckreflex* bezeichnet, da die afferente Aktivität in den Schmerzfasern auf die contralaterale Seite des Rückenmarks kreuzt, um dort den Streckreflex zu induzieren. Betasten der contralateralen Extremität während des gekreuzten Extensorreflexes zeigt, daß dort die Beugemuskulatur während der Streckung erschlafft. Dies läßt darauf schließen, daß während der Erregung der contralateralen Extensormotoneurone die contralateralen Flexormotoneurone gehemmt werden.

Insgesamt werden auf *segmentaler* Ebene durch *schmerzhafte* Reizung einer Extremität offensichtlich *vier motorische Reflexbögen aktiviert*. Es kommt (1) zu einer Erregung aller ipsilateralen Flexormotoneurone (alle Gelenke werden gebeugt = Flexorreflex); (2) zu einer Hemmung der ipsilateralen Extensormotoneurone; (3) zu einer Erregung der contralateralen Extensormotoneurone (gekreuzter Streckreflex) und (4) zu einer Hemmung der contralateralen Flexormotoneurone. Die elektro-physiologisch-experimentelle Analyse des Flexor- und mit ihm gekoppelten Reflexe hat die bisher getroffenen Schlußfolgerungen über die Reflexbögen dieser Reflexe bestätigt: Abb. 6-6 zeigt schematisch die *polysynaptischen Reflexverbindungen* einer Afferenz eines *Schmerzreceptors der Haut* auf segmentaler Ebene. Über mehrere Interneurone werden die ipsilateralen Flexormotoneurone erregt und die ipsilateralen Extensormotoneurone gehemmt. Außerdem wird die ipsilateral ankommende Aktivität aus den Schmerzreceptoren über Interneurone, deren Axone in der *vorderen Commissur* kreuzen, nach contralateral übertragen. Hier werden, ebenfalls über polysynaptische Reflexbögen, die Extensormotoneurone erregt und die Flexormotoneurone gehemmt.

Nicht jeder hat die Möglichkeit, im Labor den Flexorreflex, den gekreuzten Streckreflex und die dazu reziproken Hemmungen am spinalisierten Tier kennenzulernen. Der Flexorreflex kann aber auch ohne Spinalisierung bei neugeborenen oder wenige Tage alten Haustieren (Hun-

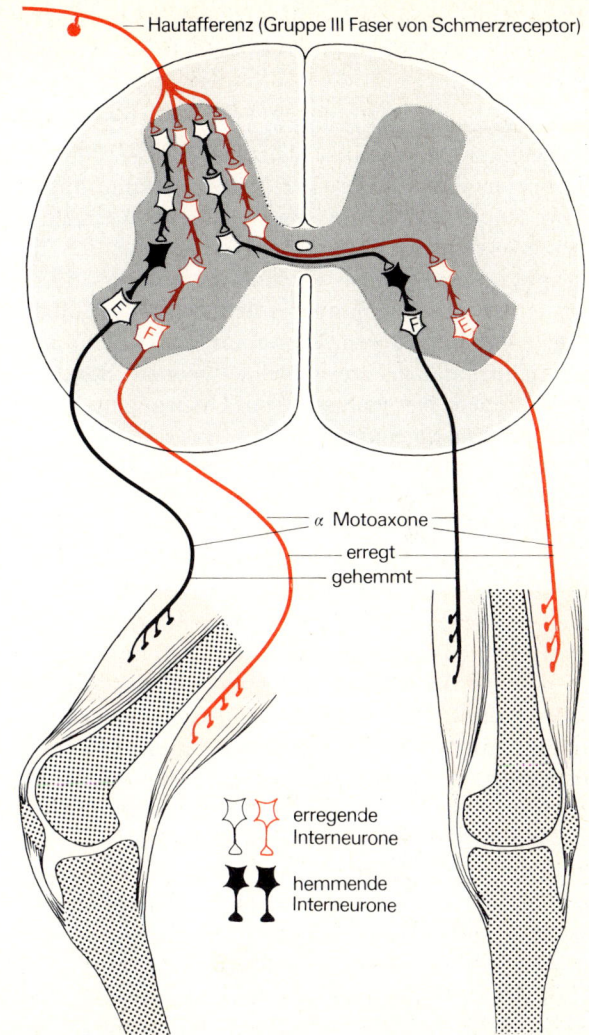

Abb. 6-6. Intrasegmentale Verschaltung einer afferenten Faser von einem Nociceptor (Schmerzrezeptor) der Haut des Fußes. Die Gruppe-III-Afferenz und die Reflexwege des ipsilateralen Beuge-(Flexor-)Reflexes und des contralateralen Streck-(Extensor-) Reflexes sind *rot* eingetragen. E Extensormotoneurone, F Flexomotoneurone

den, Katzen etc.), oder beim menschlichen Säugling gut beobachtet werden, da in dieser Zeit die übergeordneten Hirnabschnitte noch nicht voll ausgereift sind und daher die einfachen spinalen Reflexmuster noch nicht durch kompliziertere überdeckt werden. Ausgeprägte Flexorreflexe sind auch beim Erwachsenen häufig zu sehen (Wegziehen der Hand von heißem Gegenstand, Anziehen des unbeschuhten Fußes bei Tritt auf spitzen Stein, usw.).

Intersegmentale Reflexbögen. Die Axone der in der grauen Substanz des Rückenmarks liegenden Neurone verlassen dieses zum Teil als efferente Axone in den Vorderwurzeln (Motoaxone und vegetative Efferenzen), zum Teil projizieren sie als zentripetale (somatosensorische) Bahnen zu den höheren Abschnitten des Nervensystems (s. dazu „Grundriß der Sinnesphysiologie"). Die allermeisten Axone, die aus den Neuronen der grauen Substanz stammen, enden aber innerhalb des Rückenmarks. Diejenigen Neurone, deren Axone nur im Rückenmark verlaufen und enden, bezeichnet man als *propriospinale Neurone.* Bündel von auf- und absteigenden Axonen (Nervenfasern) mit Ursprung und Ziel im Rückenmark nennt man *propriospinale Bahnen.*

Die meisten Neurone der grauen Substanz des Rückenmarks sind also propriospinale Neurone. Schon dies weist auf die große Bedeutung der *Verbindung zwischen den einzelnen Rückenmarkssegmenten* hin. Abb. 6-7 zeigt, daß eine afferente Faser, neben ihren segmentalen (Abb. 6-3, 6-5, 6-6) und aufsteigenden Verbindungen, in der Regel mehrere Verbindungswege zu benachbarten und weiter entfernten Segmenten besitzt. Zum ersten teilt sich eine afferente Faser nach ihrem Eintritt in das Rückenmark in mehrere Kollaterale auf, und einige Kollaterale ziehen direkt, ohne Umschaltung über ein Interneuron, zu benachbarten Segmenten. Ferner bilden Kollaterale der afferenten Fasern auf der Höhe der Eintrittszone erregende Synapsen mit propriospinalen Interneuronen, deren Axone entweder ipsilaterale oder, nach Kreuzung in der vorderen Commissur, contralaterale Reflexverbindungen knüpfen.

Details der propriospinalen Bahnen werden hier nicht behandelt. Es genügt, sich einzuprägen, daß in einigen Bahnen die propriospinalen Axone sehr kurz sind (wenige Millimeter oder noch weniger), also nur in ihre unmittelbare Umgebung projizieren, während andere, wie in Abb. 6-7 angedeutet, sich über viele Segmente erstrecken. Die *Aufgabe der propriospinalen Bahnen* ist die Verbindung der einzelnen Segmente untereinander. Sie bilden also *intersegmentale Reflexbögen.* Zum Beispiel führt am spinalisierten Tier eine schmerzhafte Reizung einer Extremität nicht nur zu einem gekreuzten Streckreflex, sondern auch zu einer Erregung der beiden übrigen Extremitäten. Bei anhaltender schmerzhafter Reizung kann diese Extension in eine rhythmische Streckung und Beugung aller drei nicht gereizten Extremitäten, also in ein dem Laufen zugehöriges Bewegungsmuster übergehen.

Leistungen des isolierten Rückenmarks. Steh- und Laufreflexe können am spinalisierten Tier auch durch nichtschmerzhafte Reizung, z.B. durch

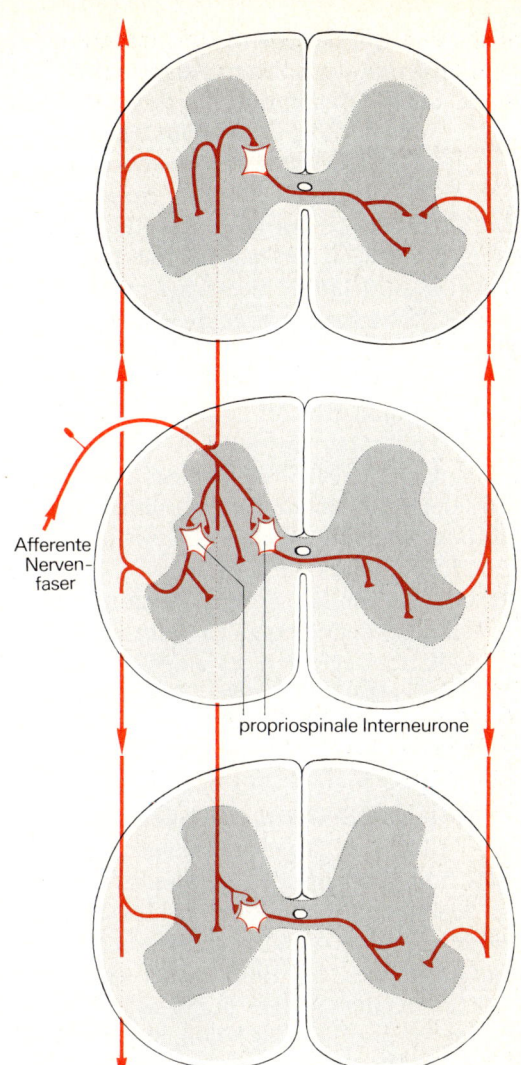

Afferente
Nerven-
faser

propriospinale Interneurone

Abb. 6-7. Intersegmentale Verschaltung einer afferenten Nervenfaser. Nach ihrem Eintritt in das Rückenmark zweigt sich die afferente Faser in segmentale, aufsteigende und absteigende Kollaterale auf, die an Interneuronen enden. Die Axone dieser Interneurone enden entweder innerhalb des Rückenmarks (propriospinale Neurone) oder ziehen zu supraspinalen Strukturen

Druck auf die Fußsohlen, ausgelöst werden (s. auch Abschnitt 6.1). Alle diese Experimente unterstreichen, daß die Verknüpfung der Neurone des Rückenmarks untereinander es ermöglicht, auf entsprechenden Anstoß aus der Peripherie oder von höheren Abschnitten des Nervensystems, komplexe motorische Bewegungen auszuführen. Wir bezeichnen dies als die *integrative Funktion des Rückenmarks,* wobei wir die spinalen Reflexe auch als einen *Vorrat elementarer Haltungs- und Bewegungsprogramme* auffassen können, deren sich der Organismus nach Bedarf bedienen kann, ohne daß sich die höheren Abschnitte des Zentralnervensystems im einzelnen um die Ausführung der Programme bemühen müssen. Bei weitem nicht für alle uns bekannten spinalen Reflexbögen ist die funktionelle Bedeutung bereits voll einsichtig. Ein Beispiel bietet die in Abb. 4-4 B gezeichnete **Renshaw-Hemmung,** die von Motoaxon-Kollateralen (die sich noch innerhalb des Rückenmarks von den Motoaxonen abzweigen) über ein hemmendes Interneuron *(Renshaw-Zelle)* zu den Motoneuronen zurückführt. Sie ist ein negativer Rückkopplungs-Schaltkreis, wie er im ZNS und in der Technik häufig benutzt wird, und hat als solcher sicher die Aufgabe, ein unkontrolliertes Aufschaukeln (Schwingen) der Motoneuronenaktivität zu verhindern; ihre genaue Rolle im Rückenmark ist aber noch unklar.

Bei den höher entwickelten Wirbeltieren, insbesondere den Säugern, haben die höheren Abschnitte des ZNS mehr und mehr die Kontrolle der Rückenmarks-Funktionen übernommen, ein Prozeß, der als *Encephalisation* oder *cerebrale Dominanz* bezeichnet wird. Als Folge davon ist das isolierte Rückenmark nur noch in sehr bescheidenem Umfang zu Regel- und Steuerleistungen fähig. Beim Menschen führt eine komplette Durchtrennung des Rückenmarks zu einer sofortigen und permanenten Lähmung aller Willkürbewegungen derjenigen Muskeln, die von den caudal gelegenen Rückenmarkssegmenten versorgt werden *(Querschnittslähmung).* Bewußte Empfindungen aus den betroffenen Körpergebieten sind ebenfalls für immer unmöglich geworden. Auch alle motorischen und vegetativen (autonomen) Reflexe sind zunächst erloschen *(Areflexie).*

Die *motorischen Reflexe* erholen sich in den nächsten Wochen und Monaten. Korrekte Pflege vorausgesetzt, lassen sich im Laufe eines halben bis eines Jahres bestimmte Grundmuster des Erholungsverlaufes erkennen, aus denen auch prognostisch Schlüsse gezogen werden können. Auch die *vegetativen Reflexe* kehren nach Wochen und Monaten in wechselndem Umfang wieder. Auf Einzelheiten wird hier nicht eingegangen. Es bleibt aber festzuhalten, daß es durch sorgfältige Intensivpflege und die konsequente Ausnutzung und Kräftigung der Restfunktionen immer besser gelingt, diese Patienten zu einem nützlichen und erträglichen Leben zu rehabilitieren.

Die reversiblen Ausfallerscheinungen nach Rückenmarksdurchtrennung werden als *spinaler Schock* bezeichnet. Im Tierexperiment läßt sich zeigen, daß auch eine funktionelle Durchtrennung durch lokale Abkühlung oder Lokalanästhesie einen spinalen Schock hervorruft. Nach einer ersten Durchtrennung und einer Rückkehr der Reflexe löst eine weitere Durchtrennung unterhalb der ersten Schnittstelle keinen Verlust der Verbindung zum übrigen ZNS. Über die *Ursachen des spinalen Schocks* und über die Mechanismen, die zur Rückkehr der Reflexe führen, besitzen wir nur sehr unvollkommene und unbefriedigende Kenntnisse. Durch die Durchtrennung der descendierenden (absteigenden) Bahnen fallen zahlreiche erregende Antriebe auf α- und γ-Motoneurone und andere spinale Neurone aus. Daneben kommt es möglicherweise zu einer Enthemmung hemmender spinaler Interneurone. Beides zusammen führt zu einer starken Reflexunterdrückung, die sich klinisch als Areflexie zeigt. Es ist derzeit leider noch völlig offen, welche Mechanismen für die Rückkehr einiger Rückenmarksfunktionen verantwortlich sind, und warum die Erholungsperiode beim Menschen viele Monate dauert.

Mit Hilfe der folgenden Fragen können Sie Ihr Wissen über polysynaptische motorische Reflexe überprüfen:

F 6.6 Welche der folgenden Bezeichnungen treffen auf den Flexorreflex zu? (Wählen Sie drei aus!)
a) Eigenreflex,
b) Fremdreflex,
c) Monosynaptischer Reflex,
d) Disynaptischer Reflex,
e) Polysynaptischer Reflex,
f) Nutritionsreflex,
g) Schutzreflex,
h) Lokomotionsreflex.

F 6.7 Welche spinalen Afferenzen können den Flexorreflex aktivieren?
a) Ia-Fasern der primären Muskelspindelreceptoren,
b) Gruppe III-Fasern von den Schmerzreceptoren der Haut,
c) Ib-Fasern der Golgi-Sehnenorgane,
d) Jede spinale Afferenz kann bei sehr starker überschwelliger Reizung den Flexorreflex aktivieren.

F 6.8 Schmerzhafte Reizung einer Extremität aktiviert den Flexorreflexbogen. Außerdem beobachtet man
a) eine Hemmung der ipsilateralen Flexormotoneurone,
b) eine Hemmung der ipsilateralen Extensormotoneurone,
c) eine Erregung der contralateralen Flexormotoneurone,
d) eine Erregung der contralateralen Extensormotoneurone,
e) eine Hemmung der contralateralen Flexormotoneurone.

F 6.9 Welche der folgenden Aussagen über die propriospinalen Bahnen trifft zu:
a) Alle propriospinalen Bahnen verlassen das Rückenmark über die Vorderwurzeln.
b) Alle propriospinalen Bahnen treten über die Hinterwurzeln in das Rückenmark ein.
c) Bündel von auf- und absteigenden Axonen mit Ursprung und Ziel im Rückenmark nennt man propriospinale Bahnen.

d) Die zu den propriospinalen Bahnen gehörenden Neurone liegen ausschließlich im Hinterhorn des Rückenmarks.

e) Propriospinale Bahnen machen nur einen kleinen Bruchteil aller in der weißen Substanz auf- und absteigenden Bahnen aus.

F 6.10 Rückenmarksdurchtrennung beim Menschen führt zum spinalen Schock. Während des spinalen Schocks

a) sind alle motorischen und vegetativen Reflexe erloschen,

b) sind die motorischen Reflexe erloschen, die vegetativen gesteigert,

c) sind die Extensorreflexe erloschen, die Flexorreflexe gesteigert,

d) sind alle Reflexe unverändert.

6.3 Funktionelle Anatomie supramedullärer motorischer Zentren

Das Zentralnervensystem wird üblicherweise nach seinem entwicklungsgeschichtlichen Alter in einzelne Abschnitte eingeteilt. Innerhalb der einzelnen Abschnitte werden als *Kerne* oder *Ganglien* Anhäufungen von anatomisch und funktionell zusammenhängenden Neuronen gegeneinander abgegrenzt. Als *Tractus* oder *Bahnen* bezeichnet man Bündel von Nervenfasern (Axone), die die einzelnen Hirnabschnitte miteinander verbinden. Die Tractus erscheinen im ungefärbten histologischen Schnitt wegen der Markscheiden der myelinisierten Fasern weiß, während die Kerngebiete grau aussehen. Im Rückenmark ist die graue Substanz, also die Somata der Neurone, von weißer Substanz umgeben (s. Abb. 1-9), beim Großhirn erscheint die Hirnrinde grau, da in ihr die Somata der Hirnzellen liegen, während die zum Hirnstamm ziehenden Axone das darunterliegende Gewebe weiß erscheinen lassen (vgl. Abb. 9-1, S. 277).

Der genaue *Verlauf der einzelnen Bahnen* im Gehirn kann experimentell unter anderem durch *Durchschneidungsversuche* erforscht werden, da Nervenfasern (Axone) immer dann innerhalb einiger Tage absterben (degenerieren), wenn sie von ihrem Soma getrennt werden. Beispiel: Degeneration eines Nervenbündels unterhalb (caudal) der Schnittstelle bedeutet, daß die Zellkörper dieser Axone oberhalb (cranial) der Schnittstelle liegen; es handelt sich also um degenerierende Axone einer efferenten, von zentral nach peripher leitenden Bahn. Mit dieser Technik sind bereits sehr viele, aber bei weitem noch nicht alle Längs- und Querverbindungen des ZNS dargestellt worden. *Elektrophysiologische Reiz- und Ableitetechniken* ergänzen und erweitern heutzutage die histologischen Techniken.

In diesem Abschnitt geben wir eine schematisierte, stark vereinfachte *Darstellung der wichtigsten motorischen Kerngebiete* und ihrer Verbindungen, unter Verzicht auf eine entwicklungsgeschichtliche Zuordnung und unter Zusammenfassung, besonders im Hirnstamm, von zahlreichen klei-

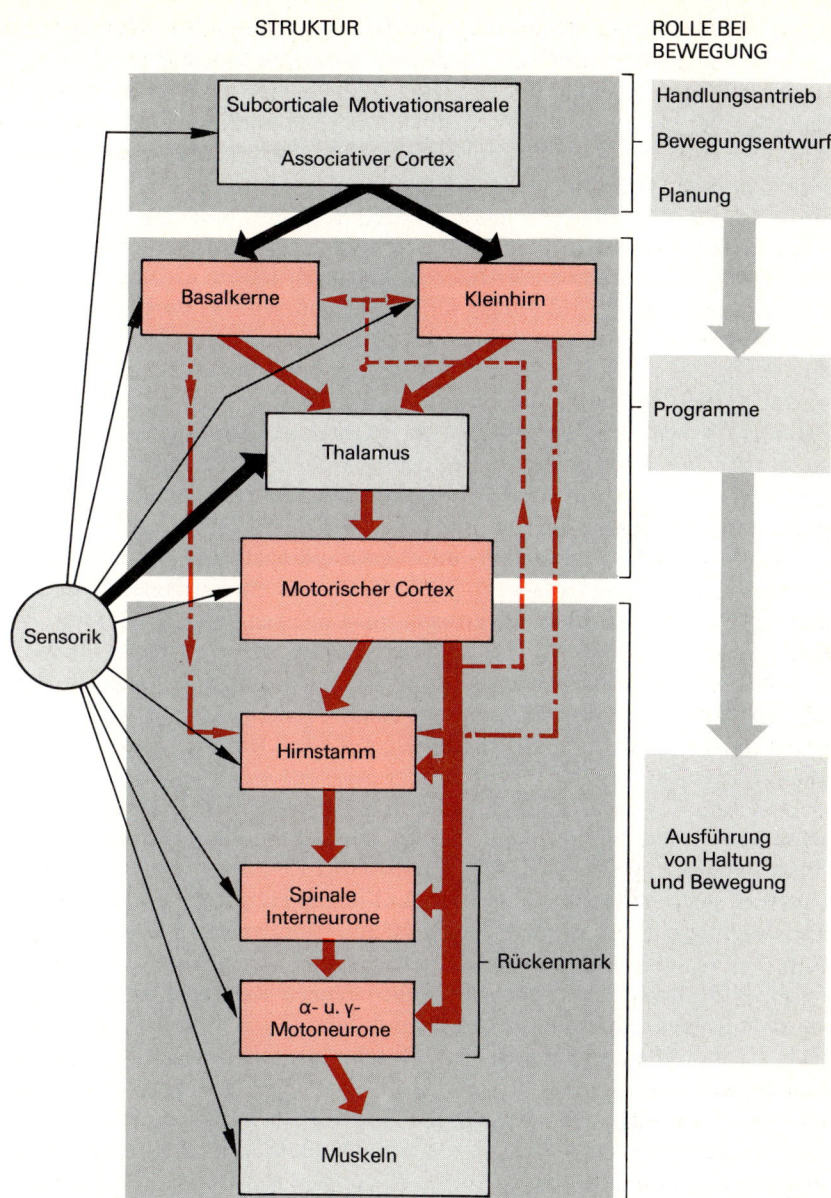

Abb. 6-8. Blockdiagramm der spinalen und supraspinalen motorischen Zentren und ihrer wichtigsten Verbindungen. Der Einfachheit halber wurden alle sensorischen Zuflüsse ganz *links* zusammengefaßt. Die *rechte* Säule gibt die Hauptrolle der links davon angeordneten Strukturen bei Bewegungen wieder. Bezüglich der parallelen Position der Basalganglien und des Kleinhirns s. a. Abb. 6-16 u. 6-17. Auf die Einordnung des Motorcortex am Übergang zwischen Programm und Ausführung sei hingewiesen

neren Kerngebieten zu funktionell zusammengehörigen Einheiten (Zentren). Es muß aber betont werden, daß die Anatomie der supramedullären zentralnervösen Strukturen eine schwierige Materie ist, sowohl im Hinblick auf den makroskopischen Aufbau, wie auch auf die Feinstruktur der einzelnen Anteile. Für den, der sich näher damit befassen will, stehen eine Reihe von Lehrbüchern zur Verfügung.

Supraspinale motorische Zentren; Benennung, Lage im ZNS. Oberhalb des Rückenmarks (supramedullär oder supraspinal) liegen wichtige motorische Zentren, deren Funktionen wir kennen müssen. Im Blockdiagramm der Abb. 6-8 sind insgesamt vier supraspinale motorische Zentren in rot eingetragen und als *Hirnstamm, Motorcortex, Basalkerne* (Basalganglien) und *Kleinhirn* (Cerebellum) benannt. Die Pfeile, die die einzelnen Zentren miteinander verbinden, geben die Hauptrichtungen des Informationsflusses bei der Durchführung einer Bewegung wieder. Rechts im Bild ist summarisch angegeben, welche Rolle die einzelnen Zentren bei einer solchen Bewegungsaufführung übernehmen.

Jedes Zentrum ist Umschalt- und Verarbeitungsstelle für die einkommende Information. Auffallend ist die Schlüsselstellung des *Motorcortex* (syn. motorischer Cortex). Er erreicht sowohl über den Hirnstamm, als auch ohne Umschaltung direkt über den Tractus cortico-spinalis die motorischen Zentren im Rückenmark. Zusätzlich ziehen Kollaterale des Tractus cortico-spinalis teils zum Hirnstamm, teils wirken sie auf die höher gelegenen motorischen Zentren, also auf das Kleinhirn und die Basalganglien zurück.

Die Abb. 6-9 gibt in einer Seitenansicht die ungefähre *Lage der motorischen Kerngebiete* (Zentren) im Gehirn und Rückenmark durch die rot schraffierten Areale wieder. Alle motorischen Zentren sind paarig angelegt, d. h. sie kommen in der rechten und linken Hirnhälfte je einmal vor, wie das im schematischen Querschnitt des Rückenmarks unten in der Abb. 6-9 für die Motoneuronenkerne angedeutet ist. Die *motorischen Zentren des Hirnstamms* umfassen eine Reihe kleinerer Kerngebiete, die in den verschiedensten Abschnitten des Hirnstamms liegen (vgl. a. Abb. 6-13). Daher ist dort die rote Schraffur nur als sehr ungefähr anzusehen. Die *Basalkerne* (Basalganglien) sind dagegen sehr klar abgegrenzte größere Kernstrukturen, von denen die wichtigsten als *Striatum* (Putamen und Caudatum) und als *Pallidum* bezeichnet werden. Die Basalkerne liegen in unmittelbarer Nähe des *Thalamus,* der das wichtigste sensible Kerngebiet des Gehirns darstellt und gleichzeitig mit einigen seiner Kerne in das motorische System eingebunden ist (vgl. Abb. 6-8). Alle diese Kerne sind von der Hirnrinde überdeckt, daher von außen nicht sichtbar und auch operativ nur durch die Hirnrinde zugänglich. Der *Motorcortex* liegt dagegen weitgehend auf der Oberfläche der Hirnrinde. Das wichtigste, aber nicht das einzige corticale motorische Areal ist die vor der Zentralfurche (Sulcus centralis) liegende Hirnwindung, der Gyrus praecentralis. Der Tractus cortico-spinalis und die corticalen motorischen Efferenzen zum Hirnstamm nehmen von hier, aber auch von umgebenden Arealen ihren Ausgang.

Das **Kleinhirn** (Cerebellum) ist vom übrigen Gehirn deutlich abgegrenzt und mit diesem über dicke Stränge afferenter und efferenter Bah-

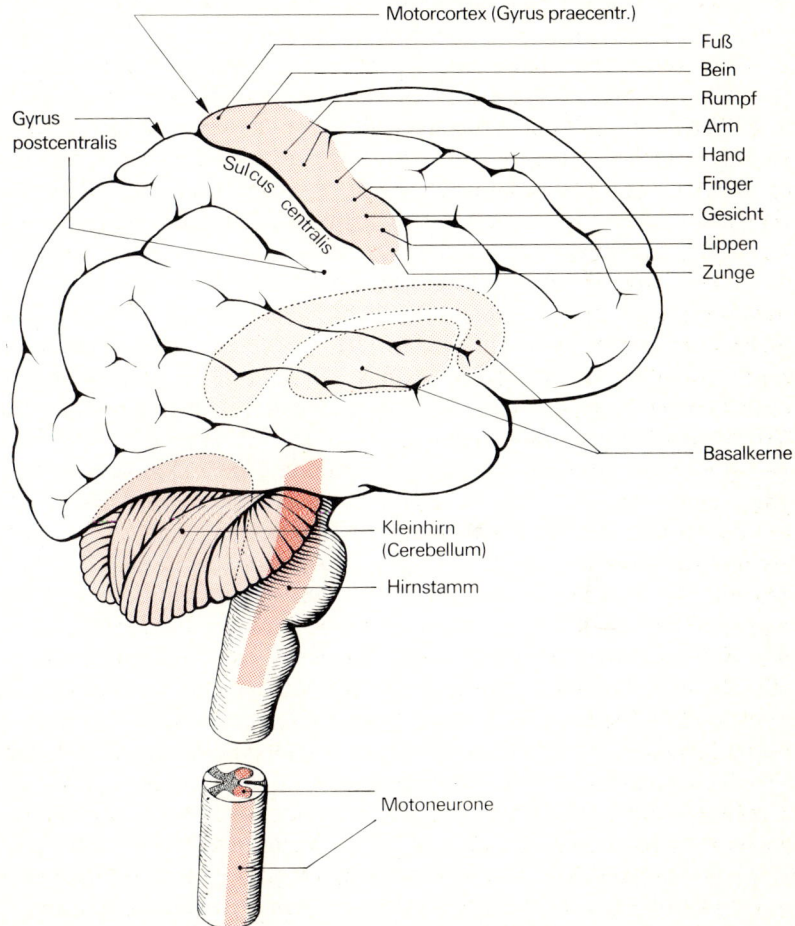

Abb.6-9. Anatomische Lage spinaler und supraspinaler motorischer Zentren *(rote Rasterungen)*. Außerdem zeigt die Abbildung die somatotopische Gliederung des Gyrus praecentralis. Die für die Feinmotorik wichtigen Körperregionen (Haut, Finger, Lippen, Zunge) nehmen große Areale des Gyrus ein. Alle Zentren kommen in der linken und rechten Hirnhälfte vor

nen verbunden (s. Pfeile in Abb. 6-8). Dabei wirken die eintretenden Afferenzen in erster Linie auf die Kleinhirnrinde ein, die ihrerseits auf die Kleinhirnkerne projiziert. Die Efferenzen der Kleinhirnkerne beeinflussen teils über den Thalamus den motorischen Cortex, teils direkt die motorischen Zentren im Hirnstamm. Die Kleinhirnrinde ist deutlich verschieden von der übrigen Hirnrinde. Sie besitzt einen wesentlich einfacheren, nämlich einen drei- statt sechsschichtigen Aufbau und ist auch anders gefaltet als die Großhirnrinde. Das Kleinhirn ist daher auch für das ungeübte Auge an einem Gehirnpräparat sofort zu erkennen.

Der Tractus cortico-spinalis. Den Verlauf des Tractus cortico-spinalis zeigt in mehr Detail die Abb. 6-10. Diese Bahn, die vom Motorcortex, also von Arealen in und um den Gyrus praecentralis, ununterbrochen bis ins Rükkenmark zieht, durchläuft im Hirnstamm eine Struktur, die als Pyramide bezeichnet wird. Daher heißt die cortico-spinale Bahn auch *Pyramidenbahn*. Die Axone des Tractus cortico-spinalis, die beim Menschen zum Teil über ein Meter lang sind, ziehen zunächst zwischen Thalamus und den Basalkernen in den Hirnstamm. Diese Gegend bezeichnen wir als *Capsula interna* (innere Kapsel) des Gehirns, da hier die Pyramidenbahn und andere Bahnen den Thalamus wie eine Kapsel einhüllen. Diese Gegend ist klinisch sehr wichtig, da es hier häufig durch Blutungen und Verstopfungen der Blutgefäße (z. B. infolge Arteriosklerose) zu einer Leitungsunterbrechung motorischer Bahnen mit entsprechender lebensbedrohender Symptomatik kommt (sogenannter *Hirnschlag* oder *Schlaganfall*). Dabei sind *neben dem Tractus cortico-spinalis immer auch andere motorische Bahnen* vom Cortex zum Hirnstamm betroffen.

Aus der Capsula interna tritt die Pyramidenbahn in den *Hirnstamm* ein. Ein Großteil der Fasern kreuzt hier auf die andere Seite und zieht nach der Kreuzung im postero-lateralen Quadranten (hinteren-seitlichen Viertel) des Rückenmarks nach caudal (abwärts, „zum Schwanz hin"). Der andere, kleinere Teil verläuft ungekreuzt in den antero-medialen Abschnitten des Rückenmarks nach caudal. Dieser Anteil der Pyramidenbahn erreicht in der Regel nur das Cervical-(Hals)mark und das Thorakal-(Brust)mark, nicht das Lumbal-(Lenden)mark. Von den etwa eine Million Fasern jedes cortico-spinalen Trakts (nur ein Trakt ist in Abb. 6-10 gezeichnet) kreuzen im unteren Teil des Hirnstamms 75–90% der Fasern (diese Kreuzungsstelle heißt ihrer Form wegen *Pyramide*), die anderen Axone bleiben ipsilateral. Unterbrechung einer Pyramidenbahn und der anderen motorischen efferenten Bahnen (vgl. Abb. 6-11) in der Capsula interna wird also vorwiegend zu klinischen *Symptomen auf der kontralateralen Seite* der Schädigungen führen (vgl. auch Abb. 9-12).

Im *Rückenmark* enden die Axone des Tractus cortico-spinalis. Die ungekreuzten Axone kreuzen dabei zum Teil auf segmentaler Ebene auf die

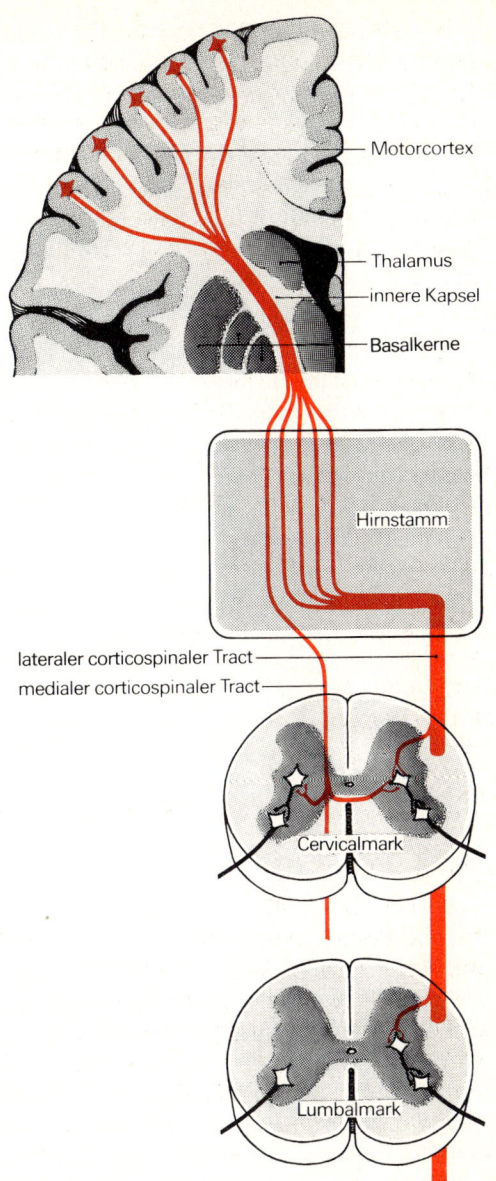

Abb. 6-10. Schematische Darstellung des Verlaufs des Tractus cortico-spinalis (*rot* eingezeichnet) vom Motorcortex zum Rückenmark. Die Kollateralen zu den Basalganglien, dem Kleinhirn und den motorischen Zentren des Hirnstammes sind zur Vereinfachung weggelassen (vgl. Abb. 6-8). Ausführliche Beschreibung im Text

contralaterale Seite, so daß sich der Prozentsatz der gekreuzten Axone noch weiter erhöht. Die Pyramidenbahnaxone enden nur zum geringen Teil direkt an Motoneuronen, zum größeren Teil wirken sie über segmentale Interneurone auf die Motoneuronenkerngebiete ein (vgl. Abb. 6-8).

179

Dabei wirken die von einem umschriebenen Areal des Motorcortex ausgehenden Axone immer auf bestimmte periphere Muskeln, d. h. der *Motorcortex ist somatotopisch organisiert.* Für den Gyrus praecentralis ist diese somatotopische Organisation in Abb. 6-9 gezeigt: die Neurone zu den Fußmuskeln liegen am weitesten medial, die zum Gesicht, zu den Lippen und der Zunge am weitesten lateral. Es fällt auf, daß die Areale der Vorderextremität und des Gesichts besonders viel Platz auf dem Gyrus praecentralis einnehmen. Die funktionelle Bedeutung dieses Befundes wird in Abschnitt 6.5 erläutert.

Fassen wir zusammen: die cortico-spinalen Bahnen nehmen ihren Ausgang von Zellen des Motorcortex. Die Mehrzahl der cortico-spinalen Axone kreuzt im Hirnstamm auf die contralaterale Seite und zieht im lateralen cortico-spinalen Trakt des Rückenmarks nach caudal. Auf segmentaler Ebene enden die Axone der cortico-spinalen Bahn vorwiegend an Inter(Zwischen)neuronen. Es besteht eine Zuordnung zwischen Arealen des Motorcortex und Muskelgruppen der Peripherie: der Motorcortex ist somatotopisch organisiert.

Corticale motorische Efferenzen zum Hirnstamm. Etwa die gleichen motorischen Areale, aus denen der Tractus cortico-spinalis entspringt, sind auch der Ursprungsort der corticalen motorischen Efferenzen zum Hirnstamm. Anders als der Tractus cortico-spinalis *kreuzen diese Bahnen nicht in der Pyramide.* Man faßt sie daher, ebenso wie alle anderen in den Hirnstamm absteigenden und dort nach Umschaltung sich in das Rückenmark fortsetzenden Bahnen als *extrapyramidale Bahnen* zusammen. *Dies ist eine rein anatomische Unterscheidung.* Ob ihr eventuell auch eine funktionelle Bedeutung zukommt (wie häufig behauptet wird), wird im Abschnitt 6.5 näher beleuchtet.

In Abb. 6-11 sind die vier wichtigsten extrapyramidalen *Verbindungen zwischen Motorcortex und Hirnstamm* angegeben: 1. direkt vom Cortex zum Hirnstamm (durch die Capsula interna); 2. und 3. einmalige Umschaltung entweder im Striatum oder im Pallidum; 4. zweimalige Umschaltung zunächst im Striatum, dann im Pallidum (nicht umgekehrt). Die Axone enden im Hirnstamm, ohne daß sie auf die andere Seite gekreuzt haben. Diese Kreuzung geschieht in der Regel nach Umschaltung auf die Hirnstamm-Neurone selbst (Abb. 6-11). Vom Hirnstamm nehmen dann eine Reihe extrapyramidaler motorischer Bahnen ihren Ausgang. In Abb. 6-11 sind die vier wichtigsten eingezeichnet. Ihre Namen leiten sich vom Ursprungsort im Hirnstamm (Formatio reticularis, Vestibulariskerne, Nucleus ruber) und ihrem Verlauf im Rückenmark (med., lat.) ab. Sie heißen Tractus reticulo-spinalis lateralis, Tractus reticulo-spinalis medialis, Tractus vestibulo-spinalis, Tractus rubro-spinalis.

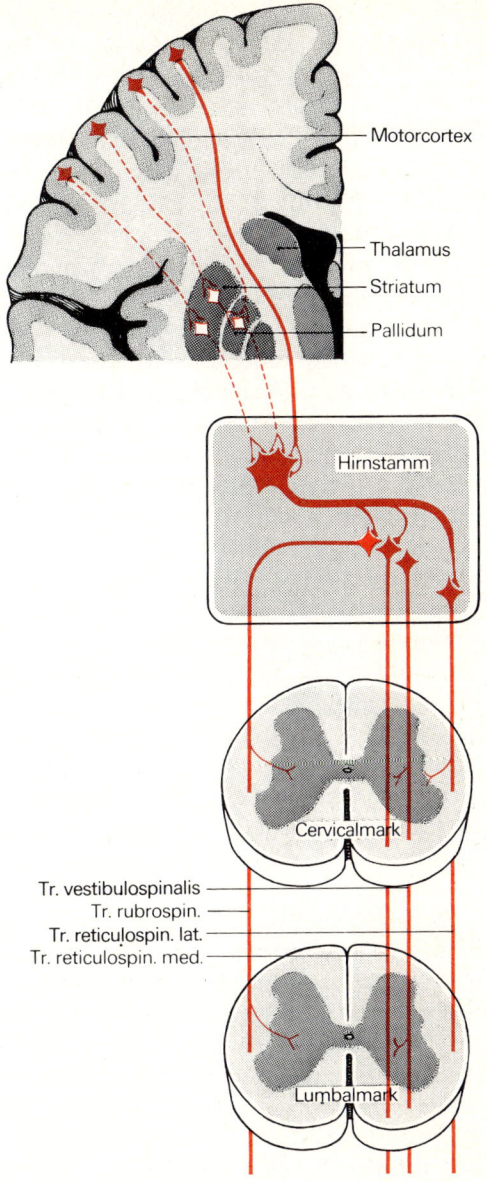

Abb. 6-11. Schematische Darstellung des Verlaufs der wichtigsten extrapyramidalen Bahnen (*rot* eingezeichnet) von den supraspinalen motorischen Zentren in das Rückenmark. Das dick eingezeichnete Neuron im Hirnstamm symbolisiert, daß die meisten extrapyramidalmotorischen Bahnen im Hirnstamm auf die contralaterale Seite kreuzen. Die gestrichelt eingezeichneten Bahnen vom Motorcortex zu den Basalkernen sind teils Kollaterale des Tractus cortico-spinalis, teils davon getrennte Efferenzen. Letztere sind in Abb. 6-8 nicht eingetragen. Im einzelnen sind die Verbindungen der an der Motorik beteiligten Hirnstammstrukturen außerordentlich komplex und hier nur grob vereinfacht wiedergegeben. Bezüglich der Basalkerne sei hervorgehoben, daß deren Verbindungen über den Thalamus zum Motorcortex (s. Abb. 6-8, S. 175 und Abb. 6-17, S. 196) funktionell wichtiger sind als die hier eingezeichneten Bahnen vom Motorcortex zu ihnen

Eine direkte Zuordnung der vom Motorcortex ausgehenden extrapyramidalen Bahnen zu den motorischen Zentren des Hirnstammes ist wegen der komplexen Vermaschung der aus Cortex, Kleinhirn und Basalganglien in den Hirnstamm eintretenden motorischen Bahnen (vgl.

Abb. 6-8) nur bedingt möglich. Im wesentlichen handelt es sich aber vor allem um *corticorubrale Verbindungen,* die sich nach Umschaltung in den Tractus rubro-spinalis fortsetzen, und *corticoreticuläre Verbindungen* von denen die Tractus reticulo-spinalis medialis bzw. lateralis ausgehen (Abb. 6-11). Der *Nucleus ruber* erhält außerdem starke Zuflüsse vom Kleinhirn, während die Ursprungszellen des *Tractus vestibulo-spinalis* vor allem unter dem Einfluß der Gleichgewichtsorgane stehen.

Die Lage der wichtigsten motorischen Zentren des Nervensystems und ihre Hauptverbindungswege sind damit beschrieben. Ihr mikroskopischer Aufbau, d. h. die Anordnung und Verknüpfung der in den einzelnen Kerngebieten vorkommenden Neurone, wird weitgehend ausgelassen, weil uns derzeit noch zu wenig über die Zusammenhänge zwischen Funktion der supraspinalen Gehirnregionen und ihrem mikroskopischen Aufbau bekannt ist. In dieser Hinsicht am besten erforscht ist die Kleinhirnrinde, deren relativ einfacher histologischer Aufbau (s. weiter unten, Aufbau der Kleinhirnrinde) die Erforschung ihrer physiologischen Funktion erleichtert. Dagegen ist der Motorcortex, wie die gesamte Hirnrinde, wesentlich komplexer aufgebaut und damit weitaus schwieriger zu analysieren. Seine Struktur soll daher hier nur kurz besprochen werden.

Aufbau des motorischen Cortex. Wie in der gesamten Großhirnrinde (vgl. Abschnitt 9.1, S. 276), so wechseln sich auch im Motorcortex Schichten, die vorwiegend Zellkörper enthalten, mit solchen ab, die vorwiegend Axone enthalten, so daß die frisch angeschnittene Rinde ein streifiges Aussehen zeigt. Der Gyrus praecentralis ist vor allem gekennzeichnet durch seine beträchtliche Dicke von 3,5–4,5 mm und durch die *Riesenpyramidenzellen* (*Betzsche Zellen,* Durchmesser 50–100 μm) in der V. Rindenschicht (von der Oberfläche nach der Tiefe gezählt). Diese und andere weniger große Pyramidenzellen in der III. Schicht sind die Ursprungszellen des Tractus cortico-spinalis, ihre Axone ziehen nach unten in Richtung innere Kapsel, ihre Dendriten streben großenteils der Rindenoberfläche zu. Die Benennung der Pyramidenzellen erfolgte auf Grund ihrer Form, lange bevor bekannt wurde, daß sie zum Teil die Ursprungszellen der Pyramidenbahn sind; die Übereinstimmung in der Namensgebung ist also zufällig, auch in anderen Hirnarealen gibt es Pyramidenzellen. Von den Riesenpyramidenzellen gehen die schnellsten Axone des Tractus cortico-spinalis aus (Leitungsgeschwindigkeit 60–90 m/s), aber sie machen nur etwa 3% (30000 von 10^6 pro Hirnhälfte) der Pyramidenzellaxone aus, alle anderen leiten wesentlich langsamer. Neurone wie die Betz-Zellen, deren Axone die integrierte Information aus der Großhirnrinde in die Peripherie tragen, sind weitaus weniger zahlreich als die anderen corticalen Neurone, deren Axone innerhalb der Rinde bleiben oder zu anderen ipsi- oder contralateralen Rindenabschnitten ziehen, also der corticalen Informationsverarbeitung dienen. Die nach subcortical projizierenden corticalen Efferenzen bezeichnet man als *Projektionsfasern,* diejenigen, die zu anderen ipsi- bzw. contralateralen Rindenabschnitten ziehen, als *Associations-* bzw. *Commissurenfasern* (vgl. Abb. 9-3, S. 280). Im ganzen liegen die Neurone der Associations- und Commissurenfasern mehr in den oberflächigen Rindenschichten, die der Projektionsfasern in den tieferen.

Aufbau der Kleinhirnrinde. Im Gegensatz zur Großhirnrinde hat die *Kleinhirnrinde* nur drei deutlich voneinander getrennte Schichten, die außerdem in allen Abschnitten der Kleinhirnrinde praktisch gleich aussehen. Die oberflächliche Schicht, in Abb. 6-12 als *Molekularschicht* bezeichnet, wird von der untersten Schicht, der *Körnerschicht,* durch eine Lage Purkinje-Zellen, die *Purkinje-Zell-Schicht,* getrennt. Molekularschicht und Körnerschicht erhielten ihren Namen durch ihr feingepunktetes bzw. gekörntes Aussehen im frischen Rindenquerschnitt. Die zwischen den beiden Schichten liegenden *Purkinje-Zellen* sind große Neurone mit einem weit in die Molekularschicht sich verzweigenden Dendritenbaum. Eine solche Purkinje-Zelle wurde bereits in Abb. 1-3 gezeigt. Außer den Purkinje-Zellen finden sich in der Kleinhirnrinde noch zwei weitere Haupt-Zelltypen, einer in der Körnerschicht, die *Körnerzellen,* und einer in der Molekularschicht, die *Korbzellen.* Insgesamt finden sich also in der Kleinhirnrinde drei Haupt-Zelltypen. (Drei weitere Zelltypen werden hier nicht erwähnt.)

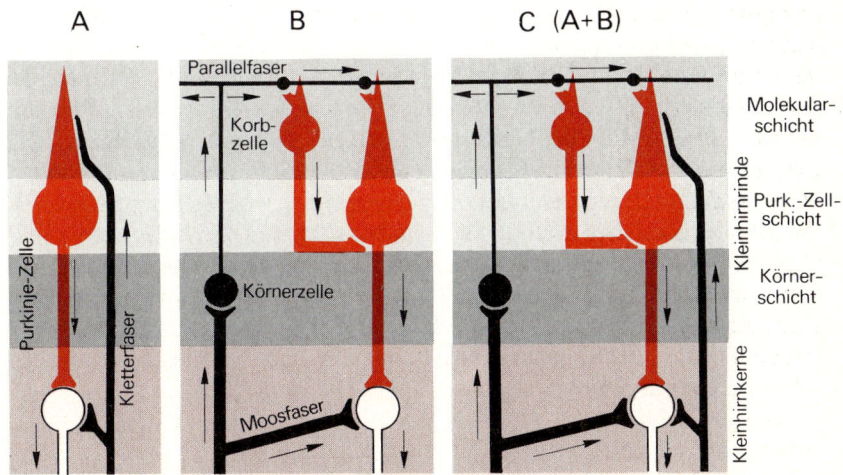

Abb. 6-12. A–C. Die wichtigsten neuronalen Schaltkreise des Kleinhirns. **A** synaptische Verbindungen der Kletterfasern; **B** synaptische Verbindungen der Moosfasern; **C** die afferenten Zuflüsse einer Purkinje-Zelle von den Moos- und Kletterfasern. Ausführliche Diskussion der anatomischen Verknüpfungen in diesem Abschnitt und der Funktion im Abschnitt 6.5

In die Kleinhirnrinde treten zwei Arten von Axonen (Fasern) ein. In Abb. 6-12 A ist eine davon als *Kletterfaser* bezeichnet. Sie durchläuft die Körnerschicht und endet in der Molekularschicht an den Dendriten der Purkinje-Zellen. Dabei „klettern" die Verzweigungen der Kletterfasern an den Asten des Dendritenbaumes hoch und ranken sich wie Efeu um seine Zweige herum. Die andere Faser wird als *Moosfaser* bezeichnet (Abb. 6-12 B). Sie endet bereits in der Körnerschicht an den Körnerzellen. Deren Axone ziehen zwischen den Purkinje-Zellen in die Molekularschicht und teilen sich dort T-förmig in zwei Axon-Kollaterale auf. Diese Axone werden als *Parallelfasern* bezeichnet (sie sehen im Querschnitt wie kleine Punkte, also wie „Moleküle" aus!). Jede der Parallelfasern hat eine Länge von etwa 2–3 mm, wobei sie auf einigen Dutzend bis einigen Hundert *Dendriten* zweier Zelltypen Synapsen bildet: den Korbzellen und den Purkinje-Zellen. Die *Korbzellen* senden wiederum ihre Axone zum *Soma* der Purkinje-Zellen. Die Moosfasern erreichen die Purkinje-Zellen also nicht direkt (wie die Kletterfasern), sondern über ein bzw. zwei Interneurone, die Körnerzelle und die Korbzelle.

Aus der Kleinhirnrinde laufen nur die *Axone der Purkinje-Zellen* zu den *Neuronen der Kleinhirnkerne*. Diese Kleinhirnkernneurone erhalten außerdem Kollateralen der Kletterfasern (Abb. 6-12 A) und der Moosfasern (Abb. 6-12 B). Wir können also sagen, die Kleinhirnrinde hat *zwei „Eingänge"*, die Moosfasern und die Kletterfasern, und *einen „Ausgang"*, die Axone der Purkinje-Zellen. Die gesamte Informationsverarbeitung der Kleinhirnrinde geschieht also in Neuronennetzwerken, wie eines in Abb. 6-12 C aus den Teilabbildungen A und B zusammengesetzt wurde. Insgesamt besitzt die menschliche Kleinhirnrinde etwa 15 Millionen Purkinje-Zellen. Jede davon erhält Synapsen von nur einer einzelnen Kletterfaser, aber von vielen Tausend Parallelfasern und einigen Dutzend Korbzellen. Die Funktion der Kleinhirnrinde wird von den räumlichen Verknüpfungen dieser Bahnen, der erregenden oder hemmenden Polarität der Schaltstellen und der zeitlichen Abfolge der synaptischen und der Aktionspotentiale abhängen. Die wichtigsten Tatsachen darüber werden im Abschnitt 6.5 berichtet.

Überprüfen Sie jetzt Ihr neu erarbeitetes Wissen:

F 6.11 Welche der folgenden Strukturen hat/haben vorwiegend motorische Funktion
    a) Thalamus,
    b) Gyrus postcentralis,
    c) Sulcus centralis,
    d) Pallidum,
    e) Hinterhorn des Rückenmarks.

F 6.12 Der Tractus cortico-spinalis (mehrere Behauptungen können richtig sein)

a) wird nur im Hirnstamm umgeschaltet,
b) kreuzt zu 75–90% auf die contralaterale Seite,
c) hat seinen Ursprung vorwiegend im Gyrus postcentralis,
d) endet vorwiegend an medullären (spinalen) Interneuronen,
e) wird auch als Pyramidenbahn bezeichnet.

F 6.13 Welche der folgenden Aussage(n) ist/sind falsch?

a) Eine Unterbrechung der motorischen Bahnen in der Capsula interna führt zu motorischen Störungen (Lähmungen) auf der der Schädigung gegenüberliegenden Körperhälfte.
b) Vom Motorcortex ausgehende extrapyramidale efferente Axone enden spätestens im Hirnstamm.
c) Der Gyrus praecentralis ist somatotopisch organisiert, d. h. bestimmte Areale versorgen bestimmte periphere Muskeln oder Muskelgruppen.
d) Alle vom Hirnstamm ausgehenden extrapyramidalen Bahnen verlaufen ungekreuzt.

F 6.14 Die *Dendriten* der Purkinje-Zellen des Kleinhirns erhalten Synapsen von

a) den Parallelfasern der Körnerzellen,
b) den Moosfasern,
c) den Kletterfasern,
d) den Axonen der Korbzellen.

F 6.15 Die folgenden Axone treten als afferente „Eingänge" in die Kleinhirnrinde ein

a) Moosfasern,
b) Parallelfasern,
c) Purkinje-Zellaxone,
d) Kletterfasern.

6.4 Reflektorische Kontrolle der Körperstellung im Raum

Dieser Abschnitt beschreibt die *Leistungen der motorischen Zentren des Hirnstammes.* Experimentell lassen sich diese untersuchen, indem man die Verbindungen des Hirnstammes zu den höher gelegenen motorischen Zentren, also zu den Basalganglien und zur Hirnrinde, unterbricht und eventuell auch das Kleinhirn ausschaltet. Neben solchen kompletten Querschnittsdurchtrennungen haben auch mehr isolierte Reiz- und Ausschaltversuche zu unseren Kenntnissen über die motorischen Zentren des Hirnstamms beigetragen. Es hat sich herausgestellt, daß diese Zentren hauptsächlich für die *reflektorische Kontrolle der Körperstellung im Raum* verantwortlich sind. Für diese Aufgabe verwerten sie die afferenten Meldungen zahlreicher Receptoren des Organismus. Besonders wichtig sind dabei die Receptoren der Gleichgewichtsorgane (die auf beiden Seiten im Innenohr liegen) und die Dehnungs- und Gelenkreceptoren der Halsmuskulatur. Mit ihrer Hilfe ist den motorischen Zentren des Hirnstammes eine kontinuierliche, völlig unwillkürliche Einstellung und Aufrechterhaltung der normalen Körperhaltung möglich.

Anteile des Hirnstammes und ihre Zuflüsse. Als *Hirnstamm* im physiologischen Sinne bezeichnen wir die auf dem Längsschnitt (Sagittalschnitt) in Abb. 6-13 hervorgehobenen und mit 1 bis 3 bezeichneten Abschnitte des Zentralnervensystems. Caudal geht der Hirnstamm in das Rückenmark über, nach rostral (cranial) schließt sich das Zwischenhirn (Diencephalon)

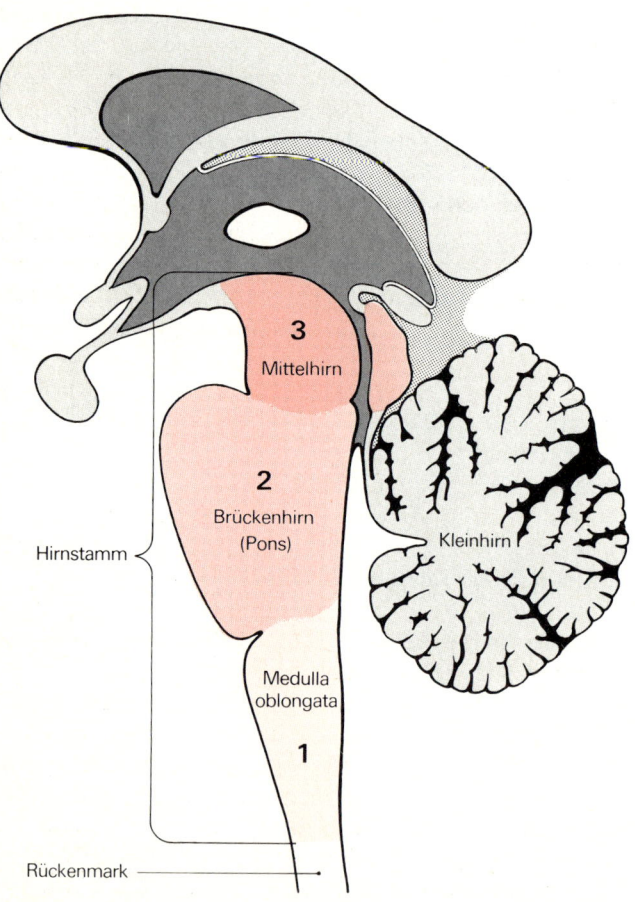

Abb. 6-13. Anatomische Lage der wichtigsten Anteile des Hirnstamms. Erläuterungen im Text

186

an, das vor allem die sensiblen Kerne des Thalamus und den Hypothalamus mit wichtigen Zentren des autonomen (vegetativen) Nervensystems enthält. Im Hirnstamm lassen sich von caudal nach cranial histologisch, entwicklungsgeschichtlich und zum Teil auch funktionell drei Anteile gegeneinander abgrenzen, nämlich 1. *Medulla oblongata* (verlängertes Mark), 2. *Pons* (Brückenhirn) und 3. *Mittelhirn* (Mesencephalon). Cranial vom Hirnstamm liegen die motorischen Zentren der Basalganglien und des Motorcortex (vgl. Abb. 6-8 und 6-9), die über Kollateralen des Tractus cortico-spinalis und extrapyramidale Bahnen mit dem Hirnstamm verbunden sind (vgl. Abb. 6-11). Außer diesen sind noch weitere Zuflüsse für die motorischen Zentren des Hirnstammes wichtig. Wie Abb. 6-14 zusammenfaßt, sind dies einmal Receptoren aus der Körperperipherie (von Haut, Muskeln und Gelenken), zum anderen das Kleinhirn und schließlich das Gleichgewichtsorgan.

Das *Gleichgewichtsorgan* liegt unmittelbar neben dem Innenohrapparat. Beide werden von einem gemeinsamen Hirnnerven versorgt, dem N. statoacusticus. Die Hohlräume beider Organe stehen in offener Verbindung miteinander. Sie sind schon in ihrer Form sehr komplexe Strukturen und werden daher gemeinsam als *Labyrinth* bezeichnet. Das Labyrinth ist völlig im Knochen des Schläfenbeins eingebettet und deswegen experimentell und klinisch-operativ nur schwer zugänglich. Das Gleichgewichts-

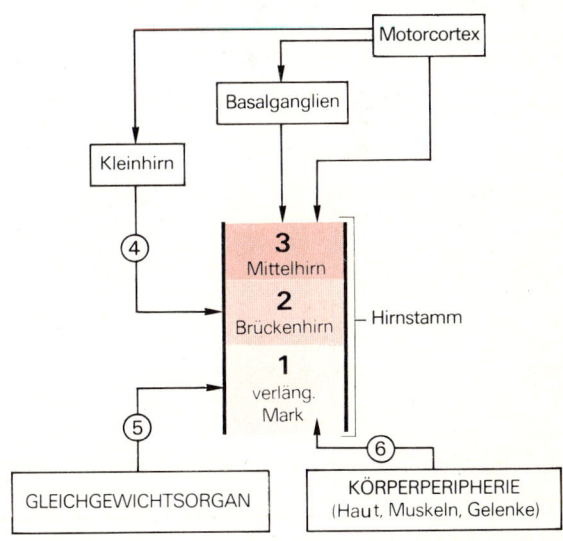

Abb. 6-14. Zuflüsse zu den motorischen Zentren des Hirnstammes. Die Ziffern 1 bis 3 bezeichnen die in Abb. 6-13 mit den gleichen Ziffern versehenen Hirnabschnitte

organ vermittelt uns sowohl Information über die *Stellung unseres Kopfes im Raum* (die wir auch bei geschlossenen Augen und Fehlen anderer Anhaltspunkte genau angeben können), wie auch über *Winkelbeschleunigungen* (bei Drehungen) und *Progressivbeschleunigungen* (Fahrstuhl). Und zwar werden sowohl positive als auch negative Beschleunigungen angezeigt. (Das Gleichgewichtsorgan ist ein träges Meßsystem. Es führt daher oft auch nach Aufhören einer Beschleunigung zu Sinnesempfindungen, so z. B. bei plötzlichem Anhalten nach längerem Drehen. Sind die Augen geöffnet, so werden dem ZNS dann zwei sich widersprechende afferente Informationen zugeführt. Dies führt subjektiv zu Schwindelempfindungen, objektiv zu gestörter motorischer Koordination. Für weitere Einzelheiten siehe „Grundriß der Sinnesphysiologie".)

Querschnittsdurchtrennungen im Hirnstamm. Die Einflüsse der cranial vom Hirnstamm liegenden motorischen Zentren, also der Basalganglien und der motorischen Hirnrinde, kann man durch eine Querschnittsdurchtrennung an der oberen Grenze des Hirnstammes ausschalten. (Um alle Zweifel zu beheben, wird das rostral der Schnittstelle gelegene Hirngewebe meist völlig entfernt). Ein solches Tier nennt man ein *Mittelhirntier* (Abb. 6-15 A), da das Mittelhirn der höchste noch intakte Abschnitt des ZNS ist. Erfolgt die Schnittführung etwas tiefer, etwa an der Grenze zwischen Mittelhirn und Pons, so wird ein solches Tier als *decerebriertes Tier* bezeichnet (Abb. 6-15 B). Bei diesem Tier sind nur noch Medulla oblongata und Pons über das Rückenmark mit dem Organismus verbunden. Bei-

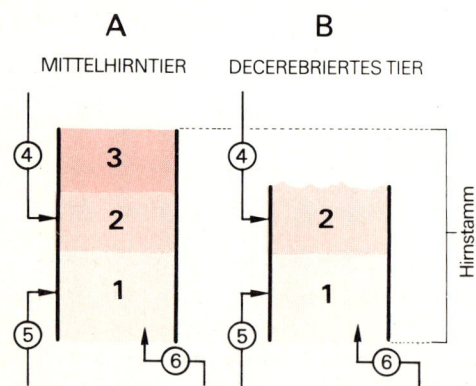

Abb. 6-15 A, B. Schematische Darstellung der bei einem Mittelhirntier **(A)** und bei einem decerebrierten Tier **(B)** mit dem Organismus noch verbundenen Abschnitte des Hirnstammes, sowie deren zentrale und periphere für die Motorik wichtigen Zuflüsse. Die Ziffern 1 bis 3 bezeichnen die in Abb. 6-13 und 6-14 mit den gleichen Ziffern versehenen Hirnabschnitte. Die afferenten Zuflüsse 4–6 entsprechen denen in Abb. 6-14, nämlich Kleinhirn, Gleichgewichtsorgan und Körperperipherie

de, das Mittelhirntier und das decerebrierte Tier, verfügen über die gleichen afferenten Zuflüsse. Auch die Verbindungen zum Kleinhirn bleiben erhalten.

Motorische Leistungen des decerebrierten Tieres, Haltereflexe. Bei akuten Durchtrennungen des Rückenmarks (Spinalisation, Querschnittslähmungen) ist die periphere Muskulatur entweder völlig schlaff oder der Tonus der Flexoren überwiegt. Der querschnittsgelähmte Mensch, bzw. ein Spinaltier, ist nicht in der Lage zu stehen (s. Abschnitt 6.2). Beim decerebrierten Tier finden wir dagegen eine starke *Tonuserhöhung der gesamten Extensormuskulatur.* Das Tier hält dadurch alle vier Extremitäten in maximaler Streckstellung. Kopf und Schwanz sind zum Rücken hin gebogen. Man bezeichnet dieses Bild als *Enthirnungs-* oder *Decerebrationsstarre.* Wird ein decerebriertes Tier aufgerichtet, so bleibt es stehen, da durch den hohen Tonus der Extensormuskulatur die Gelenke nicht einknicken. Die unnatürliche, überstreckte Haltung des Tieres wirkt wie eine Karikatur des normalen Stehens. Da das decerebrierte Tier aufrecht stehen bleibt, das spinalisierte Tier aber nicht, ist zu schließen, daß Medulla oblongata und Pons motorische Zentren enthalten, die den Muskeltonus der Extremitäten so steuern, daß diese das Gewicht des Körpers tragen können. Der stark erhöhte Extensortonus im decerebrierten Tier (Decerebrationsstarre) zeigt an, daß diese Zentren durch die Ausschaltung höher gelegener Hirnabschnitte „enthemmt" (disinhibiert) wurden.

Die *Tonusverteilung der Muskulatur* eines decerebrierten Tieres kann durch passives Bewegen des Kopfes verändert werden. Da Bewegungen des Kopfes einmal die Stellung des Kopfes im Raum, zum anderen die Stellung des Kopfes relativ zum Körper ändern, kann diese Tonusveränderung durch Meldungen aus dem Gleichgewichtsorgan und/oder der Halsmuskulatur hervorgerufen werden. Es ist daher notwendig, die Tonusänderungen nach Ausschalten der einen oder anderen Informationsquelle zu untersuchen. Entfernt man beispielsweise beide Labyrinthe, so wird die Stellung des Kopfes im Raum nicht mehr angezeigt, die Receptoren der Halsmuskulatur und der Gelenke der Halswirbelsäule werden aber jede Änderung der Kopfstellung relativ zur Körperstellung melden. Diese Meldungen führen in den motorischen Zentren des Hirnstammes zu entsprechenden, sinnvollen Korrekturen der Tonusverteilung der Körpermuskulatur. Wir werden jetzt Beispiele solcher *Halsreflexe* kennenlernen, die, da sie zu einer Änderung der Tonusverteilung der Muskulatur führen, auch *tonische Halsreflexe* genannt werden.

Wird bei einem decerebrierten Tier, dessen Labyrinthe entfernt wurden, der Kopf nach oben gebeugt (roter Pfeil in Abb. 6-16 A), so ändert sich der Tonus der Extremitätenmuskulatur wie angezeigt: der Streckertonus der Hinterextremität verringert sich, der der Vorderextremität erhöht sich. Beim Beugen des Kopfes nach unten (roter Pfeil in Abb. 6-16 B) treten umgekehrte Änderungen der Tonusverteilung auf: der Streckertonus der Vorderextremitäten verringert sich, der der Hinterextremitäten erhöht sich. Ein drittes Beispiel: wird der Kopf nach der Seite gewendet, also das Gleichgewicht der Korperhaltung gestört, so wird dies durch entsprechende Tonuserhöhung der Extremitätenmuskulatur kompensiert. Beim Drehen des Kopfes nach rechts (und damit Verlagerung des Körpergewichts auf die rechte Seite) erhöht sich also der Extensortonus der beiden rechten Extremitäten. In allen drei Fällen wird die neue Körperhaltung solange beibehalten, wie der Kopf in der veränderten Stellung verbleibt. Man bezeichnet diese tonischen Halsreflexe daher als *Haltereflexe,* manchmal auch als Stehreflexe, da sie am ruhig stehenden Tier beobachtet werden.

Nicht nur von den Receptoren der Halsmuskulatur, sondern auch von den Labyrinthen lassen sich Haltereflexe auslösen, die analog dem eben Gesagten als *tonische Labyrinthreflexe* bezeichnet werden. Sie werden hier nicht im einzelnen beschrieben, aber es kann ganz allgemein festgehalten werden, daß die Streckmuskeln der vier Gliedmaßen bei diesen Reflexen stets gleichsinnig reagieren.

Ein interessanter Sonderfall der Haltereflexe wird durch die *kompensatorischen Augenstellungen* gebildet. Diese Bewegungen der Augäpfel sorgen dafür, daß sich bei Kopfbewegungen die Lage der Gesichtsfelder nicht ändert, die Netzhautbilder also stehen bleiben. Beim Menschen und bei Tieren mit frontalen Augen wird dies vorwiegend durch die optischen Meldungen der sich überlappenden Gesichtsfelder erreicht, aber bei Tieren mit seitlich angeordneten Augen, bei denen sich die Gesichtsfelder beider Augen wenig oder nicht überlappen, wird die Spannungsverteilung der Augenmuskulatur weitgehend durch das Zusammenarbeiten von Labyrinth- und Halsreflexen beherrscht. Dreht man z. B. den Kopf eines Kaninchens so, daß die rechte Gesichtshälfte nach unten weist, so wird das rechte Auge nach rechts-oben und das linke (oben befindliche Auge) nach rechts-unten abgelenkt. Es wird hierdurch, bis zu einem gewissen Grade, erreicht, daß die Augen der Kopfstellung nicht folgen, sondern ihre Lage zum Horizont beibehalten.

Zusammenfassend ist festzuhalten: Die motorischen Zentren in Pons und Medulla oblongata sind nicht nur in der Lage, den Tonus der Extremitätenmuskulatur so hoch zu halten, daß der Körper entgegen der Schwerkraft stehen bleibt, sondern sie können diesen hohen Extensortonus *(Decerebrationsstarre)* durch entsprechende Meldungen aus den Labyrinthen (über die Stellung des Kopfes im Raum) und aus den Receptoren der Halsmuskeln und -gelenke (über die Stellung des Kopfes zum Rumpf) *in zweckmäßiger Weise modifizieren.* Diese *Haltereflexe* werden je nach der beteiligten Receptorgruppe als *tonische Halsreflexe* und *tonische Labyrinthreflexe* bezeichnet. Am intakten Tier stellen diese und ihnen verwandte Reflexe einen *Vorrat an elementaren Haltungsprogrammen* dar, deren sich der Körper nach Bedarf bedient.

Motorische Leistungen des Mittelhirntieres, Stellreflexe. Ein decerebriertes Tier bleibt stehen, wenn man es hinstellt. Es fällt aber um, wenn man es anstößt, und es richtet sich nach dem Umfallen nicht mehr auf. Auch das starke Überwiegen des Extensortonus entspricht nicht der Tonusverteilung des normalen Stehens, bei dem die Beuger und Strecker zur Fixation eines Gelenks etwa gleichmäßig aktiviert werden. Läßt man jedoch neben Medulla oblongata und Pons auch das Mittelhirn in Verbindung mit dem Rückenmark (Mittelhirntier), so werden die motorischen Fähigkeiten des Organismus erheblich verbessert und erweitert. Die zwei bemerkenswerten Unterschiede zum decerebrierten Tier sind: 1. das *Mittelhirntier hat kei-*

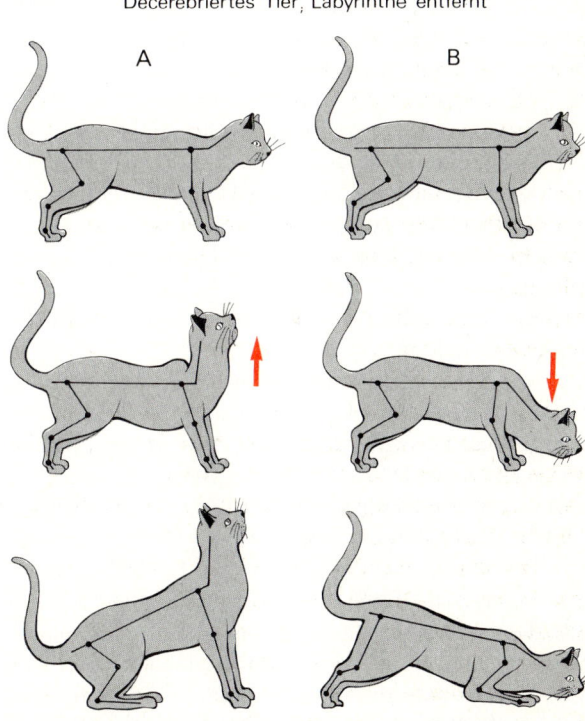

Decerebriertes Tier, Labyrinthe entfernt

Abb. 6-16 A, B. Auslösen von Haltereflexen (Stehreflexen) bei einem decerebrierten Tier, dessen Gleichgewichtsorgane (Labyrinthe) entfernt wurden. Passive Beugung des Kopfes nach oben (*roter Pfeil* in **A**) führt zu einer Verminderung des Strecktonus in den Hinterextremitäten und zu einer Erhöhung des Strecktonus in den Vorderextremitäten. Passive Beugung des Kopfes nach unten (*roter Pfeil* in **B**) hat den umgekehrten Effekt

ne Decerebrationsstarre, d.h. die einseitige Bevorzugung der Streckmuskeln fällt fort; 2. das **Mittelhirntier vermag sich selbst zu stellen.** Da sich, wie Abb. 6-15 zeigt, die motorisch-relevanten Zuflüsse zum Hirnstamm des Mittelhirntieres nicht von denen des decerebrierten Tieres unterscheiden, müssen die Verbesserungen in den motorischen Leistungen des Mittelhirntieres gegenüber denen des decerebrierten Tieres überwiegend durch die motorischen Zentren des Mittelhirns bedingt sein.

Die fehlende Decerebrationsstarre bei dem in normaler Körperhaltung stehenden Mittelhirntier läßt darauf schließen, daß die Tonusverteilung in den Flexoren und Extensoren dieses Tieres physiologischer ist als die des decerebrierten Tieres. Noch wichtiger als das Fehlen der Decerebrationsstarre ist die Fähigkeit des Mittelhirntieres, sich in die normale Körperstellung aufzustellen. Aus allen abnormen Lagen wird jeweils die Grundhaltung reflektorisch und mit vollständiger Sicherheit eingenommen. Diejenigen Reflexe, die das Aufstellen in die normale Körperstellung bewirken, bezeichnen wir als **Stellreflexe.** Es hat sich gezeigt, daß das Aufrichten in die normale Körperstellung, also der Ablauf der Stellreflexe, in einer bestimmten Reihenfolge, kettenförmig gewissermaßen, erfolgt. Zunächst wird immer über Meldungen aus dem Labyrinth (Gleichgewichtsorgan) der Kopf in die Normalstellung gebracht. Diese Reflexe werden als **Labyrinth-Stellreflexe** bezeichnet. Das Aufrichten des Kopfes, z. B. aus liegender Stellung, verändert dann die Lage des Kopfes zum übrigen Körper, was durch die Receptoren der Halsmuskulatur angezeigt wird. Die Meldungen aus den Receptoren der Halsmuskulatur bewirken alsdann, daß der Rumpf dem Kopf in die Normalstellung folgt. Analog den Labyrinth-Stellreflexen werden diese Reflexe als **Halsmuskel-Stellreflexe** bezeichnet.

Aufgaben der Stellreflexe. Stellreflexe sind also Reflexe, die den Körper wieder in die normale Stellung zurückbringen, wenn er durch die eine oder andere Ursache aus dieser Normalstellung herausgebracht worden ist. Durch diese Reflexe werden also die normale Körperhaltung und das Körpergleichgewicht unwillkürlich aufrechterhalten. Außer den Labyrinth- und Halsmuskel-Stellreflexen gibt es noch eine Reihe anderer Stellreflexe, die z. B. von den Receptoren der Körperoberfläche ihren Ausgang nehmen und auf Kopf- und Körperstellung wirken. Nimmt man noch die **optischen Stellreflexe** dazu, die bei Mittelhirntieren ausgeschaltet sind, aber unter anderen experimentellen Bedingungen nachgewiesen werden können, so wird klar, daß das Aufrichten in die normale Körperstellung über diese mehrfachen Auslösungsmöglichkeiten zu den bestgesicherten Funktionen des ZNS gehört. Zusammen mit den Haltereflexen wird die Einnahme der Grundstellung und die Annahme und das Aufrechterhalten einer bestimmten Haltung gewährleistet. Wichtig ist, daß bei diesen Reaktionen der Kopf, in welchem Auge, Ohr und Geruchsorgan liegen, eine überwiegende Rolle spielt. So kommt es, daß bereits auf Fernreize hin der Körper die passende Stellung, welche häufig eine Verteidigungsstellung sein wird, einnehmen kann.

Statische und stato-kinetische Reflexe. Die bisher geschilderten Reflexe werden oft als *statische Reflexe* zusammengefaßt, da sie die Körperstellung und das Gleichgewicht beim ruhigen Liegen, Stehen und Sitzen in den verschiedensten Stellungen bedingen und erhalten. Daneben sind beim Mittelhirntier auch eine Reihe von Reflexen nachweisbar, die durch Bewegungen ausgelöst werden und selbst Bewegungen darstellen. Sie werden daher als *stato-kinetische Reflexe* zusammengefaßt. Viele davon nehmen ihren Ausgang vom Labyrinth. Am bekanntesten sind die Kopf- und Augendrehreaktionen. Wird ein Tier beispielsweise im Uhrzeigersinn gedreht, so wird der Kopf im Gegenuhrzeigersinn gewendet, usw. Diese Reaktionen sind kompensatorisch, d. h. Augen und Kopf werden so bewegt, daß die optischen Bilder während der Bewegung nach Möglichkeit erhalten bleiben. Nach Abschluß der Bewegung werden sie dann durch statische Reflexe (kompensatorische Augenstellungen, s. oben) festgehalten. Andere wichtige stato-kinetische Reflexe sorgen für Gleichgewicht und korrekte Körperstellung bei Sprung und Lauf. Diese Reflexe bewirken beispielsweise, daß eine Katze immer in korrekter Körperstellung auf dem Boden landet, unabhängig davon, aus welcher Position sie fallen gelassen wurde.

Zusammenfassend läßt sich also sagen, daß sich das *Mittelhirntier* in bezug auf *Halte-, Stell-, Lauf-* und *Springreaktionen* kaum vom intakten Tier unterscheidet. Es fehlen ihm jedoch die Spontanbewegungen und es bedarf jedesmal eines äußeren Reizes, um das Tier, welches sich wie ein Automat verhält, in Bewegung zu setzen. Ohne Zweifel geht aus den Experimenten an decerebrierten und Mittelhirn-Tieren hervor, daß die *Grundlagen* für die äußerst ausdrucksvollen verschiedenen *Stellungen und Haltungen der Tiere und des Menschen,* welche uns im natürlichen Leben und bei den Kunstwerken der Malerei und Skulptur begegnen, im letzten Grunde auf den Gesetzmäßigkeiten der in den motorischen Zentren des Hirnstammes integrierten Handlungsabläufen der Stell- und Haltereflexe beruhen, die dafür die Muskulatur des gesamten Körpers zu gemeinschaftlicher Leistung zusammenfassen.

Mit Hilfe der folgenden Fragen können Sie feststellen, ob Sie die Lernziele dieses Abschnittes erreicht haben!

F 6.16 Welche Anteile des Hirnstammes sind beim decerebrierten Tier noch in Verbindung mit dem Rückenmark, also funktionsfähig?
   a) Medulla oblongata,
   b) Pons und Mittelhirn,

c) Medulla oblongata und Pons,

d) Medulla oblongata und Mittelhirn,

e) Medulla oblongata, Pons und Mittelhirn.

F 6.17 Welche der in Frage F 6.16 gegebenen Auswahlantworten enthält alle funktionsfähigen Hirnstammabschnitte des Mittelhirntieres?

F 6.18 Welche der folgenden Eigenschaften finden sich *nicht* beim decerebrierten Tier?

a) Enthirnungsstarre,

b) Stellreflexe,

c) Überwiegen des Extensor-Tonus,

d) Haltereflexe,

e) Überwiegen des Flexor-Tonus.

F 6.19 Die motorischen Zentren des Mittelhirntieres unterscheiden sich in ihren afferenten Zuflüssen nicht von denen des decerebrierten Tieres. Welche beiden der in der folgenden Aufstellung enthaltenen Zuflüsse sind für die Halte- und Stellreflexe besonders wichtig?

a) Zuflüsse aus dem Kleinhirn,

b) Zuflüsse aus dem Gleichgewichtsorgan des Labyrinths,

c) Zuflüsse aus den Receptoren der Körperoberfläche,

d) Zuflüsse aus den Muskel- und Gelenkreceptoren des Körpers,

e) Zuflüsse aus den Muskel- und Gelenkreceptoren des Halses.

F 6.20 Welche der folgenden Halte- und Stellreflexe haben ihre Afferenzen im Labyrinth, welche in den Halsmuskeln?

a) Erhöhung des Extensortonus der Vorderextremität bei Aufrichten des Kopfes,

b) Abnahme des Extensortonus der linken Extremitäten bei Drehung des Kopfes nach rechts,

c) Aufrichten des Körpers in Normalstellung,

d) Aufrichten des Kopfes in Normalstellung.

6.5 Funktionen der Basalganglien, des Kleinhirns und des motorischen Cortex

Im Rahmen der Physiologie der Motorik sind jetzt noch die Aufgaben der motorischen Großhirnareale, der Basalganglien und des Kleinhirns zu besprechen (bezüglich der funktionellen Anatomie dieser Strukturen s. Abschnitt 6.3 dieses Kapitels). Hier, wie überall im Zentralnervensystem, stehen zwei Fragen im Vordergrund: 1. Was tun diese Zentren? 2. Wie tun sie es? Beide Fragen werden wir nur sehr unvollkommen beantworten können, einmal weil wir über das Was und noch mehr über das Wie zum Teil nur unbefriedigende Kenntnisse haben, zum anderen, weil wir uns in diesem Buch auf die wesentlichen und experimentell gut belegten Grundtatsachen der Neurophysiologie beschränken. Gerade bei der Diskussion der höheren motorischen Funktionen mischt sich aber, bei der Schwierigkeit der Materie verständlich, noch außerordentlich viel Hypothese und Spekulation mit dem gesicherten Wissen. Deswegen werden wir hier die Aufgaben der motorischen Großhirnareale und der Stammganglien behandeln, ohne in eine Betrachtung der Frage nach dem Wie einzutreten. Bei der Schilderung der Funktionen des Kleinhirns (Cerebellum) wird dagegen versucht, auch auf das Wie der cerebellaren Informationsverarbeitung wenigstens in großen Zügen einzugehen.

Die Rolle der Basalganglien. Aus der in Abb. 6-8 gezeigten Übersicht über die motorischen Zentren ging bereits hervor, daß die *Basalganglien* (neben dem Kleinhirn) in erster Linie ein wichtiges *subcorticales Bindeglied zwischen dem Motorcortex und der gesamten übrigen Großhirnrinde* darstellen. Der associative Cortex liegt also afferent, der Motorcortex efferent zu den Basalganglien. Die Abb. 6-8 zeigte außerdem, daß daneben sensorische Zuflüsse in die Basalkerne eintreten und efferente Bahnen zu den motorischen Zentren des Hirnstammes die Basalganglien verlassen.

Die *Aufgaben der Basalganglien* liegen in der Mitwirkung bei der Umsetzung der im associativen Cortex entstehenden Bewegungsplanung in *Bewegungsprogramme,* also in der Ausarbeitung zeitlich-räumlicher nervöser Impulsmuster, die die ausführenden motorischen Zentren (vgl. Abb. 6-8, rechte Säule) steuern. Abb. 6-17 zeigt in mehr Detail als Abb. 6-8, in welcher Form dabei die Basalganglien in den Informationsfluß vom associativen Cortex zu Motorcortex und Basalganglien eingebunden sind (vgl. dazu auch Abb. 6-11). Das *Striatum* empfängt die *Mehrzahl aller Afferenzen* zu den Basalganglien, während vom *Pallidum* die wichtigsten *Efferenzen* ausgehen die, wie schon gesagt, hauptsächlich über den Thalamus zum Motorcortex und zum geringeren Teil direkt zu den motorischen Zentren des Hirnstammes ziehen. Die bisher bekannte klinische (s. a. unten) und experimentelle Evidenz weist darauf hin, daß die Basalganglien möglicherweise für die *Einleitung und Durchführung langsamer, d. h. rampenförmiger Bewegungen* von besonderer Bedeutung sind.

Die Rolle des Kleinhirns. Wie Abb. 6-8 lehrt, projiziert das Kleinhirn, völlig analog den Basalganglien, seine Efferenzen im wesentlichen sowohl über den Thalamus zum motorischen Cortex, wie auch direkt zu den motorischen Zentren des Hirnstammes. Hierarchisch betrachtet sind also Cerebellum (Kleinhirn) und Basalganglien gleichrangige Zentren, die an der Programmierung cortical induzierter Bewegungsabläufe beteiligt sind. Diese Parallelität wird beim Studium der Abb. 6-18 und bei einem Vergleich dieser Abbildung mit der Abb. 6-17 noch deutlicher.

Während die Basalganglien vor allem für die Durchführung rampenförmiger Bewegungen verantwortlich zu sein scheinen, ist das *Kleinhirn*

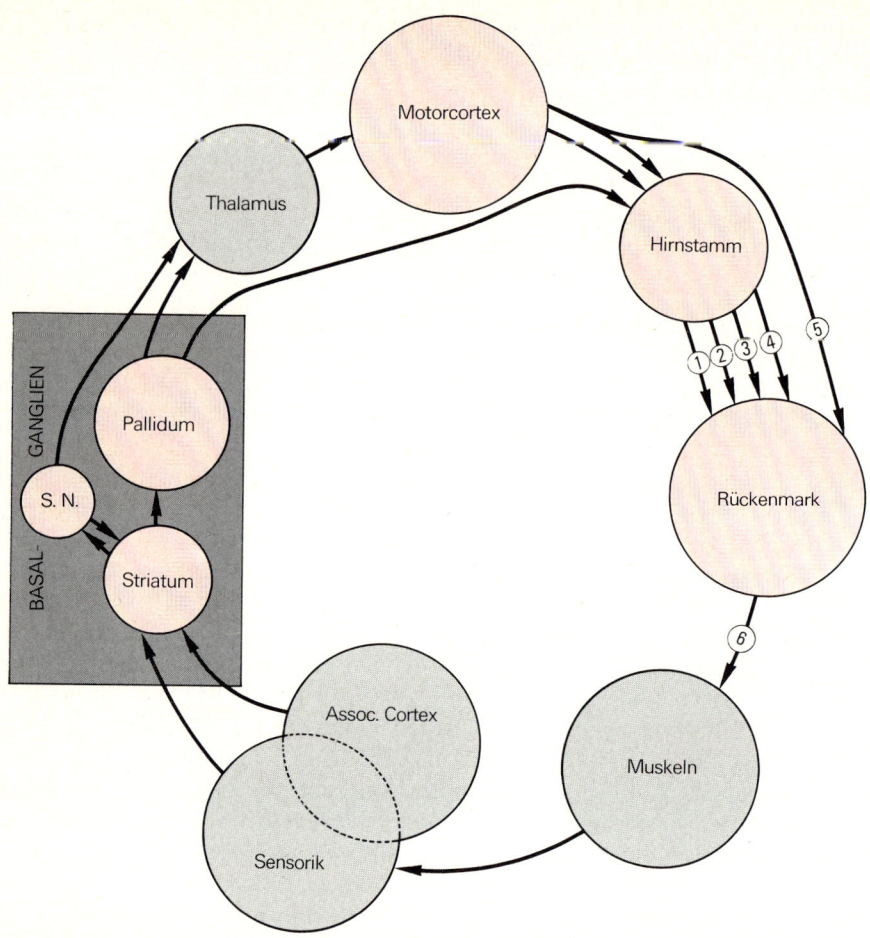

Abb. 6-17. Schematische Darstellung der wichtigsten afferenten, efferenten und Eigenverbindungen der Basalganglien und ihrer Einbindung in das motorische System. S. N.,
Substantia nigra. Motorische Zentren rot hervorgehoben. Pfeile *1* bis *4* sind die in
Abb. 6-11 gezeigten Bahnen vom Hirnstamm in das Rückenmark. Pfeil *5* ist der Tractus
cortico-spinalis (Abb. 6-10), Pfeil *6* symbolisiert α- und γ-Motoaxone. Weitere Erläuterungen im Text

anscheinend vor allem für die (a) *Programmierung rascher Bewegungen,* für
die (2) *Kurskorrektur solcher Bewegungen* und für die (3) *Verknüpfungen von
Haltung und Bewegung* zuständig. Auf vergleichbarem funktionellen Niveau erfüllen also Kleinhirn und Basalganglien unterschiedliche Aufgaben, von denen allerdings bisher uns nur Teilaspekte bekannt sind. Besonders deutlich wird die Aufgabenteilung zwischen Kleinhirn und Basalgan-

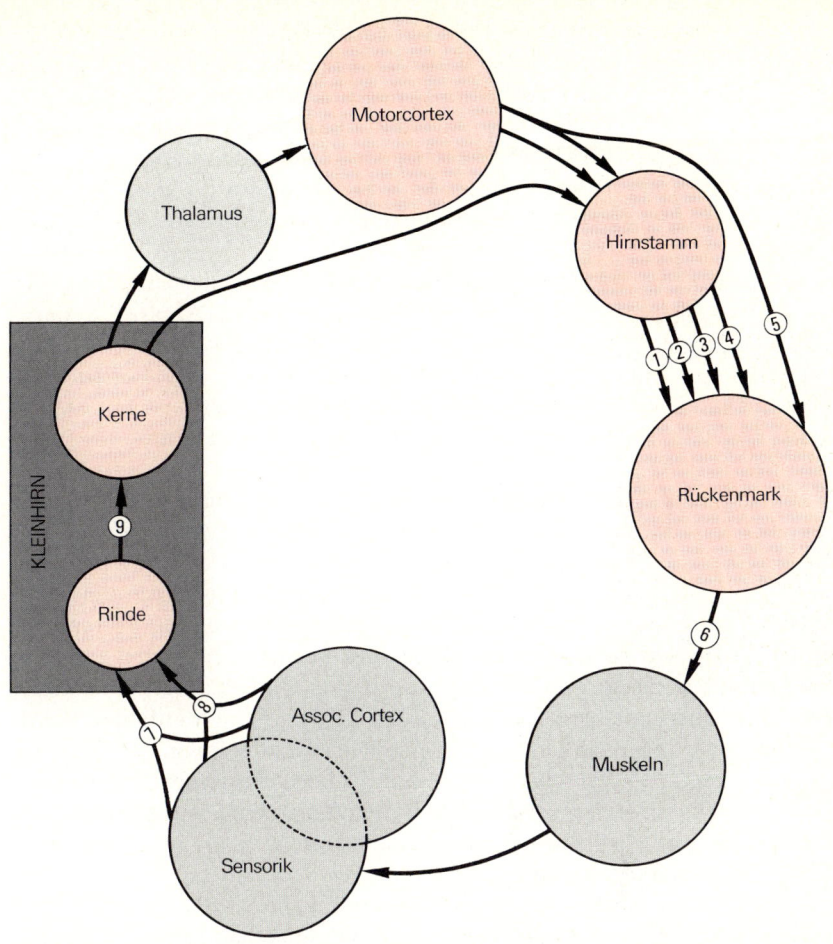

Abb. 6-18. Schematische Darstellung der afferenten, efferenten und Eigenverbindungen des Kleinhirns und ihrer Einbindung in das motorische System. Motorische Zentren rot hervorgehoben. Für Pfeile *1* bis *6* siehe Legende Abb. 6-17. Pfeil *7* symbolisiert Moosfasern, Pfeil *8* Kletterfasern und Pfeil *9* Purkinje-Zell-Axone. Weitere Erläuterungen im Text

glien bei einem Vergleich der im folgenden geschilderten Störungen der Motorik bei Erkrankungen und Ausfällen dieser Strukturen.

Pathophysiologie der Basalganglien. Der bekannteste Symptomenkomplex einer Störung der Basalganglienfunktion ist das ***Parkinson-Syndrom.*** Die Patienten fallen durch ihre mimische Starre, ihre geringen oder fehlenden Ausdrucksbewegungen, ihren zögernden, kleinschrittigen Gang und durch Zittern ihrer Hände auf. Es stehen also als Symptome im Vordergrund: 1. *Akinese,* d. h. ein Ausfall oder Störung langsamer Bewegungen, 2. *Rigor,* d. h. ein erhöhter Muskeltonus, der unabhängig von Gelenkstellung und Bewegung stets vorhanden ist (Unterschied zur Decerebrationsstarre) und 3. *Ruhetremor,* der bei Bewegungen nachläßt und anschließend wieder einsetzt. Auch andere Formen der Erkrankung der Basalganglien weisen überschießende Bewegungsstörungen, wie sie Rigor und Tremor darstellen, auf.

Wahrscheinlich *Ursache des Parkinson-Syndroms* ist der Untergang der vom Nucleus niger zum Striatum ziehenden Bahn (Abb. 6-17), deren Transmitter im Striatum Dopamin ist. Das Parkinson-Syndrom, vor allem die Akinese, kann daher durch Gaben von L-Dopa, der Vorstufe des Dopamins, erfolgreich behandelt werden. (Dopamin selbst ist unwirksam, da es aus dem Blut nicht in die Nervenzellen übertreten kann.)

Pathophysiologie des Kleinhirns. Bei völliger Ausschaltung des Kleinhirns stehen drei Symptome im Vordergrund: 1. *Asynergie,* definiert als die Unfähigkeit, die bei einer Bewegung beteiligten Muskeln dosiert zu innervieren. Die einzelnen Anteile eines Bewegungsprogramms werden nicht gleichzeitig, sondern hintereinander ausgeführt (Bewegungsdecomposition), die Bewegungen geraten zu kurz oder zu weit und werden anschließend überkompensiert (Dysmetrie), der Gang wird dadurch breitbeinig, unsicher, überschießend (cerebelläre Ataxie), und rasch aufeinanderfolgende Bewegungen sind nicht mehr möglich (Adiadochokinese). Entsprechend treten auch Sprachstörungen auf. 2. *Intentionstremor,* also ein Zittern, das nicht in Ruhe, sondern bei Bewegung auftritt. 3. *Hypotonus,* also ein zu niedriger Muskeltonus, oft verbunden mit Muskelschwäche und rascher Ermüdbarkeit der Muskulatur.

Die tabellarische Gegenüberstellung in Tabelle 6-1 der Hauptsymptome bei Erkrankungen von Kleinhirn und Basalganglien hebt die *Parallelität der Ausfälle* nochmals deutlich hervor. Die jeweils in der selben Zeile stehenden Symptome unterscheiden sich im wesentlichen in ihrem Vorzeichen (s. besonders Hypotonus/Rigor) und weisen dadurch darauf hin, daß in beiden Fällen *Störungen der Programmgestaltung* vorliegen.

Tabelle 6-1. Gegenüberstellung der Hauptsymptome bei Erkrankungen von Kleinhirn und Basalganglien

Kleinhirnsymptome	Parkinsonsyndrom
Asynergie	Akinese
Hypotonus	Rigor
Intentionstremor	Ruhetremor

Die Rolle des motorischen Cortex. Durch elektrische Reizung des Gyrus praecentralis und der benachbarten motorischen Areale bei Mensch (während therapeutisch notwendiger Operationen) und Tier können Kontraktionen einzelner Muskeln und auch Bewegungen in Gelenken, nie jedoch zweckgerichtete komplexe Bewegungsabläufe ausgelöst werden. Diese Befunde wurden unterschiedslos bei Kindern und bei Erwachsenen, bei einem geübten Pianisten und bei einem Handarbeiter erhoben. Aus diesen und anderen Befunden ist zu schließen, daß der Motorcortex nicht für den Entwurf von angeborenen oder erworbenen Bewegungen verantwortlich ist. Er ist vielmehr eine und zwar, wie Abb.6-8 zeigt, die *letzte supraspinale Station* für die Umsetzung der im associativen Cortex induzierter Bewegungsentwürfe in *Bewegungsprogramme.* Gleichzeitig, wie ebenfalls in Abb.6-8 zu sehen, beginnt mit ihm die Kette derjenigen Strukturen, die vor allem die *Bewegungsausführung* übernehmen. Dabei sei allerdings daran erinnert, daß viele komplexe Bewegungsabläufe völlig subcortical verlaufen, man denke nur an den im Abschnitt 4.3 geschilderten Säure-Wisch-Reflex am großhirnlosen Frosch. Auch Säugetiere, denen die gesamte Großhirnrinde entfernt wurde (decorticierte Tiere), weisen eine zum Teil überdurchschnittlich lebhafte, wenn auch ziellose, oft bis zur Erschöpfung des Tieres führende Motorik auf.

Pathophysiologie des motorischen Cortex und seiner Efferenzen. Die klinisch weitaus häufigsten Störungen sind völlige oder teilweise Unterbrechungen der corticalen Efferenzen im Bereich der inneren Kapsel, also beim Durchtritt der Bahnen zwischen den Basalkernen und dem Thalamus (Abb.6-10, 6-11). Plötzliche Blutungen oder Gefäßverstopfungen (Thrombosen) in diesem Gebiet (sie treten hier wegen eines stark abknickenden Gefäßverlaufs bevorzugt auf) führen zum Symptomenkomplex des *Hirnschlags* (Schlaganfall, Apoplex). Dies führt zu einem anfänglichen Schockstadium mit schlaffer Lähmung der contralateralen Körperhälfte (Halbseitenlähmung, Hemiplegie). Nach Abklingen des Schockstadiums wird die Lähmung meist spastisch, d.h. die gelähmten Muskeln zeigen einen hohen Tonus, der sich insbesondere als zunehmender Widerstand bei passiven Bewegungen (Dehnungen) äußert (Unterschied zum Rigor). Dieses Bild der spastischen Hemiplegie erinnert in schweren Fällen an eine experimentell erzeugte Decerebrationsstarre.

Für lange Zeit wurde die *Lähmung* bei der spastischen Hemiplegie weitgehend auf den Ausfall des Tractus cortico-spinalis zurückgeführt, während für die *Spastik* der Ausfall der übrigen corticalen Efferenzen verantwortlich gemacht wurde. Die Lähmungen wurden also als *Pyramidenbahn-Symptome* aufgefaßt und die Spastizität der Schädigung des *extrapyramidal-motorischen Systems* zugeschrieben. Diese Zuordnung läßt sich im Lichte unserer heutigen Kenntnisse nicht länger aufrecht halten. Dies ist sicher aus der bisherigen Besprechung des motorischen Systems schon deutlich geworden (vgl. besonders die Abb. 6-8, 6-17 und 6-18 und die zugehörigen Textabschnitte). Ergänzend sei hinzugefügt, daß isolierte Unterbrechungen des Tractus cortico-spinalis bei Affen (in der Pyramide oder im Hirnschenkel) und entsprechende klinisch-pathologische Beobachtungen beim Menschen gezeigt haben, daß dabei nach der Erholungsphase nur eine gewisse Einschränkung der Fingerfertigkeit übrigbleibt und keine oder nur eine sehr gering ausgeprägte Steigerung des Muskeltonus und der Dehnungsreflexe. Die ausgeprägte Halbseitenlähmung beim Schlaganfall ist also immer auf den gemeinsamen Ausfall verschiedener descendierender Bahnen des Motorcortex zurückzuführen.

Handlungsantrieb und Bewegungsentwurf. Über die Entstehung neuronaler Impulsmuster, die von Handlungsantrieben zu Bewegungsentwürfen führen (vgl. Abb. 6-8), gleichgültig ob diese Handlungsantriebe subcorticalen angeborenen Auslösemechanismen entspringen oder unserem freien Willen, ist so gut wie nichts bekannt. Wenn aber Gedanken zu Handlungen führen, ist der Neurophysiologe gezwungen anzunehmen, daß *durch Denken die neuronale Aktivität des Gehirns geändert* werden kann, so daß der efferente Ausstrom aus den motorischen Zentren zur gewünschten Bewegung der Muskeln führt. Diese Umsetzung von Denken und Wollen in corticale Impulsmuster bleibt allerdings derzeit weit außerhalb unseres Verständnisses.

Erste Schritte zur Erforschung der einer Bewegung vorausgehenden neurophysiologischen Vorgänge sind allerdings getan worden. Wird beispielsweise eine Versuchsperson angehalten, auf den zweiten von zwei aufeinanderfolgenden Reizen (Lichtsignale, Klicks, etc.) eine Bewegung auszuführen, so kann vor der Bewegung eine langsame negative Welle über der Großhirnrinde abgeleitet werden. Sie wird *Erwartungspotential* genannt, denn sie ist Folge der durch den ersten Reiz ausgelösten Erwartung des zweiten Reizes.

Wird es dagegen der Versuchsperson überlassen, unabhängig von sensorischen Reizen eine Willkürbewegung, z. B. Beugen eines Fingers, in unregelmäßigen Abständen zu wiederholen, so entsteht, beginnend etwa 800 ms vor der Bewegung, ein langsam ansteigendes, oberflächennegatives Hirnpotential. Es wird *Bereitschaftspotential* genannt und kann über der gesamten Convexität des Schädels abgeleitet werden (Abb. 6-19). Das Bereitschaftspotential wird mit denjenigen Prozessen in Zusammenhang gebracht, die der Aussendung eines Bewegungsprogrammes aus dem Motorcortex vorausgehen (vgl. Abb. 6-8, 6-17, 6-18). Es wird abgelöst durch schnellere, mehr umschriebene Potentiale, die über den contralateralen motosensorischen Arealen besonders ausgeprägt sind und die die Aktivi-

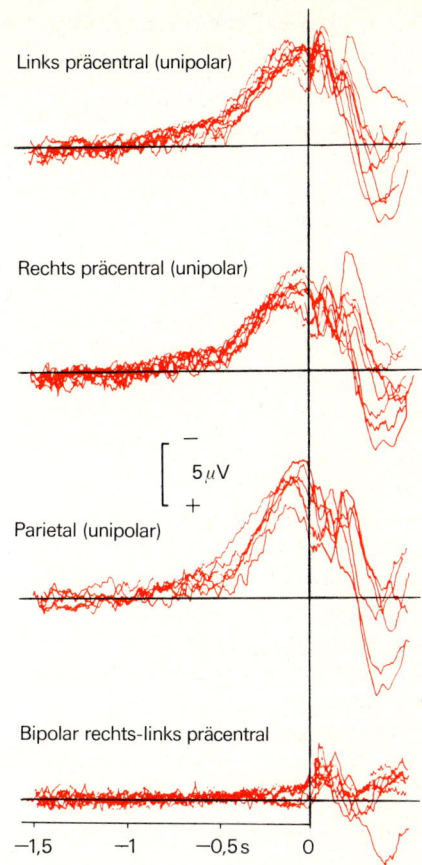

Links präcentral (unipolar)

Rechts präcentral (unipolar)

$5 \mu V$

Parietal (unipolar)

Bipolar rechts-links präcentral

−1,5   −1   −0,5 s   0

Abb. 6-19. Hirnpotentiale, abgeleitet von der Kopfhaut des Menschen, vor willkürlichen, raschen Beugebewegungen des rechten Zeigefingers. Mittelwerte von 8000 Einzelmessungen an derselben Versuchsperson. Die *oberen drei Reihen* sind unipolare Ableitungen von den angegebenen Positionen (vgl. dazu auch Abb. 9-1) gegen beide Ohren als indifferente Elektrode. *Untere Kurve* bipolare Ableitung linke gegen rechte präcentrale Handregion des motorischen Cortex (vgl. dazu Abb. 6-9). Das Bereitschaftspotential (in den *drei oberen Kurven*) beginnt etwa 0,8 s vor dem mit 0 bezeichneten Bewegungsbeginn. Es wird etwa 90 ms vor Bewegungsbeginn abgelöst durch eine „prämotorische Positivierung" (Kurven gehen nach unten, siehe auch Polaritätsangaben an der Spannungseichung). In der *unteren Kurve* erscheint unmittelbar mit der Bewegung das „Motorpotential", das (bei Bewegung des rechten Zeigefingers) nur über der linken präcentralen Handregion abgeleitet werden kann. Auf die Potentiale nach Bewegungsbeginn (*rechts* vom Nullpunkt in den oberen *drei Kurven*) wird nicht eingegangen. Messungen von Kornhuber und Mitarbeitern

tät dieser Areale vor und nach Beginn der Bewegung widerspiegeln (s. a. Legende zu Abb. 6-19).

Das *Bereitschaftspotential* kann also als *neuronales Korrelat eines willkürlichen Bewegungsentwurfes* aufgefaßt werden. Erstaunlich ist seine weite Ausbreitung und seine langsame Entwicklung. Offensichtlich wirken in diesem Stadium der Willensbildung *große Anteile der Hirnrinde zusammen,* deren Teilnahme an der Programmvorbereitung erhebliche Zeit erfordert.

Die Frage nach dem Wie: Beispiel Kleinhirnrinde. In der Einleitung dieses Abschnittes wurde bereits gesagt, daß die Art und Weise, in der die höheren motorischen Zentren ihre soeben besprochenen Aufgaben erfüllen, noch kaum aufgeklärt ist. Am weitesten fortgeschritten ist die Analyse der neuronalen Netzwerke der Kleinhirnrinde und der zugehörigen Kleinhirnkerne. Der Stand der Forschung an diesen Netzwerken wird daher im folgenden kurz umrissen.

Das Diagramm der Kleinhirneingänge und -ausgänge in Abb. 6-18 zeigt, daß die Kleinhirnrinde zwei Eingänge besitzt, die *Moosfasern* (Pfeil 7) und die *Kletterfasern* (Pfeil 8), und einen Ausgang, die *Purkinje-Zell-Axone* (Pfeil 9), wie das im Abschnitt 6.3 bereits besprochen wurde. Die Kleinhirnkerne verbinden das Kleinhirn mit den übrigen motorischen Zentren. Die Informationsverarbeitung in der Rinde erfolgt in neuronalen Schaltkreisen, von denen einer in Abb. 6-12 C gezeichnet ist. Die einzelnen Komponenten sind in 6-12 A und B gezeigt, und die Flußrichtung der Erregung ist durch Pfeile angegeben. Die Polarität der Synapsen ist durch die Farbe der einzelnen Komponenten angedeutet: schwarze Axone bilden erregende, rote Axone hemmende Synapsen.

Die *Kletterfasern* bilden also erregende Synapsen an den Dendriten der Purkinje-Zellen. Die Wirkungen der *Moosfasern* sind dagegen komplexer: sie erregen die Körnerzellen, deren *Parallelfasern* wiederum erregend auf die Korbzellen und die Purkinje-Zellen wirken. Interessanterweise hemmen aber die Korbzellen die Purkinje-Zellen. Die Parallelfasern (und damit die Moosfasern) haben also eine doppelte Wirkung auf die Purkinje-Zellen: erregend auf die Dendriten, hemmend über die Korbzellen auf das Soma. Diese Hemmung der Purkinje-Zellen über die Korbzellen ist ein typisches Beispiel einer *Vorwärtshemmung:* im Gegensatz zur Feedback-Hemmung findet die Hemmung statt, unabhängig davon, ob die gehemmte Zelle vorher erregt war oder nicht (vgl. dazu Abb. 4-4 B). Da die hemmende Synapse der Korbzelle am Axonhügel der Purkinje-Zelle sitzt, ist sie wahrscheinlich besonders wirkungsvoll. Die *Purkinje-Zell-Axone* bilden schließlich *hemmende Synapsen auf den Zellen der Kleinhirnkerne.* Da die Purkinje-Zellen Ruheentladungen aufweisen, *die eine tonische Hemmung der Kleinhirnkerne bewirken,* führt eine Zunahme der Purkinje-Zell-Entladungsrate zu einer vertieften Hemmung der Kleinhirnkerne, eine Abnahme zu einer Wegnahme von Hemmung (Disinhibition). *Afferente Aktivität der Kletterfasern* verstärkt die tonische Aktivität der Kleinhirnrinde. *Afferente Aktivität in den Moosfasern* hat dagegen einen doppelten Effekt: teils erregend über die Parallelfasern, teils hemmend über die Korbzellen. Noch nicht völlig klar ist, welche Sinnesmodalitäten bzw. welche ihrer Parameter von den Moos- und welche von den Kletterfasern übertragen werden. Ebenso sind die Verknüpfungsmuster der Parallelfasern noch nicht genug bekannt, wenn sich auch herausgestellt hat, daß Moosfaseraktivität meist zur Erregung von umschriebenen Purkinje-Zell-Gruppen führt, während benachbarte Purkinje-Zellen gehemmt werden. Da alle erregenden Zuflüsse in das Kleinhirn *nach höchstens zwei Synapsen in Hemmung überführt* werden, ist die Wirkung jedes Zuflusses nach 100 ms wieder ausgelöscht und die betreffende Stelle steht zur erneuten Verarbeitung eines weiteren Zuflusses bereit. Es ist anzunehmen, daß dieses automatische „Löschen" vor allem für die Mitarbeit des Kleinhirns bei schnellen Bewegungen wichtig ist.

Die Physiologie des Kleinhirns kann als Beispiel dafür dienen, wie weit es die Hirnphysiologie bisher in den Fragen nach dem Was und Wie zentralnervöser Tätigkeit gebracht hat. Es ist uns, trotz aller Detailkenntnis der cerebellären Schaltkreise und ihrer Ein- und Ausgänge, noch nicht möglich, wesentlich genauer als hier geschehen anzugeben, wie diese Schaltkreise die Aufgaben des Kleinhirns, die uns ebenfalls recht gut bekannt sind, ausführen. Diese unbefriedigende Situation gilt es durch weiteres Nachdenken und Experimentieren zu verbessern. Die Fortschritte, die in den letzten Jahrzehnten auf vielen Gebieten der Neurophysiologie gemacht wurden, lassen uns hoffen, daß bald neue und entscheidende Durchbrüche in unserem Verständnis zentralnervöser Tätigkeit gelingen. Es gibt jedenfalls derzeit keinen Grund anzunehmen, wie gelegentlich geäußert wird, daß das Gehirn nicht in der Lage sei, „sich selbst zu verstehen".

Mit den folgenden Fragen können Sie Ihre Kenntnisse über die höheren motorischen Zentren überprüfen:

F 6.21 Die Mehrzahl aller Afferenzen in die Basalganglien stammt aus
    a) dem Hirnstamm,
    b) dem Motorcortex,
    c) dem nicht-motorischen (associativen) Cortex,
    d) dem Thalamus,
    e) dem Kleinhirn.

F 6.22 Die Ursprungszellen des Tractus cortico-spinalis liegen
    a) ausschließlich im Gyrus postcentralis,
    b) im Gyrus postcentralis und im benachbarten Scheitelhirn,
    c) in den Basalganglien, besonders dem Pallidum,

d) ausschließlich im Gyrus praecentralis,
e) im Gyrus praecentralis und im benachbarten Frontalhirn.

F 6.23 Welche der folgenden Symptome sind charakteristisch für eine gleichzeitige Unterbrechung pyramidaler und extrapyramidaler Bahnen in der linken inneren Kapsel?
a) Ruhetremor,
b) Intentionstremor,
c) schlaffe Lähmung links,
d) Adiadochokinese,
e) rechtsseitiger Parkinsonismus.
f) Keines der genannten Symptome ist charakteristisch.

F 6.24 Hemmende Synapsen auf den Dendriten der Purkinje-Zellen des Kleinhirns werden gebildet durch
a) Kletterfasern direkt,
b) Moosfasern über Körnerzellen und Parallelfasern,
c) Kletterfasern über Korbzellen,
d) Moosfasern über Körnerzellen und Korbzellen.
e) Alle Aussagen sind richtig.
f) Alle Aussagen sind falsch.

F 6.25 Welche der folgenden Symptome sind charakteristisch für einen Ausfall des Kleinhirns?
a) Ruhetremor,
b) Intentionstremor,
c) Asynergie,
d) Hypotonus,
e) Parkinsonismus,
f) Hemiplegie.

7. Regelung im Nervensystem: Beispiel Spinalmotorik

M. ZIMMERMANN

Zahlreiche Funktionen des Organismus sind **Regulations-** oder **Regelungsvorgänge:** ein bestimmter Zustand, der sich durch eine meßbare Größe charakterisieren läßt, wird **konstant** gehalten. Beispiele sind die Regulation der Körpertemperatur, des Blutdrucks, und der Körperstellung im Schwerefeld. In allen Fällen ist dabei das Nervensystem wesentlich beteiligt. Biologische Regelungsvorgänge lassen sich vorteilhaft durch die Regelungslehre beschreiben, eine Disziplin, die im Bereich der Technik entwickelt worden ist. In ähnlicher Weise wurde auch die Darstellung der **Kommunikation** in der Biologie durch die Anwendung der Informationstheorie systematisiert (siehe Grundriß der Sinnesphysiologie, Kap. 2). Die Wissenschaften der Regelung und der Kommunikation bilden zusammen die **Kybernetik.** Ihre Anwendung in der Biologie ist die **Biokybernetik.** Diese kann heute als eigenständige Disziplin gelten, die Physiologie, Psychologie und Sozialwissenschaften übergreifend verbindet.

Zur allgemeinen Einführung in die Grundbegriffe der Regelungslehre werden nachfolgend einige Funktionen der spinalen Motorik in regeltechnischer Sprache dargestellt.

7.1 Der Dehnungsreflex als Längenregelung

Einführung des Konzepts der Regelung. Ein Experiment in zwei Versionen soll uns mit der grundlegenden Beobachtung bekannt machen, die zu der Interpretation des Dehnungsreflexes als **Regelkreis** führt. Ein isoliertes Muskelpräparat zeigt elastisches Verhalten (Kap. 5, Abb. 5-5): läßt man am ruhenden (nicht gereizten) Präparat eine Kraft einwirken, so wird es gedehnt. Der Zusammenhang zwischen Kraft K und Länge L ist die Ruhedehnungskurve des Muskels (Abb. 7-1).

Das gleiche Experiment läßt sich an einem Muskel *in situ,* am zweckmäßigsten bei einer decerebrierten Katze, durchführen. Wenn der Nerv zwischen Muskel und Rückenmark intakt ist, ergibt sich, infolge des Eigen- oder Dehnungsreflexes (s. Kap. 4, S. 118 f.) ein anderer Zusammenhang zwischen Kraft K und Länge L, entsprechend der roten Kurve in Abb. 7-1.

Der Muskel setzt in dieser Situation der Längenänderung durch eine von außen einwirkende Kraft mehr Widerstand entgegen, er ist weniger

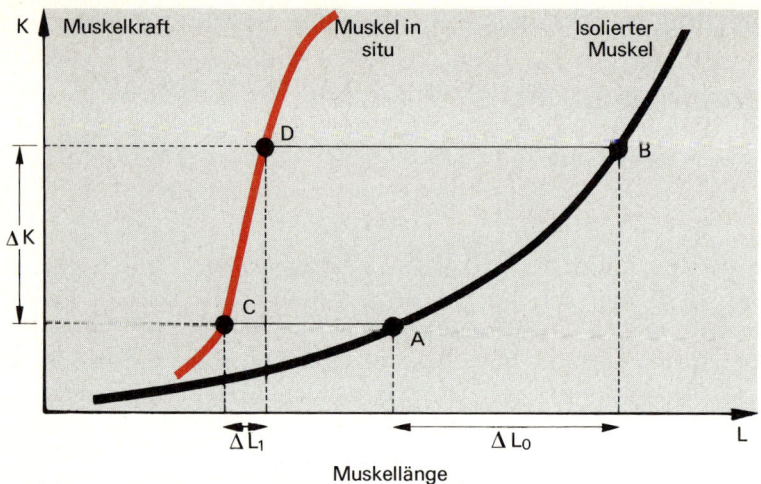

Abb. 7-1. Zusammenhang zwischen Kraft und Länge eines Muskels. Der Kraftzuwachs ΔK (*Ordinate*) bewirkt beim isolierten Muskelpräparat eine große Längenänderung ΔL_0 (*Abscisse*), beim Muskel mit intakter Nervenverbindung zum Rückenmark (*rote Kurve*) infolge der Reflexkontraktion jedoch nur eine kleine Änderung ΔL_1

nachgiebig, also „härter", geworden. Bei intakter Nervenverbindung verhält sich das System Rückenmark-Muskel offensichtlich so, daß einer Längenänderung des Muskels *entgegen gewirkt* wird, und zwar durch die reflektorische Kontraktion des Muskels (Reflextonus). Man kann auch sagen: die Muskellänge wird (näherungsweise) *konstant* gehalten. Wie man aus Abb. 7-1 sieht, führt beim nicht innervierten Muskel ein Zuwachs der Last um ΔK zu einer Längenänderung ΔL_0 (von A nach B auf der Ruhedehnungskurve); bei intakter Nervenverbindung zum Rückenmark ist die Längenänderung dagegen nur ΔL_1 (von C nach D).

Reflex und Regelkreis. Diese Leistung des Dehnungsreflexes ist aus dem allgemeinen Funktionsschema eines Reflexes nicht verständlich (Abb. 7-2 A schwarz): das Konzept des Reflexes beinhaltet nämlich nur, daß ein „Reiz" über ein „Reflexzentrum" zu einem „Reflexerfolg", einer stereotypen Reaktion, führt. Diese Beschreibung ist unbefriedigend, da sie zwei Dinge außer acht läßt: erstens, daß der Erfolg auf den Reiz *zurückwirkt* (rot in Abb. 7-2 A), und zweitens, daß der Informationsfluß im *geschlossenen Wirkungskreis* des Dehnungsreflexes prinzipiell kontinuierlich ist. Beim Dehnungsreflex entsteht der geschlossene Wirkungskreis durch die Parallelschaltung von extrafusalen Muskelfasern und Muskelspindeln im Muskel (Abb. 7-2 B). Wir können jedoch auch bei praktisch allen bekannten Reflexen in irgendeiner Form eine solche Rückwirkung auf den Reiz feststellen.

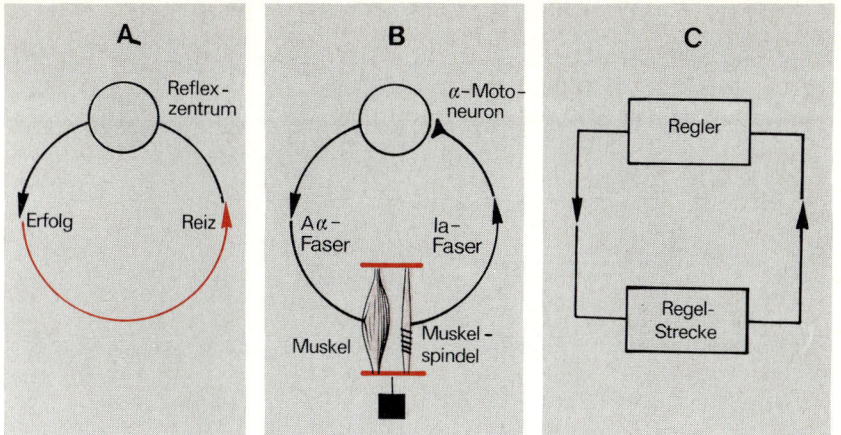

Abb. 7-2 A–C. Geschlossene Wirkungskreise. **A** Allgemeines Reflexschema, ergänzt durch Rückwirkung (*rot*). **B** Dehnungsreflex, Rückwirkung entsteht durch Parallelschaltung (*rot*) von extrafusaler Muskulatur und Muskelspindel. **C** Einfachstes Blockschaltbild eines Regelkreises zur Konstanthaltung einer Zustandsgröße

Die aus dem Experiment der Abb. 7-1 gezogene Schlußfolgerung war, daß durch die spinale Verschaltung des Dehnungsreflexes (Abb. 7-2 B) die Muskellänge annähernd konstant gehalten, oder geregelt wird. Wir stellen deshalb dem schematisierten anatomischen Bild des Dehnungsreflexes (Abb. 7-2 B) das Blockschaltbild eines *Regelkreises* zur Seite (Abb. 7-2 C); hier sind Regler und Regelstrecke zu einer *Kreiswirkung* verkettet. Im nachfolgenden Abschnitt werden Bestandteile und Funktion eines Regelkreises in allgemeiner Formulierung erläutert.

Der Aufbau eines Regelkreises. Mit dem Blockschaltbild eines einfachen Regelkreises (Abb. 7-3 B) sollen zunächst die regelungstechnischen Grundbegriffe eingeführt und am Beispiel einer Raumtemperaturregelung (Abb. 7-3 A) veranschaulicht werden.

Die *Regelgröße* bezeichnet denjenigen Zustand, der konstant gehalten werden soll (in unserem Beispiel: Raumtemperatur). Die gerätetechnische Einrichtung, an der dies geschieht, ist die *Regelstrecke* (Zimmer mit Ofen). Eine Meßeinrichtung, der *Fühler* (Thermometer), mißt den Augenblickswert der Regelgröße, den *Istwert*. Dieser wird im *Regler* (Thermostat) mit der *Führungsgröße* (Einstellung am Temperaturwähler) verglichen, die den *Sollwert* der Regelgröße darstellt (gewünschte Raumtemperatur). Haben Soll- und Istwert unterschiedliche Werte, dann liegt eine *Regelabweichung* vor. Daraus wird vom Regler die *Stellgröße* berechnet, die über das *Stell-*

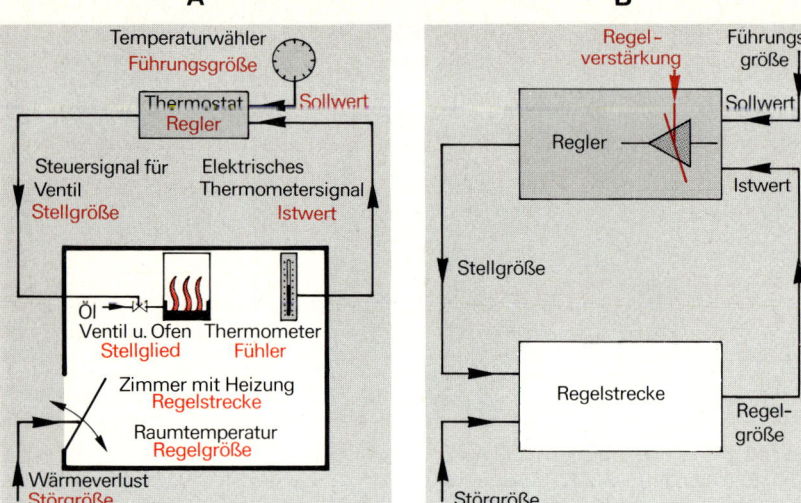

Abb. 7-3. A Veranschaulichung eines Regelkreises am Beispiel einer Heizungsanlage zur Raumtemperaturregelung. Jedem Bestandteil des konkreten Temperaturregelkreises ist der jeweilige allgemeine regelungstechnische Name (*rot*) beigegeben. **B** Blockschaltbild des Regelkreises. Erklärung der Begriffe im Text. Die Verstärkung des Reglers ist als variabel angenommen (*rot*)

glied (Ofen mit veränderlicher Brennstoffzufuhr) solange korrigierend auf die Regelgröße einwirkt, bis Ist- und Sollwert übereinstimmen. Einflüsse auf die Regelgröße, die Abweichungen vom Sollwert verursachen, werden unter dem Begriff *Störgröße* zusammengefaßt (z. B. Wärmeverluste des Raumes).

Das wesentliche Merkmal der Regelung ist der geschlossene Wirkungskreis mit einer Polung derart, daß jede Störung der Regelgröße selbsttätig korrigiert wird. Wir sprechen auch von *negativer Rückkopplung* (negative feedback).

Steuerung. Ordnet man die in einem Regelkreis benutzten Geräte in einer Wirkungskette *ohne* Rückkopplung des Istwerts an, dann spricht man von *Steuerung* (z. B. bei fehlender Rückmeldung der Ist-Temperatur an die Ofensteuerungsanlage). Durch Steuerung kann eine im Voraus bekannte Störung ausgeglichen werden (z. B. konstanter Wärmeverlust bei einer bestimmten Außentemperatur), jedoch nicht wechselnde, unvorhersagbare Störungen (z. B. Wärmeverlust bei unterschiedlichen Außentemperaturen und durch verschieden häufig geöffnete Tür).

Halteregler und Folgeregler. Bisher haben wir den Regelkreis nur in seiner Funktion betrachtet, die Regelgröße konstant zu halten. Entsprechend dieser Eigenschaft bezeichnen wir ihn als *Halteregler.* Nun wollen wir den Fall einer beliebig *veränderbaren Führungsgröße* erläutern, wir verstellen dabei also den Sollwert. Im Beispiel unserer Raumtemperaturregelung (Abb. 7-3 A) geben wir einen neuen Sollwert vor, indem wir die Temperaturwählscheibe am Thermostat der Heizanlage drehen. Auch in diesem Falle stellt der Regler die Abweichung von Ist- und Sollwert fest, (Abb. 7-3 B), die jetzt aber von der geänderten Führungsgröße, und nicht von einer Störgröße, herrührt. Über das Stellglied wird die Regelgröße automatisch solange beeinflußt, bis sie den neuen Sollwert erreicht hat. Weil die Regelgröße der Führungsgröße folgt, wird ein Regelkreis in dieser Betriebsart als *Folgeregler oder Servoregler* bezeichnet.

Bis hierher haben wir das Blockschaltbild des Regelkreises in allgemeiner Formulierung kennengelernt. Die Bedingungen, die sein Funktionieren gewährleisten und bestimmen, werden in den folgenden Abschnitten bei der Detailanalyse des Dehnungsreflexes eingeführt und erörtert.

Der Regelkreis für die Muskellänge. Bei der Betrachtung des Dehnungsreflexes als Regelkreis gelten folgende Begriffszuordnungen für die Elemente des Regelkreises (vgl. Abb. 6-3, 7-3 B, 7-5):

Regelstrecke	Muskel mit Sehnen und Gelenk
Regelgröße	Muskellänge L
Regler	α-Motoneurone
Stellglied	extrafusale Muskulatur
Stellgröße	Frequenz der Aktionspotentiale der Aα-Motoaxone F_α
Fühler	Muskelspindeln
Istwert (codiert)	Frequenz der Aktionspotentiale der Ia-Fasern F_{Ia}
Führungsgröße (Sollwert)	Frequenz der Aktionspotentiale in absteigenden Bahnen vom Gehirn F_D
Störgröße	Schwerkraft, Ermüdung des Muskels, Belastung

Um die Übertragungseigenschaften der Bestandteile des Regelkreises zu bestimmen, muß man ihn an einer Stelle *auftrennen,* d. h. den Rückwirkungskreis unterbrechen. Dazu werden bei der Analyse des Dehnungsreflexes im Tierexperiment entweder die Hinterwurzeln oder die Vorderwurzeln durchschnitten.

Am aufgetrennten Regelkreis wollen wir jetzt die Übertragungseigenschaften von Fühler, Regler und Stellglied darstellen, und daraus das Verhalten des geschlossenen Längenregelkreises herleiten. Die *stationären Eigenschaften* werden durch *Kennlinien* (Abb. 7-1, 7-7) beschrieben, die jeweils die Beziehung zwischen einer Eingangs- und einer Ausgangsgröße darstellen. Die **dynamischen Eigenschaften** des Regelkreises und seiner Elemente, d. h. das Verhalten während und unmittelbar nach Änderung der Regelgröße, werden durch seine **Übergangsfunktionen** (Abb. 7-4) charakterisiert. Beide Darstellungen werden nachfolgend zur Erklärung der Regelfunktion eingeführt.

Vorweg noch eine qualitative Überlegung zur **Polung des Regelkreises:** bei der Übertragung am Fühler (Muskelspindel) erfolgen Änderungen gleichsinnig, d. h. eine Zunahme der Länge L führt zu einer Zunahme der Entladungsfrequenz F_{Ia}. Entsprechendes gilt bei der Übertragung am Regler (α-Motoneuron), also bei der Transformation der Frequenz F_{Ia} der Muskelspindelafferenzen in die Frequenz F_α der α-Motoneuronen. Bei der Übertragung am Stellglied (extrafusale Muskulatur) jedoch ist die Änderung **gegensinnig,** eine Zunahme von F_α führt zu einer Abnahme von L. An dieser Stelle ist somit die Vorzeichenumkehr verwirklicht, die für die **negative Rückkopplung** eines Regelkreises notwendig ist.

Mit den folgenden Fragen können Sie Ihr in diesem Abschnitt erlerntes Wissen überprüfen:

F 7.1 Der Dehnungsreflex kann als Regelkreis betrachtet werden, weil
a) die Muskeln an den Gelenken kreisende Bewegungen erzeugen
b) die beteiligten Afferenzen von den annulospiraligen Endigungen der Muskelspindeln kommen
c) eine isotonische Muskelkontraktion über den Dehnungsreflex verstärkt wird (positive Rückkopplung)
d) Störungen der Muskellänge durch eine reflektorische Änderung des Kontraktionszustandes kompensiert werden
e) die Muskellänge praktisch konstant gehalten wird (mehrere Antworten sind richtig).

F 7.2 Beim Kühlschrank, als Regelkreis betrachtet, gelten folgende Feststellungen:
a) der Thermostat ist das Stellglied
b) die Temperatur des Kühlraums ist die Regelgröße
c) die Kühlmaschine (Motor mit Kompressor) ist der Regler
d) Wärmeleitung durch die Wand und Warmlufteintritt durch die Tür sind Störgrößen
e) bei fest eingestelltem Thermostat ist der Kühlschrank ein Folgeregler
(mehrere Antworten sind richtig).

F 7.3 Die Bezeichnung „Folgeregler" hat folgende Begründung:
a) die Regelgröße folgt einer beliebig veränderbaren Führungsgröße
b) der Istwert folgt verzögert der veränderlichen Regelgröße
c) die Regelgröße folgt einer Störgröße
d) bei Durchlaufen des Regelkreisblockschaltbildes folgt das Stellglied immer auf den Regler.

F 7.4 Folgende biologische und technische Funktionen können als Regelkreise aufgefaßt werden:
a) der Paarungstrieb bei Tieren
b) die Einhaltung einer gleichbleibenden Körpertemperatur bei Säugetieren und Vögeln
c) die Anpassung der Atmung an wechselnden Bedarf
d) die Servolenkung eines Kraftfahrzeuges
e) die Lautstärkeregelung mit Drehknopf bei einer Stereoanlage
(mehrere Antworten sind richtig).

7.2 Das dynamische und statische Verhalten des Regelkreises

Die Übergangsfunktion. Der bereits im vorigen Abschnitt eingeführte Begriff der Übergangsfunktion soll jetzt näher erläutert werden. Eine Übergangsfunktion ist der Zeitverlauf der Antwort des Regelkreises oder seiner Elemente auf eine plötzlich einsetzende Störgröße. Übergangsfunktionen kann man sowohl am geschlossenen, als auch am aufgetrennten Regelkreis messen.

In Abb. 7-4 sind einige Übergangsfunktionen des Dehnungsreflexes dargestellt. Als Störgröße ist hier eine sprunghafte Änderung der Muskellänge L (Sprungfunktion, Abb. 7-4 A) durch eine plötzlich von außen einwirkende zusätzliche Kraft am Muskel angenommen.

Als Übergangsfunktion am aufgetrennten Regelkreis sind dargestellt die Antwort der Ia-Afferenz einer Muskelspindel (Istwert, Abb. 7-4 B), und die Antwort der Aα-Efferenz (Stellgröße, Abb. 7-4 C) des Motoneurons (Regler). Die Übergangsfunktion der Muskelspindel (7-4 B) zeigt eine überschießende Entladung bei rechteckförmigem Reiz, sie ist ein *Proportional-Differential (PD)-Fühler:* der Anfangsteil der Entladung zeigt ungefähr den zeitlichen Differentialquotienten (D-Anteil) des Reizes an, also dL/dt, die anschließende stationäre Entladungsfrequenz ist proportional (P-Anteil) zur Länge L. In der Entladung F$_\alpha$ des Motoneurons (Abb. 7-4 C) ist dieses PD-Verhalten noch ausgeprägter, das α-Motoneuron ist nämlich selbst ein *PD-Regler.*

Jeweils punktiert eingezeichnet (Kurve 1 in Abb. 7-4 B, C) ist die Übergangsfunktion für den hypothetischen Fall, daß Muskelspindel und Motoneuron nur Proportional-Verhalten aufweisen würden.

In Abb. 7-4 D ist die *Übergangsfunktion des geschlossenen Längen-Regelkreises* gezeigt. Zunächst wird die Regelgröße L unter der Wirkung der Störung passiv geändert. Nach Ablauf der *Totzeit t$_0$*, das ist die Reflexlatenz (also Leitungs- und Synapsenzeiten, ca. 30 ms beim Dehnungsreflex des Wadenmuskels des Menschen), setzt die Kontraktion des Muskels ein, also die Wirkung des Stellglieds: die Störgröße wird weitgehend kompen-

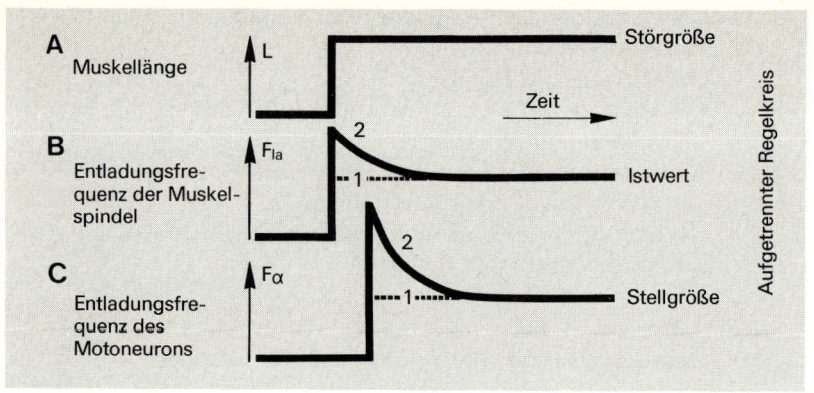

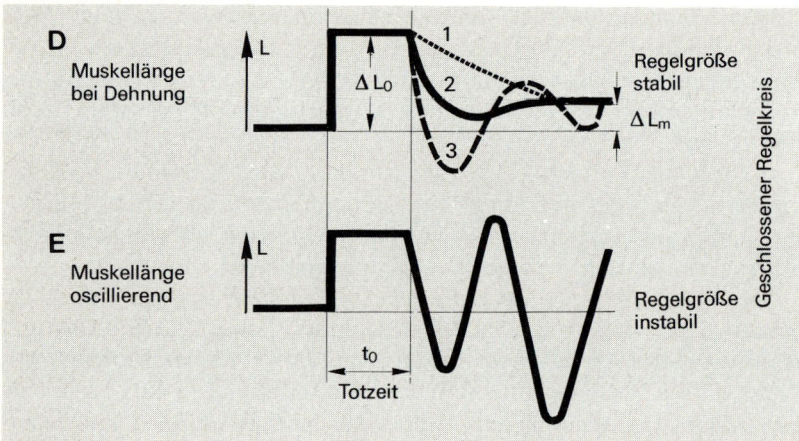

Abb. 7-4 A–E. Übergangsfunktionen im Regelkreis für die Muskellänge. **A** Sprunghafte Störgröße (Änderung der Muskellänge L). **B** Antwort des Fühlers (Frequenz F_{Ia} der Muskelspindel). **C** Antwort des Reglers (Frequenz F_α des Motoneurons) auf die Störgröße, **A, B** und **C** am aufgetrennten Regelkreis. **D** Übergangsfunktionen der Regelgröße (Muskellänge L) im geschlossenen Regelkreis, bei Annahme von Proportional-(P-)-Elementen (Kurve 1) bzw. von Proportional-Differential-(PD-)Elementen (Kurven 2, 3), bei geringer (2) und größerer Regelverstärkung (3). **E** Ungedämpfte Regelschwingung

siert, die Regelgröße erreicht fast wieder ihren Sollwert, der vor der Einwirkung der Störgröße bestand.

Der Zeitverlauf der Übergangsfunktion ist unterschiedlich schnell, je nachdem, ob wir eine reine P-Regelung (Kurve 1 in Abb. 7-4 D), oder eine PD-Regelung (Kurve 2) annehmen. Bei großem D-Anteil kann sogar ein *Überschwingen der Regelgröße* auftreten (Kurve 3).

Regelfaktor. Ohne Regelung beträgt in Abb. 7-4 A die Längenänderung des Muskels ΔL_0. Nach Beendigung des Einschwingvorgangs der Regelung ist die verbleibende Längenänderung ΔL_m (Abb. 7-4 D). Die Güte der Regelung wird beschrieben durch den Regelfaktor R

$$R = \frac{\Delta L \text{ mit Regelung}}{\Delta L \text{ ohne Regelung}} = \frac{\Delta L_m}{\Delta L_o}$$

Ein niedriger Regelfaktor bedeutet also eine gute Regelung. Grundsätzlich läßt sich die Regelungsgüte verbessern durch eine Erhöhung des Verstärkungsfaktors des Reglers (s. S. 217). Bei hoher Regelverstärkung besteht jedoch die Gefahr des *ungedämpften Oszillierens* der Regelgröße, wie in Abb. 7-4 E gezeigt ist. Das Aufschaukeln der Regelgröße zu einer solchen *Regelschwingung* kann folgendermaßen anschaulich erklärt werden: die Störgröße führt zu einer Gegenreaktion des Reglers, die bei hoher Verstärkung stark überschießend sein kann; im Beispiel der Abb. 7-4 E ist dies eine starke reflektorische Verkürzung des Muskels. Der Fühler meldet diese übertriebene Änderung der Regelgröße, was zu einer ebenfalls überschießenden Gegenmaßnahme führt, also zu einer starken Verlängerung des Muskels. Der Vorgang wiederholt sich dann beliebig oft, die Frequenz dieser Regelschwingung hängt von der Geschwindigkeit des Regelvorganges ab. Es ist leicht einzusehen, daß das Auftreten einer Regelschwingung durch hohe Regelverstärkung und Totzeit begünstigt wird (s. auch S. 217). Bestimmte pathologische Veränderungen des motorischen Systems bewirken u. a. eine Erhöhung der vom Gehirn ausgehenden Bahnung der spinalen Dehnungsreflexe. Dadurch kann es zu neurologischen Störungen kommen, wie z. B. dem Clonus (rhythmische Reflexzuckungen bei Auslösung eines Dehnungsreflexes mit dem Reflexhammer), oder dem Tremor (Zittern) einer Extremität bei der Parkinsonschen Krankheit. In beiden Fällen treten Oszillationen der Muskellänge auf, wie sie schematisch in Abb. 7-4 E gezeigt sind.

Die Führungsgröße. Wir haben den Regelkreis bisher allein in seiner Eigenschaft betrachtet, die Regelgröße L (Muskellänge) konstant zu halten. Zur *Bewegung eines Gelenkes* muß jedoch L gezielt *verändert* werden. Dies wird bewerkstelligt durch die *Führungsgröße* (s. Abb. 7-3), die einen *variablen Sollwert* darstellt. Beim Dehnungsreflex ist die Führungsgröße die Erregung der Motoneuronen vom Gehirn aus, die über descendierende Bahnen zum Rückenmark gelangt (s. Kap. 6).

In Abb. 7-5 ist das Schema des Dehnungsreflexes (Abb. 7-2 B) um die vom Gehirn absteigenden Bahnen erweitert. Zum Verständnis der nachfolgenden Betrachtungen sollten Sie in der Lage sein, die Entsprechungen dieses Schemas mit dem Blockschaltbild des Regelkreises (Abb. 7-3 B) qualitativ zu erkennen.

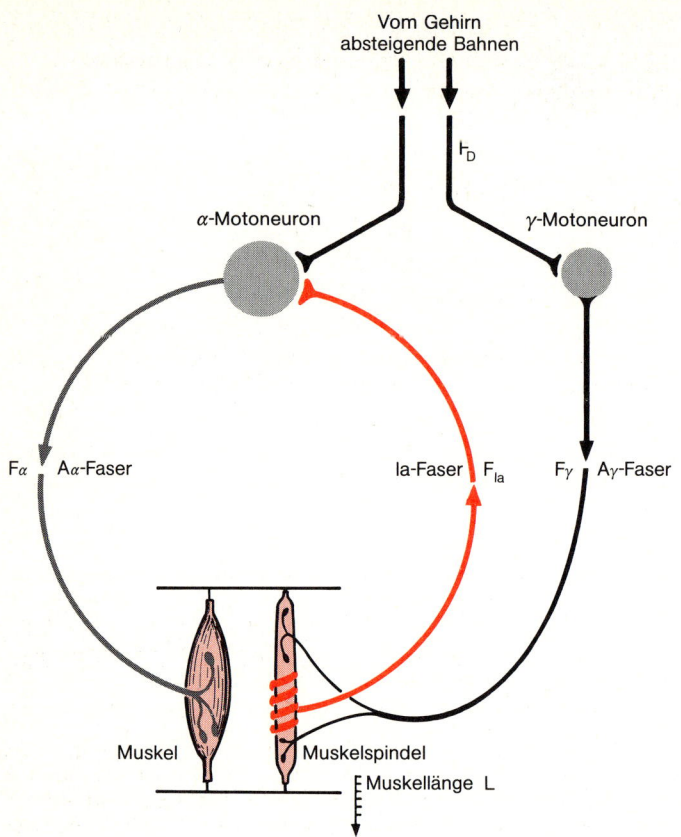

Vom Gehirn
absteigende Bahnen

F_D

α-Motoneuron   γ-Motoneuron

Fα   Aα-Faser   Ia-Faser F_{Ia} Fγ   Aγ-Faser

Muskel   Muskelspindel
            Muskellänge L

Abb. 7-5. Der spinale Dehnungsreflex und seine supraspinale Beeinflussung über absteigende Bahnen. Die Größe F (mit verschiedenem Index) bedeutet die Entladungsfrequenz in der jeweiligen Faser

Wie wir bereits wissen (s. Abb. 6-4), werden durch die descendierenden Erregungen meistens α- und γ-Motoneuronen gleichzeitig synaptisch aktiviert, wir sprechen von der *α-γ-Coaktivierung*. Beide Arten des Eingriffs supraspinaler Befehle in den Dehnungsreflex sind regelungstechnisch als Führungsgröße, d. h. als veränderlicher Sollwert, zu interpretieren. Grundsätzlich sind die beiden Möglichkeiten der Führungsgrößeneingabe als gleichwertig anzusehen, mögliche Vorteile von zwei separaten Systemen werden am Ende dieses Abschnittes diskutiert.

In Abb. 7-5 und 7-6 A sei F_D die Impulsfrequenz in descendierenden Axonen, also die Führungsgröße. Eine sprunghafte Erhöhung von F_D bewirkt eine Zunahme der Entladungsfrequenzen in α- und γ-Motoneuronen, also von $F_α$ und $F_γ$ (Abb. 7-6 B). Über die Kontraktion der intrafusa-

214

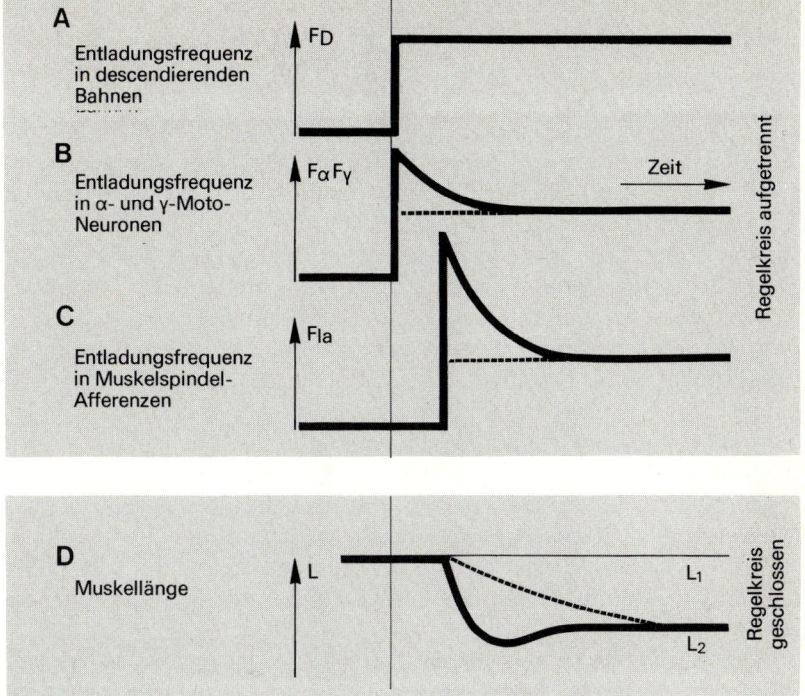

Abb. 7-6 A–D. Folgeregelung. **A** Sprungfunktion der Führungsgörße (Frequenz F_D der descendierenden Erregung). **B** Antwort des Reglers (α-Motoneuron). **C** Antwort des Fühlers (Muskelspindel, verstellt über das γ-Motoneuron); **B, C** Ergebnisse am aufgetrennten Regelkreis. **D** Übergangsfunktion der Regelgröße nach Führungsgrößensprung, geschlossener Regelkreis. Zeitfunktionen bei Annahme von P-Gliedern (*punktiert*), bzw. von PD-Gliedern (*ausgezogen*)

len Muskulatur in der Muskelspindel bei Anstieg von F_γ (Abb. 6-4) kommt es auch zu einer Erhöhung von F_{Ia}, also der Frequenz der afferenten Entladung der Muskelspindel (Abb. 7-6 C). Beide Änderungen (Abb. 7-6 B, C) sind wieder am **aufgetrennten Regelkreis** dargestellt (Vorderwurzel durchschnitten). Das α-Motoneuron wird bei Zunahme von F_D also einmal direkt erregt, und zusätzlich noch indirekt durch die Zunahme von F_{Ia}, also über die γ-Schleife (Abb. 7-5).

Im *geschlossenen Regelkreis* (Abb. 7-6 D) kommt es dabei zu einer Verkürzung des Muskels: die Regelgröße L stellt sich auf ihren neuen Sollwert L_2 ein, sie folgt der Führungsgröße: **Folgeregler**. An diesem neuen Sollwert verhält sich der Regelkreis wieder als Halteregler (bei Störgrößeneinwirkung, s. Abb. 7-4 D). Die Geschwindigkeit der Übergangsfunktion wird auch bei der Folgeregelung (wie bei Abb. 7-4) durch das PD-Verhalten von Motoneuronen und Muskelspindeln erhöht, verglichen zum hypothetischen Fall reiner P-Glieder (in Abb. 7-6 punktiert eingezeichnet).

Es ist eine bemerkenswerte Eigenschaft des Regelkreises Dehnungsreflex, daß die Führungsgröße an zwei Stellen in den Kreis eingegeben wird: am α-Motoneuron, und, über das γ-Motoneuron, an der Muskelspindel. Es lassen sich mehrere Vorteile dieser Anordnung angeben, im Vergleich zu einer Führungsgrößeneingabe allein am Regler. Einmal wird dadurch ein größerer **Arbeitsbereich** der Längenänderung erreicht, d. h. ein größerer Abstand zwischen den minimal und maximal möglichen Werten der Regelgröße. Zum andern ist wegen der unabhängigen Beeinflussung von Proportional- und Differentialverhalten der Muskelspindel durch die komplexe γ-Innervation eine bessere Einstellung des Regelkreises im Hinblick auf optimales Übergangsverhalten (Stabilität) möglich, im Vergleich zu einer Führungsgrößeneingabe allein am Regler.

Amphibien haben kein separates γ-System, die intrafusalen Fasern der Muskelspindeln werden gemeinsam mit den extrafusalen Muskelfasern efferent innerviert. Wir müssen die Besonderheit der separaten hochdifferenzierten γ-Mototik als entwicklungsgeschichtlichen Fortschritt der Säuger betrachten.

Der Regelkreis im stationären Zustand. Bei einer stabilen Regelung mündet der durch die Übergangsfunktion beschriebene Zeitverlauf nach sprunghafter Störgröße in einen **stationären Zustand** ein (Abb. 7-4, 7-6): die Regelgröße, sowie die anderen Kenngrößen (Istwert, Stellgröße), nehmen konstante, nicht mehr zeitabhängige Werte an. In diesem Zustand lassen sich die Elemente des Regelkreises durch **stationäre Kennlinien** beschreiben. Kennlinien geben den Zusammenhang zwischen Eingangs- und Ausgangsgrößen wieder. Die stationäre **Kennlinie des Fühlers** (Muskelspindel), d. h. der Zusammenhang zwischen der Frequenz der Ia-Faser und der Muskellänge, also $F_{Ia} = f(L)$, haben wir bereits früher kennengelernt (Abb. 6-4). Ebenso läßt sich die **Kennlinie des Reglers** (eines α-Motoneurons, bzw. einer Population von homonymen α-Motoneuronen) als Zusammenhang darstellen, der die Eingangsgröße: Frequenz der Impulse in den Ia-Fasern, F_{Ia}, und die Ausgangsgröße: Frequenz der Impulse in den zugehörigen α-Motoneuronen, F_α, miteinander verknüpft.

In Abb. 7-7 A ist der Zusammenhang zwischen Muskellänge L und der Entladungsfrequenz der zugehörigen α-Motoneuronen F_α dargestellt, also diejenige Kennlinie, die die Übergänge an der Muskelspindel und am α-Motoneuron zusammenfaßt. Wir wollen annehmen, daß beide Einzelkennlinien, nämlich die der Muskelspindel (s. Abb. 6-4), und die des α-Motoneurons, linear sind; damit ist auch die Über-Alles-Kennlinie in Abb. 7-7 A linear.

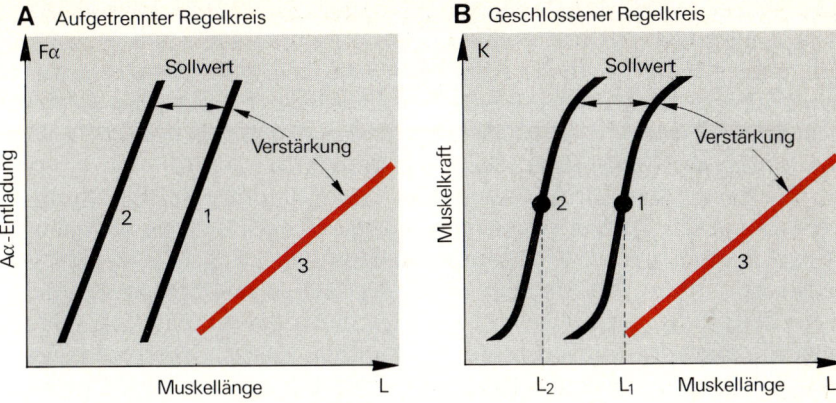

A Aufgetrennter Regelkreis **B** Geschlossener Regelkreis

Abb. 7-7 A, B. Stationäre Kennlinien. **A** Kennlinien des Reglers, aufgetrennter Regelkreis: Zusammenhang zwischen Istwert (L) und Stellgröße (F_α). Parallelverschiebung der Kennlinie (1 → 2) bei Änderung der Führungsgröße, Steigungsänderung (1 → 3) bei Änderung des Verstärkungsfaktors des Reglers (*rot*). **B** Kennlinien des geschlossenen Regelkreises, dargestellt im Kraft-Länge-Diagramm. Änderungen der Kennlinie entsprechend **A**

Zunächst wieder am *aufgetrennten Regelkreis* (Abb. 7-7 A) sollen zwei Effekte auf diese Kennlinie erläutert werden, die den Regelkreis wesentlich bestimmen. Durch eine Veränderung der Gesamterregbarkeit der α-Motoneuronenpopulation, z. B. durch die Erregung von α- und γ-Motoneuronen aus supraspinalen Zentren, kommt es zu einer *Parallelverschiebung der Kennlinie* (z. B. Übergang von Linie 1 zu Linie 2 in Abb. 7-7 A). Prinzipiell könnte jeweils allein eine α-Erregung, oder eine γ-Erregung, zu einer solchen Verschiebung führen. Aus dem vorliegenden experimentellen Material müssen wir jedoch folgern, daß meistens beide Mechanismen gleichzeitig wirken (α-γ-*Coaktivierung,* s. Kap. 6). Die *Parallelverschiebung* der Kennlinie bedeutet einen neuen Arbeitspunkt des Regelkreises, die Regelgröße wird auf einen *neuen Sollwert geführt.*

Als *Kennlinie des geschlossenen Regelkreises* (Abb. 7-7 B) läßt sich der Zusammenhang zwischen Kraft K und Länge L verwenden, wie er bereits mit Abb. 7-1 eingeführt wurde. Der Effekt der Führungsgröße F_D äußert sich hier als *Verschiebung der Kennlinie* entlang der L-Achse, z. B. von 1 nach 2 bei Zunahme der descendierenden Erregung F_D. Die Regelgröße (Muskellänge) folgt dabei der Führungsgröße auf den neuen Sollwert L_2 nach (Folgeregler s. auch Abb. 7-6 D), sie wird auf dem neuen Wert gegen Störungen konstant gehalten (Halteregler).

Regelverstärkung. Aus Abb. 7-7 B ist leicht einzusehen, daß die Regelgröße um so genauer auf dem Sollwert, also einer bestimmten Länge L des Muskels, gehalten wird, je steiler die Kennlinie ist. Die **Steigung der Kennlinie** des geschlossenen Kreises resultiert aus den Kennliniensteigungen seiner Elemente (Abb. 7-7A). In der Technik wird die Steigung eines solchen Zusammenhangs allgemein als **Verstärkungsfaktor** bezeichnet. *Je höher die Regelverstärkung, desto besser ist also eine Regelung im Hinblick auf die Konstanthaltung der Regelgröße* (s. Abschnitt: Regelfaktor, S. 213). Wir haben bereits früher festgestellt (Abb. 7-4), daß eine hohe Regelverstärkung das Auftreten von **ungedämpften Regelschwingungen** begünstigt, vor allem wenn die Übergangsfunktion Zeitverzögerungen enthält (z. B. Totzeit, Abb. 7-4). Um eine **stabile Regelung** zu gewährleisten, ist die Verstärkung also nach oben zu begrenzen durch die Auflage, daß keine ungedämpften Schwingungen auftreten dürfen. Diese Grenzbedingung ändert sich bei der Längenregelung des Muskels dauernd, so daß eine **variable Regelverstärkung** sinnvoll wäre, der jeweiligen Situation angepaßt.

Es läßt sich zeigen, daß unser spinales Regelsystem tatsächlich eine variable Verstärkung aufweist; vor allem durch **Hemmung am α-Motoneuron** wird die Steigung der Kennlinien, bzw. der Verstärkungsfaktor der Regelung, herabgesetzt (Linien 3 in Abb. 7-7A, B). Durch die Sehnenorgan-(Ib) und Renshaw-Hemmung (s. Kap. 4 und 6) wird z. B. bewirkt, daß die beim Einsetzen einer Störung (Abb. 7-4) zunächst hohe Verstärkung bald zurückgeht, was mit ein Grund für das Auftreten eines Differential-Anteils in der Übergangsfunktion des α-Motoneurons ist (Abb. 7-4C). Auch die Wirkung der Antagonistenhemmung (s. Kap. 6) läßt sich interpretieren als Herabsetzung der Regelverstärkung.

Der **Verstärkungsfaktor** des spinalen Dehnungsreflexes wird jedoch auch von supraspinal, über descendierende Bahnung und Hemmung, verändert. Supraspinale Einflüsse können somit auf zweierlei Art wirken: sie können zu einer **Parallelverschiebung** (Folgeregelung, siehe oben; Übergang 1–2 in Abb. 7-7) und zu einer **Steigungsänderung der Reglerkennlinie** (Regelverstärkung, Übergang 1–3 in Abb. 7-7) führen. Vor allem bei den supraspinalen Eingriffen an der Muskelspindel über die γ-Innervation konnten diese zweifachen Wirkungen bisher tierexperimentell gut belegt werden.

Bewegungen. Jeder Muskel mit seinem Dehnungsreflex kann somit als Regelkreis beschrieben werden. Als die funktionellen Elemente von Körperhaltung und Bewegung sind diese Regelkreise in vielfacher Weise untereinander gekoppelt und werden durch supraspinale Programme **koordiniert.**

Ein Beispiel für die **Kopplung** zweier Regelkreise für die Muskellänge ist die gegenseitige Beeinflussung der Dehnungsreflexe antagonistischer Muskeln. Wir können zwei Wechselwirkungen erkennen: die eine ist eine mechanische, durch den gegensinnigen Ansatz der beiden Muskeln am selben Gelenk. Die andere Wechselwirkung besteht in der gegenseitigen Hemmung der Regelkreise, der Antagonistenhemmung im Rückenmark. Bei der von supraspinal vorgegebenen Verkürzung eines Muskels zur Ausführung einer Bewegung kommt es so immer zu einer Verstärkungsabnahme im Regelkreis des Antagonisten, und damit zu einer abgestuften Nachgiebigkeit des antagonistischen Muskels. Wegen dieser Wechselwirkung kann zur Beschreibung einer Bewegung ein Dehnungsreflex-Regelkreis nicht isoliert betrachtet werden.

Die von den supraspinalen motorischen Zentren ausgehenden Führungsgrößen der spinalen Regelkreise für die Muskellänge kann man als angeborene und als erlernte *Bewegungsprogramme* ansehen, die jeweils zahlreiche Dehnungsreflexe koordinieren. Bei dieser Koordination spielen wiederum *Rückmeldungen* aus den Muskelreceptoren, jedoch auch aus Gelenk- und Hautafferenzen, eine Rolle, die vor allem im Cerebellum und im Motorcortex in den Ablauf eines solchen Bewegungsprogramms regelnd eingreifen. Diese auf- und absteigenden Verbindungen zwischen Rückenmark und motorischen Gehirnzentren können wir als Bestandteile von übergeordneten Regelkreisen betrachten, die mit den spinalen Regelsystemen vermascht sind.

Im Prinzip ließe sich somit auch eine Bewegung, bei der zahlreiche Muskeln und mehrere Gelenke beteiligt sind, in der Sprache der Regelungstechnik beschreiben. Die heute bekannten neurophysiologischen Details der supraspinalen Kontrolle von Bewegungen sind jedoch nicht ausreichend für eine vollständige regelungstechnische Beschreibung des Ablaufs von Bewegungen.

Mit den nachfolgenden Fragen können Sie Ihr in diesem Abschnitt erworbenes Wissen überprüfen:

F 7.5 Für die Übergangsfunktion, eine Beschreibung des dynamischen Verhaltens eines Regelkreises, gelten folgende Aussagen:
- a) man kann die Übergangsfunktionen der einzelnen Bestandteile des Regelkreises am aufgetrennten Regelkreis messen,
- b) beim geschlossenen Regelkreis läßt sich keine Übergangsfunktion messen, da alle Störgrößen vollständig ausgeregelt werden,
- c) bei einem instabilen Regelkreis treten in der Übergangsfunktion des geschlossenen Kreises Oszillationen auf,
- d) die Übergangsfunktion gibt den Zeitverlauf der Regelgröße nach einer sprunghaften Störgröße an,
- e) eine Totzeit im Regelkreis ist auf die Übergangsfunktion ohne Einfluß,

(mehrere Antworten sind richtig).

F7.6 Im Beispiel Dehnungsreflex ist die Führungsgröße
- a) der Erregungseinstrom der Ia-Afferenzen von den Muskelspindeln, gemessen als Entladungsfrequenz F_{Ia},

b) die Erregung F_α der gesamten Population homonymer α-Moto-neuronen, weil sie die Ausführung der Muskelbewegung be-stimmt,

c) Dehnung Δ L eines Muskels durch wechselnde Belastung, wo-durch eine Gegenregulation über den Dehnungsreflex ausge-führt wird,

d) die Änderung der Verstärkung des Reglers (α-Motoneuron) durch Hemmung (z. B. Renshaw-Hemmung, Antagonistenhem-mung),

e) die Entladungsfrequenz in descendierenden Bahnen, die zu ei-ner Veränderung der Erregung von α- und γ-Motoneuronen führen kann.

F 7.7 Die Güte einer Regelung hängt von mehreren Eigenschaften des Regelkreises ab, z. B. den nachfolgend genannten:

a) das Auftreten von Regelschwingungen verbessert die Genauig-keit, mit der sich die Regelgröße auf den neuen Sollwert ein-stellt,

b) ein zu hoher Verstärkungsfaktor des Reglers und das Auftreten einer Totzeit im Regelkreis begünstigen das Instabilwerden der Regelung,

c) die Trägheit des Stellglieds kann durch Einfügen einer Differen-tial-Komponente in die Übertragung, z. B. am Fühler und am Regler, kompensiert werden (PD-Regelung),

d) der Verlauf und die Steigung der stationären Kennlinie eines Regelkreises sind für die Genauigkeit der Regelung unwichtig, (mehrere Antworten sind richtig).

F 7.8 Der Dehnungsreflex kann auch als Folge- oder Servoregelung an-gesehen werden, weil

a) die Muskelbewegungen (z. B. beim Laufen) immer der Schwer-kraft folgen,

b) die Muskellänge sich reflektorisch auf einen neuen Sollwert einstellt, wenn die Erregung der Motoneuronen über descendie-rende Bahnen geändert wird,

c) die Antagonistenhemmung und die reziproke Beeinflussung der contralateralen Dehnungsreflexe eine Laufbewegung be-günstigen,

d) die stationäre Kennlinie des Dehnungsreflex-Regelkreises durch supraspinale Einflüsse verschoben wird,

e) der Sollwert der Muskellänge variabel ist und vom Gehirn aus vorgegeben wird, (mehrere Antworten sind richtig).

8. Vegetatives Nervensystem

W. JÄNIG

Der Organismus kommuniziert mit der Umwelt über sein somatisches Nervensystem. Er empfängt Nachrichten aus ihr mit seinen sensorischen Systemen (s. auch Kap. 1 und „Grundriß der Sinnesphysiologie") und kontrolliert seine Körperhaltungen und Bewegungen mit seinen nervösen motorischen Systemen (s. auch Kap. 4, 6 und 7). Die Prozesse im somatischen Nervensystem unterliegen zum Teil dem Bewußtsein und der willkürlichen Kontrolle.

Das *vegetative Nervensystem* innerviert im wesentlichen die glatte Muskulatur aller Organe und Organsysteme, das Herz und die Drüsen. Es regelt die lebenswichtigen Funktionen der Atmung, des Kreislaufes, der Verdauung, des Stoffwechsels, der Sekretion, der Körpertemperatur und der Fortpflanzung und unterliegt *nicht* der direkten willkürlichen Kontrolle. Es wird deshalb auch *autonomes* oder *unwillkürliches* Nervensystem genannt.

Die Wirkungen des vegetativen und des somatischen Nervensystems laufen meistens gleichzeitig ab. Beide Systeme sind zentral ineinander integriert, ihre zentralen neuronalen Strukturen können auch deshalb häufig nicht mehr voneinander getrennt werden.

8.1 Funktionelle Anatomie des peripheren vegetativen Nervensystems

Das periphere vegetative Nervensystem besteht aus drei verschiedenen Systemen: dem *Sympathicus* dem *Parasympathicus* und dem *Darmnervensystem* (Abb. 8-1, 8-2). Die Endneurone von Sympathicus und Parasympathicus, die den Motoneuronen im somatischen Nervensystem entsprechen, liegen außerhalb des ZNS. Die Ansammlung der Zellkörper solcher Neurone nennt man *vegetative Ganglien.* Dasjenige Neuron, welches seinen Zellkörper im ZNS hat und mit seinem Axon in einem solchen Ganglion endet, nennt man *präganglionäres Neuron;* das Neuron, welches seinen Zellkörper im Ganglion hat und mit seinem Axon auf den Effectoren endet, nennt man *postganglionäres Neuron* (s. Abb. 8-1 B, C). Die Neurone des Darmnervensystems liegen in den Wänden des Gastrointestinaltraktes. Diese Neurone sind z. T. identisch mit den postganglionären parasympathischen Neuronen.

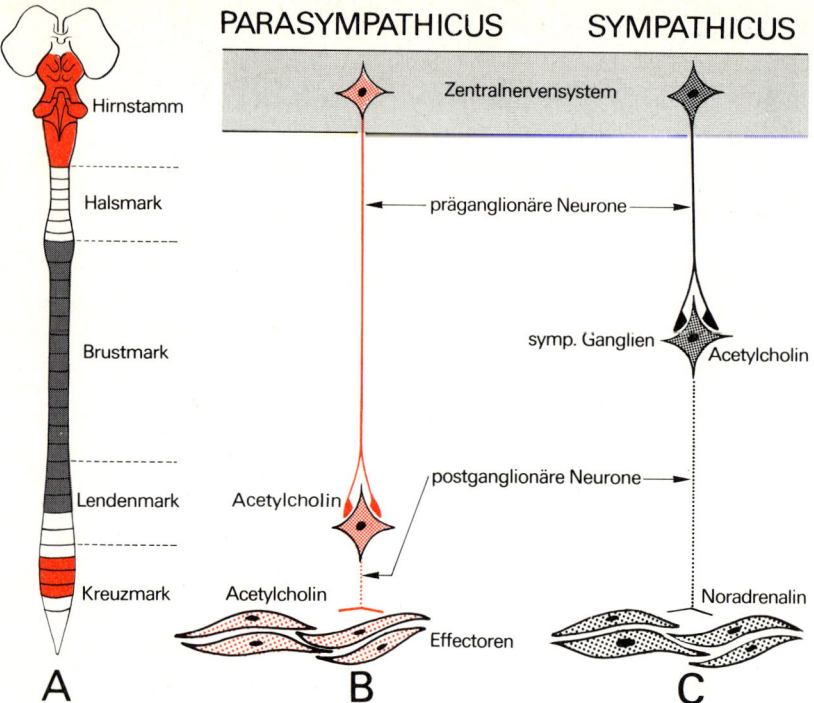

PARASYMPATHICUS　　**SYMPATHICUS**

Hirnstamm

Halsmark

Brustmark

Lendenmark

Kreuzmark

Zentralnervensystem

präganglionäre Neurone

symp. Ganglien
Acetylcholin

Acetylcholin

postganglionäre Neurone

Acetylcholin

Acetylcholin

Noradrenalin

Effectoren

A　　　　B　　　　C

Abb. 8-1 A–C. Ursprung und Aufbau des peripheren vegetativen Nervensystems. **A** Lage der Zellkörper präganglionärer Neurone des Sympathicus *(grau)* und des Parasympathicus *(rot)* in Hirnstamm und Rückenmark. **B, C** Schematische Darstellung prä- und postganglionärer sympathischer und parasympatischer Neurone. Die synaptischen Überträgerstoffe in den Ganglien und auf die Effectoren sind bezeichnet.

Peripherer Sympathicus. Die Zellkörper aller präganglionären sympathischen Neurone liegen im **Brustmark** und **oberen Lendenmark** (Abb. 8-1 A, grau). Die Axone dieser Neurone (schwarz ausgezogen in Abb. 8-2) verlassen das Rückenmark über die Vorderwurzeln und ziehen durch die weißen Rami zu den außerhalb des ZNS liegenden *vegetativen Ganglien.* In den sympathischen Ganglien werden die Axone der präganglionären Neurone auf die Zellkörper der postganglionären Neurone umgeschaltet. Die sympathischen Ganglien sind im Bereich der Brust-, Lenden- und Kreuzwirbelsäule (BM, LM, KM in Abb. 8-3 A) rechts und links segmental angeordnet. Im Bereich des Halsmarkes (HM in Abb. 8-3 A) gibt es nur zwei paare Ganglien. Diese paarweise angeordneten Ganglien sind von oben nach unten durch Nervenstränge miteinander verbunden. Man nennt diese Ganglienketten linker und rechter *Grenzstrang* (Abb. 8-3 A).

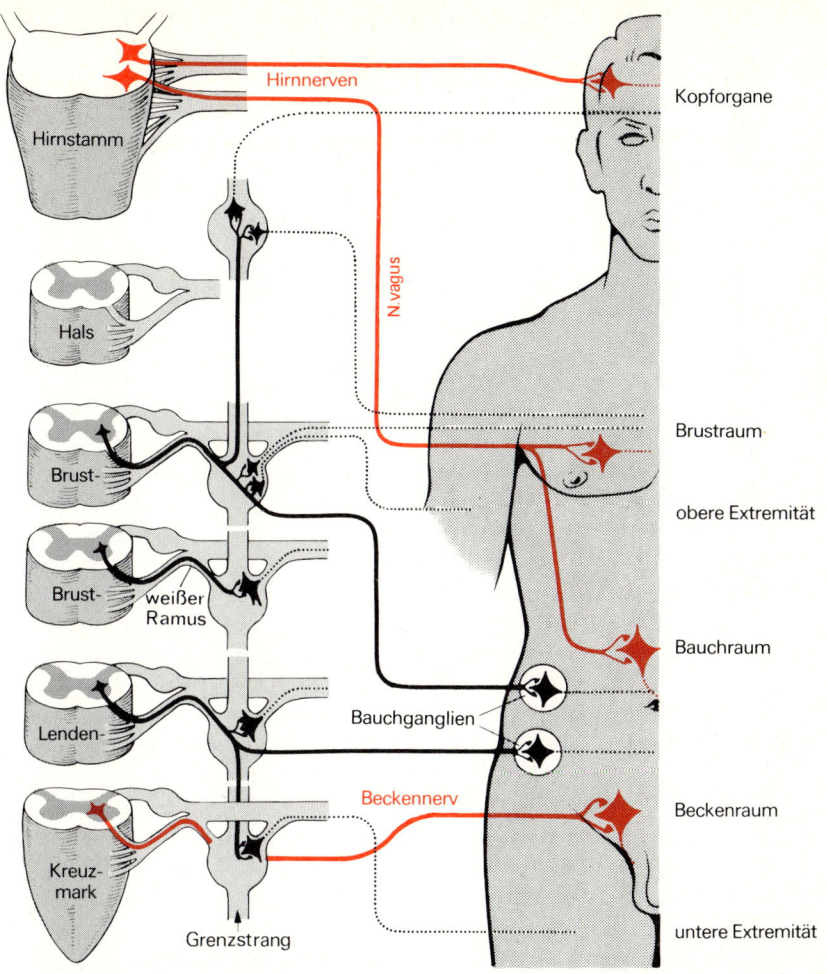

Hirnnerven

Kopforgane

Hirnstamm

Hals

N. vagus

Brustraum

Brust-

obere Extremität

Brust-

weißer
Ramus

Bauchraum

Lenden-

Bauchganglien

Beckennerv

Beckenraum

Kreuz-
mark

Grenzstrang

untere Extremität

Abb. 8-2. Aufbau und Innervationsgebiet vom Sympathicus (*schwarze* Neurone) und Parasympathicus *(rot)*. Die postganglionären Axone sind gepunktet. Die vegetativen Ganglien und Nerven sind im Vergleich zu den Rückenmarkssegmenten zu groß gezeichnet. (Modifiziert nach Netter. The Ciba Collection of Medical Illustrations, Vol. 1, Nervous System, CIBA, 1972)

Außer diesen in den Grenzsträngen paarweise angeordneten Ganglien gibt es im Bauch- und Beckenraum unpaare Ganglien, in denen die Axone präganglionärer Neurone aus beiden Rückenmarkshälften enden (Abb. 8-2). Die präganglionären Axone dieser Ganglien ziehen, ohne umgeschaltet zu werden, durch die Grenzstrangganglien.

A

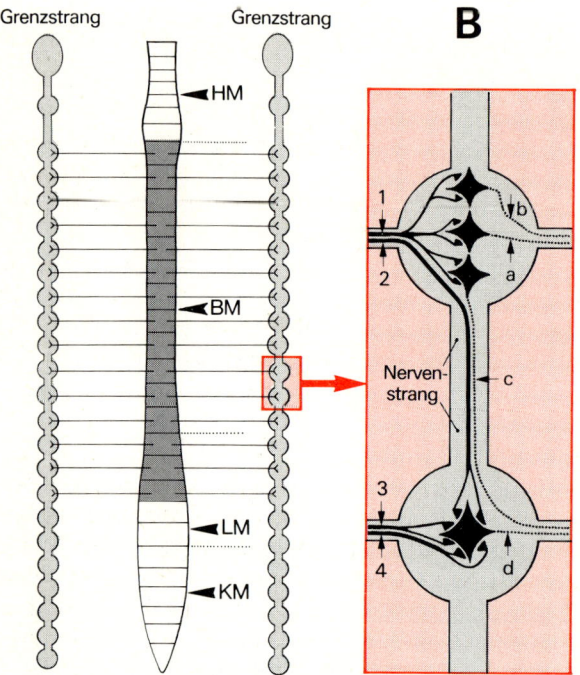

Abb. 8-3 A, B. Grenzstränge. **A** Lage der Grenzstränge im Verhältnis zu Rückenmark und Hirnstamm. Die Ganglien sind im Verhältnis zu den Rückenmarkssegmenten zu groß gezeichnet; außerdem sind Lumbalmark und Kreuzmark im Verhältnis zu den Grenzsträngen zu lang. HM Halsmark, BM Brustmark, LM Lendenmark, KM Kreuzmark. **B** Divergenz (Axon 1 auf Neurone a, b und c) und Konvergenz (Axone 2, 3 und 4 auf Neuron d) präganglionärer Axone auf postganglionäre Neurone in Grenzstrangganglien

In den paarigen und unpaarigen Ganglien **divergiert** ein präganglionäres Axon einerseits auf viele postganglionäre Zellen, andererseits **konvergieren** viele präganglionäre Axone auf eine postganglionäre Zelle. In Abb. 8-3 B sind als Beispiele die Verschaltungen von vier präganglionären Axonen auf vier postganglionäre Neurone in zwei Ganglien eingezeichnet. Das präganglionäre Axon 1 im oberen Ganglion divergiert auf die postganglionären Zellen *a, b* und *c;* im unteren Ganglion konvergieren die drei präganglionären Axone *2, 3* und *4* auf das postganglionäre Neuron *d.* Durch diese Art der Verschaltung prä- und postganglionärer Neurone wird einerseits die Aktivität von wenigen präganglionären Neuronen auf viele postganglionäre Neurone übertragen, andererseits empfängt ein einzelnes postganglionäres Neuron die Aktivität vieler präganglionärer Neurone. Diese Verschaltung gewährleistet, daß die Erregung auch dann von prä- nach postganglionär übertragen wird, wenn nur ein Teil der präganglionären Neurone erregt ist oder ein Teil der präganglionären Neurone ausgefallen ist.

Die meisten präganglionären sympathischen Fasern sind myelinisiert. Ihre Durchmesser sind kleiner als 4 μm und sie leiten die Erregung mit weniger als 20 m/s fort (B-Fasern, s. Tabelle 2-2a, S.68). Die postganglionären Fasern sind sehr dünn und unmyelinisiert und leiten die Erregung mit etwa 1 m/s fort (C-Fasern, s. Tabelle 2-2a).

Die Axone der postganglionären Neurone (schwarz gepunktet in Abb. 8-2) treten aus den Ganglien aus und innervieren die *Erfolgsorgane* (auch *Effectoren* genannt) des Sympathicus. Diejenigen postganglionären Neurone, auf die präganglionäre Neurone aus dem Brustmark konvergieren, innervieren die Kopforgane, den Brust- und Bauchraum und die oberen Extremitäten; diejenigen postganglionären Neuronen, auf die präganglionäre Neuronen aus dem Lendenmark konvergieren, innervieren den Beckenraum und die unteren Extremitäten (Abb. 8-2). Da die Ganglien des Sympathicus relativ weit entfernt von den Erfolgsorganen liegen, sind die postganglionären sympathischen Axone meistens sehr lang (Abb. 8-1 B, 8-2). Die Erfolgsorgane des Sympathicus sind die *glatte Muskulatur* aller Organe (Gefäße, Eingeweide, Ausscheidungsorgane, Haare, Pupillen), der *Herzmuskel* und manche *Drüsen* (Schweiß-, Speichel-, Verdauungsdrüsen). Das sympathische Nervensystem wirkt *erregend* auf die glatte Muskulatur der Gefäße, der Haare, der Schließer des Darmes und der Ausscheidungsorgane und der Pupillen und *hemmend* auf die glatte Muskulatur der Eingeweide, der Ausscheidungsorgane und der Luftröhren und vermutlich auch hemmend auf die Verdauungsdrüsen und auf die Drüsen in den Luftröhren.

Peripherer Parasympathicus. Die Zellkörper der präganglionären Neurone des peripheren parasympathischen Nervensystems liegen im *Kreuzmark* und im *Hirnstamm.* Die präganglionären parasympatischen Fasern sind zum großen Teil unmyelinisiert und, wie in Abb. 8-1 C angedeutet, im Gegensatz zu den präganglionären sympathischen Fasern sehr lang, da die parasympathischen Ganglien in der Nähe der Erfolgsorgane liegen. Die parasympathischen Axone aus dem Hirnstamm laufen einerseits im *Nervus vagus* zu den Organen in der Brust- und Bauchhöhle (rot ausgezogen in Abb. 8-2), andererseits in anderen Hirnnerven zu den Organen im Kopfbereich. Die Fasern aus dem Kreuzmark laufen in den Beckennerven zu den Organen im Beckenraum (Abb. 8-2). Die *vegetativen Ganglien,* in denen prä- und postganglionäre parasympathische Fasern miteinander verschaltet sind, liegen verstreut in den Wänden der Erfolgsorgane oder in der Nähe der Erfolgsorgane. Die postganglionären parasympathischen Fasern (rot gepunktet in Abb. 8-2) sind deshalb im Gegensatz zu den entsprechenden sympathischen Fasern (schwarz gepunktet in Abb. 8-2) sehr kurz. Alle parasympathisch innervierten Organe, wie z. B. Harnblase, Enddarm (Beckenraum), Magen-Darm-Trakt (Bauchraum), Herz, Lunge (Brustraum) und Speicheldrüsen (Kopfbereich), werden auch von sympathischen Fasern innerviert. Dagegen werden nicht alle sympathisch innervierten Organe durch den Parasympathicus innerviert. Das gilt besonders (mit einigen z. T. noch nicht gesicherten Ausnahmen) für das gesamte Gefäßsystem (Arterien, Venen).

Darmnervensystem. Das Darmnervensystem ist im Grunde das eigentliche *autonome* Nervensystem. Dieses Nervensystem funktioniert auch ohne zentral-nervöse Einflüsse vom Sympathicus und Parasympathicus und ist in der Lage, die vielfältigen Bewegungen des Darmschlauches zur Durchmischung und zum Weitertransport des Darminhaltes und zum Teil die Sekretionsvorgänge zu regeln. Es besteht aus Ansammlungen von Nervenzellen (kleinen Ganglien), die zwischen der glatten Längsmuskulatur und der glatten Ringmuskulatur im Plexus myentericus und unterhalb der Ringmuskulatur im Plexus submucosus liegen. Die Neurone des Darmnervensystems sind, erstens, sensorische Neurone, die auf Dehnung und Kontraktion der Darmwand erregt werden, zweitens, motorische Neurone, die die glatte Ring- und Längsmuskulatur innervieren und, drittens, Interneurone, die zwischen afferenten und motorischen Neuronen geschaltet sind. Man könnte das Darmnervensystem auch als das *Gehirn des Darmes* bezeichnen.

Viscerale Afferenzen. Bisher wurden die Efferenzen des vegetativen Nervensystems besprochen. Es gibt aber auch Afferenzen, die dem vegetativen Nervensystem zugerechnet werden können. Sie stammen aus dem Eingeweidebereich und werden deshalb *viscerale Afferenzen* genannt (s. auch Abb. 1-7). Ihre Unterteilung in sympathische und parasympathische Afferenzen ist nach unserem heutigen Wissensstand nicht möglich und funktionell zweifelhaft. Die Wirkungen der visceralen und somatischen Afferenzen sind nicht auf die jeweiligen efferenten Systeme beschränkt, d.h. viscerale Afferenzen haben auch Wirkung auf das somatische efferente System, und somatische Afferenzen haben auch Wirkung auf das vegetative Nervensystem.

Die *Receptoren der visceralen Afferenzen* liegen in den Organen des Brust-, Bauch- und Beckenraumes und in den Gefäßwänden. Diese Receptoren messen einerseits indirekt über die Dehnung der Wände der Hohlorgane den intraluminalen Druck (z. B. im arteriellen System) oder den Füllungszustand der Hohlorgane (z. B. der Harnblase, der Venen, des Darmes). Andererseits registrieren sie den Säuregrad und die Elektrolytkonzentration der Füllung der Hohlorgane (z. B. des Blutes oder des Mageninhaltes) und reagieren auf schmerzhafte Reize im Eingeweidebereich. Zum Teil treten die visceralen Afferenzen mit den somatischen Afferenzen in den Hinterwurzeln ins Rückenmark ein. Diese visceralen Afferenzen haben ihre Zellkörper in den Spinalganglien.

Viscerale Schmerzafferenzen verlaufen weitgehend zum thoraco-lumbalen Rückenmark durch die weißen Rami mit den präganglionären sympathischen Fasern (s. Abb. 8-2). Ein großer Teil der visceralen Afferenzen aus dem Bauch- und Brustraum läuft im *Nervus vagus;* diese Afferenzen haben ihre Zellkörper in einem entsprechenden sensiblen Ganglion unterhalb der Schädelbasis.

F 8.1 Welche der folgenden Aussagen treffen für das periphere parasympathische Nervensystem zu?
  a) Regelt den Hormonhaushalt
  b) Hat lange präganglionäre Axone
  c) Innerviert nur Organe im Kopfbereich, Brust-, Bauch- und Beckenraum
  d) Besteht aus prä- und postganglionären Neuronen, die im Grenzstrang verschaltet sind
  e) Innerviert alle Organe, die auch vom Sympathicus innerviert werden.

F 8.2 Wo liegen die Zellkörper der präganglionären Neurone des sympathischen Nervensystems?
  a) In den Erfolgsorganen
  b) Im Grenzstrang
  c) Im Brustmark
  d) Im Kreuzmark
  e) Im Lendenmark
  f) Im Mittelhirn

F 8.3 Die visceralen Afferenzen
  a) haben ihre Zellkörper in den Grenzsträngen
  b) treten mit den somatischen Afferenzen in das ZNS ein
  c) kommen aus dem Eingeweide- und Gefäßbereich
  d) haben ihre Zellkörper in den Spinalganglien oder den sensiblen Ganglien der Nervi vagi
  e) werden nur außerhalb des ZNS synaptisch umgeschaltet.

8.2 Acetylcholin, Noradrenalin und Adrenalin

Die synaptische Übertragung von den präganglionären Axonen auf die postganglionären Neurone im Parasympathicus und Sympathicus ist *cholinerg* (Abb. 8-1 B, C). Die meisten postganglionären sympathischen Neurone übertragen ihre Aktivität auf die Effektoren durch Freisetzung von *Noradrenalin* und die meisten postganglionären parasympathischen Neurone durch Freisetzung von *Acetylcholin* (Abb. 8-1 B, C).

Acetylcholin, nicotinerge und muscarinerge Übertragung. Die Membranen der postganglionären Neurone und der Zellen der Erfolgsorgane enthalten molekulare Strukturen, mit denen Acetylcholin reagiert. Diese molekularen Strukturen, deren Aufbau im einzelnen noch nicht bekannt ist, werden *cholinerge Receptoren* genannt. Reaktion von Acetylcholin mit diesen Receptoren führt zum Anstieg der Leitfähigkeit für kleine Ionen durch die Membranen und damit zu postsynaptischen Potentialen (s. auch neuromuskuläre Endplatte, Kap. 3.1).

Nicotin hat auf die postganglionären Neurone in den vegetativen Ganglien die gleiche Wirkung wie Acetylcholin. An den Effektororganen (glatte Muskeln, Drüsen) kann es jedoch die Wirkung von Acetylcholin nicht simulieren. An diesen kann aber die Wirkung von Acetylcholin durch Muscarin, ein Gift des Fliegenpilzes, simuliert werden. Die cholinerge Übertragung in den vegetativen Ganglien und die Wirkung von Nicotin auf die postganglionären Neurone läßt sich gezielt (selektiv) durch quaternäre Ammoniumbasen (Ganglienblocker) blockieren. Die cholinerge Übertragung auf die Erfolgsorgane und die Wirkung von Muscarin läßt sich selektiv durch Atropin, ein Gift aus der Tollkirsche, blockieren. Aus diesen pharmakologischen Beobachtungen wird geschlossen, daß die cholinergen Receptoren der vegetativen Erfolgsorgane und der postganglionären Neurone verschieden sind. Man nennt sie *nicotinerge* und *muscarinerge Acetylcholinreceptoren* und spricht dementsprechend von nicotinerger und muscarinerger cholinerger Wirkung oder Übertragung.

Noradrenalin, Adrenalin; α-β-Receptoren-Konzept. Im Blutstrom kreisendes Noradrenalin stammt aus den postganglionären adrenergen sympathischen Neuronen und aus dem Nebennierenmark. Adrenalin stammt ausschließlich aus dem Nebennierenmark (s. S. 230). Ähnlich wie bei der cholinergen Übertragung werden die Wirkungen von Adrenalin und Noradrenalin auf die Organe durch die Interaktion dieser adrenergen Substanzen mit spezifischen molekularen Strukturen in den Zellmembranen der Organe, den adrenergen Receptoren, vermittelt. Man unterscheidet nach pharmakologischen Kriterien *α*- und *β*-adrenerge Receptoren und entsprechend α- und β-adrenerge Wirkungen von Adrenalin und Noradrenalin.

Diese Wirkungen können durch Pharmaka, die wir α-Blocker und β-Blocker nennen, weitgehend selektiv verhindert werden.

Die meisten Organe und Gewebe, die durch Adrenalin und Noradrenalin beeinflußt werden, enthalten sowohl α- als auch β-adrenerge Receptoren in ihren Membranen. Bei Reaktion mit Adrenalin und Noradrenalin vermitteln α- und β-Receptoren meistens entgegengesetzte (antagonistische) Wirkungen. Unter physiologischen Bedingungen hängt die Antwort eines Organs auf die adrenergen Substanzen jedoch davon ab, ob die α-receptorischen oder β-receptorischen Wirkungen überwiegen. Tabelle 8-1 zeigt die Reaktionen verschiedener Organe auf Noradrenalin und auf elektrische Reizung adrenerger postganglionärer Axone zu diesen Organen und die adrenergen Receptoren, die diese Wirkungen vermitteln.

Durch systematische Abwandlung der Struktur des Noradrenalinmoleküls wurden verschiedenste Pharmaka entwickelt, die vorzugsweise an bestimmten Organen oder Organgruppen α- oder β-receptorische Wirkungen auslösen. Diese Pharmaka spielen in der therapeutischen Medizin eine bedeutende Rolle. So ist es z. B. gelungen, durch Ersatz des Methylrestes am Stickstoff des Adrenalinmoleküls (s. Abb. 8-4) durch eine Propylgruppe eine Substanz zu erzeugen, die nur β-adrenerge Wirkungen hat. Diese Substanz braucht der Asthmatiker in seinem Aerosol-Spray, um die glatte Trachealmuskulatur zur Erschlaffung zu bringen (s. Tabelle 8-1).

Tabelle 8-1

Organ	Wirkung von Noradrenalin oder Reizung postganglionärer adrenerger Neurone	Receptor
Herz	Anstieg von Herzfrequenz und Kontraktionskraft	β
Meiste Blutgefäße	Vasoconstriction	α
Muskelarterien	Vasoconstriction	α
	Vasodilatation (nur auf circulierendes Adrenalin)	β
Gastrointestinaltract: longitudinale und circuläre Muskulatur	Erschlaffung	α und β
Sphincteren	Kontraktion	α
Blase: Detrusor vesicae	Erschlaffung	β
Trigonum vesicae (Sphincter internus)	Kontraktion	α
Samenblase	Kontraktion	α
Samenleiter	Kontraktion	α
Dilatator pupillae	Kontraktion (Mydriasis)	α
Tracheal- und Bronchialmuskulatur	Erschlaffung	β

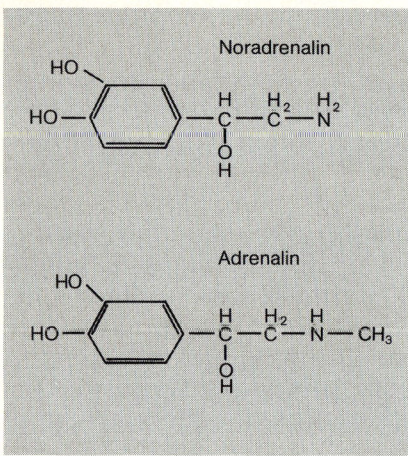

Abb. 8-4. Catecholamine Noradrenalin und Adrenalin

Die Abwandlung dieser reinen β-adrenergen Substanz wiederum – durch Ersatz der beiden OH-Gruppen am Benzolring (Abb. 8-4) – ergibt eine Substanz, die die β-receptorische Wirkung selektiv blockiert (β-Blocker).

Nebennierenmark. Eine besondere Rolle für den Organismus spielt das Mark der Nebenniere. Es ist ein umgewandeltes sympathisches Ganglion und besteht aus modifizierten postganglionären Neuronen, die durch präganglionäre Axone aktiviert werden. Bei Erregung dieser präganglionären Neurone schütten die Nebennierenmarkzellen ein Gemisch von etwa *80% Adrenalin* und *20% Noradrenalin* in den Kreislauf aus. Diese adrenergen Substanzen unterstützen möglicherweise die neuronalen sympathischen Wirkungen auf die Organe. Sie sind aber vor allem als *Stoffwechselhormone* zu betrachten; das heißt, ihre Freisetzung führt zur Mobilisation von oxidablen Substanzen wie Glucose und freien Fettsäuren aus den Glycogen- und Fettdepots. Damit sorgen die adrenergen Substanzen aus dem Nebennierenmark bei einer Aktivierung des sympathischen Nervensystems für eine schnelle Bereitstellung von Brennstoffen. Dieser Prozeß hat besondere Bedeutung, wenn der Organismus unter Belastung steht, wie extremer körperlicher Anstrengung, Erschöpfung oder psychischer Überlastung.

Sonstige Überträgersubstanzen im peripheren vegetativen Nervensystem. Acetylcholin und Noradrenalin sind wahrscheinlich nicht die einzigen Überträgersubstanzen im peripheren vegetativen Nervensystem. Neuere physiologische und pharmakologische Untersuchungen zeigen, daß auch nach vollständiger pharmakologischer Blockade der cholinergen (nicotinergen und muscarinergen) und adrenergen Übertragung immer noch Reaktionen vieler autonomer Erfolgsorgane durch elektrische Reizung der postganglionären Innervation auslösbar sind. Weiterhin hat man experimentell und histochemisch in prä- und postganglionären Neuronen sowie in Neuronen des Darmnervensystems Substanzen nachgewiesen, die synaptische Überträgerstoffe sein können oder die die synaptische (cholinerge und adrenerge) Übertragung beeinflussen können. Diese Substanzen sind z. B. Dopamin, Serotonin, Adenosintriphosphat (ATP) und Neuropeptide. Bei keinem der vorliegenden Kandidaten wurde bisher die Funktion als Überträgersubstanz im peripheren vegetativen Nervensystem zweifelsfrei nachgewiesen.

F 8.4 Cholinerge synaptische Übertragung im peripheren vegetativen Nervensystem
a) ist beschränkt auf den Parasympathicus;
b) ist muscarinerg in den vegetativen Ganglien und nicotinerg auf die vegetativen Effektoren;
c) ist nicotinerg in den vegetativen Ganglien und muscarinerg auf die vegetativen Effectoren;
d) kann an den Effectoren durch Atropin blockiert werden;
e) ist ein Unterscheidungsmerkmal des Darmnervensystems zum Sympathicus und Parasympathicus.

F 8.5 Die adrenerge synaptische Übertragung im peripheren vegetativen Nervensystem hat folgende Merkmale:
a) sie ist beschränkt auf das sympathische Nervensystem;
b) präganglionäre sympathische Axone setzen bei Erregung Noradrenalin frei;
c) postganglionäre Axone setzen bei Erregung Adrenalin frei;
d) das im Blut zirkulierende Adrenalin stammt aus dem Nebennierenmark;
e) Noradrenalin und Adrenalin werden im Verhältnis 4 zu 1 aus den postganglionären sympathischen Axonen freigesetzt.

F 8.6 Die Wirkung von Noradrenalin und Adrenalin auf postsynaptische Strukturen im peripheren vegetativen Nervensystem
a) ist immer erregend;
b) kann an der Tracheal- und Bronchialmuskulatur durch einen β-Blocker verhindert werden;
c) kann nur in Anwesenheit von Acetylcholin vermittelt werden;
d) ist am Herzmuskel β-receptorisch und auf die Blutgefäße weitgehend α-receptorisch;
e) führt zur Vasodilatation der meisten Blutgefäße.

8.3 Glatter Muskel: myogene Aktivität, Reaktionen auf Dehnung, Acetylcholin und Adrenalin

Da das vegetative Nervensystem nahezu die gesamte glatte Muskulatur des Organismus innerviert, ist es notwendig, einige Merkmale dieser Muskulatur, die in dem Aufbau ihres contractilen Mechanismus und der Eigenart ihrer Zellmembranen begründet sind, zu beschreiben. Durch diese Merkmale kann man die Funktionsweisen vieler vegetativ innervierter Organe besser verstehen.

Glatte Muskelzellen sind spindelförmig, etwa 20 bis 200 μm lang und 2 bis 10 μm dick. Sie sind untereinander netzartig verbunden und enthalten wie die Skeletmuskelfasern *Myofilamente,* wenn auch quantitativ in weit geringerem Maße. Da diese Myofilamente nicht regelmäßig angeordnet sind wie beim Skeletmuskel, ist bei glatten Muskeln auch keine Querstreifung zu erkennen, daher stammt auch die Bezeichnung *glatter Muskel.* Glatte Muskeln verkürzen sich wie der Skeletmuskel durch einen *Gleitfilamentmechanismus* (s. dazu Kap. 5). Dieses Übereinandergleiten dicker und dünner Myofilamente geht allerdings viel langsamer vor sich als im Skeletmuskel. Deshalb ist der glatte Muskel besonders geeignet für *langanhaltende energiesparende Haltefunktionen.*

Myogene Aktivität. Viele glatte Muskeln (z. B. des Magen-Darm-Traktes, der Blutgefäße und der Blase) können sich ohne neuronale Einwirkung spontan kontrahieren. Das kann man mit einer Versuchsanordnung, die in Abb. 8-5 dargestellt ist, nachweisen. Ein glattes Muskelpräparat wird in einer physiologischen Badelösung so ausgespannt, wie es etwa seiner natürlichen Länge im Organ entspricht. Gemessen wird die Kraft, die das Präparat entwickelt (links in Abb. 8-5) und das Membranpotential einer ein-

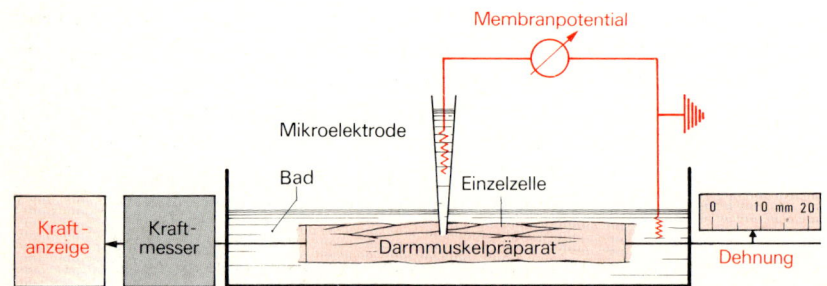

Abb. 8-5. Schematischer Versuchsaufbau zur Registrierung aktiver Kraftentwicklung glatter Muskelzellen und des Membranpotentials einer Muskelzelle bei passiver Dehnung. Prinzipiell gleicher Versuchsaufbau wie in Abb. 3-3. *Rechts* wird das Muskelpräparat vorgedehnt. *Links* wird die Kraft isometrisch gemessen. Darmmuskelpräparat vom Meerschweinchen

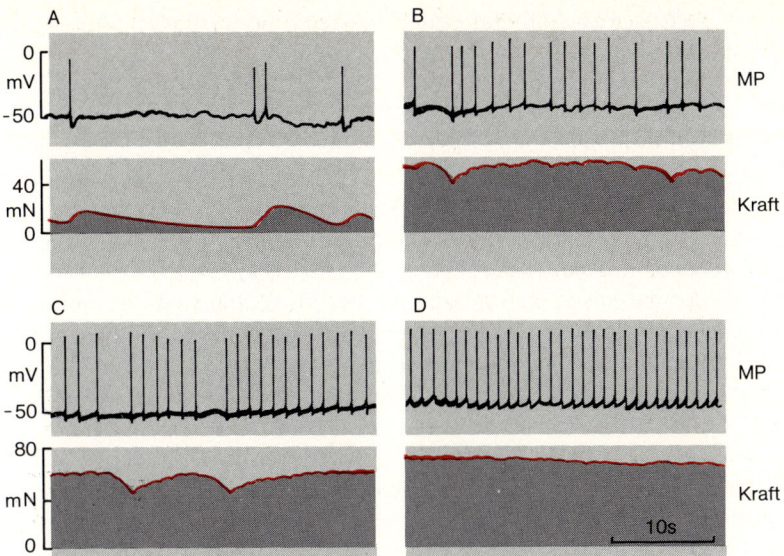

Abb. 8-6. Kraftentwicklung eines glatten Muskelzellverbandes mit zunehmender Dehnung. Das Membranpotential einer einzelnen glatten Muskelzelle wurde mit einer Mikroelectrode gemessen. Versuchsanordnung wie in Abb. 8-5. Darmmuskelpräparat vom Meerschweinchen (modifiziert nach Bülbring Physiol. Rev. 42, Suppl. 2: 160, 1962)

zelnen Muskelzelle des Präparates. Nach einer kurzen Zeit beginnt das Präparat spontan zu depolarisieren und sich zu kontrahieren (Abb. 8-6 A). Diese Kontraktionen laufen *phasisch-rhythmisch* und/oder *tonisch* ab. Sie haben Abstände von Sekunden, Minuten oder Stunden und werden deshalb auch Sekunden-, Minuten- und Stundenrhythmen genannt. Vergiftet man die Neurone, die in der Wand des Präparates vorkommen, bleibt die elektrische und mechanische Aktivität des Präparates bestehen. Sie können daraus folgern, daß diese Kontraktionen myogenen Ursprungs sind. Man bezeichnet sie deshalb mit dem Begriff *myogene Aktivität.*

Die Kontraktionen werden durch impulshafte Entladungen („Spikes"), die in vielen Merkmalen den Aktionspotentialen an Nerven- und Muskelzellen ähneln, ausgelöst. Diese Aktionspotentiale entstehen in einer Gruppe glatter Muskelzellen des Präparates, die eine besonders niedrige Schwelle zur Entstehung von Aktionspotentialen haben, und breiten sich von Zelle zu Zelle über das ganze Präparat aus. Diese Muskelzellen sind *Schrittmacher* für ihre Umgebung. Die Ausbreitung der Erregung von Zelle zu Zelle geschieht über Kontaktstellen zwischen Zellmembranen (sog. Nexus), die der Fortleitung geringe elektrische Widerstände entgegensetzen. Auf diese Weise sind viele benachbarte glatte Muskelzellen in ihrer elektrischen Aktivität synchronisiert und verhalten sich wie eine *funktionelle Einheit* (funktionelles Syncytium).

Einschränkend muß gesagt werden, daß die Auslösung der Kontraktionen nicht in allen glatten Muskeln durch fortgeleitete Aktionspotentiale geschieht. Ein ebenso wichtiger Mechanismus einiger glatter Muskeln ist die Auslösung der Kontraktionen durch die Abnahme des Membranpotentials ohne Entstehung von Aktionspotentialen. Bei beiden Mechanismen werden die Kontraktionen über die **Erhöhung der intracellulären Konzentration der Calciumionen** gesteuert (s. dazu Kap. 5-3).

Außer dieser spontan tätigen glatten Muskulatur gibt es einige glatte Muskeln, deren Zellen im allgemeinen nicht spontan tätig sind, wie z. B. die glatten Muskeln der Haare und die glatte Muskulatur, die die Augenlinse verstellt. Diese Muskeln können nur über ihre vegetativen Nerven aktiviert werden.

Zeitverlauf der Kontraktion der glatten Muskulatur. Überschwellige Erregung eines Skeletmuskels durch einen einzelnen elektrischen Reiz führt zu einem kurz dauernden Aktionspotential in den Skeletmuskelfasern. Wenige Millisekunden nach Beginn dieses Aktionspotentials beginnt die Kontraktion. Sie steigt innerhalb etwa 60 ms auf ihr Maximum an und fällt darauf in 200 ms wieder ab (s. Abb. 5-2). Abb. 8-6 A zeigt den Kontraktionsverlauf eines glatten Muskels. Der glatte Muskel besteht aus einem Streifen der Darmmuskulatur des Meerschweinchens. Die Kontraktionskraft (Kraft), die das Präparat entwickelte, wurde isometrisch gemessen; das Membranpotential (MP) einer glatten Muskelzelle wurde intracellulär mit einer Mikroelektrode registriert.

Nach überschwelliger Erregung des Darmmuskels kontrahiert sich die Muskulatur. Auf jedes Aktionspotential folgt eine phasische Kontraktion (Abb. 8-6 A). Eine Einzelkontraktion steigt bei diesem Muskel in etwa 1–2 s an und fällt in etwa 5–10 s wieder ab. Im Vergleich zum Skeletmuskel läuft die Kontraktion des glatten Muskels also etwa 20 bis 50mal langsamer ab. Dieser langsame Zeitverlauf ist größtenteils durch das langsame Übereinandergleiten der dicken und dünnen Myofilamente bedingt (s. auch 5.1 und 5.3).

Um eine anhaltende, gleichmäßige Kontraktion des Skeletmuskels *(Tetanus)* zu erzeugen, muß man den Muskel mit etwa 50–125 Reizen pro Sekunde erregen (s. 5.2). Bei dem **langsamen Zeitverlauf der Einzelkontraktion** des glatten Muskels sind erheblich niedrigere Impulsfrequenzen von etwa 0,5–3 Hz nötig, um eine gleichmäßige Kontraktion des Muskels zu erzeugen. In Abb. 8-6 D entlädt der glatte Muskel mit einem Aktionspotential pro Sekunde. Bei dieser Entladungsfrequenz verschmelzen die Einzelkontraktionen des glatten Muskels fast vollständig zu einer Dauerkontraktion. Sie sehen an diesem Beispiel, daß schon relativ geringe Frequenzen von einem Aktionspotential pro Sekunde und weniger in erregenden, efferenten, postganglionären Fasern, die die glatten Muskeln innervieren, genügen, um eine anhaltende gleichmäßige Kontraktion auszulösen.

Kraftentwicklung glatter Muskeln auf Dehnung. Viele glatte Muskeln reagieren sehr empfindlich auf Dehnung mit einer Depolarisation ihrer Fasermembranen und mit Kontraktionen. Im Experiment in Abb. 8-6 wurde das Darmpräparat mit dem im Abb. 8-5 dargestellten Versuchsaufbau zunehmend gedehnt. Bei geringer Dehnung des Präparates ist die Entladungsfrequenz der glatten Muskelzellen niedrig und die Kraft, die das ganze Präparat entwickelt gering (Abb. 8-6 A); bei stärkerer Dehnung (ansteigend in Abb. 8-6 B–D) nehmen die Frequenz der Aktionspotentiale und die Kraft, die das Präparat entwickelt, zu.

Die zunehmende Erregbarkeit, herbeigeführt durch die Dehnung der glatten Muskelzellen, ist für die *Hohlorgane* des Körpers, wie z. B. *Darm, Gefäße, Blase,* von großer Bedeutung. Jede vermehrte Füllung eines Hohlorgans hat eine vermehrte Aktivität seiner Wandmuskulatur zur Folge. So entleert sich z. B. eine Harnblase, deren nervöse Regelung durch Kreuzmarkzerstörung ausgefallen ist, bei vermehrter Füllung spontan, wenn auch sehr unvollständig. Die *spontane Erregungsbildung der glatten Muskulatur* und ihre Modifizierung durch mechanische Dehnung befähigt die Hohlorgane, ohne nervöse Kontrolle ihre Funktionen in beschränktem Maße auszuüben. Man spricht in diesem Zusammenhang von der *myogenen Autonomie der vegetativ innervierten Organe.*

Wirkungen von Acetylcholin und Adrenalin auf die glatten Muskelzellen. Die glatte Muskulatur kann durch eine Vielzahl von Pharmaka und Hormone beeinflußt werden. Sie wird deshalb in vielen pharmakologischen Untersuchungen als *biologisches Testpräparat* benutzt. Im folgenden werden als Beispiele die Wirkungen von Acetylcholin und Adrenalin auf ein vorgedehntes Präparat eines Darmmuskelstreifens beschrieben.

Die Versuchsanordnung ist im Prinzip dieselbe wie in Abb. 8-4: ein Darmmuskelpräparat ist in einer Badelösung ausgespannt. Das Membranpotential einer glatten Muskelzelle und die Kraft, die dieses Präparat entwickelt, werden gemessen.

In Abb. 8-7 A ist in der oberen Registrierung das Membranpotential (MP) einer einzelnen vorgedehnten glatten Muskelzelle eines Darmmuskels dargestellt. Das Membranpotential dieser Zelle ist etwa $-50\,mV$. Durch die Vordehnung depolarisiert die Zelle bis zur Schwelle und löst fortlaufend Aktionspotentiale aus (Anfang der Registrierung). Die untere Registrierung zeigt die Kraft, die das ganze Präparat entwickelt. Sie beträgt am Anfang der Registrierung bei der Ruhevordehnung etwa $10\,mN$. Fügt man der Badelösung eine *geringe Menge Acetylcholin* zu (schwarzer Balken), so depolarisiert die Membran der Muskelzelle. Die Frequenz der

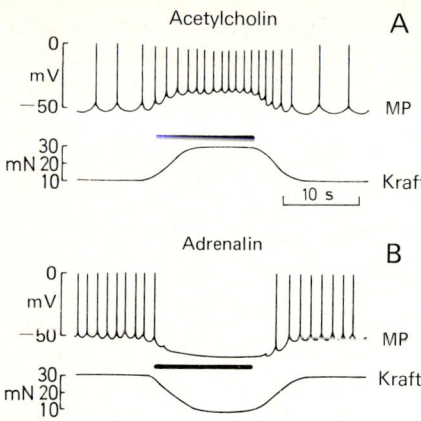

Abb. 8-7 A, B. Reaktion glatter Muskelzellen auf Acetylcholin **A** und Adrenalin **B.** Versuchsanordnung wie in Abb. 8-5. Das Darmmuskelpräparat ist vorgedehnt. Die *obere Kurve* in **A** und **B** ist das Membranpotential (MP) einer Muskelzelle des Präparates, die *untere Kurve* ist die Kraft, die das ganze Präparat entwickelt. Während der Zeit, die durch den *schwarzen* Balken markiert ist, wurde das Präparat in einer Acetylcholin- bzw. Adrenalinlösung gebadet. In **B** war das Präparat stärker vorgedehnt als in **A.** Schematisiertes Experiment.

Aktionspotentiale, die über die Muskelfaser laufen, nimmt als Folge davon zu. Gleichzeitig steigt die Kraft, die das Präparat entwickelt, auf 30 mN an. Nach Austausch der Acetylcholinlösung durch eine normale Badelösung (letztes Drittel der Registrierung in Abb. 8-7 A) steigt das Membranpotential (MP) wieder auf seinen Ausgangswert an. Die Spannung des Präparates nimmt infolge verminderter Frequenz der fortgeleiteten Aktionspotentiale wieder ab.

Die Wirkungen einer *verdünnten Adrenalinlösung* auf ein Darmmuskelpräparat ist in Abb. 8-7 B dargestellt. Durch die Vordehnung entwickelt das Präparat eine Kraft von 30 mN. Wenn man eine kleine Menge Adrenalin in die Lösung gibt, wird das Membranpotential der Muskelzellen negativer. Die Zelle, von der in Abb. 8-7 B abgeleitet wird, hyperpolarisiert, es entstehen keine fortgeleiteten Aktionspotentiale mehr. Als Folge davon nimmt die Kraft, die das Präparat entwickelt, ab, es erschlafft. Adrenalin verhindert bei Dehnung die Depolarisation der Darmmuskelzellmembranen und damit auch die Kontraktionen der Muskelzellen. In vielen glatten Muskelzellen, auf die Adrenalin hemmend wirkt, ist keine Hyperpolarisation bei Gabe dieser Substanz nachweisbar.

Noradrenalin und *Adrenalin* wirken auf die glatte Muskulatur des Magen-Darm-Traktes, der Blase und der Lunge **hemmend.** Die übrige glatte Muskulatur, wie z. B. die glatte Muskulatur der Venen und Arterien, wird durch Noradrenalin und Adrenalin erregt. *Acetylcholin* wirkt auf die glatte Muskulatur von Magen-Darm-Trakt, Lunge und Ausscheidungsorganen *erregend.*

Neuromuskuläre Übertragung im glatten Muskel. Man weiß aus elektronenoptischen und elektrophysiologischen Untersuchungen, daß die neuromuskuläre Übertragung im glatten Muskel qualitativ derjenigen im Skeletmuskel gleicht. Quantitativ gibt es aber einige Unterschiede. Die vegetativen Nervenfasern enden nicht mit morphologisch ausgebildeten neuromuskulären Synapsen auf den glatten Muskelzellen; vielmehr laufen die Axone an den glatten Muskelzellen in mehr oder minder großem Abstande vorbei. Der Überträgerstoff wird aus diesen Axonen ausgeschüttet und diffundiert auf die glatten Muskelzellen. Man nimmt an, daß der Überträgerstoff eines feinen Axons auf viele glatte Muskelzellen seiner Umgebung wirkt. Die *erregenden postsynaptischen Potentiale* in Muskelzellen, die man nach Nervenreizung messen kann, dauern etwa 10 bis 20mal länger als die Endplattenpotentiale in Skeletmuskelfasern. In manchen Muskelzellen (z.B. des Darmes) kann man auch *hemmende postsynaptische Potentiale,* die in hyperpolarisierender Richtung gehen, nach Reizung der vegetativen Nerven messen. Diese hemmenden postsynaptischen Potentiale bewirken eine Erschlaffung der glatten Muskulatur.

Zusammenfassend kann man die glatte Muskulatur folgendermaßen charakterisieren. Glatte Muskelzellen haben ein Membranpotential und bilden durch elektrische Kopplung untereinander funktionelle Syncytien. Die Kraftentwicklung der glatten Muskulatur hängt von mehreren Faktoren ab (Abb. 8-8): myogene Aktivität, mechanische Faktoren (Dehnung), lokale metabolische Einflüsse (z.Z. P_{O_2}, P_{CO_2}, pH, Osmolarität des umgebenden Milieus), hormonelle Einflüsse (z.B. Adrenalin) und neuronale

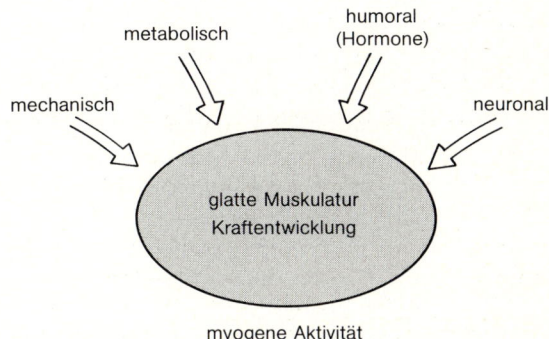

Abb. 8-8. Einfluß verschiedener Faktoren auf die myogene Aktivität glatter Muskulatur

Einflüsse. Die Wertigkeit der einzelnen Einflüsse für die Regulation der Kraftentwicklung hängt von der Funktion der Organe ab, in denen sich die glatte Muskulatur des Uterus befindet. So steht die glatte Muskulatur der Haarbälge und des Auges ausschließlich unter neuronaler Kontrolle, während die glatte Muskulatur im wesentlichen durch die mechanische, myogene und hormonale Komponente und ganz unwesentlich durch die neuronale Innervation reguliert wird.

Die glatte Muskulatur ist grob einteilbar in solche mit myogener Aktivität und solche ohne myogene Aktivität. Glatte Muskelzellen *mit myogener Aktivität* haben unstabile Membranpotentiale, die spontan zur Auslösung von Aktionspotentialen führen. Die Aktionspotentiale breiten sich über die ganzen Zellverbände aus und lösen den Kontraktionsmechanismus aus. Die glatte Muskulatur des Gastrointestinaltraktes und des Urogenitaltraktes gehören zu dieser Kategorie glatter Muskeln.

Glatte Muskelzellen *ohne myogene Aktivität* sind elektrisch meist unerregbar und haben stabile Membranpotentiale. Die Kontraktion dieser glatten Muskulatur wird weitgehend nur neuronal ausgelöst. Zu ihr gehört die glatte Muskulatur einiger Arterien, die glatte Augenmuskulatur und der M. anococcygeus.

F 8.7 Dehnung eines Darmmuskelstreifens
  a) hat die Depolarisation der Membranen der glatten Muskelzellen zur Folge
  b) bewirkt Erniedrigung der Entladungsfrequenz der glatten Muskelzellen
  c) führt zur Erschlaffung des Muskelstreifens
  d) löst Kraftentwicklung des Muskelstreifens aus
  e) erhöht das Membranpotential der glatten Muskelzellen

F 8.8 Eine abgestufte Zunahme der Kraftentwicklung eines glatten Muskels (Darm)
  a) wird gesteuert durch die Depolarisation der Fasermembranen der Muskelzellen
  b) kann durch Baden des Präparates in Adrenalinlösungen verschiedener Verdünnungsgrade ausgelöst werden
  c) ist nicht möglich, da die Kontraktion des glatten Muskels ein Alles-oder-Nichts-Phänomen ist
  d) kann durch Acetylcholinlösungen verschiedener Verdünnungsgrade ausgelöst werden
  e) kann durch mechanische Dehnung des Muskels erzeugt werden

F 8.9 Die Kontraktion eines glatten Muskels nach Nervenreizung
  a) ist ein Ereignis von mehreren … (10 ms/100 ms/s)
  b) dauert etwa … (2/5/50)mal länger als die Kontraktion eines Skeletmuskels

c) steigt ... (schneller/gleichschnell/langsamer) an als die eines Skeletmuskels

d) hat im Prinzip ... (die gleichen/verschiedene) Grundmechanismen wie bei der Skeletmuskulatur zur Ursache

8.4 Antagonistische Wirkungen von Sympathicus und Parasympathicus auf vegetative Effectoren

Die meisten vegetativen innervierten Organe sind autonom aktiv, sie können deshalb ihre Funktionen in beschränktem Maße auch im denervierten Zustande ausüben. Da es sich fast ausschließlich um Hohlorgane handelt, wie z. B. Magen-Darm-Trakt, Harnblase, Gefäße usw., geschieht diese Regelung über den Füllungsgrad bzw. den Innendruck der Hohlorgane. Ein erhöhter Innendruck z. B. dehnt die glatte Wandmuskulatur und depolarisiert die Fasermembranen der glatten Muskelzellen. Dies führt dazu, daß die glatte Muskulatur sich kontrahiert und den Inhalt der Hohlorgane weitertransportiert. Die Autonomie dieser Organe ist zum Teil auf die Eigenschaften der glatten Muskulatur zurückzuführen (s. Abschnitt 8.3).

Die meisten dieser Organe werden von sympathischen und parasympathischen Fasern und visceralen afferenten Fasern innerviert. Die Aktivität in den efferenten vegetativen Fasern überlagert sich der autonomen Aktivität der Organe. Dabei wirken der Sympathicus und der Parasympathicus meist entgegengesetzt *(antagonistisch)* auf die Organe. In dem folgenden Abschnitt wird diese antagonistische Wirkung an zwei Präparaten, einem Froschherzen und einem Darmmuskel beschrieben. Diese Präparate sind Beispiele für die Funktionsweisen des ***Herzkreislaufsystems*** einerseits und des ***Verdauungs- und Ausscheidungssystems*** andererseits.

Vegetative Beeinflussung des Herzens. Ein isoliertes Froschherz schlägt auch ohne neuronale Verbindung zum Körper *spontan* weiter. Es ist wie fast alle vegetativ innervierten Organe **autonom aktiv.** Die Schlagfrequenz des Herzens wird durch eine Gruppe spezieller Herzmuskelzellen, die am Eingang des Herzens liegen, gesteuert. Diese Zellen depolarisieren spontan und erzeugen fortgeleitete Aktionspotentiale. Die Aktionspotentiale werden durch andere spezialisierte Muskelzellen auf die Kammermuskulatur des Herzens, die das Blut in das arterielle System treibt, übertragen. Auf diese Weise werden die Kontraktionen einzelner Bereiche des Herzens miteinander koordiniert. Man nennt die spontan depolarisierenden Zellen am Eingang des Herzens ***Schrittmacherzellen.*** Das vegetative Nervensystem greift einerseits an den Schrittmacherzellen und andererseits an der Arbeitsmuskulatur des Herzens an.

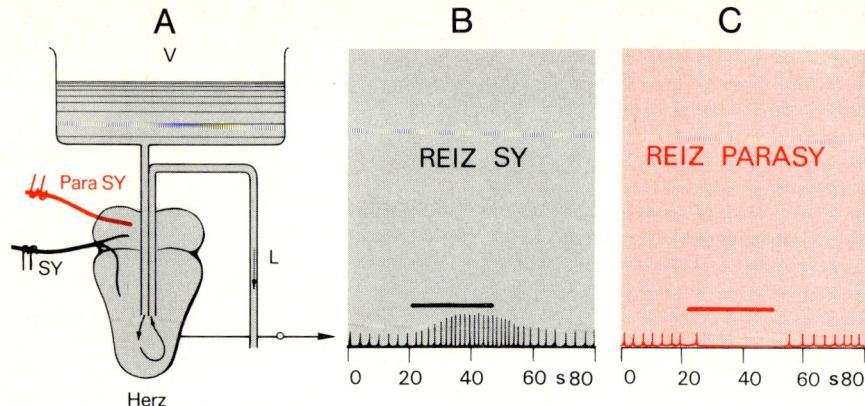

Abb. 8-9 A–C. Nervöse Beeinflussung des Herzens durch Reizung der vegetativen Herznerven. **A** Schematische Darstellung eines Froschherzens. Blutersatzlösung läuft aus Vorratsbehälter V ins Herz und wird über Leitung L aus dem Herzen gepumpt. Die Kontraktionen werden mechanisch von der Spitze des Herzens registriert. Der sympathische (SY) und der parasympathische (ParaSY) Herznerv des Herzens liegen auf Reizelektroden. **B, C** Kontraktionskraft (Höhe der Ausschläge) und Schlagfrequenz (Abstände der Ausschläge) vor, während und nach Reizung der Herznerven. Schematisiertes Experiment. (Modifiziert nach Bain, Quart. J. exp. Physiol. 22, 269–274, 1932)

In Abb. 8-9 A ist ein isoliertes Froschherz (Herz) abgebildet. Die *Herzfrequenz* und die *Kontraktionskraft* des Herzens werden mechanisch von der Herzspitze her mit einem Zeiger registriert. In den Registrierungen in Abb. 8-9 B und C sind die Herzfrequenz durch die *Häufigkeit* der Zeigerausschläge und die Kraft der Kontraktion durch die *Höhe* der Ausschläge wiedergegeben. Die vegetativen Nerven des Herzens, der sympathische und der parasympathische Herznerv, liegen auf Reizelektroden. Blutersatzlösung läuft aus dem Vorratsbehälter V in das Herz hinein und wird von diesem über die Leitung L wieder herausgepumpt.

Zu Beginn der Registrierungen in Abb. 8-9 B, C schlägt das Herz spontan mit einer Frequenz von etwa 18 Schlägen pro Minute. Bei elektrischer Reizung des *sympathischen Herznerven* verringern sich die Abstände der Zeigerausschläge und die Höhe der Zeigerausschläge nimmt zu (Abb. 8-9 B). Das bedeutet, daß die *Schlagfrequenz* und die *Kontraktionskraft* des Herzens *zunehmen.* Nach Beendigung der Reizung des Sympathicus nimmt das Herz seinen spontanen Rhythmus wieder auf. Erregung des *parasympathischen Herznerven* (Abb. 8-9 C) führt zu ganz anderen Änderungen der Herzaktivität. Die Abstände der Kontraktionen des Herzens verlängern sich, bis es stehen bleibt, d. h. der Parasympathicus erniedrigt die *Schlagfrequenz* des Herzens. Die Höhe der Ausschläge ändert sich während der elektrischen Reizung des parasympathischen Herznerven praktisch nicht. Sie können daraus folgern, daß der Parasympathicus die Kraft der Kontraktion des Herzens nicht direkt beeinflußt. Diesen Wirkungen auf die Kontraktion und die Schlagfrequenz des Herzens korrespondieren die Innervationsbereiche beider Nerven am Herzen: der Sympathicus innerviert sowohl das Gebiet in der Vorhofwand, welches die Frequenz des Herzens bestimmt (Schrittmacher), als auch die Muskulatur der Herzkammern; der Parasympathicus innerviert nur den Schrittmacher und die Vorhöfe des Herzens. Wenn man die Überträgerstoffe der sympathischen und parasympathischen Herznerven, Noradrenalin und Acetylcholin, im Bereich des Herzens in geringen Konzentrationen direkt appliziert, treten die gleichen Wirkungen ein wie nach elektrischer Reizung der Herznerven.

Das Blutvolumen, welches das Herz pro Zeiteinheit fördert *(Herzzeitvolumen)*, hängt von der Herzfrequenz und von der Kraft der Kontraktion des Herzens ab. Sympathische Aktivität vergrößert das Herzzeitvolumen, parasympathische Aktivität verkleinert das Herzzeitvolumen. Die beiden vegetativen Nervensysteme wirken also auf das autonom aktive Herz *antagonistisch* zueinander. Die Regulation des Herzzeitvolumens durch das vegetative Nervensystem geschieht im Organismus normalerweise nicht in der in Abb. 8-9 B, C dargestellten schematischen Art und Weise, weil das Herz im Organismus von beiden vegetativen Systemen immer gleichzeitig beeinflußt wird. Auf das Herz wirken fortwährend hemmende parasympathische und erregende sympathische Einflüsse. Jede Aktivitätsänderung in einem der beiden vegetativen Systeme hat Änderungen der Herzfrequenz und/oder der Kontraktionskraft zur Folge. So erhöht sich das Herzzeitvolumen bei Anstieg der sympathischen Aktivität oder/und bei Abfall der parasympathischen Aktivität. Das Herzzeitvolumen erniedrigt sich bei Abfall der sympathischen Aktivität und/oder bei Anstieg der parasympathischen Aktivität. Mit diesen Möglichkeiten des ZNS, das Herzzeitvolumen über das vegetative Nervensystem zu regeln, kann der Organismus sein *Herzkreislaufsystem* den wechselnden Anforderungen *anpassen*.

Beeinflussung der Darmmuskulatur durch das vegetative Nervensystem.
Ausgesprochen *antagonistische* Wirkungen von Sympathicus und Parasympathicus kann man auch im ganzen Verdauungssystem beobachten. Das wird in Abb. 8-10 gezeigt. Dargestellt sind die Kraft, die ein Darmmuskelstreifen entwickelt (untere Registrierungen in Abb. 8-10 A, B) und das Membranpotential einer einzelnen glatten Muskelzelle des Präparates (MP in Abb. 8-10 A, B). Die Versuchsanordnung ist die gleiche wie in Abb. 8-5. Die vegetativen Nerven zu dem Präparat sind intakt geblieben. Reizung der parasympathischen Nerven führt zur Depolarisation der Membran der glatten Muskelzellen (obere Registrierung in A). Die Fre-

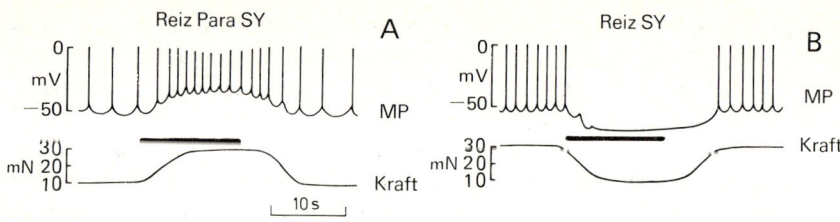

Abb. 8-10 A, B. Wirkungen von Parasympathicus **A** und Sympathicus **B** auf die glatten Muskelzellen des Darmes. Dieselbe Versuchsanordnung wie in Abb. 8-5. Die parasympathische und sympathische Innervation des Darmmuskelpräparates wurden intakt gelassen. Die oberen Registrierungen in **A** und **B** zeigen das Membranpotential einer Muskelzelle des Präparates, die unteren Registrierungen die Kraft, die das ganze Präparat entwickelt. Während der Zeit, die durch *schwarze* Balken markiert ist, wurde der parasympathische **A** bzw. sympathische **B** Nerv des Präparats gereizt

quenz der Aktionspotentiale, die über die Fasern laufen, nimmt zu. Als Folge davon kontrahieren sich die glatten Muskelzellen; die Kraft, die das ganze Präparat entwickelt, nimmt zu (untere Registrierung in A). Reizung des sympathischen Nerven hat entgegengesetzte Wirkungen (B). Die Fasermembranen der Zellen hyperpolarisieren, es entstehen keine Aktionspotentiale mehr, als Folge davon erschlafft der Darmmuskel. Diesen antagonistischen Wirkungen von Sympathicus und Parasympathicus auf die Darmmuskulatur entsprechen die Wirkungen von Noradrenalin und Acetylcholin, der Überträgerstoffe im peripheren vegetativen Nervensystem, auf die Darmmuskulatur (s. Abb. 8-7).

Das eben Gesagte erhält folgende Einschränkungen: 1) Die Abnahme der Aktivität der Darmmuskulatur nach Reizung sympathischer Nerven wird überwiegend durch Hemmung der Impulsübertragung vom präganglionären auf das postganglionäre parasympathische Neuron erzeugt. 2) Die glatte Muskulatur der Darmschließer (Sphincteren) wird durch sympathische postganglionäre Axone erregt. 3) Auch die parasympathische Innervation des Darmes enthält präganglionäre Axone, deren Erregung zum Darmstillstand (Hemmung der glatten Muskulatur) führt. Die Hemmung wird durch postganglionäre Neurone ausgelöst, die weder adrenerg noch cholinerg sind (s. S. 230).

Die gleichen Überträgerstoffe des vegetativen Nervensystems haben je nach Effector hemmende oder erregende Wirkungen. Es ist wahrscheinlich, daß diese Überträgerstoffe die Leitfähigkeiten der Zellmembranen relativ selektiv für Kalium- oder Natriumionen erhöhen können. Diese Leitfähigkeitsänderungen führen zu Verschiebungen des Membranpotentials der Zellen in Richtung des Kalium- oder Natriumgleichgewichtspotentials, was eine Hyperpolarisation bzw. Depolarisation der Zellmembranen zur Folge hat.

F 8.10 Im Abschnitt 8.2 haben Sie gelernt, daß nach Erregung des Sympathicus hauptsächlich Adrenalin durch die Zellen des Nebennierenmarks in die Blutbahn ausgeschüttet wird. Wie wirkt dieses Adrenalin?

a) Es erhöht die Motilität des Darmes
b) Es setzt die Kraft der Kontraktion des Herzens herab
c) Es hemmt die Darmfunktion
d) Es erhöht die Leistung des Herzens
e) Es bahnt die cholinerge Übertragung vom Parasympathicus auf die Darmmuskulatur

F 8.11 Welche der folgenden Aussagen sind richtig?

a) Acetylcholin setzt die Herzleistung herab
b) Noradrenalin erhöht die Darmmotilität
c) Acetylcholin erniedrigt die Darmmotilität
d) Noradrenalin erhöht die Herzleistung

F 8.12 Wie kann das ZNS das Blutvolumen, welches das Herz in der Minute auswirft, erhöhen? (Denken Sie an die Schlagfrequenz und die Kraft der Kontraktion des Herzens!)

a) Durch Erhöhung der Aktivität im sympathischen Herznerven
b) Durch Erniedrigung der Aktivität im sympathischen Herznerven
c) Durch Erhöhung der Aktivität im parasympathischen Herznerven
d) Durch Erniedrigung der Aktivität im parasympathischen Herznerven.

8.5 Zentralnervöse Regulation: spinaler Reflexbogen, Blasenregulation

Die autonome Aktivität vegetativ innervierter Organe wird durch Sympathicus und Parasympathicus gehemmt und gefördert. Diese Wirkungen stehen im Dienste lebenswichtiger Funktionen, wie z. B. der Regulation der Verdauung, des Kreislaufes, der Harnblase oder der Körpertemperatur. Die neuronalen Bereiche in Hirnstamm und Rückenmark, von denen diese Regulationen ausgehen, werden *Zentren* genannt (z. B. *Kreislaufzentrum, Blasenentleerungszentrum, Atmungszentrum*). Man versteht unter einem Zentrum diejenigen neuronalen Substrate, die auf ein bestimmtes Organ oder Organsystem spezifisch einwirken. Die verschiedenen vegetativen neuronalen Zentren sind sehr eng miteinander verzahnt und konnten bisher nur durch Reiz-, Ableit- und Ausschaltexperimente elektrophysiologisch identifiziert werden, nicht aber morphologisch. Aus diesen Gründen hat es auch nur Sinn, *funktionell* von neuronalen vegetativen Zentren zu sprechen.

Im folgenden werden einige neuronale Reflexkreise, über die die vegetativen Regulationen ablaufen, beschrieben.

Der spinale vegetative Reflexbogen. Die einfachste Verschaltung zwischen Afferenzen und vegetativen Efferenzen finden wir auf segmentaler Ebene im Rückenmark. Man nennt diesen Neuronenkreis den spinalen vegetativen Reflexbogen. In Abb. 8-11 ist in einem Rückenmarksquerschnitt links der vegetative Reflexbogen und rechts der einfachste somatische Reflexbogen (monosynaptischer Dehnungsreflex) eingezeichnet. Das efferente Neuron des vegetativen Reflexbogens, welches seine Aktivität auf die vegetativen Erfolgsorgane überträgt, ist das postganglionäre Neuron. Sein Soma liegt außerhalb des Rückenmarks in einem vegetativen Ganglion. Der Zellkörper des efferenten Neurons des somatischen Reflexbogens, nämlich das Soma des Motoneurons, liegt dagegen im Vorderhorn des Rückenmarks.

Die afferenten Fasern des vegetativen Reflexbogens sind *sowohl visceral als auch somatisch.* Sie treten in den Hinterwurzeln in das Rückenmark ein. Zwischen afferentem Neuron und postganglionärem Neuron sind mindestens zwei Neuronen geschaltet: ein Interneuron (IN in Abb. 8-11) und das präganglionäre Neuron. Der monosynaptische Reflexbogen enthält dagegen kein Neuron zwischen afferenter Faser und Motoneuron. Der *einfachste vegetative Reflexbogen* hat also mindestens zwei Synapsen im Rückenmarksgrau und eine Synapse im Ganglion zwischen präganglionä-

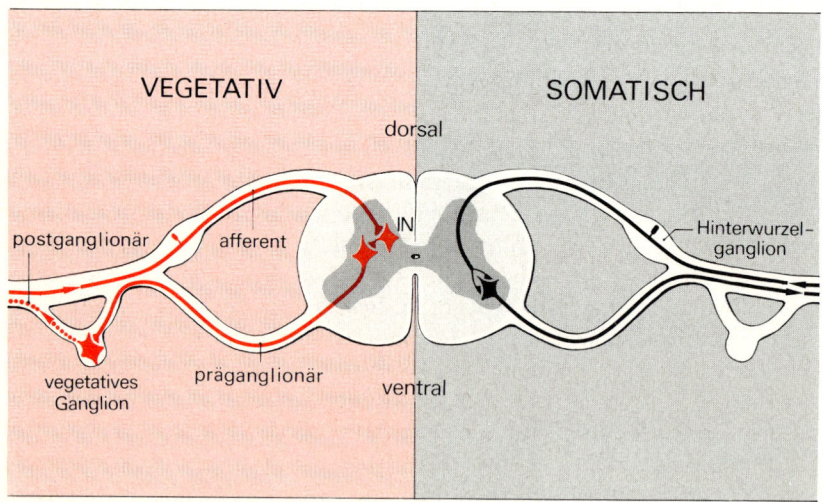

Abb. 8-11. Vegetativer Reflexbogen *(rot)* im Vergleich zum monosynaptischen Dehnungsreflexbogen. IN Interneuron

rem und postganglionärem Neuron. Der *einfachste somatische Reflexbogen* hat dagegen nur eine Synapse zwischen afferentem und efferentem Neuron.

Segmentale Verschaltung vegetativer Efferenzen mit visceralen und somatischen Afferenzen. Bei krankhaften Prozessen im Eingeweidebereich (z. B. bei Gallenblasen- oder Magenschleimhautentzündung) kann man beobachten, daß die Bauchwandmuskulatur über dem Krankheitsherd gespannt ist und das Hautareal *(Dermatom),* welches durch dasselbe Rückenmarkssegment innerviert wird wie die erkrankten Eingeweide, gerötet ist. Die „Bauchschmerzen", die ihre Ursache in krampfartigen Bewegungen der Eingeweide haben, können durch Änderung der Hauttemperatur des Dermatoms (z. B. durch Umschläge) gelindert oder sogar beseitigt werden. Aus diesen Beobachtungen muß geschlossen werden, daß die visceralen und somatischen Efferenzen auf *segmentaler* Ebene des Rückenmarks miteinander synaptisch verschaltet sind.

In Abb. 8-12 sind in einem Rückenmarksquerschnitt die Reflexbögen eingezeichnet, welche diese Beobachtungen erklären können. Die *Rötung* des Hautbereiches kommt durch Erweiterung der Gefäße in der Haut zustande. Es müssen also die visceralen Afferenzen der Eingeweide mit den

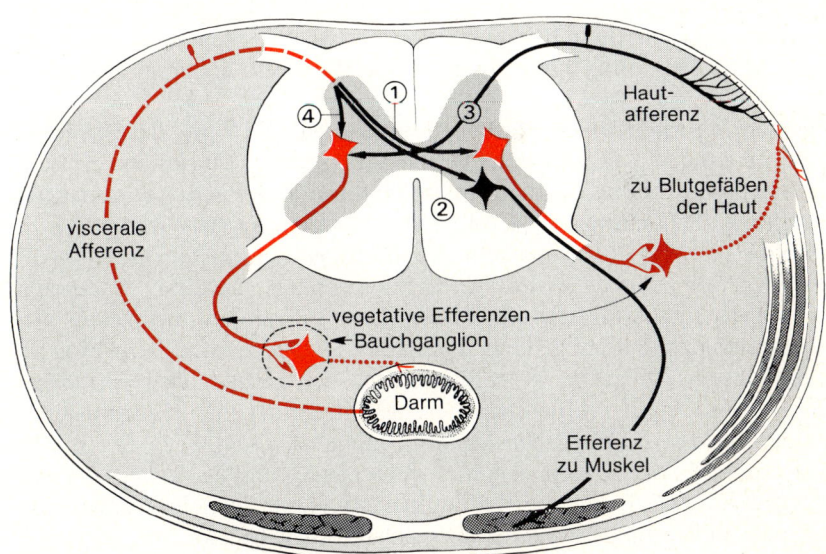

Abb. 8-12. Synaptische Verknüpfung vegetativer und somatischer Efferenzen mit somatischen und visceralen Afferenzen im Rückenmark zu Reflexkreisen. *1* Viscero-cutaner Reflex, *2* Viscero-somatischer Reflex, *3* Cuti-visceraler Reflex, *4* Intestino-intestinaler Reflex. Interneurone im Rückenmark wurden nicht eingezeichnet

vegetativen (sympathischen) Efferenzen zu den Hautgefäßen verschaltet sein (*viscero-cutaner Reflex,* Reflexweg 1 in Abb. 8-12). Wenn gleichzeitig die **Bauchmuskulatur** über den erkrankten Eingeweiden **gespannt** ist, so muß weiterhin gefolgert werden, daß die visceralen Afferenzen der Eingeweide auch mit den Motoneuronen, deren Axone die Bauchmuskulatur innervieren, verknüpft sind (*viscero-somatischer Reflex,* Reflexweg 2 in Abb. 8-12). Erwärmung der Haut führt zur **Hemmung der Darmbewegungen** und damit zum Nachlassen des Schmerzes. Diese Wirkung wird mit Sicherheit nicht direkt, sondern nervös reflektorisch vermittelt. Sie basiert auf der segmentalen Verschaltung der Afferenzen der Thermoreceptoren in der Haut mit den vegetativen (sympathischen) Efferenzen zum Darm (*cuti-visceraler Reflex,* Reflexweg 3 in Abb. 8-12). Die sympathischen Efferenzen zum Darm werden auch durch die visceralen Afferenzen vom Darm erregt (*intestino-intestinaler Reflex,* Reflexweg 4 in Abb. 8-12). Dieser Reflex spielt in der Bauchchirurgie eine besondere Rolle, weil es über ihn nach einer Bauchoperation reflektorisch zu einem unerwünschten postoperativen Darmstillstand kommen kann.

Die spinalen vegetativen Reflexe treten besonders deutlich bei Menschen auf, deren Rückenmark durch einen Unfall durchtrennt worden ist (Querschnittgelähmte, s. a. Kap. 6-2). Etwa zwei Monate nach dem Unfall können durch mechanische Hautreizung starke Schweißsekretionen und Gefäßreaktionen in der Haut ausgelöst werden. Die Schaltstationen im Rückenmark, die diese Reaktionen vermitteln, unterliegen bei Gesunden dauernder Hemmung durch absteigende Bahnen von höheren Zentren.

Neuronale Regulation der Harnblasenentleerung. Die Wand der Harnblase und ihr innerer Schließmuskel bestehen aus glatter Muskulatur. Zusätzlich hat die Blase noch einen willkürlich kontrollierbaren, quergestreiften (äußeren) Schließmuskel (s. Abb. 8-13). Im denervierten Zustand kann sich die Blase bei einem bestimmten Füllungsgrad, wenn auch sehr unvollständig, von selbst entleeren. Die Grundmechanismen dieser Autonomie der Blasenentleerung, die sich an der glatten Muskulatur abspielen, wurden im Abschnitt 8.3 abgehandelt (s. Abb. 8-6). Die nervöse Regulation der Harnblase geschieht im wesentlichen über den **sacralen Parasympathicus.** Die Reflexzentren des Blasenentleerungsreflexes liegen im **Kreuzmark** und in der **vorderen Brückenregion** des Hirnstammes (s. Abb. 6-11). Die spinale Regulation herrscht wahrscheinlich noch am Anfang des Lebens, also im Säuglingsalter, vor. Mit der Reifung des ZNS läuft die neuronale Regulation der Blasenentleerung über die vordere Brückenregion ab.

In Abb. 8-13 ist der Reflexweg, über den beim erwachsenen Menschen die Blasenentleerung reflektorisch abläuft, rot eingezeichnet. In der Blasenwand befinden sich Mechanoreceptoren, die die Dehnung der Wand messen. Die Afferenzen dieser Receptoren gehören zu den visceralen Afferenzen. Sie leiten die Erregung der Mechanoreceptoren, die durch Füllung der Blase zustande kommt, zum **Kreuzmark** fort. Vom Kreuzmark wird die Erregung über eine spinale aufsteigende Bahn zum „Blasenentleerungszentrum" in der *vorderen Brücke* übertragen. Von hier werden über eine absteigende spinale Bahn die präganglionären parasympathischen Neurone im Kreuzmark erregt. Von diesen Neuronen wird die Aktivität über die postganglionären Neurone auf die Blasenwandmuskulatur übertragen. Daraufhin kontrahiert sich die glatte Muskulatur der Blasenwand,

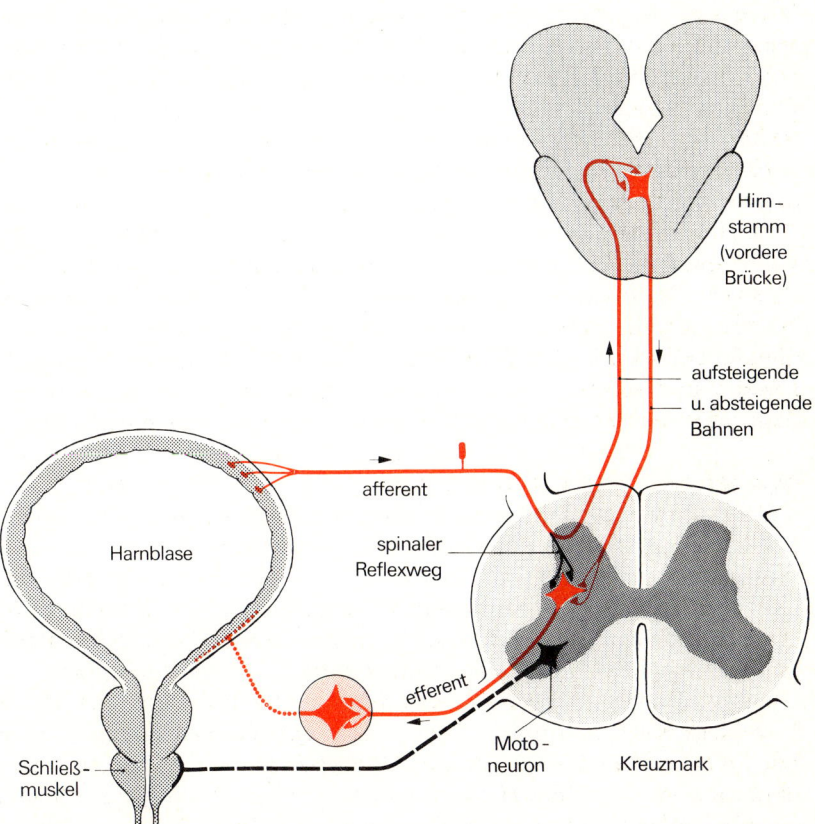

Abb. 8-13. Nervöse Regulation der Blasenentleerung. Der parasympathische Blasenentleerungsreflexbogen beim hirnintakten Tier ist *rot* eingezeichnet. Beim chronisch spinalisierten Tier oder beim querschnittsgelähmten Menschen wird die Blase über den spinalen Reflexbogen geregelt. Der Übersichtlichkeit wegen wurden keine Interneurone eingezeichnet. Die sympathische Innervation der Blasenmuskulatur, die den ersten beiden Lendenmarkssegmenten entspringt, wurde auch nicht eingezeichnet. (Modifiziert nach De Groat Brain Res. 87: 201–213, 1975)

der Sphincter internus erweitert sich durch Verkürzung der Harnröhre und gleichzeitig erschlafft der Sphincter externus durch Hemmung der Motoneurone, die ihn innervieren.

Wird bei einem Menschen durch einen Unfall das Rückenmark oberhalb des Kreuzmarkes durchtrennt, so daß es zur *Querschnittslähmung* kommt, ist die Blase zuerst gelähmt. Eine bis fünf Wochen nach der Rückenmarksdurchtrennung beginnt sich die Blase nach Füllung automatisch zu entleeren. Die Entleerung wird jetzt reflektorisch über das Rückenmark bewirkt (*spinaler Reflexweg* in Abb. 8-13).

Die glatte Muskulatur der Blase wird noch zusätzlich durch *sympathische Fasern* innerviert, die dem Lendenmark entspringen (nicht eingezeichnet in Abb. 8-13). Diese Fasern wirken hemmend auf die glatte Muskulatur der Blase. In welchem Umfang diese sympathische Innervation funktionell eine Bedeutung hat, ist noch strittig.

Die willkürliche Steuerung der Blasenentleerung erfolgt über absteigende hemmende und erregende Bahnen vom *Cortex,* die auf das pontine Blasenentleerungszentrum, die sacralen präganglionären Neurone und die Motoneurone zum Sphincter externus wirken. Wir müssen uns vorstellen, daß die Regelung der Blasenentleerung stufenartig *(hierarchisch)* organisiert ist (Organebene, segmentale Ebene, Hirnstammebene, corticale Ebene). Mit jeder differenzierteren Stufe der Regelung kann die Blasenentleerung den jeweiligen Bedürfnissen des Organismus besser angepaßt werden. Die Regelung auf der Ebene der Brücke z. B. bewirkt bei voller Blase stets eine volle Entleerung. Höhere Zentren können in diese Regelung eingreifen und die Blasenentleerung aufschieben oder beschleunigen.

F 8.13 Zeichnen Sie den vegetativen spinalen Reflexbogen und bezeichnen Sie Afferenz, prä- und postganglionäres Neuron.

F 8.14 Bauchschmerzen werden meistens durch krampfartige Kontraktionen des Darmes verursacht. Die Linderung dieser Schmerzen durch Erwärmung der Bauchhaut (Bauchwickel) kommt zustande,
a) weil der Darm direkt gewärmt wird
b) weil die Afferenzen der Wärmereceptoren des gereizten Hautgebietes auf spinaler Ebene mit sympathischen Efferenzen, die den Darm innervieren, verschaltet sind
c) weil die parasympathischen Zentren in der Medulla oblongata reflektorisch erregt werden
d) weil die Hautgefäße durch die Wärme verengt werden
e) weil ein cuti-visceraler Reflexbogen auf segmentaler Ebene besteht

F 8.15 Der Reflexbogen, über den die Entleerung der Harnblase beim erwachsenen Menschen geregelt wird,
a) hat sein Reflexzentrum im Lumbalmark

b) läuft über den Lumbalsympathicus ab
c) hat sein Reflexzentrum in der Brückenregion
d) ist rein somatisch
e) hat als afferenten Schenkel viscerale Afferenzen von der Blase
   zum Sacralmark

8.6 Genitalreflexe

Der Reaktionscyclus bei der Kohabitation des Menschen kann in vier
Phasen eingeteilt werden: Erregungs-, Plateau-, Orgasmus- und Rückbildungsphase. Der zeitliche Ablauf dieses Reaktionscyclus ist interindividuell sehr verschieden. Erregungs- und Rückbildungsphase dauern am
längsten, während Plateau- und Orgasmusphase meist schnell ablaufen.
Der Reaktionszyklus läuft beim Mann meist stereotyp ab; der Rückbildungsphase folgt eine Refraktärzeit, in der kein Orgasmus erreicht werden
kann. Der Reaktionszyklus bei der Frau ist dagegen sehr variabel. Sie ist
zu multiplen Orgasmen fähig.

Die neuronalen spinalen Prozesse, die bei diesem Reaktionszyklus ablaufen, bestehen aus komplexen Reflexfolgen, an denen parasympathische, sympathische und motorische Efferenzen sowie viscerale und somatische Afferenzen teilnehmen. Unsere Kenntnisse über diese Reflexe sind
nur bruchstückhaft.

Genitalreflexe beim Mann. Der sexuelle Reaktionszyklus besteht physiologisch aus den aufeinander folgenden Phasen der Erektion des Gliedes, der
Emission von Samen und Drüsensekreten in die Harnröhre und der Ejakulation. Der Orgasmus beginnt mit oder vor der Emission und endet mit
der Ejakulation.

Die *Erektion* des Penis wird durch Dilatation der Arterien in den
Schwellkörpern mit nachfolgender praller Füllung der Venen und Druckanstieg in ihnen erzeugt. Der venöse Abfluß ist durch die kräftige bindegewebige Hülle des Penis gedrosselt. Die arterielle Dilatation wird aktiv
durch Aktivierung parasympathischer Efferenzen aus dem Sacralmark bewirkt (Vasodilatatoren) (Abb. 8-14). Die parasympathischen Neurone werden einerseits durch Afferenzen vom Penis und von umliegenden Geweben, andererseits auch psychogen von höheren Hirnstrukturen über spinale descendierende Bahnen aktiviert. Die Glans penis ist am dichtesten mit
Mechanoreceptoren versorgt. Die adäquate Reizung dieser Receptoren
geschieht durch gleitende und massierende Scherbewegungen.

Emission und *Ejakulation* sind der Höhepunkt des männlichen Sexualaktes (Orgasmus). Die Reizung der Afferenzen von den inneren und
äußeren Sexualorganen (s. Abb. 8-14) während des Sexualaktes löst reflek-

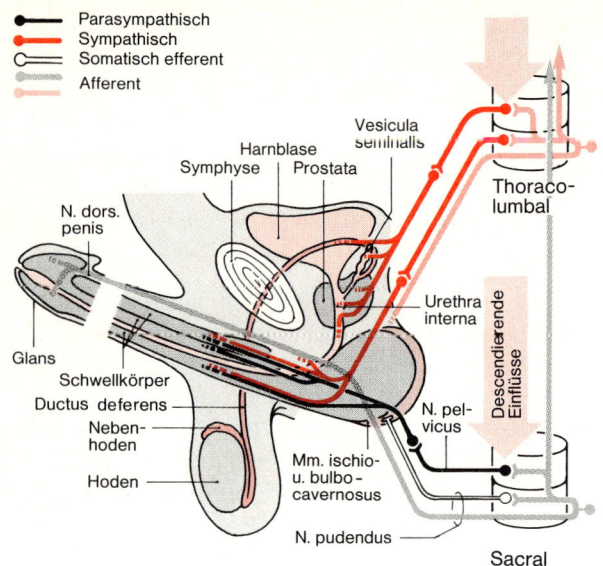

Vesicula
seminalis

Harnblase
Symphyse | Prostata

Thoraco-
lumbal

N. dors.
penis

Urethra
interna

Descendierende
Einflüsse

Glans
Schwellkörper
Ductus deferens
Neben-
hoden

N. pel-
vicus

Hoden

Mm. ischio-
u. bulbo-
cavernosus

N. pudendus

Sacral

Abb. 8-14. Innervation der männlichen Genitalorgane. Interneurone zwischen Afferenzen und efferenten Neuronen im Rückenmark sind nicht eingezeichnet

torisch über das Thoracolumbalmark eine Erregung sympathischer Efferenzen aus. Dies führt zu Kontraktionen von Nebenhoden, Samenleiter, Prostata und Samenbläschen. Samen und Drüsensekrete werden in den inneren Teil der Harnröhre befördert. Um einen Rückfluß in die Harnblase zu verhindern, wird die Harnröhre an ihrem Ansatz verschlossen. Nach der Emission wird durch Erregung der Afferenzen von den Genitalorganen der Samen durch rhythmische Kontraktionen der Beckenbodenmuskulatur und der Skeletmuskulatur, die den hinteren Teil der Schwellkörper umschließt, aus der Harnröhre herausgeschleudert (Ejakulation). Dieser Vorgang läuft reflektorisch über das Sacralmark ab (Abb. 8-14). Er wird begleitet durch rhythmische Kontraktionen der Beckengürtel- und Rumpfmuskulatur und somit stoßartigen Bewegungen während des Geschlechtsverkehrs. Dadurch wird der Samen in die hintere Scheide befördert. Während der Ejakulationsphase sind parasympathische und sympathische Neurone zu den Geschlechtsorganen maximal erregt.

Genitalreflexe bei der Frau. Dauer und Intensität der einzelnen Phasen in Reaktionszyklus des sexuellen Verhaltens sind bei der Frau interindividuell sehr unterschiedlich. Reizung der Mechanoreceptoren in den und um die weiblichen Genitalorgane, deren Axone im N. pudendus zum Sacralmark laufen, führt zu Veränderungen der äußeren und inneren Ge-

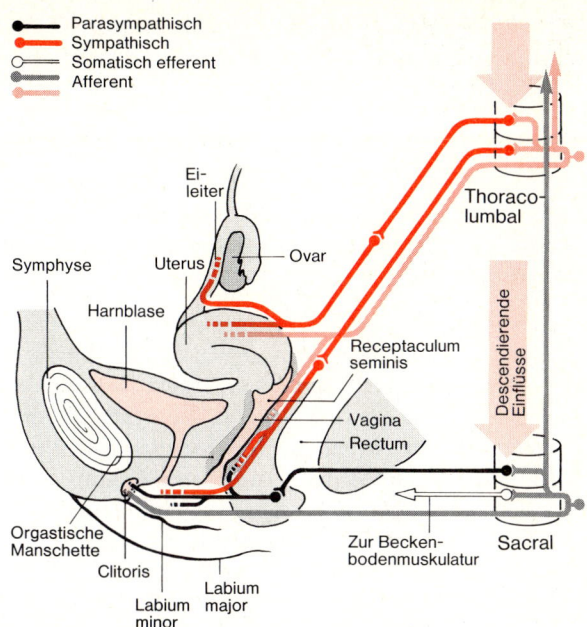

Abb. 8-15. Innervation der weiblichen Genitalorgane. Interneurone zwischen Afferenzen und efferenten Neuronen im Rückenmark sind nicht eingezeichnet

schlechtsorgane. Die gleichen Veränderungen können auch psychogen erzeugt werden.

Die großen Schamlippen weichen auseinander, verschieben sich nach vorne seitlich und schwellen bei fortgesetzter Erregung durch venöse Blutstauung an. Die kleinen Schamlippen nehmen durch Blutfüllung um das Zwei- bis Dreifache zu und schieben sich zwischen die großen Schamlippen. Sie ändern ihre Farbe von rosa zu hellrot. Die Clitoris schwillt an, nimmt an Länge zu und wird an den Rand des Schambeines gezogen. Diese Vergrößerung der äußeren Genitalien ist auf eine angestiegene Blutfüllung der Organe zurückzuführen. Sie wird möglicherweise durch vasodilatatorisch wirkende parasympathische Efferenzen aus dem Sacralmark, die in den Beckennerven laufen, erzeugt (Abb. 8-15).

Die inneren Geschlechtsorgane erfahren auch bemerkenswerte Änderungen während Erregungs-, Plateau- und Orgasmusphase. Der Vaginalschlauch verlängert und erweitert sich. Auf der Oberfläche des vaginalen Plattenepithels erscheint schleimige Flüssigkeit, welche die Gleitfähigkeit in der Vagina erhöht und Voraussetzung für die adäquate Reizung der Mechanoreceptoren des Penis während des Geschlechtsaktes ist. Mit zunehmender Erregung bildet sich im äußeren Drittel der Vagina durch venöse Stauung die *orgastische Manschette* aus (Abb. 8-15). Diese Manschette kontrahiert sich während des Orgasmus. Der Uterus richtet sich während der sexuellen Erregung so auf, daß sich sein Hals von der hinteren Vaginalwand entfernt und dadurch im inneren Drittel der Vagina ein freier Raum zur Aufnahme des Samens entsteht. Gleichzeitig vergrößert sich der Uterus und kontrahiert sich während des Orgasmus. Alle Veränderungen werden wahrscheinlich reflektorisch durch Erregung parasympathischer Neurone aus dem Sacralmark und/oder sympathischer Neurone aus dem Thoracolumbalmark ausgelöst (Abb. 8-15).

Extragenitale Veränderungen. Der Orgasmus ist eine Reaktion des ganzen Körpers. Er besteht aus den neurovegetativ hervorgerufenen Reaktionen der Genitalorgane, allgemeinen vegetativen Reaktionen und der meist starken zentralnervösen Erregung, die zu intensiven Empfindungen führt.

Während des sexuellen Reaktionszyklus nehmen Herzfrequenz, Blutdruck und Atemfrequenz – zum Teil sehr stark – zu. Die Brust der Frau zeigt infolge einer Vasocongestion eine Zunahme der Venenzeichnung und der Größe. Die Brustwarzen sind erigiert und die Warzenhöfe angeschwollen. Diese Reaktionen der Brust können auch beim Manne auftreten, sind aber bei weitem nicht so deutlich ausgeprägt. Bei vielen Frauen und manchen Männern kann man die „Sexualröte" der Haut beobachten. Sie beginnt typischerweise in der späten Erregungsphase im Bereich des Oberbauches und breitet sich mit zunehmender Erregung über Brüste, Schultern, Abdomen und unter Umständen den ganzen Körper aus. Die Skelettmuskulatur kontrahiert sich willkürlich und unwillkürlich. Es kommt zu nahezu krampfartigen Kontraktionen von mimischer Muskulatur, Bauch- und Zwischenrippenmuskulatur. Im Orgasmus geht die willkürliche Kontrolle der Skelettmuskulatur häufig weitgehend verloren.

F 8.16 Die Genitalreflexe beim Manne haben folgende Characteristika:
   a) Die Erektion wird ausschließlich durch Erregung sacraler Motoneurone erzeugt.
   b) Die Reflexe werden nur über das thoracolumbale Rückenmark vermittelt.
   c) Die Blutfüllung im Penis bei der Erektion wird durch Erregung parasympathischer Efferenzen aus dem Sacralmark erzeugt.
   d) Erektion, Emission und Ejakulation ist eine Sequenz, die unabhängig vom vegetativen Nervensystem abläuft.
   e) Erektion kann sowohl durch Reizung genitaler Afferenzen als auch rein psychogen ausgelöst werden.
F 8.17 Die Reaktionen der Genitalorgane bei sexueller Erregung der Frau.
   a) Treten nur während des Orgasmus auf;
   b) werden ausgelöst durch Aktivitäten in afferenten und efferen-

ten Nervenfasern in den Beckennerven und in visceralen Nerven vom oberen Lumbalmark;
c) werden nur hormonal reguliert;
d) werden wahrscheinlich zum großen Teil über das sacrale Rückenmark vermittelt;
e) sind beschränkt auf die äußeren Geschlechtsorgane.

8.7 Zentralnervöse Regulation: Arterieller Blutdruck, Regulation der Muskeldurchblutung

Regelung des arteriellen Blutdruckes. Der Blutkreislauf ist das *Transportsystem des Organismus.* Über ihn werden Sauerstoff und energiereiche Stoffe an die Organe (ZNS, innere Organe, Muskulatur usw.) herantransportiert und die Schlacken abtransportiert. Er besteht aus dem *Lungenkreislauf* (kleiner Kreislauf) und dem *Körperkreislauf* (großer Kreislauf).

Das *arterielle* System des Körperkreislaufes besteht aus dem linken Herzen und den großen und kleinen Arterien: das Herz ist der Motor, der das Blut in die Arterien befördert; der Abfluß aus diesem System in die Capillarbetten erfolgt über die kleinen Arterien. In diesem System herrscht bei einem jungen gesunden Menschen ein mittlerer Blutdruck von etwa 100 mm Quecksilber, das entspricht etwa einer siebentel Atmosphäre. Dieser Druck ist notwendig, um die *Gewebe* über die Capillaren mit genügend Blut zu versorgen. In den *Venen* wird das Blut zum rechten Herzen zurücktransportiert. Der Druck in ihnen ist etwa ein Zehntel des arteriellen Druckes. Sie haben sehr weiche, elastische Wände, deshalb enthält das venöse System etwa 80% des Gesamtblutvolumens. Das rechte Herz drückt das Blut durch die Lungenarterien in die *Lunge,* in der es wieder mit Sauerstoff aufgeladen wird und Kohlendioxyd abgibt, bevor es über die Lungenvenen zum linken Herzen zurückgelangt. Herz, Arterien und Venen sind vegetativ innerviert und sind die Effectoren der neuronalen *Kreislaufregulation.*

Abb. 8-16 zeigt schematisch die wichtigsten Komponenten der arteriellen Blutdruckregulation im Körperkreislauf. Der Hirnbereich, welcher den Blutdruck regelt, liegt im unteren Hirnstamm in der Medulla oblongata (s. Abb. 6-16). Er wird deshalb auch *Kreislaufzentrum* genannt. Dieses Zentrum funktioniert auch ohne die modifizierenden Einflüsse höherer Hirnbereiche, so z. B. in decerebrierten Tieren (s. S. 188). Informationen über die Höhe des Blutdruckes erhält das Kreislaufzentrum über die *Pressoreceptoren* in der arteriellen Ausflußbahn des Herzens (linke Seite in Abb. 8-16). Diese Receptoren messen über den Dehnungszustand der Blutgefäßwände sowohl die *mittlere Höhe* als auch die *pulsatilen Schwankungen des Blutdruckes.* Bei Erhöhungen des mittleren arteriellen Druckes

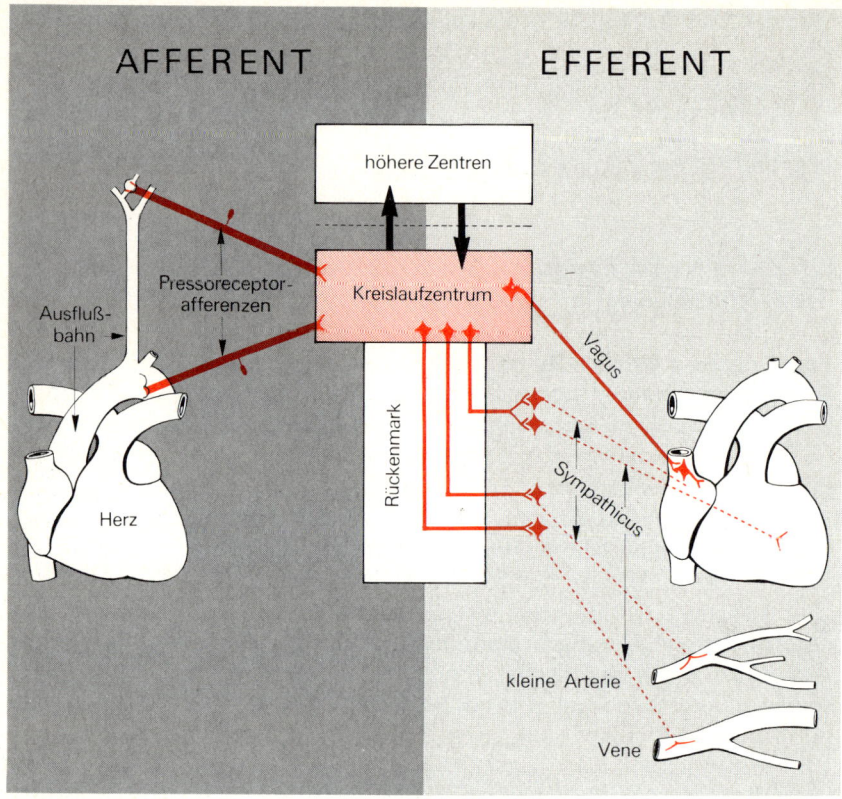

Abb. 8-16. Afferente Eingänge und efferente neuronale Ausgänge des Kreislaufzentrums

als auch der Pulsamplitude nehmen die Impulse in den Afferenzen der Pressoreceptoren zu, bei Erniedrigung des Mitteldruckes und der Pulsamplitude nimmt die Impulsrate ab. Die Afferenzen der Pressoreceptoren gehören zu den visceralen Afferenzen.

Die für die arterielle Blutdruckregulation wichtigsten Efferenzen innervieren das *Herz* und die *kleinen Arterien* (rechte Seite in Abb. 8-16). Diese Efferenzen senden fortlaufend Impulse zu ihren Erfolgsorganen, sie sind *tonisch* aktiv. Die Schlagfrequenz und die Kontraktionskraft des Herzens werden durch die Aktivität in den sympathischen Fasern erhöht (Abb. 8-9). Parasympathische Fasern, die zum Herzen im Nervus vagus laufen (Abb. 8-2, 8-6), beeinflussen nur die Schlagfrequenz. Die kleinen Arterien werden nur von sympathischen Fasern innerviert. Man nennt diese Fasern *Vasoconstrictoren.* Die Weite der Gefäße wird nur über die Höhe der Aktivität in diesen Fasern geregelt. Erhöhung der sympathischen Akti-

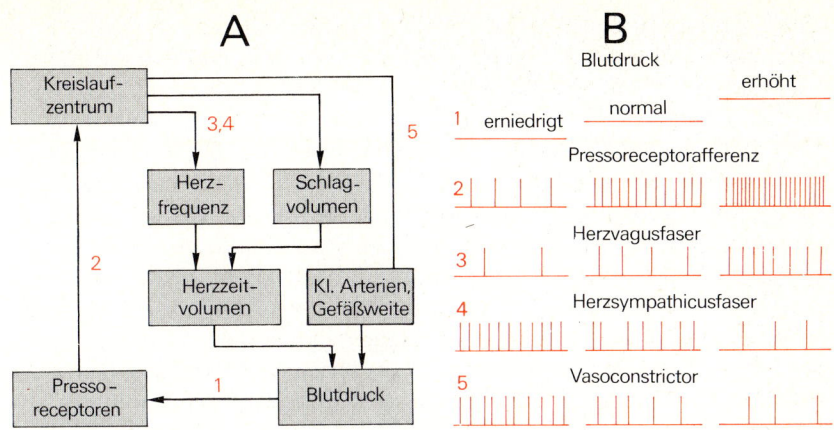

Abb. 8-17. A Blockschaltbild der Regulation des Blutdruckes. Mit Schlagvolumen wird die Blutmenge, die das Herz bei einer Kontraktion auswirft, bezeichnet. Das Herzzeitvolumen ist die Blutmenge, die das Herz in einer bestimmten Zeit (z. B. einer Minute) auswirft. Die Zahlen beziehen sich auf **B.** (Modifiziert nach RUCH, PATTON. Physiology and Biophysics. Philadelphia und London: Saunders Company, 1965). **B** Aktivitäten einer typischen Pressoafferenz *2*, eines Herzvagusneurons *3*, eines sympathischen Neurons zum Herzen *4* und eines Vasoconstrictorneurons *5* während normalem, erhöhtem und erniedrigtem mittleren arteriellen Blutdruck. (Modifiziert nach RUSHMER, Structure and Function of the Cardiovascular System. Philadelphia, London, Toronto: Saunders, 1972)

vität verengt die Gefäße, Erniedrigung der sympathischen Aktivität hat eine Erweiterung der Gefäße zur Folge. In Abb. 8-17 A sind die wichtigsten Bestandteile der arteriellen Blutdruckregulation in einem Regelschema dargestellt. An Hand dieses Schemas können Sie sich das Prinzip der arteriellen Blutdruckregulation klarmachen. Abb. 8-17 B zeigt, wie sich die Impulsaktivitäten in einer Pressoafferenz (2), einer Herzvagusfaser (3), einer Herzsympathicusfaser (4) und einer Vasoconstrictorfaser (5) ändern, wenn sich der mittlere arterielle Blutdruck (1) erniedrigt (linke Kolumne in Abb. 8-17 B) oder erhöht (rechte Kolumne).

Ein *erhöhter Blutdruck* wird über eine erhöhte Impulsrate der Pressoafferenzen (Abb. 8-17 B 2) dem Kreislaufzentrum gemeldet. Das Kreislaufzentrum regelt dem erhöhten Blutdruck folgendermaßen entgegen: es erhöht die Impulsaktivität in den parasympathischen Herzfasern (Abb. 8-17 B 3) und erniedrigt die Impulsaktivität in den sympathischen Herzfasern (Abb. 8-17 B 4). Auf diese Weise kommt es zur Erniedrigung der Schlagfrequenz des Herzens und des Blutvolumens, welches das Herz in einer Kontraktion auswirft (Schlagvolumen). Damit nimmt die Blutmenge ab, die das Herz in einer bestimmten Zeit auswirft (Herzzeitvolumen). Darüber hinaus erniedrigt sich auch die Impulsaktivität in den sympathischen Vasoconstrictorneuronen zu den kleinen Arterien (Abb. 8-17 B 5). Dies führt zu einer Erweiterung der kleinen Arterien und damit zum vermehrten Abfluß von Blut aus dem arteriellen System. Die Änderungen aller drei Parameter, der Schlagfrequenz des Herzens, des Schlagvolumens und der Arterienweite, wirken folglich dem erhöhten Blutdruck entgegen. Wenn sich der **Blutdruck erniedrigt,** ändern sich die neuronalen Parameter (Abb. 8-17 B, linke Spalte) und die Antworten der Effectoren in umgekehrter Richtung. Die Aktivitäten der Pressoafferenzen und der parasympathischen Herzfasern nehmen ab; die Aktivitäten in den sympathischen Herzfasern und den Vasoconstrictorneuronen nehmen zu. Als Folge davon nehmen Herzfrequenz, Herzschlagvolumen und Herzzeitvolumen zu und die Weite der kleinen Arterien ab. Diese Änderungen wirken dem Blutdruckabfall entgegen. Die Gegenregulation geschieht in wenigen Sekunden.

Die neuronale Kreislaufregulation besteht nicht nur aus der Regulation des arteriellen Blutdruckes, sondern aus einer Vielzahl miteinander verknüpfter Regelvorgänge, wie z. B. der Volumenregulation oder der Regelung der Blutflüsse durch die Organe. Diese Regelungen stehen im Dienste verschiedener Funktionen des Organismus, wie z. B. der Regelung des extracellulären Flüssigkeitsvolumens (s. S. 264), der Körpertemperatur (s. S. 261) und der Verdauung. Deshalb spielen andere Afferenzen (z. B. von Volumenreceptoren, Thermoreceptoren, Chemoreceptoren und Receptoren aus dem Magendarmtrakt), andere Effectoren (z. B. das Venensystem, S. Abb. 8-16, und die Niere) und andere Hirnbereiche (z. B. der obere Hirnstamm und der Hypothalamus) in diesen Regelungen eine Rolle. Im folgenden werden als Beispiel die Änderungen der Blutflüsse durch die Organe und des Herzzeitvolumens während Muskelarbeit beschrieben.

Regelung der Organdurchblutung während Muskelarbeit. In Ruhe fließen etwa 20% des Herzzeitvolumens durch die Skeletmuskulatur, 40% durch den Visceralbereich, 14% durchs Gehirn, 6% durch den Coronar-Kreislauf und 20% durch die Haut und die übrigen Gewebe (s. Abb. 8-18 links). Bei Muskelarbeit finden folgende Änderungen statt (Abb. 8-18 rechts): Das Herzzeitvolumen erhöht sich auf das maximal Vierfache, die Durchblutungen von Visceralbereich, Haut und übrigen Organen nehmen ab (die Hautdurchblutung nimmt aus thermoregulatorischen Gründen bei mittlerer Arbeit zu; nicht berücksichtigt in Abb. 8-18), die Durchblutung des Gehirns ändert sich nicht, die Durchblutung des Herzens (Coronarkreislauf) nimmt bis zum Vierfachen zu und der Blutfluß durch die Skeletmuskulatur nimmt bis zum 20fachen zu. Von diesen Änderungen ist die Zunahme von Muskeldurchblutung und Herzzeitvolumen bei weitem am größten. Es ist bemerkenswert, daß diese **Anpassungen des Kreislaufes während Muskelarbeit** innerhalb weniger Sekunden nach Arbeitsbeginn einsetzen.

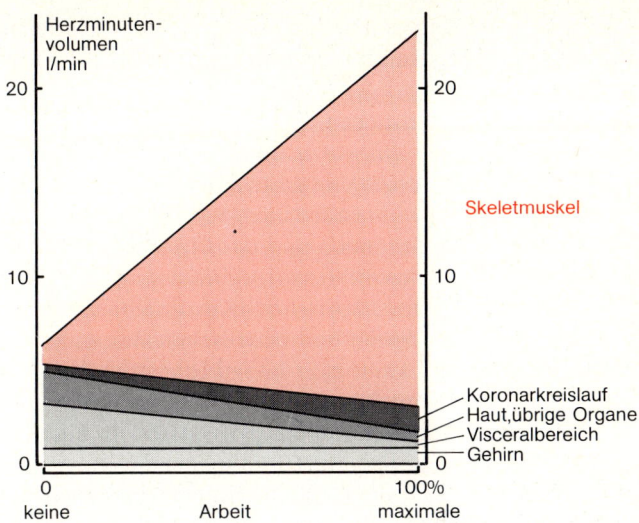

Abb. 8-18. Durchblutung verschiedener Organe und Organsysteme vor und während körperlicher Arbeit. Die thermoregulatorisch bedingte Zunahme der Hautdurchblutung während leichter bis mittelschwerer Arbeit wurde nicht berücksichtigt. Modifiziert nach BEST & TAYLOR'S Physiological Basis of Medical Praxis, ed. by BROBECK J R (1979), 10th ed, The Williams & Wilkins Company, Baltimore

Obwohl diese wichtigen Anpassungsreaktionen seit langer Zeit bekannt sind, weiß man bis heute nicht genau, wie sie zustande kommen. Es ist möglich, daß die oben beschriebenen Kreislaufanpassungen *gleichzeitig* mit den Skeletmuskelkontraktionen *zentralnervös* ausgelöst werden. Es ist auch möglich, daß diese Reaktionen durch Muskelafferenzen, die die Veränderungen im Muskel während der Muskelarbeit messen, zusätzlich zentralnervös ausgelöst werden.

F 8.18 Als Reaktion auf eine plötzliche Erniedrigung des arteriellen Blutdruckes nimmt
  a) die Herzfrequenz ab/zu
  b) die Weite der peripheren Gefäße ab/zu
  c) die Aktivität in den sympathischen Herznerven ab/zu
  d) die Aktivität der Pressoreceptoren ab/zu

F 8.19 Bei Muskelarbeit finden folgende Kreislaufanpassungen statt:
  a) Die Durchblutung der Organe im Bauch- und Beckenraum nimmt zu
  b) Das Herzzeitvolumen nimmt zu
  c) Die Hirndurchblutung nimmt ab
  d) Die Herzfrequenz nimmt ab
  e) Die Muskeldurchblutung nimmt zu

8.8 Der Hypothalamus. Die Regulationen von Körpertemperatur, Osmolarität des Extracellulärraumes und endokrinen Drüsen

Ein hochentwickeltes Leben ist nur möglich, wenn die inneren Bedingungen im Körper, die das sogenannte *innere Milieu* ausmachen, konstant bleiben, oder nur in sehr eng gesteckten Grenzen variieren. Unter diesen inneren Bedingungen versteht man zum Beispiel die Körpertemperatur, die Konzentration der Ionen und das Flüssigkeitsvolumen im Extracellulärraum und die Konzentration des Zuckers im Blut. Man bezeichnet den Gleichgewichtszustand, der bei der Konstanthaltung des inneren Milieus zwischen den Funktionen und chemischen Bestandteilen eintritt, als *Homöostase.* Qualitativ kann man hierzu folgenden Vergleich anstellen: der Organismus wird vom Blut und der Intercellulärflüssigkeit, die konstante Ionenkonzentrationen, konstante Kohlendioxyd- und Sauerstoffspannungen usw. haben, durchströmt. Der Organismus trägt sein Milieu also mit sich herum, wie der Raumfahrer in seinem Raumanzug oder in der Raumkapsel das Erdmilieu mit sich herumträgt (Sauerstoff, Kohlendioxyd, Druck usw.).

Die wichtigste Hirnregion für die Erhaltung der Homöostase ist der *Hypothalamus.* Er ist entwicklungsgeschichtlich ein alter Teil des Gehirns, der in seinem Aufbau im Laufe der Entwicklung der Tiere relativ konstant geblieben ist. Er liegt etwa in der Mitte des Gehirns und ist das Zentrum aller vegetativen Prozesse im Körper. Hypothalamische Funktionen integrieren spinale Reflexe und vegetative Regulationen, die vom Hirnstamm ausgehen. Diese *integrativen Funktionen des Hypothalamus* schließen nicht nur das vegetative Nervensystem, sondern auch das somatische Nervensystem und das hormonelle System mit ein. Ein großhirnloses Tier ist daher nicht besonders schwer am Leben zu erhalten, während ein Tier ohne Hypothalamus äußerster Pflege bedarf, um am Leben zu bleiben.

Die Funktionen des Hypothalamus werden normalerweise unter verschiedenen Teilgebieten der Physiologie abgehandelt, wie z. B. der Temperaturregelung, Regelung des Elektrolythaushaltes, Regelung der endokrinen Organe und Physiologie der Emotionen. Hierin kommt die *Vielfältigkeit der hypothalamischen Funktionen* zum Ausdruck. Eines haben diese Funktionen aber alle gemeinsam: sie dienen der Konstanthaltung der inneren Bedingungen im Organismus.

In dem folgenden Abschnitt werden die topographische Lage des Hypothalamus und seine wichtigsten afferenten Eingänge und efferenten Ausgänge beschrieben. Um den Regelcharakter seiner Funktionen exemplarisch zu verdeutlichen, werden die Regelung der Körpertemperatur, die Regelung der Osmolarität der Extracellulärflüssigkeit und das Prinzip der Regelung der endokrinen Drüsen dargestellt.

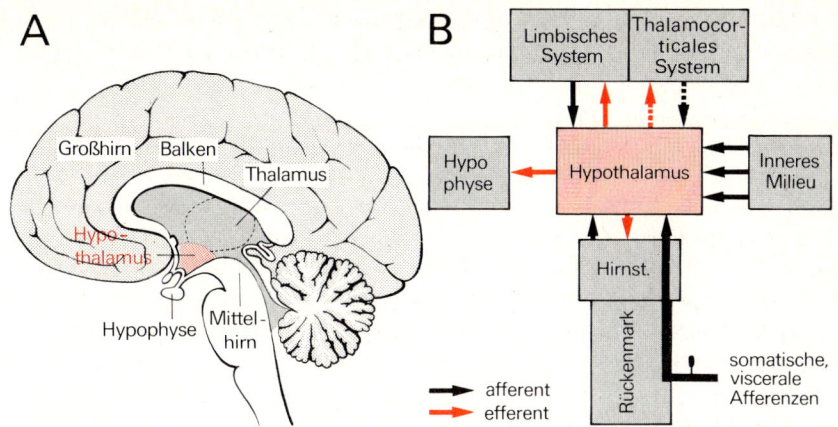

Abb. 8-19. A Topographische Lage des Hypothalamus im Gehirn *(rot)*. **B** Afferente und efferente neuronale und humorale Verbindungen des Hypothalamus. Die afferenten Verbindungen sind *schwarz*, die efferenten Verbindungen sind *rot* eingezeichnet

Anatomie des Hypothalamus. Die Abb. 8-19 A ist Ihnen von der Abb. 6-13 (s. S. 186) bekannt. Sie zeigt das Gehirn von medial; die Schnittebene läuft von oben nach unten und von vorn nach hinten. Der Hypothalamus ist in der Abb. 8-19 A rot eingezeichnet. Er liegt zusammen mit dem Thalamus zwischen Großhirn und Mittelhirn, diese Region des Gehirns wird deshalb auch als *Zwischenhirn* bezeichnet. Außerdem liegt der Hypothalamus, wie die Abb. 8-19 A zeigt, unterhalb des Thalamus, daher das Wort *Hypo*thalamus.

Eine besondere Beziehung hat der Hypothalamus zur *Hypophyse,* auch *Hirnanhangdrüse* genannt (8-19 A). Sie besteht aus dem Hypophysenvorderlappen und dem Hypophysenhinterlappen. Diese Drüse produziert Hormone, über die unter anderem hormonproduzierende Drüsen in der Peripherie des Körpers, wie z. B. Schilddrüsen und Sexualdrüsen, geregelt werden. Der Hypothalamus ist der Hirnanhangdrüse funktionell übergeordnet.

In Abb. 8-19 B sind die wichtigsten afferenten (schwarzen Pfeile) und efferenten (rote Pfeile) Verbindungen des Hypothalamus schematisch dargestellt. An Hand dieser Verbindungen wird die zentrale Lage des Hypothalamus im Gehirn noch deutlicher hervorgehoben als in Abb. 8-19 A.

Der Hypothalamus ist mit allen übergeordneten und untergeordneten Bereichen des ZNS efferent und afferent nervös verschaltet. Die zwei großen übergeordneten Bereiche sind das *limbische System* und das *thalamocorticale System.* Die dem Hypothalamus z. T. untergeordneten Bereiche des ZNS sind der *Hirnstamm* und das *Rückenmark.* Wichtige afferente Informationen erhält der Hypothalamus aus der *Umwelt* über Sinnesorgane (Gehörs-, Geruchs-, Geschmackssinn und Somatosensorik) und aus dem *Eingeweidebereich* über die visceralen Afferenzen. Besondere afferente Eingänge erhält der Hypothalamus aus dem *inneren Milieu.* Es handelt sich hier z. B. um Neurone im Hypothalamus, die die Temperatur des Blutes, die Salzkonzentration der extracellulären Flüssigkeit oder die Konzentrationen der Hormone endokriner Drüsen im Blut messen. Besonders wichtige efferente Ausgänge besitzt der Hypothalamus zur Hypophyse. Sie sind *hormonal* zum Hypophysenvorderlappen (Abb. 8-21 A) und *neuronal* zum Hypophysenhinterlappen (daher auch der Name Neurohypophyse). Über diese Verbindungen wird die Ausschüttung von Hormonen aus der Hypophyse reguliert.

Regulation der Körpertemperatur. Als Beispiel für die übergeordnete Regelung durch den Hypothalamus wird die Konstanthaltung der Körpertemperatur ausführlicher dargestellt. Die Konstanz der Körpertemperatur der Säugetiere ist Voraussetzung für das Funktionieren des Organismus, weil die Geschwindigkeit aller chemischen Reaktionen im Körper temperaturabhängig ist und diese daher in quantitativ genügendem Maße nur bei 37 bis 38° C ablaufen.

Bei Warmblütern muß man zwischen der *Kerntemperatur* im Körperinneren, z. B. im Brustraum und Gehirn, und der *Schalentemperatur* in der Körperperipherie, z. B. in den Extremitäten und der Haut, unterscheiden. Die Schalentemperatur schwankt in Abhängigkeit von der Umgebungstemperatur beträchtlich (denken Sie an Ihre kalten Finger im Winter), während die Kerntemperatur fast konstant gehalten wird. Die Kerntemperatur wird über zwei Mechanismen auf Konstanz geregelt: die *Wärmeproduktion* und die *Wärmeabgabe.* Thermoregulatorische Wärmebildung geschieht beim erwachsenen Menschen hauptsächlich über das somatomotorische System durch *Muskelzittern,* beim Neugeborenen auch durch Steigerung der Stoffwechselvorgänge (Abbau von Fetten) über die Aktivierung des sympathischen Nervensystems (zitterfreie Thermogenese). Die Wärmeabgabe reguliert der Organismus über die *Hautdurchblutung.* Die im Körper gebildete Wärme wird mit dem Blutstrom in die Haut transportiert und an die Umgebung abgegeben. Die Durchblutung der Finger z. B. kann im Verhältnis von 1:600 geändert werden, entsprechend auch der Wärmetransport. Ein wichtiger Mechanismus der Wärmeabgabe – besonders bei höheren Umgebungstemperaturen – ist die *Verdunstung von Schweiß* auf der Körperoberfläche. Jeder Liter Schweiß, der vollständig verdunstet, entzieht dem Körper eine Wärmeenergie von 2430 KJ (580 kcal), das ist etwa ein Viertel der Energiemenge, die Sie in Ihrer Nahrung täglich zu sich nehmen. Über diese Mechanismen hinaus führen die *Kalt- und Warmempfindungen* zu bestimmten Verhaltensweisen, wie z. B. Ver-

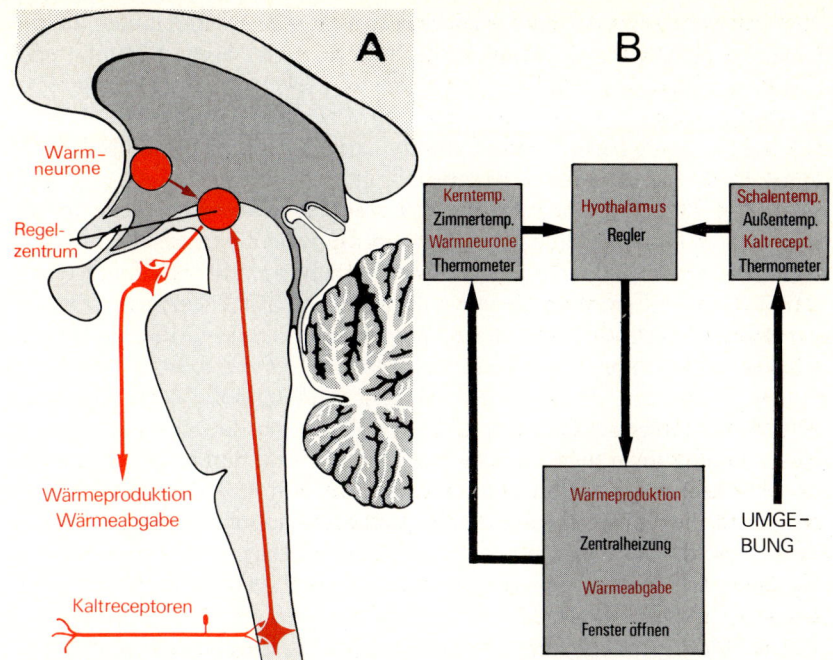

Abb. 8-20 A, B. Regulation der Körpertemperatur. **A** Die wichtigsten Elemente der Temperaturregulation in halbanatomischer Darstellung. **B** Blockschaltbild der Regulation der Körpertemperatur (Begriffe in *rot*). In Analogie zur Regulation der Körpertemperatur sind die entsprechenden Begriffe der Regelung der Zimmertemperatur in *schwarz* eingezeichnet

meiden extremer Umgebungstemperaturen und Anlegen von Kleidung, die im weiteren Sinne auch als Regelmechanismen zum Schutze vor Auskühlung und Überhitzung verstanden werden können.

Damit der Organismus „erkennt", wann er Wärme abgeben und wann er Wärme produzieren „soll", muß er Receptoren (Meßfühler) haben, die die Temperatur messen. Solche Meßfühler gibt es vor allem im vorderen Bereich des Hypothalamus und in der Haut des Organismus. Die Meßfühler im vorderen **Hypothalamus** sind spezialisierte Neurone (Abb. 8-20 A), die die Zunahme der Kerntemperatur messen *(Warmneurone).* Die Meßfühler in der **Haut** sind **Kaltreceptoren** (Abb. 8-20 A), die die Abnahme der Schalentemperatur registrieren. Die Afferenzen dieser Kaltreceptoren melden die Schalentemperatur nach zentral, bevor es überhaupt zum Absinken der Kerntemperatur kommt. Warmreceptoren der Haut spielen wahrscheinlich keine wichtige Rolle in der Thermoregulation.

Besonders vom hinteren Hypothalamus aus werden Wärmeproduktion und -abgabe geregelt (*Regelzentrum* in Abb. 8-20 A). Hier laufen die Informationen von den Warmneuronen im vorderen Hypothalamus und den Kaltreceptoren in der Haut zusammen. Zerstört man diesen Bereich des Hypothalamus, so wird der Organismus wechselwarm (poikilotherm), d. h. er kann seine Kerntemperatur nicht mehr unabhängig von der Umgebungstemperatur auf Konstanz regeln.

In Abb. 8-20 B ist die Regelung der **Kerntemperatur** (rote Begriffe) im Vergleich zu einer Regelung der **Zimmertemperatur** (schwarze Begriffe) in einem Blockschaltbild dargestellt. Die Kerntemperatur wird im Körper auf 37° C, die Zimmertemperatur wird auf 21 bis 22° C geregelt. Die entsprechenden Meßfühler, die diese Temperaturen messen, sind die Warmneurone im vorderen Hypothalamus und das Zimmerthermometer. Die Erregung von den Warmreceptoren geht zum hinteren Hypothalamus (Abb. 8-20 A, Regelzentrum), welcher die Wärmeproduktion und -abgabe regelt. Analog dazu geht die Information vom Zimmerthermometer zum Regler *(Thermostaten)* der Zentralheizung. Bei Erhöhung der Kerntemperatur wird die Durchblutung der Haut erhöht, außerdem kommt es zur Schweißproduktion. Beide Mechanismen der Wärmeabgabe, die **Erhöhung der Durchblutung der Haut** und die **Schweißproduktion,** werden über den Sympathicus geregelt. Erhöhung der Aktivität in den Fasern, die die Schweißdrüsen innervieren, erhöht die Schweißsekretion; Erniedrigung der Aktivität in den Fasern, die die Hautgefäße innervieren, erweitert diese Gefäße und erhöht die Hautdurchblutung. Ist das Zimmer zu heiß, wird die Heizleistung gedrosselt; es können aber auch zum Senken der Zimmertemperatur die Fenster geöffnet werden.

Die Informationen von den Kaltreceptoren in der Haut, die die Abkühlung der Haut durch die Umgebung messen, werden auch vom Regler im hinteren Hypothalamus verarbeitet. Bei Erregung dieser Receptoren steigt die Wärmeproduktion des Organismus durch **Erhöhung des Stoffwechsels** an und nimmt die Wärmeabgabe durch **Erniedrigung der Hautdurchblutung** ab. Analog hierzu arbeitet die Heizungsanlage. Die Informationen vom Außenthermometer werden dem Regler (Thermostaten) der Zentralheizung zugeleitet. Sinkt die Außentemperatur, so wird infolge der Messungen dieses Außenthermometers die Heizkesselleistung vorsorglich höher eingestellt, da die Wärmeverluste im Zimmer höher sind als bei höherer Außentemperatur.

Einschränkend muß betont werden, daß die Analogie zwischen der biologischen Thermoregulation und der Regulation der Zimmertemperatur nur sehr unvollständig ist. So haben z. B. auch andere Hirnstrukturen, wie z. B. das Rückenmark und der Hirnstamm, thermosensitive und thermoregulatorische Funktionen. Die biologische Thermoregulation ist also erheblich komplexer als es das Blockschaltbild in Abb. 8-20 auszudrücken vermag.

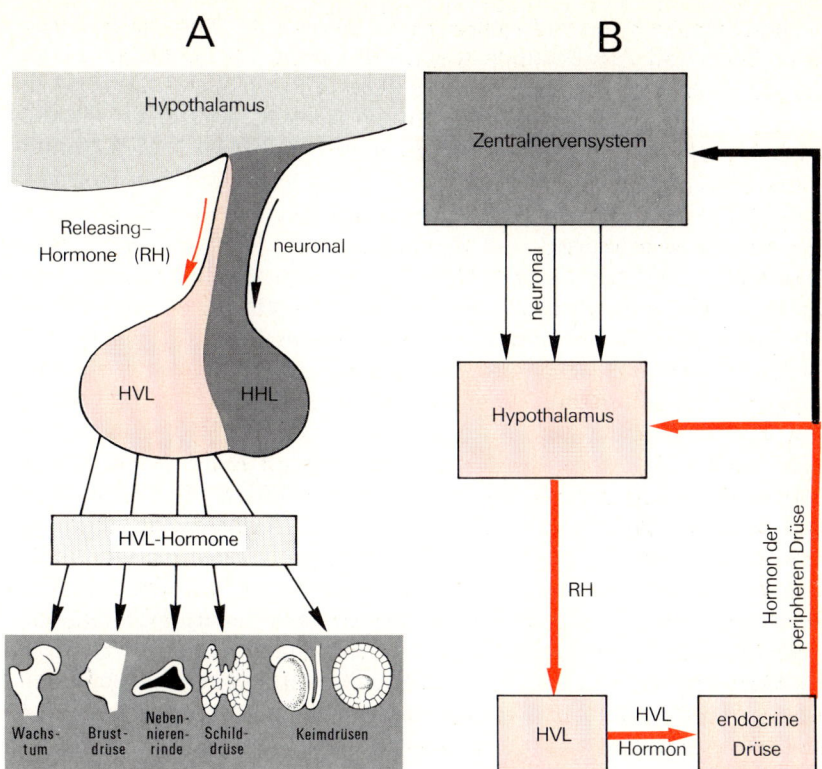

Abb. 8-21 A, B. Regulation der endokrinen Drüsen. **A** Halbanatomische Darstellung.
HVL Hypophysenvorderlappen. HHL Hypophysenhinterlappen. **B** Regulation der
Konzentration eines endokrinen Hormons im Blut durch den Hypothalamus *(rot)* und
die neuronale Beeinflussung dieser Regulation durch andere ZNS-Bereiche *(schwarz).*
RH Releasing-Hormon, HVL-Hormon Hypophysenvorderlappenhormon

Regelung der endokrinen Drüsen durch den Hypothalamus. Im Körper
kommen Drüsen vor, die keine Ausführungsgänge haben und ihre Sekrete
direkt in die Blutbahn ausschütten. Wir nennen diese Drüsen *endokrine
Drüsen* und die Sekrete, die sie ausschütten, *Hormone.* Diese Hormone beeinflussen Organe und Organsysteme und regeln im wesentlichen die körperliche, sexuelle und geistige Entwicklung, fördern die Leistungsanpas-
sung des Organismus und regeln die Konstanz physiologischer Größen.
Dieses hormonale Kommunikationssystem ist über den Hypothalamus an
das Zentralnervensystem gekoppelt. Im folgenden wird das Prinzip der
Regelung der endokrinen Drüsen durch *Hypothalamus* und *Hypophysenvorderlappen* (HVL) dargestellt.

Der Hypophysenvorderlappen setzt spezifische Hormone frei, die die Produktion und Ausschüttung von Hormonen der endokrinen Drüsen (Nebennierenrinde, Schilddrüse und Keimdrüse in Abb. 8-21 A) regeln oder die Organe direkt beeinflussen (Wachstum, Brustdrüse in Abb. 8-21 A). Die Ausschüttung dieser *HVL-Hormone* selbst wird durch Hormone aus dem Hypothalamus gesteuert. Diese hypothalamischen Hormone werden *Releasing-Hormone (RH)* genannt. Sie werden von Neuronen im Hypothalamus produziert und in ein spezielles Gefäßsystem, die *hypothalamischen Portalgefäße*, sezerniert. Über die Portalgefäße gelangen die Releasing-Hormone zum Hypophysenvorderlappen. Für jedes HVL-Hormon gibt es ein spezielles Releasing-Hormon (RH). Für einige HVL-Hormone sind auch *inhibitorische Releasing-Hormone* (IH) bekannt. Diese inhibitorischen Hormone hemmen die Freisetzung von HVL-Hormonen.

Die Regelung der endokrinen Drüsen durch den Hypothalamus geschieht nach Art eines *Regelkreises mit negativer Rückkopplung* (rot in Abb. 8-21 B, vgl. Kapitel 7). Die Hormone der endokrinen Drüsen wirken zurück auf die Neurone im Hypothalamus. Ein Absinken der Konzentration eines endokrinen Hormons im Blut führt zur vermehrten Produktion und Freisetzung des betreffenden Releasing-Hormons. Dieses bewirkt über eine vermehrte Freisetzung von HVL-Hormon einen Wiederanstieg des endokrinen Hormons im Blut. Die Rückkopplungssysteme zwischen Hypothalamus, Hypophysenvorderlappen und endokrinen Drüsen (rot in Abb. 8-21 B) können auch ohne die neuronalen Einflüsse anderer Hirnbereiche funktionieren, z. B. in Tieren, bei denen der Hypothalamus vom übrigen Gehirn in der Schädelkalotte isoliert wurde.

Die hormonalen Regelkreise werden neuronal durch das ZNS an die inneren und äußeren Bedürfnisse des Organismus angepaßt (Abb. 8-21 B). Diese *Anpassungsprozesse* dokumentieren sich z. B. in einer erhöhten Schilddrüsenhormonausschüttung bei langanhaltender Kältebelastung, in einer Aktivierung der Nebennierenrinde bei jeder Art von körperlicher oder seelischer Belastung (Stress) oder in der Steuerung der Keimdrüsen bei der Sexualreifung. Wie die neuronale Steuerung dieser Anpassungsprozesse im Organismus abläuft, wissen wir im einzelnen nicht. Man kann nachweisen, daß Neurone in verschiedenen ZNS-Bereichen spezifisch auf bestimmte Hormone endokriner Drüsen reagieren; man kann deshalb annehmen, daß die ZNS-Bereiche, die das hypothalamo-hypophysäre System steuern, auch Rückmeldungen von den endokrinen Drüsen über die Hormone auf dem Blutwege erhalten (Abb. 8-21 B schwarzer Pfeil).

Regelung der Osmolarität (des Wassergehaltes) des Extracellulärraumes.
Übermäßige Wasseraufnahme führt sehr schnell zur vermehrten Urinproduktion. Diese schnelle Flüssigkeitsausscheidung ist Ausdruck einer erfolgreichen Regelung des Wassergehaltes der Gewebe, die vor Verdün-

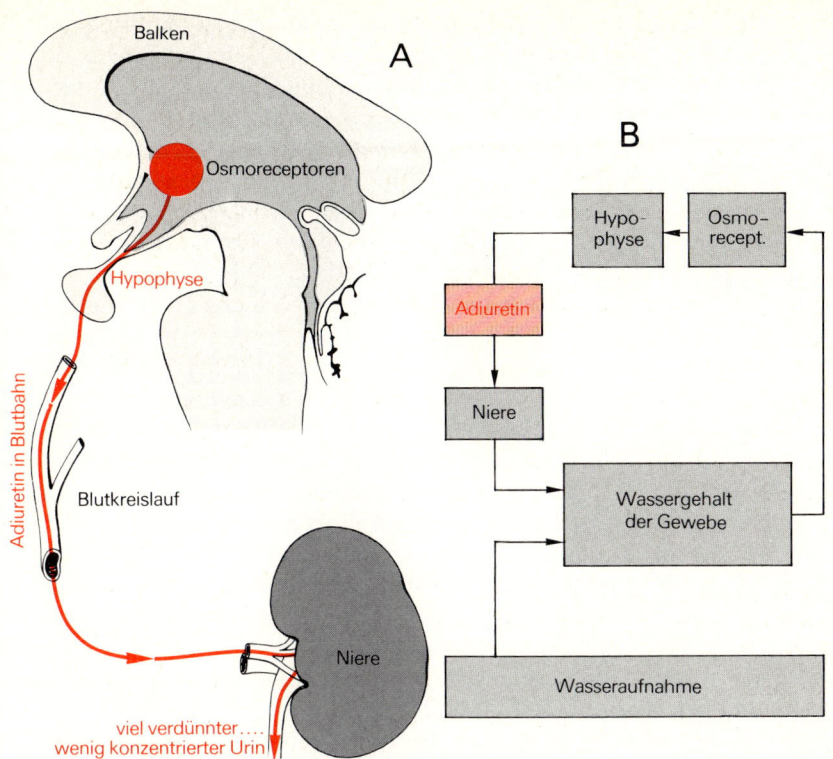

Abb. 8-22 A, B. Regulation der Osmolarität des extracellulären Flüssigkeitsraumes. **A** Halbanatomische Darstellung. **B** Darstellung im Blockdiagramm

nung des Blutes und Gewebssaftes schützt. Wird andererseits lange Zeit nichts getrunken, so produziert die Niere nur noch wenig Urin. Der Organismus versucht, so wenig Wasser wie möglich zu verlieren.

Diese Prozesse werden vom Hypothalamus geregelt. Im vorderen Hypothalamus gibt es spezialisierte Neurone, die sehr empfindlich auf Änderungen der Salzkonzentration (im wesentlichen Natriumchlorid) bzw. des Wassergehaltes im Blut und in dem umgebenden Extracellulärraum reagieren. Die Gesamtkonzentration der gelösten kleinen Teilchen (im wesentlichen Salze) in diesen Flüssigkeitsräumen bestimmt ihre Osmolarität. Man nennt deshalb diese Neurone *Osmoreceptoren.* Bei Erhöhung oder Erniedrigung der Salzkonzentration (Osmolarität), die man erzeugen kann durch Aufnahme von Kochsalz oder Wasser, erhöht oder erniedrigt sich die Aktivität dieser Neurone. Die Aktivität der Neurone wird über ihre Axone zum *Hypophysenhinterlappen* (HHL in Abb. 8-21 A) fortgeleitet. Im HHL ist in den Endigungen der Axone ein Hormon, das *Adiuretin,* gespeichert. Dieses Hormon wird bei Erregung der Neuronen aus den Endigungen der Axone in die Blutbahn ausgeschüttet. Die Kommunikation zwischen Hypothalamus und Hypophysenhinterlappen geschieht also nicht auf hormonalem Wege mit Releasing-Hormonen wie beim Hypophysenvorderlappen (s. Abb. 8-21), sondern *neuronal*. Die Neurone, deren Axone in den HHL hineinprojizieren, regeln die Produktion, Speicherung und Freisetzung von Adiuretin. Ob die Osmoreception ebenso durch diese Neurone oder durch benachbarte Neurone, deren Axone nicht in den HHL projizieren, erfüllt wird, ist noch umstritten.

Die *Konzentration von Adiuretin im Blut* ist die Meldung an das Erfolgsorgan, die Niere, wieviel Wasser ausgeschieden werden soll. Bei hoher Adiuretinkonzentration wird wenig Wasser ausgeschieden, bei niedriger Adiuretinkonzentration viel Wasser. Ist der Wassergehalt also hoch, bzw. die Salzkonzentration niedrig, so wird wenig Adiuretin aus der Hypophyse abgegeben und viel verdünnter Urin durch die Niere ausgeschieden (Abb. 8-22 A). Wahrscheinlich wird von den Osmoreceptoren auch z. T. die *Durstempfindung* ausgelöst (vgl. Grundriß der Sinnesphysiologie).

In Abb. 8-22 B ist die Regulation der Osmolarität der extracellulären Flüssigkeit im *Blockschaltbild* dargestellt, um am Beispiel der Wasseraufnahme und der Wasserabgabe (starkes Schwitzen bei thermischer Belastung) zu erklären, wie der Wassergehalt im Körper konstant gehalten wird. Diese hormonelle Regelung ist sehr schnell und setzt innerhalb von 15 Minuten ein. Machen Sie sich an Hand dieses Blockschaltbildes klar, wie sich in diesen beiden Beispielen der Wassergehalt (bzw. die Osmolarität) des Extracellulärraumes, die Aktivität der Osmoreceptoren, die Adiuretinkonzentration im Blut und die Wasserausscheidung der Nieren ändern.

Einschränkend muß gesagt werden, daß die Regelung der Osmolarität der Flüssigkeit des Extracellulärraumes eng verknüpft ist mit der *Regelung des extracellulären Flüssigkeitsvolumens.* So führt z. B. die Erregung von Receptoren, die das Flüssigkeitsvolumen im Lungenkreislauf messen, zur Verminderung der Adiuretinausschüttung aus dem Hypophysenhinterlappen und damit zur vermehrten Ausscheidung verdünnten Urins.

F 8.20 Der Hypothalamus liegt
     a) unterhalb des Thalamus
     b) im Hirnstamm
     c) zwischen Medulla oblongata und Kleinhirn
     d) im Großhirn
     e) zwischen Großhirn und Mittelhirn
F 8.21 Während Muskelarbeit ist die Wärmeproduktion im Organismus erhöht. Welche zwei Möglichkeiten der Wärmeabgabe stehen ihm zur Verfügung, um seine Kerntemperatur konstant zu halten?

a) Erhöhung der Schweißproduktion

b) Drosselung der Hautdurchblutung

c) Ausschüttung von Adiuretin in die Blutbahn

d) Erhöhung der Hautdurchblutung

e) Ausschüttung von Adrenalin aus der Nebennierenrinde

F 8.22 Bei Überhitzung muß der Organismus Wärme an die Umgebung abgeben. Diese Wärmeabgabe wird vom Hypothalamus

a) nervös

b) hormonal

c) nervös und hormonal

d) über den Sympathicus

e) über den Parasympathicus geregelt

F 8.23 Ein Mensch gibt täglich 10 l Urin ab und muß deshalb 10 l Wasser pro Tag trinken. Wo kann die Regelung des Salz-Wasserhaushaltes gestört sein?

a) Die Niere kann keinen konzentrierten Urin mehr ausscheiden

b) Der Hypothalamus produziert zu viel Adiuretin

c) Das Wasser wird im Darm zu schnell resorbiert

d) Die Adiuretinproduktion ist infolge eines Tumors im Hypothalamus eingeschränkt

e) Das Releasing-Hormon, welches Adiuretin aus dem Hypophysenhinterlappen freisetzt, ist ausgefallen.

F 8.24 An der Regelung des Schilddrüsenhormonspiegels im Blut sind folgende Faktoren beteiligt:

a) Prä- und postganglionäre Fasern zur Schilddrüse

b) Alle Releasing-Hormone aus dem Hypothalamus

c) Releasing-Hormone aus dem Hypophysenhinterlappen

d) Ein spezifisches Hormon aus dem Hypophysenvorderlappen

e) Osmoreceptoren im Hypothalamus

f) Ein spezifisches Releasing-Hormon aus dem Hypothalamus

8.9 Integrative Funktionen des Hypothalamus. Limbisches System

Im letzten Abschnitt haben Sie gelernt, daß der Hypothalamus das Regelzentrum für viele vegetative Prozesse ist, die im Organismus ablaufen. Über ihn werden die inneren Bedingungen des Organismus (das *innere Milieu*) konstant gehalten *(Homöostase),* dadurch wird der Organismus von Änderungen in der Umwelt relativ unabhängig. In diese homöostatischen Prozesse müssen auch die entsprechenden *Verhaltensweisen* von Tier und Mensch einbezogen werden, wie z. B. das thermoregulatorische Verhalten und das Trinkverhalten. Auch diese Verhaltensweisen werden weitgehend oder teilweise vom Hypothalamus gesteuert.

Weiterhin steuert der Hypothalamus auch andere wichtige Verhaltensweisen wie das *Abwehrverhalten,* das sich aus dem Angriffs-, Verteidigungsund Fluchtverhalten zusammensetzt, das *Freßverhalten,* das der Kontrolle der Nahrungsaufnahme dient, und das einfache *reproduktive (Sexual-)Verhalten.* Diese Verhaltensweisen lassen sich auch noch bei hypothalami schen Tieren auslösen, denen das gesamte Großhirn entfernt wurde. Sie laufen stereotyp ab und sind nicht mehr umweltbezogen. Man kann diese Verhaltensweisen auch als homöostatische *Regelvorgänge* im weiteren Sinne verstehen, die der Erhaltung des Individuums in einer meist feindlichen Umwelt (Abwehrverhalten) und der Reproduktion der Art (Sexualverhalten) dienen. In diesem Abschnitt wird an den Beispielen des Freß- und Abwehrverhaltens gezeigt, daß somatische und vegetative Einzelreaktionen koordiniert sind und daß der Hypothalamus diese Reaktionen zu einem bestimmten Verhaltensmuster integriert. Außerdem wird das limbische System kurz beschrieben, welches in enger anatomischer und funktioneller Verbindung zum Hypothalamus steht.

Freßverhalten. Versuchstier ist eine wache, frei bewegliche Katze. Vor dem Experiment wurde der Katze in Vollnarkose eine Metallelektrode auf dem Kopf montiert. Die Spitze der Elektrode wurde in den Hypothalamus implantiert. Reizt man durch die Elektrode eine bestimmte Zellgruppe im *lateralen Hypothalamus* elektrisch (100 Reize pro Sekunde, 10 Sekunden lang), so kann man folgendes Verhalten des Tieres beobachten: das ursprünglich ruhig in einem Zustand verminderter Aufmerksamkeit daliegende Tier hebt den Kopf, es wirkt aufmerksam, es erhebt sich und beginnt in einer Haltung im Raum umherzugehen, als ob es etwas suche; dabei schnüffelt es auf dem Boden, es nähert sich dem Freßtrog und beginnt zu fressen. Diese Folge von Aktionen, von der ersten Aufmerksamkeitsaktion bis zum Fressen, wird meistens durchgeführt, bevor die Reizserie beendet ist. Nach Ende der Reizserie hört die Katze auf zu fressen. Wiederholte Reizung ergibt denselben Ablauf des Verhaltens.

Um zu prüfen, ob das Freßverhalten, welches nach elektrischer Reizung des lateralen Hypothalamus zu beobachten ist, auch *vegetative Reaktionen* beinhaltet, werden Blutdruck, Darmkontraktionen, Darmdurchblutung und Durchblutung eines Skeletmuskels gemessen (s. Abb. 8-23, Fressen). Da es schwierig ist, die Effekte der Reizung des Hypothalamus auf diese Parameter am frei beweglichen Tier zu messen, wird das Tier narkotisiert. In Abb. 8-23 (Fressen) sind diese vier Meßgrößen graphisch fortlaufend aufgezeichnet worden. Sie sehen, daß sich diese vier vegetativen Parameter während der elektrischen Reizung der Region im Hypothalamus (unterer schwarzer Balken), von der man das Freßverhalten auslösen kann, in folgender Art und Weise ändern: der Blutdruck nimmt zu, die Bewegungen des Darmes nehmen zu, die Druchblutung des Darmes nimmt zu

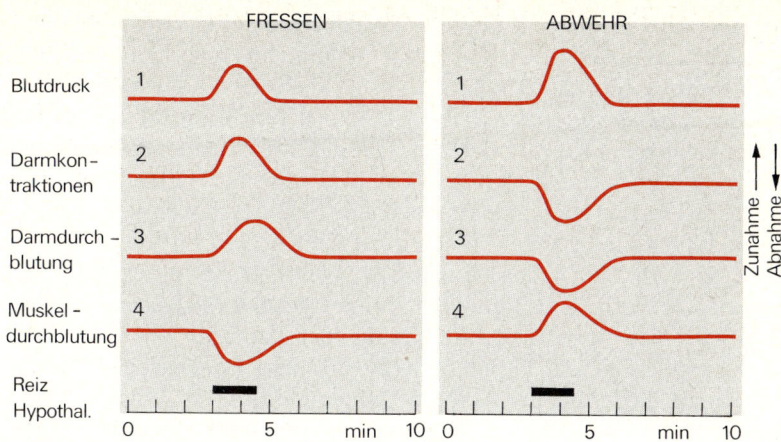

Abb. 8-23. Vegetative Reaktionen während des Freß- und Abwehrverhaltens. Die Meßwerte 1 bis 4 wurden in Narkose an einer Katze gewonnen. Mit feinen Elektroden wurden kleine Gebiete im Hypothalamus elektrisch gereizt (*schwarze* Balken). (Modifiziert nach Folkow und Rubinstein, Acta physiol. scand. 65, 292, 1966)

und die Durchblutung der Skeletmuskulatur nimmt ab. Bei wiederholter hypothalamischer Reizung kann man die gleichen vegetativen Veränderungen beobachten. Die **Umverteilung der Blutflüsse** durch die Organe zugunsten des Darmes wird einerseits durch Erniedrigung der Aktivität in den sympathischen Fasern, die die Darmgefäße innervieren, bewirkt, und andererseits durch Erhöhung der Aktivität in den sympathischen Fasern, die die Gefäße der Muskulatur innervieren (Vasoconstrictoren). Die Darmbewegungen kommen durch Erregung parasympathischer Fasern, die im Nervus vagus laufen und den Darm innervieren, zustande.

Diese Untersuchungen zeigen Ihnen, daß die Verhaltensweise „Fressen" sowohl aus somato-motorischen als auch aus vegetativen Reaktionen besteht. Durch die vegetativen Reaktionen wird der Organismus gewissermaßen auf den Vorgang „Nahrungsaufnahme" und „-aufbereitung" eingestellt. Dieser **koordinierte Ablauf von somatomotorischen und vegetativen Reaktionen** kann nur von einem sehr umschriebenen Areal im linken und rechten lateralen Hypothalamus elektrisch ausgelöst werden; man bezeichnet deshalb diesen Bereich im Hypothalamus auch als **Freß-** oder **Hungerzentrum.** Zerstörung dieses Neuronenbereiches bei einem Tier führt zur **Nahrungsverweigerung (Aphagie),** was ein Verhungern des Tieres zur Folge haben kann. Im medialen Hypothalamus gibt es einen anderen Neuronenbereich, dessen elektrische Reizung eine Hemmung des Freßverhaltens auslöst. Man nennt deshalb diesen Neuronenbereich auch **Sättigungszentrum.** Seine Zerstörung hat **Freßsucht (Hyperphagie)** zur Folge.

Abwehrverhalten. Schiebt man die Reizelektrode etwa zwei Millimeter im Hypothalamus weiter vor, so kann man von dem neuen Ort durch elektrische Reizung Abwehrverhalten auslösen. Das zuerst ruhig daliegende Tier wird bei *hypothalamischer Reizung* plötzlich sehr aufmerksam, es erhebt sich, macht einen Katzenbuckel und fängt an zu knurren, zischen und fauchen, die Zehen der Pfoten spreizen sich und die Krallen treten hervor. Alle Reaktionen treten innerhalb weniger Sekunden nach Reizbeginn auf. Diese Reaktionen können in einen heftigen Angriff auf den Experimentator oder im Fluchtversuch münden. Während des durch die Reizung ausgelösten Verhaltens kann man einige *vegetative Reaktionen* am Tier beobachten, wie übermäßige Steigerung der Atmung, Speichelsekretion, manchmal Urinieren, Pupillenerweiterung und Haaresträuben. Sie werden durch Steigerung der Aktivität im Sympathicus (Pupillenerweiterung, Haarsträuben) oder des Parasympathicus (Speichelsekretion, Urinieren) ausgelöst. Verhaltensweisen mit diesen vegetativen Merkmalen ordnet man beim Menschen gemeinhin den emotionalen Äußerungen der *Wut und Furcht* zu.

Die Untersuchungen der vegetativen Parameter im narkotisierten Tier zeigen (Abb. 8-23, Abwehr), daß durch die elektrische Reizung der Region im Hypothalamus, von der man Abwehrverhalten auslösen kann, der Blutdruck zunimmt, die Bewegungen des Darmes abnehmen, die Durchblutung des Darmes abnimmt und die Durchblutung der Skeletmuskulatur zunimmt. Abgesehen vom Blutdruck verlaufen die gemessenen vegetativen Reaktionen im Körper während der Verhaltensweisen „Fressen" und „Abwehr" entgegengesetzt. Alle vegetativen Reaktionen während des Abwehrverhaltens können durch die Änderung der Aktivität im Sympathicus erklärt werden. Darmbewegungen und Durchblutung der Darmwand nehmen infolge Erhöhung der sympathischen Aktivität ab. Die Gefäße der Skeletmuskulatur werden durch Abnahme der Aktivität in den sympathischen Vasoconstrictorfasern erweitert. Es sollen aber auch spezielle sympathische Fasern zu Muskelgefäßen aktiviert werden, die die Muskelgefäße aktiv erweitern, so daß der Blutfluß durch die Muskulatur zunimmt. Zusätzlich kommt es beim Abwehrverhalten durch *Aktivierung des Nebennierenmarkes* zur Adrenalin- und Noradrenalinausschüttung ins Blut (s. S. 230) und zur *Ausschüttung von Nebennierenrindenhormonen* durch Aktivierung des hypothalamo-hypophysären Systems (s. S. 263). Diese vegetativen und endokrinen Reaktionen befähigen den Organismus optimal auf Bedrohungen aus der Umwelt zu reagieren.

Die in Abb. 8-23 beschriebenen und ähnliche Untersuchungen weisen darauf hin, daß der Hypothalamus eine Vielzahl unterschiedlicher Neuronenpopulationen enthält, von denen aus die somatomotorischen, vegetativen und endokrinen Reaktionen in bestimmten *Mustern* aktiviert werden können. Wir bezeichnen den Ausdruck dieser Muster als *Verhalten.* Die erregenden und hemmenden synaptischen Verschaltungen der verschiedenen hypothalamischen Neuronenpopulationen mit anderen Neuronengruppen in Hypothalamus, Hirnstamm und Rückenmark könnte man als Programme bezeichnen. Ein solches **neuronales Programm** gewährleistet z. B. beim Abwehrverhalten eine Abnahme des Blutflusses durch den Magen-Darm-Trakt, eine Zunahme der Muskeldurchblutung, die neuronale Aktivierung des Nebennierenmarkes und die hormonale Aktivierung der Nebennierenrinde. Diese Programme funktionieren in beschränktem Maße auch ohne das Großhirn, wie man an Tieren, denen alle corticalen Strukturen entfernt worden sind, zeigen kann. Bei diesen Tieren kann man durch nociceptive und nichtnociceptive Hautreize Verhaltensweisen, die dem Abwehrverhalten, dem Freßverhalten, dem Sexualverhalten usw. ähneln, auslösen. Zerstört man bei den Tieren den Hypothalamus, so können diese Verhaltensweisen nur noch bruchstückhaft oder gar nicht mehr durch zentrale elektrische Reize oder durch natürliche Reize erzeugt werden.

Das limbische System. Die durch elektrische hypothalamische oder natürliche Reizung ausgelösten Verhaltensweisen großhirnloser Tiere laufen stereotyp ab. Am Ende der Reizungen klingen sie sofort ab. Sie können in gleicher Art und Weise nahezu beliebig oft ausgelöst werden. Die so ausgelösten Verhaltensweisen sind bei diesen großhirnlosen Tieren nicht auf bestimmte Umweltsituationen ausgerichtet und haben als inneres Korrelat höchstwahrscheinlich auch nicht bestimmte Gefühls- oder Stimmungslagen bei den Tieren.

Bei der Besprechung von Abb. 8-19 B haben Sie gelernt, daß der Hypothalamus der Kontrolle durch das limbische System unterliegt. Dieses System ist entwicklungsgeschichtlich der ältere Teil des Großhirns und beim Menschen vom neueren Teil (Neocortex) völlig verdeckt (Abb. 8-24 A). Die verschiedenen Strukturen des limbischen Systems sind **ringförmig** um das obere Ende der Neuraxis angeordnet, daher der Name „**limbisches System**" (limbus = Saum, Ring).

Das limbische System besteht aus einer Vielzahl von corticalen Strukturen, Kernen und Faserverbindungen. Die corticalen Strukturen sind im Gegensatz zu der Sechsschichtigkeit des Neocortex (s. S. 279) drei- und fünfschichtig. Bemerkenswert sind die **Faserverbindungen** des limbischen Systems mit nicht-limbischen Hirnarealen (Abb. 8-24 B). Es kommuniziert reziprok über mächtige Faserstränge mit dem Hypothalamus und dem oberen Hirnstamm. Mit dem Neocortex steht es besonders über das Stirnhirn in Verbindung. Informationen aus den verschiedensten sensorischen Arealen erhält es wahrscheinlich indirekt über die neocorticalen Associationsareale.

Da man die meisten Strukturen des limbischen Systems entwicklungsgeschichtlich auf Hirnstrukturen, die bei primitiven Tieren Riechfunktio-

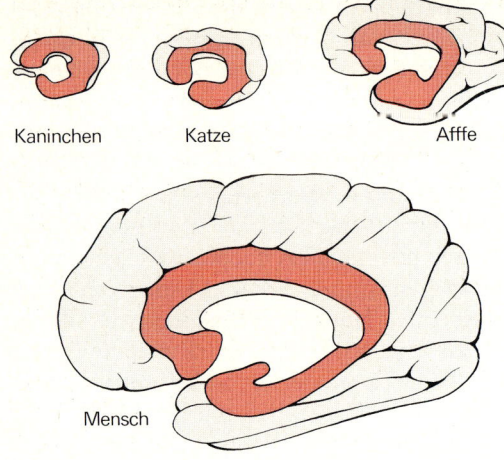

Kaninchen   Katze   Afffe

Mensch

Abb. 8-24 A. Ausdehnung und Lage des limbischen Systems *(rot)* im Verhältnis zum Neocortex bei verschiedenen Tierarten und beim Menschen. Ansicht der Gehirne von mecial. (Modifiziert nach MacLean (1954), in Wittkower und Cleghorn, Recent developments in psychosomatic medicine, London: Pitman Medical Publ. Co. Ltd.)

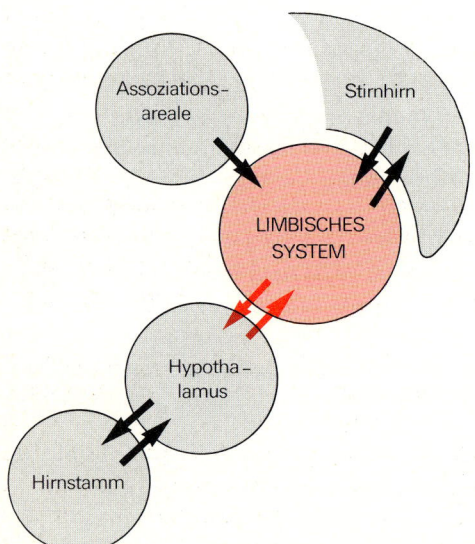

Abb. 8-24 B. Afferente und efferente Verbindungen des limbischen Systems

nen haben, zurückführen kann, glaubte man lange, daß dieses System der Analyse olfaktorischer Informationen dient und nannte es *Riechhirn (Rhinencephalon).* Das gilt aber sicherlich nur für ganz wenige basolaterale Strukturen des limbischen Systems. Nach neueren Auffassungen wird das limbische System als Substrat *artspezifischen Verhaltens* betrachtet. Elektrische und chemische intracranielle Reizexperimente, Läsionsexperimente und Selbstreizexperimente an Tieren führen zu so verschiedenartigen Ergebnissen bei verschiedenen Species, daß sie wohl nur vernünftig interpretiert werden können im Rahmen des für die Art spezifischen Verhaltens. Versucht man das Konzept, daß das limbische System das Substrat artspezifischen Verhaltens ist, auf den Menschen zu übertragen, so tritt natürlich sofort die Frage auf, was das artspezifische Verhalten des Menschen sei. Es ist wahrscheinlich, daß die Phänomene, die wir mit *„Emotionen"*, *„affektivem Verhalten"*, *„Gefühlen"* usw. bezeichnen, unter den Begriff artspezifisches Verhalten einzuordnen sind. Damit würde dann das limbische System einerseits den *„Ausdruck" der Emotionen* steuern. Diese Steuerung betrifft das somatomotorische, das vegetative und das endokrine System und läuft über Hypothalamus und oberen Hirnstamm ab; sie dokumentiert sich in den mächtigen reziproken Faserverbindungen zwischen den verschiedenen Strukturen des limbischen Systems und Hypothalamus und Hirnstamm (Abb. 8-24 B). Andererseits steuert das limbische System auch den *„affektiven Aspekt" der Emotionen,* der subjektiv erfahren wird. Hier spielen wahrscheinlich die Verbindungen zwischen limbischem System und Neocortex die entscheidende Rolle, weil die Ereignisse in der Umwelt, die der Organismus mit dem Neocortex registriert, über diesen Weg ihre *affektive Färbung* und damit ihre *Bewertung* für den Organismus bekommen.

Biologisch haben die „Emotionen" *Signalcharakter.* Der Ausdruck von Emotionen signalisiert den Zustand eines Individuums an die Artgenossen, etwa im Wutverhalten, und bewirkt auf diese Weise entsprechende Verhaltensänderungen bei ihnen. Nach innen bewirken die Emotionen eine Verhaltensänderung des Individuums selbst. So haben z. B. sexuelle Gefühle, die durch Sexualhormone erzeugt werden können, ganz bestimmte Verhaltensweisen zur Folge.

Diese Verhaltenssteuerungen geschehen einerseits mit Hilfe fertiger *stammesgeschichtlich entstandener Programme,* deren neuronale Korrelate im limbischen System niedergelegt und *genetisch* vererbt sind. Andererseits geschehen sie aufgrund von *Lernen,* welches zur *Gedächtnisbildung* führt. Da nur Inhalte gelernt werden können, die im Rahmen des artspezifischen Verhaltens Bedeutung haben, ist dieses Lernen im wesentlichen auch nur im Rahmen der ererbten Verhaltensweisen möglich. So ist die funktionelle und anatomische Nähe zwischen den neuronalen Strukturen, die das artspezifische Verhalten steuern, und den Strukturen, die zur Gedächtnisbildung (Formatio Hyppocampi, s. S. 317) führen, zu verstehen.

Mit zunehmender Entwicklung des Großhirns bei den Säugern wird der Neocortex im Verhältnis zum limbischen System größer und überwuchert es fast vollständig (Abb. 8-24 A). Mit dieser Entwicklung kommt es beim Menschen, und im beschränkten Maße bei den Menschenaffen, zur Entstehung von Sprache und höheren Formen von Bewußtsein. Diese

Entwicklung macht die Bildung von Konzepten und Strategien möglich, nach denen stammesgeschichtliches Erbe kontrolliert wird, und hat deshalb eine Modifizierung und Verdeckung des artspezifischen Verhaltensrepertoires zur Folge.

F 8.25 Während des Abwehrverhaltens (Flucht und Angriff) wird
a) das Herzzeitvolumen erhöht
b) die Verdauung gefördert
c) die Durchblutung der Skeletmuskulatur erhöht
d) die Durchblutung der Eingeweide erniedrigt
e) Acetylcholin aus dem Nebennierenmark ausgeschüttet

F 8.26 Ein Hund ohne Großhirn
a) kann seine Körpertemperatur nicht mehr auf Konstanz regeln
b) ist bei entsprechender Pflege lebensfähig
c) kann seine Nahrungsaufnahme in beschränktem Maße noch regulieren
d) reagiert auf kräftige Hautreize mit Abwehrverhalten
e) geht zugrunde, weil er den Kreislauf nicht mehr regulieren kann

F 8.27 Stellen Sie bitte graphisch dar, wie sich
1. Blutdruck
2. Darmkontraktionen
3. Darmdurchblutung
4. Muskeldurchblutung
a) beim Freßverhalten
b) beim Abwehrverhalten verändern.

F 8.28 Welche der folgenden Zuordnungen zwischen Struktur und globaler Funktion sind in etwa richtig?
a) Großhirn – Kontrolle artspezifischen Verhaltens
b) Hypothalamus – Stehreflexe (Extensorstarre)
c) Hypothalamus – Übertragung von Informationen spezifischer sensorischer Systeme
d) Gyrus präcentralis – Motorik
e) limbisches System – Emotionen

9. Integrative Funktionen des Zentralnervensystems

R. F. Schmidt

Als integrative Funktionen des Zentralnervensystems werden diejenigen Prozesse und Leistungen zusammengefaßt, die nicht unmittelbar der Verarbeitung der sensorischen Zuflüsse oder der Tätigkeit der motorischen und vegetativen Zentren zugeordnet werden können. Es sind dies im wesentlichen diejenigen neuronalen Mechanismen, die dem Schlaf-Wach-Cyklus, dem Bewußtsein, der Sprache und dem Gedächtnis samt Lernen und Erinnerung zugrunde liegen. Von diesen wird daher im folgenden die Rede sein. Andere integrative Mechanismen, wie z. B. die elementaren Verhaltensweisen und die Emotionen, wurden bereits im vorhergehenden Kapitel besprochen (s. Abschnitte 8.8 und 8.9), auf wieder andere, wie z. B. die neurophysiologischen Grundlagen komplexer Verhaltensweisen oder das Hirn-Geist-Problem (Leib-Seele-Problem) wird hier wegen unseres geringen Wissensstandes nicht oder nur sehr kurz eingegangen (vgl. auch 6.5, Handlungsantrieb und Bewegungsentwurf, S. 200).

An den integrativen Leistungen des Nervensystems ist wesentlich aber nicht ausschließlich der *Cortex cerebri* (die Großhirnrinde) beteiligt, jener entwicklungsgeschichtlich jüngste Anteil des Nervensystems, der beim Menschen eine so große Ausdehnung erreicht hat, daß er in der Schädelhöhle nur durch starke Auffaltung untergebracht werden konnte. Aufbau, Verbindungen und allgemeine Physiologie der Großhirnrinde werden daher in diesem Kapitel der Beschreibung der integrativen Funktionen vorangestellt.

Ohne *Sensorik,* also ohne diejenigen peripheren und zentralen Anteile des Nervensystems, die Meldungen aus der Umwelt und aus dem Körperinneren aufnehmen (Receptoren), weiterleiten (Afferenzen) und verarbeiten (sensorische Zentren), sind integrative zentralnervöse Leistungen ebenso wenig denkbar wie ohne die effektorischen (vegetativen und motorischen) Systeme. Während letztere in diesem Buch ausführlich beschrieben werden, ist den sensorischen Systemen aus praktischen Gründen ein eigener Beitrag gewidmet (Grundriß der Sinnesphysiologie, hrsgb. v. R. F. Schmidt, HTB 136, 4. Aufl. Springer 1980). Gestützt auf diese Darstellung genügt es im folgenden, an den entsprechenden Stellen auf die Querverbindungen zwischen der Sensorik und den integrativen Funktionen des Nervensystems hinzuweisen.

9.1 Aufbau und allgemeine Physiologie der Großhirnrinde; das Electroencephalogramm

Funktionelle Anatomie der Großhirnrinde. Die beiden Hälften oder *Hemisphären* der menschlichen Großhirnrinde füllen mit ihnen zahlreichen Windungen oder *Gyri* und den dazwischen liegenden Furchen oder *Sulci* einen Großteil der menschlichen Schädelkapsel aus (vgl. Abb. 1-8). Wie Abb. 9-1 zeigt, werden Hirnstamm (Anteile s. Abb. 6-13) und Zwischenhirn (Diencephalon, Hauptanteile: Thalamus und Hypothalamus) von der Großhirnrinde überlagert und zum Teil eingehüllt. Ihre Lagebeziehungen können aber durch Schnitte in der Mittellinie (Sagittalschnitt, Abb. 9-1 C), durch Horizontalschnitte (Abb. 9-1 B) und durch Frontalschnitte (Abb. 9-1 D) dargestellt werden.

Jede Hemisphäre wird grob in vier *Lappen oder Lobi* eingeteilt (Abb. 9-1 A), die entsprechend ihrer Lage im Schädel als Stirn- (Lobus frontalis), Scheitel- (L. parietalis), Schläfen- (L. temporalis) und Hinterhauptslappen (L. occipitalis) bezeichnet werden. Jeder Lobus ist aus mehreren Gyri aufgebaut, von denen z. B. der (motorische) Gyrus praecentralis des Lobus frontalis in diesem Buch bereits angesprochen wurde (vgl. Abschnitte 6.5 und Abb. 6-8 bis 6-11). Diese Einteilung nach Lobi sagt über die Aufgaben der einzelnen Hirnabschnitte nichts aus.

Eine erste, einfache, aber brauchbare *funktionelle Einteilung der Großhirnrinde* läßt sich dagegen aus den efferenten und afferenten Verbindungen der einzelnen Cortexareale herleiten. Diese Einteilung entspricht auch derjenigen, die auf Grund von klinischen Ausfallerscheinungen gewonnen werden kann. So ist uns der Gyrus praecentralis und seine Umgebung aus Abschnitt 6.5 schon als *spezifisch motorischer Cortex* bekannt: Unterbrechung seiner Efferenzen in der inneren Kapsel führt auf der gegenüberliegenden Körperseite zur spastischen Halbseitenlähmung, also einer schweren motorischen Störung.

Die corticalen Endigungsgebiete der sensorischen Bahnen bezeichnet man als *spezifisch sensorischen Cortex.* Diese Endigungsgebiete sind in Abb. 9-2 für die Hemisphären von vier verschiedenen Säugetieren, einschließlich des Menschen, angegeben. So ist zum Beispiel der Gyrus postcentralis im Scheitellappen das wichtigste Endigungsgebiet der somatosensorischen Bahnen, der Hinterhauptspol (Polus occipitalis) ist das Endigungsgebiet der Sehbahn (visueller Cortex, Sehrinde), und ein Teil des Schläfenlappens ist das Endigungsgebiet der Hörbahn (auditorischer Cortex, Hörrinde). Schädigungen dieser Rindengebiete führen zu Störungen der zugehörigen Sinnesempfindungen, die in den letzten beiden Beispielen bis zur (zentralen) Blindheit bzw. Taubheit (sog. Rindenblindheit bzw. -taubheit) führen können (für weitere Einzelheiten über die zentralen sensorischen Bahnen siehe Grundriß der Sinnesphysiologie, HTB 136).

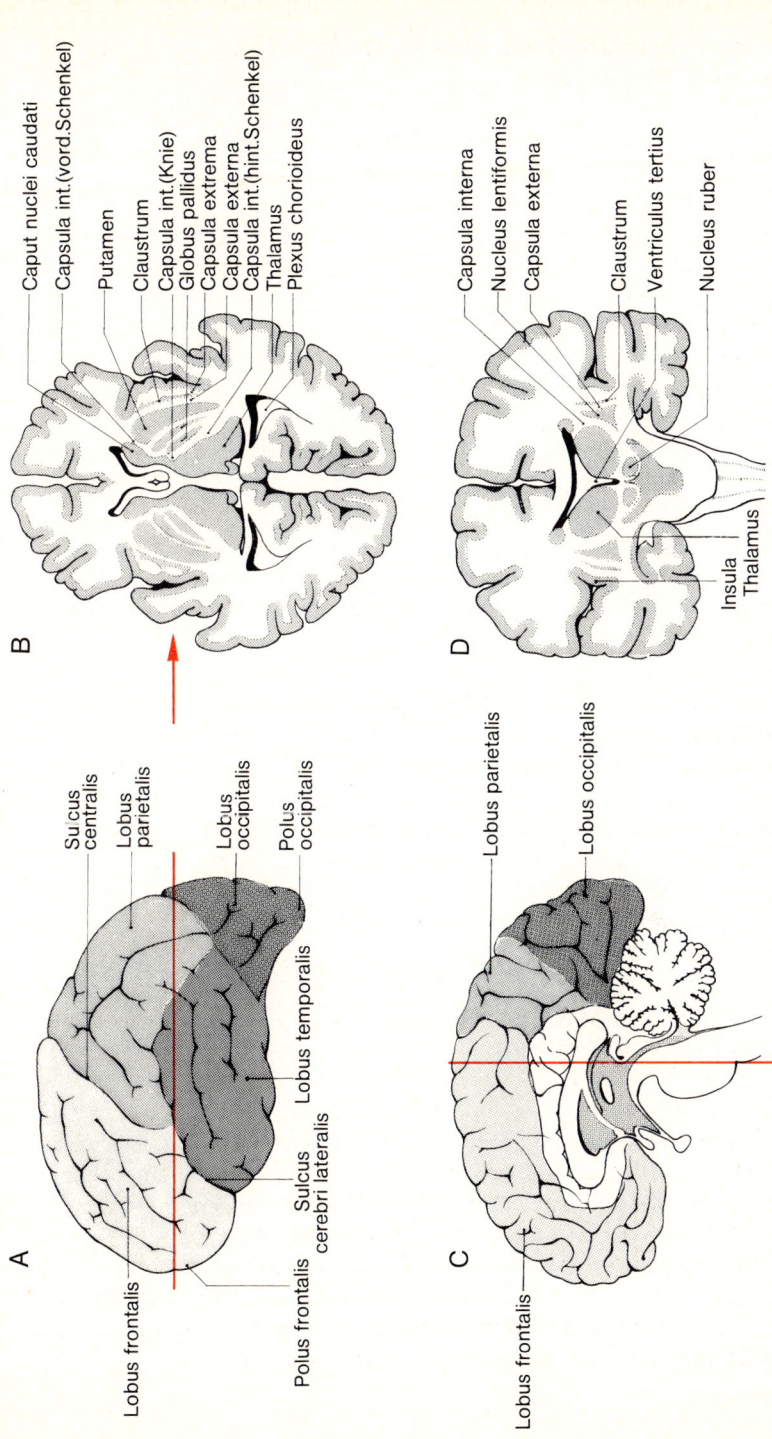

A

Sulcus centralis
Lobus parietalis
Lobus occipitalis
Polus occipitalis
Lobus temporalis
Sulcus cerebri lateralis
Lobus frontalis
Polus frontalis

B

Caput nuclei caudati
Capsula int.(vord.Schenkel)
Putamen
Claustrum
Capsula int.(Knie)
Globus pallidus
Capsula externa
Capsula externa
Capsula int.(hint.Schenkel)
Thalamus
Plexus chorioideus

C

Lobus parietalis
Lobus occipitalis
Lobus frontalis

D

Capsula interna
Nucleus lentiformis
Capsula externa
Claustrum
Ventriculus tertius
Nucleus ruber
Insula
Thalamus

Abb. 9-1 A–C. Übersicht über Anteile und Lagebeziehungen der Großhirnrinde. **A** Seitenansicht. **B** Aufsicht nach Horizontalschnitt in der in **A** angegebenen Ebene. **C** Sicht nach Schnitt in der Mittellinie (Sagittalschnitt). **D** Sicht nach Frontalschnitt in der in **C** angegebenen Ebene. Nicht alle bezeichneten Strukturen werden im Text erläutert

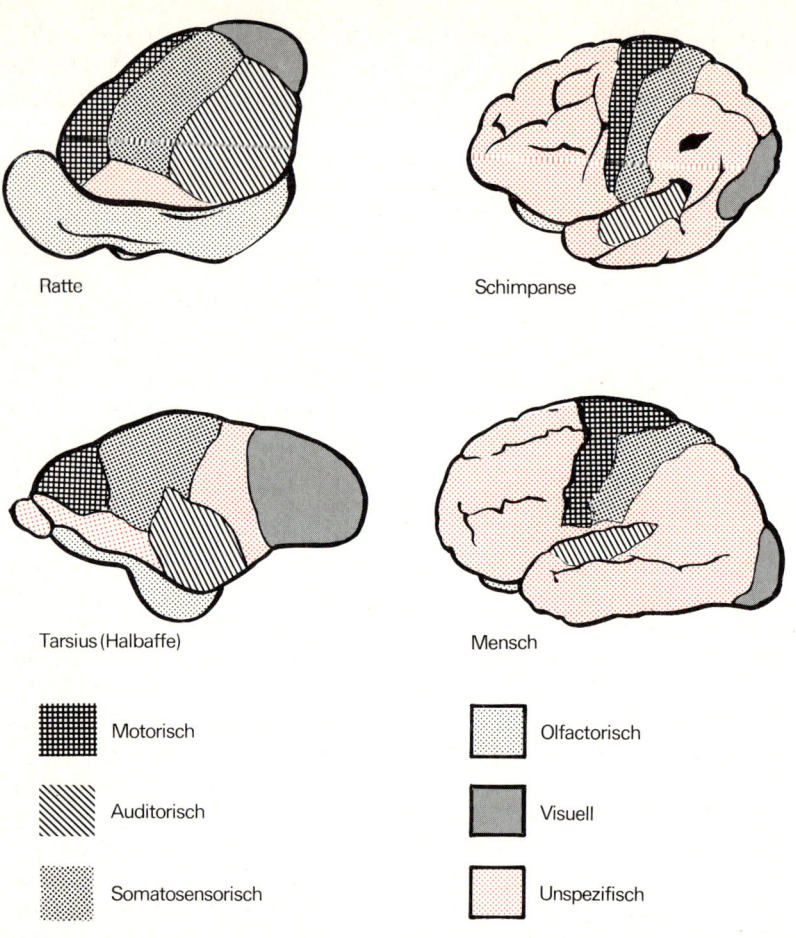

Ratte   Schimpanse

Tarsius (Halbaffe)   Mensch

Motorisch   Olfactorisch

Auditorisch   Visuell

Somatosensorisch   Unspezifisch

Abb. 9-2. Seitenansicht der Gehirne von Säugetieren zur Illustration der relativen Anteile des motorischen, des sensorischen und des unspezifischen Cortex. Beachten Sie die
massive Zunahme des unspezifischen Cortex beim Menschenaffen und vor allem beim
Menschen. Bei der Bewertung ist auch der beträchtliche absolute Unterschied in der
Größe der einzelnen Hirne zu berücksichtigen. Nach STANLEY COOB

Nicht alle Hirnrindenabschnitte können auf Grund der angegebenen
Kriterien als spezifisch sensorisch oder spezifisch motorisch eingeordnet
werden. Sie werden daher als *unspezifischer Cortex* bezeichnet. Da vermu-
tet wurde, daß eine der wichtigsten Funktionen des unspezifischen Cortex
die Verbindung des motorischen Cortex mit dem sensorischen sei, wurde
der unspezifische Cortex auch *associativer Cortex* oder *Associationscortex*
genannt. Dieser Ausdruck wird auch heute noch benutzt, obwohl diese
Vermutung sich nicht voll bestätigt hat.

Der unspezifische Cortex nimmt beim Menschen, aber auch schon beim Menschenaffen, deutlich mehr Raum als der spezifische Cortex ein (Abb. 9-2). Da außerdem in der Stammesentwicklung (Phylogenese) die absolute Größe der Gehirne zunimmt, führt dies insgesamt zu einer sehr beträchtlichen absoluten und relativen Zunahme der unspezifischen Cortexabschnitte. Daraus darf gefolgert werden, daß der associative Cortex für die höheren, integrativen Leistungen des Zentralnervensystems, wie sie eingangs dieses Kapitels definiert wurden, von besonderer Bedeutung ist. Einzelheiten dazu werden an den entsprechenden Stellen in den folgenden Abschnitten mitgeteilt.

Faserverbindungen der Großhirnrinde. (Abb. 9-3). Der cerebrale Cortex ist afferent mit den subcorticalen Strukturen fast ausschließlich über *thalamocorticale Bahnen* verbunden. Die aus dem gesamten übrigen Nervensystem und den Sinnesorganen in den Cortex einfließenden Zuströme werden also zuletzt im Thalamus umgeschaltet, bevor sie die Hirnrinde erreichen (vgl. Abb. 6-17, 6-18 und zahlreiche Abbildungen im Grundriß der Sinnesphysiologie). Die efferenten Verbindungen des Cortex werden als *Projektionsfasern* bezeichnet. Beispiele dafür wurden bereits in den Abb. 6-10, 6-11, 6-17 und 6-18 gezeigt. Eine Zwitterstellung nehmen die *Associations-* und die *Commissurenfasern* ein. Erstere sind Verbindungen innerhalb einer Hemisphäre, letztere verbinden, vor allem über den Balken (Corpus callosum), die beiden Hirnhälften miteinander. Associations- und Commissurenfasern sind also für den Cortex sowohl efferent als auch afferent.

Funktionelle Histologie der Großhirnrinde. Die Großhirnrinde ist eine dünne Schicht neuronalen Gewebes, deren Oberfläche etwa 2200 cm^2 beträgt (das entspricht einem Quadrat von 47 cm × 47 cm) und deren Dicke in den verschiedenen Hirnabschnitten zwischen 1,3 und 4,5 mm schwankt. Ihr Volumen liegt bei 600 cm^3. Sie enthält *10^9 bis 10^{10} Neurone* und eine große, aber unbekannte Zahl von Gliazellen. In der Rinde wechseln sich Schichten, die vorwiegend Zellkörper enthalten, mit solchen ab, in denen vorwiegend Axone verlaufen, so daß die frisch angeschnittene Rinde ein streifiges Aussehen zeigt. Typischerweise werden aufgrund der Zellformen und ihrer Anordnungen *6 Schichten* unterschieden (Abb. 9-4 A), die hier im einzelnen nicht erläutert werden.

Histologische und elektrophysiologische Befunde zeigen, daß die *Informationsverarbeitung in der Hirnrinde* im wesentlichen in senkrecht zur Oberfläche ausgerichteten Schaltkreisen erfolgt. Wie in Abb. 9-4 B stark vereinfacht und schematisch illustriert, dienen die oberflächlichen Schichten I–IV vor allem der Aufnahme und Verarbeitung der in die Rinde einströmenden Information. Die Neurone der corticalen Efferenzen (Projektions-, Associations- und Commissurenfasern, vgl. Abb. 9-3) liegen mehr

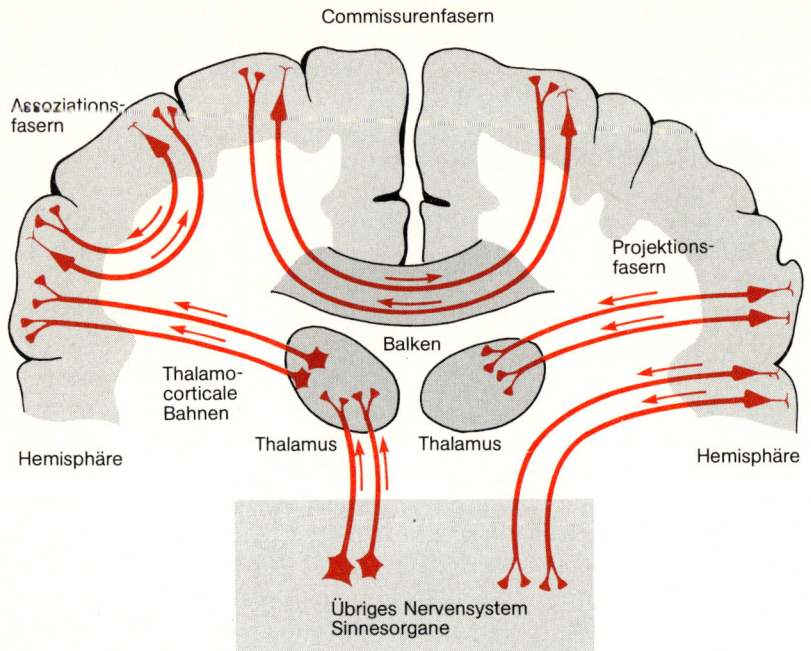

Abb. 9-3. Faserverbindungen einer Hemisphäre (Großhirnrindenhälfte). Associationsfasern verbinden die einzelnen Abschnitte einer Hemisphäre untereinander. Commissurenfasern verbinden eine Hemisphäre mit der anderen (hauptsächlich über den Balken, Corpus callosum). Über Projektionsfasern erreichen die Hemisphären die übrigen Teile des Nervensystems. Die Hemisphären werden afferent über thalamocorticale Bahnen erreicht

in den tieferen Schichten V und VI, die daher als Ursprungsgebiete der corticalen Efferenzen angesprochen werden können.

Die somatotopische Gliederung des Gyrus praecentralis (Abb. 6-9) hatte bereits auf die senkrecht zur Oberfläche stattfindende Informationsverarbeitung in der Hirnrinde aufmerksam gemacht. Auch in den spezifisch sensorischen Rindenarealen läßt sich dieses Organisationsprinzip nachweisen. So ist der *Gyrus postcentralis,* also der somatosensorische Cortex (vgl. Abb. 9-2) ebenfalls und ganz analog dem Gyrus praecentralis *so-*

Abb. 9-4 A. Halbschematische Darstellung der Schichtenstruktur der Großhirnrinde. Links auf Grund einer Golgi-Färbung, die einzelne Neurone mit ihren Dendriten betont, in der Mitte nach einer Nissl-Färbung, die nur die Somata auffärbt und rechts nach einem Markscheidenpräparat, das den Verlauf der Axone zeigt (nach Brodman und

A

I
II
III
IV
V
VIa
VIb

1
1a
1b
1c
2
3a^1
3a^2
3b
4
5a
5b
6a^1
6a^2
6b^1
6b^2

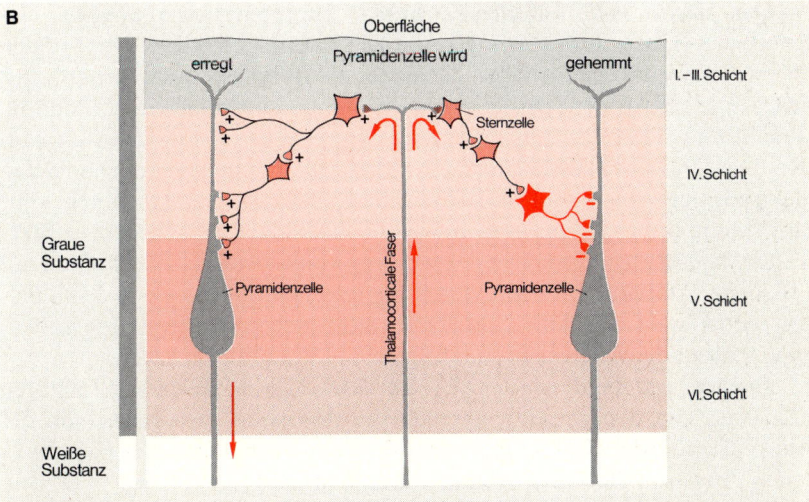

B

Oberfläche

Pyramidenzelle wird

erregt · gehemmt

Sternzelle

Graue Substanz

Thalamocorticale Faser

Pyramidenzelle · Pyramidenzelle

Weiße Substanz

I.–III.Schicht
IV.Schicht
V.Schicht
VI.Schicht

VOGT). **B** Grobschematische Darstellung der Verschaltung der Neurone und des Informationsflußes *(rote Pfeile)* in den senkrecht zur Oberfläche ausgeordneten Säulen der Großhirnrinde. Nur Pyramiden- und Sternzellen sind eingezeichnet. Erregende Synapsen sind durch Pluszeichen, hemmende Synapsen durch Minuszeichen markiert.

matotopisch gegliedert, und in den anderen sensorischen Cortices lassen sich vergleichbare, allerdings z.T. sehr komplexe Topien nachweisen. Funktionell eng zusammengehörige Neurone sind also in der Großhirnrinde in senkrecht zur Oberfläche liegenden länglichen Gruppen angeordnet, die als *corticale Säulen* bezeichnet werden. Mikroreiz- und Ableiteversuche im motorischen Cortex haben gezeigt, daß dort solche funktionellen corticalen Säulen einen Durchmesser von etwa einem Millimeter haben. Über die Einzelheiten der Verschaltung corticaler Neurone und über die dort stattfindenden Verarbeitungsprozesse sind wir allerdings insgesamt erst sehr unvollständig unterrichtet.

Das Electroencephalogramm. Legt man auf die Kopfhaut der Schädeldecke eine knopfförmige Elektrode auf, so lassen sich zwischen dieser Elektrode und einer indifferenten, entfernten Elektrode (etwa am Ohrläppchen) beim Menschen und anderen Wirbeltieren glatte, kontinuierliche elektrische *Potentialschwankungen* ableiten, die als *Electroencephalogramm* (synonym: Electencephalogramm), abgekürzt *EEG* bezeichnet werden (Abb. 9-5). Ihre Frequenzen liegen zwischen 1 und 50 Hz und ihre Amplituden in der Größenordnung von 10–100 µV. Diese Möglichkeit, die elektrische Hirnaktivität des Menschen zu registrieren, wurde von dem Jenaer Nervenarzt Hans Berger entdeckt, der zwischen 1929 und 1938 die Grundlagen für die klinischen und experimentellen Anwendungen dieser Methode legte.

Das *Ableiten und Auswerten des EEG* ist ein international angewandtes Routineverfahren der neurologischen Diagnostik geworden. Um Vergleiche zu erleichtern, sind daher die Lage der Ableiteelektroden (Abb. 9-5, links) und die Ableitbedingungen (Schreibgeschwindigkeiten, Zeitkonstanten und Filter des Verstärkersystems) weitgehend standardisiert worden. Das EEG wird dabei entweder wie in Abb. 9-5 *unipolar* (eine Schädelelektrode gegen eine undifferente Elektrode, beispielsweise an einem Ohrläppchen) oder zwischen zwei auf dem Schädeldach aufgebrachten Elektroden *bipolar* abgeleitet. Die Auswertung konzentriert sich vor allem auf Frequenz, Amplitude, Form, Verteilung und Häufigkeit der im EEG enthaltenen Wellen. Sie kann „von Hand" oder auch mit Hilfe analog und digital arbeitender Analysatoren erfolgen.

Frequenz und Amplitude des EEG werden von einer Reihe von Faktoren bestimmt, von denen einer, nämlich der Ableiteort, bei Betrachten der Abb. 9-5 sofort deutlich auffällt: über dem Hinterkopf sind – bei geschlossenen Augen – die EEG-Wellen wesentlich ausgeprägter als über dem Stirn- und Scheitelhirn. Auch die starke Abhängigkeit der Form des EEG vom Wachheitsgrad läßt sich aus Abb. 9-5 entnehmen: beim Öffnen der Augen verschwinden die großen und langsamen Wellen schlagartig zu Gunsten von hochfrequenteren Wellen kleinerer Amplitude. Nach Schlie-

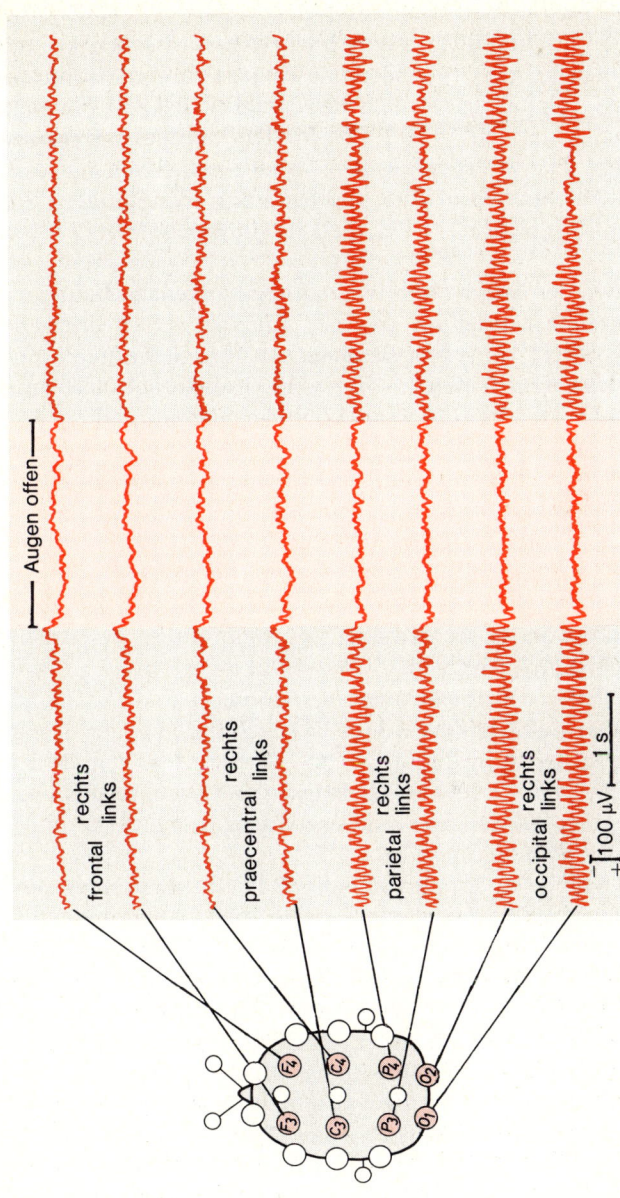

— Augen offen —

frontal rechts
links

praecentral rechts
links

parietal rechts
links

occipital rechts
links

$\begin{array}{c} - \\ + \end{array}$ 100 µV 1 s

Abb. 9-5. Normales Electroencephalogramm (EEG) des ruhenden, wachen Menschen. Gleichzeitig, achtkanalige, unipolare Ableitung von den links in der Skizze angegebenen Orten auf der Schädeldecke. An jedem Ohrläppchen war eine weitere Elektrode angebracht, die zusammengeschaltet als indifferente Elektroden dienten. Öffnen der Augen blockiert den α-Rhythmus. Nach RICHARD JUNG

ßen der Augen setzt der langsame Rhythmus wieder ein. Dieser langsame Rhythmus, der bei gesunden, menschlichen Erwachsenen im wachen, aber entspannten Zustand (geschlossene Augen) vorherrscht und besonders über dem Occipitalhirn deutlich ausgeprägt ist, hat eine Frequenz von 8–13 Hz (durchschnittlich 10 Hz). Die Wellen werden α-*Wellen (alpha-Wellen)* genannt. Da, wie ebenfalls aus Abb. 9-5 ersichtlich, der α-Rhythmus an allen Ableiteorten in etwa gleicher Form (Amplitude, Frequenz, Phasenlage) auftritt, wird das EEG auch als *synchronisiertes EEG* bezeichnet.

Beim Öffnen der Augen (Abb. 9-5, mittlere Kurvenabschnitte) und bei anderen Sinnesreizen oder *bei geistiger Tätigkeit* verschwinden die α-Wellen. Man spricht von *alpha-Blockade.* An ihre Stelle treten hochfrequentere β-*Wellen (beta-Wellen,* 14–30 Hz, durchschnittlich 20 Hz) mit kleinerer Amplitude. Das EEG wird auch unregelmäßiger und die Messungen von den einzelnen Ableiteorten weisen große Unterschiede in Amplitude, Frequenz und Phasenlage auf: das *EEG ist desynchronisiert.*

Die beiden anderen, wichtigen Grundformen des EEG haben langsame Wellen großer Amplitude, nämlich die ϑ-*Wellen (theta-Wellen,* 4–7 Hz, durchschnittlich 6 Hz) und die δ-*Wellen (delta-Wellen,* 0,3–3,5 Hz, durchschnittlich 3 Hz). Sie kommen beim Erwachsenen im Wachzustand normalerweise nicht vor. Sie werden aber, wie weiter unten beschrieben, im Schlaf beobachtet (vgl. Abb. 9-9).

Außer von diesen beiden Faktoren, Ableiteort und Wachheitsgrad, hängen Frequenz und Amplitude des EEG auch stark von der Tierart und dem Lebensalter des Individuums ab. So ist beim Menschen im Kindes- und Jugendalter das EEG deutlich langsamer und unregelmäßiger als beim Erwachsenen, so daß hier auch im Wachzustand theta- und delta-Wellen auftreten können.

Welche Vorgänge in der Hirnrinde sind für die *Entstehung der EEG-Wellen* verantwortlich? Sind es die fortgeleiteten Aktionspotentiale der corticalen Neurone oder sind es vor allem lokale, langsame Potentialschwankungen? Im Tierexperiment wurde diese Frage durch Ableitung des EEG mit gleichzeitiger intra- und extracellulärer Ableitung von einzelnen corticalen Neurone beantwortet. Es stellte sich heraus, daß sich im EEG im wesentlichen langsam ablaufende Veränderungen des Membranpotentials corticaler Neurone widerspiegeln, vor allem *erregende und hemmende postsynaptische Potentiale (EPSP und IPSP).* Keine oder nur sehr geringe Beiträge zum EEG liefern unter normalen Umständen die fortgeleitete Impulsaktivität der Neurone (und die corticalen Gliazellen).

Die Ableiteelektroden des EEG sind von den Quellen der EEG-Ströme im Cortex (den Ladungsverschiebungen durch die Zellmembranen bei EPSP und IPSP, vgl. Kap. 3) relativ weit entfernt. Dementsprechend ist die *Amplitude der im EEG registrierten Potentiale* rund hundert- bis tausendmal kleiner als die der an den Zellen selbst auftretenden Potentiale (vgl. die Ordinateneichungen in Abb. 9-5 und 9-9 mit denen in Abb. 3-10 und 3-11).

Wird das EEG im Tierexperiment oder bei Hirnoperationen direkt von der Cortexoberfläche abgeleitet *(Elektrocorticogramm)*, ist es etwa um den Faktor 10 größer als bei Messungen am intakten Schädel. In beiden Fällen leitet die EEG-Elektrode von einer großen Population von Nervenzellen gleichzeitig ab. So ist abgeschätzt worden, daß eine 1 mm^2 große Elektrodenfläche direkt auf der Cortexoberfläche von rund 100 000 Neuronen bis zu einer Tiefe von 0,5 mm ableitet. Bei Ableitung vom intakten Schädel ist der Einzugsbereich rund zehnfach größer. Schon von daher ist verständlich, daß im EEG nur dann Wellen großer Amplitude auftreten können, wenn ein wesentlicher Prozentsatz der Neurone unter der Elektrode mehr oder weniger gleichzeitig (synchron) aktiviert oder gehemmt wird.

Die rhythmische Aktivität des Cortex, insbesondere der α-Rhythmus, entsteht nicht im Cortex selbst, sondern im Thalamus. Sie wird von dort in den Cortex übertragen wie die folgenden Experimente zeigen: Unterbrechung der thalamocorticalen Bahnen oder Entfernen des Thalamus bringt die α-Wellen im so isolierten Cortex zum Verschwinden. Dagegen bleibt die *rhythmische Aktivität des Thalamus* nach Durchschneiden der thalamocorticalen Verbindungen oder Entfernen des Cortex (Decortizierung) erhalten. Die rhythmische Aktivität des Thalamus wird ihrerseits durch Zuflüsse zum Thalamus modifiziert. Insbesondere *retikuläre Strukturen* wirken rhythmusbildend (synchronisierend) und rhythmushemmend (desynchronisierend) auf den Thalamus ein, wie im Abschnitt 9.2 bei der Besprechung des Wach-Schlaf-Cyclus näher ausgeführt wird.

Auf die *klinische Bedeutung des EEG,* insbesondere seinen großen Wert für die Diagnose von Anfallsleiden wird hier nicht eingegangen. Ein generalisiertes Erlöschen des EEG, (isoelektrisches oder Null-Linien-EEG) wird in Zweifelsfällen immer mehr als Kriterium des Todes benutzt. Wird nämlich durch die Anwendung moderner Wiederbelebungsmethoden ein Kreislauf- und Atemstillstand unterbrochen, aber der Patient erwacht weder aus seiner Bewußtlosigkeit, noch kehrt seine Spontanatmung zurück, liegt der Verdacht nahe, daß Hirnrinde und Hirnstamm durch die Ischämie (fehlende Durchblutung) irreversibel geschädigt wurden. Bei einem solchen *Hirntod,* vor allem wenn er bei jungen Menschen als Folge eines Unfalls auftritt, können andere Organe, die ohne Durchblutung, also ohne Zufuhr von Sauerstoff für längere Zeit funktionsfähig bleiben (Niere, Herz) zur *Organtransplantation* herangezogen werden.

Evocierte Potentiale. Wird ein peripherer, afferenter Nerv (z. B. ein Hautnerv, Abb. 9-6A) oder ein Sinnesorgan überschwellig gereizt, so lassen sich von der zugehörigen sensorischen Rinde nach kurzer Verzögerung (etwa 10 ms) Potentialschwankungen ableiten, die als evocierte Potentiale be-

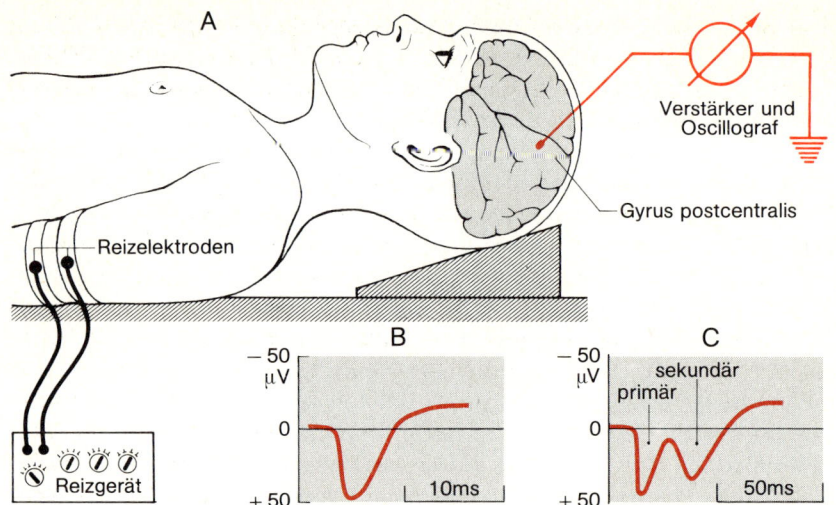

Abb. 9-6 A–C. Auslösung und Ableitung evocierter Potentiale beim Menschen. **A** Versuchsanordnung. Statt der hier gewählten elektrischen Hautreizung können auch andere Reize (mechanische, thermische) gegeben werden. Die Ableitung erfolgt durch eine EEG-Elektrode auf der Haut der Schädeldecke. **B** Primär evociertes Potential vom zugehörigen Projektionsfeld im Gyrus postcentralis. **C** Primär evociertes und sekundäres evociertes Potential. Beachten Sie die unterschiedliche Zeitschreibung in **B** und **C**

zeichnet werden (Abb. 9-6 B, C). Die erste, positive Potentialänderung wird *primäres evociertes Potential* (Abb. 9-6 B) genannt. Sie ist nur in einem streng umschriebenen Cortexbereich zu finden, dem corticalen Projektionsfeld des peripheren Reizpunktes (bei Reizung eines Hautnerven also das somatotopisch zugehörige Areal des Gyrus postcentralis). Die späte Antwort, die anschließend folgt und deutlich länger andauert (Abb. 9-6 C), wird *sekundäres evociertes Potential* genannt. Dieses Potential wird in einem ausgedehnten Cortexgebiet gefunden.

In bezug auf den *Entstehungsmechanismus* der evocierten Potentiale herrscht weitgehend Einigkeit, daß sie, ähnlich wie die Wellen des EEG, im wesentlichen die *langsame synaptische Aktivität,* nicht die Impulsaktivität der Neurone widerspiegeln. Auch hier handelt es sich um *Massenpotentiale,* zu denen die extracellulären Ströme vieler Neurone in der Umgebung der Elektrode beitragen.

Evocierte Potentiale können nicht nur nach Reizung peripherer Nerven oder Receptoren, sondern auch nach Reizung von zentralen Bahnen, Kernen oder corticalen Arealen abgeleitet werden. Ihre Messung ist daher eine *wichtige elektrophysiologische Methode* zur Erforschung der Verknüpfung zwischen peripheren und zentralen Strukturen und der zentralen

Strukturen untereinander. Durch Mittelwertbildung in modernen Rechnern lassen sich oft auch sehr schwache, vom EEG überlagerte, evocierte Potentiale sichtbar machen. Ein besonders elegantes Beispiel der Anwendung dieser Methode stellen die in Abb. 6-19 gezeigten, durch willkürliche Bewegungen evocierten Erwartungspotentiale dar. Solche *gemittelten evocierten Potentiale* lassen sich heute auch zu klinisch-diagnostischen Zwecken nutzbar machen, beispielsweise bei Kindern zur Objektivierung und Verlaufskontrolle bestimmter Formen von Schwerhörigkeit (Ableitung der evocierten Potentiale über dem auditorischen Cortex nach Schallreizung).

Hirntätigkeit, Hirnstoffwechsel und Hirndurchblutung. Von den rund 250 ml Sauerstoff, die ein ruhender Mensch pro Minute verbraucht, nimmt das Gehirn einen, gemessen an seinem Gewicht, unverhältnismäßig hohen Anteil von 20%, also 50 ml, für den Stoffwechsel seiner Neurone und Gliazellen in Anspruch. Den höchsten Bedarf hat dabei die Großhirnrinde, die etwa 8 ml Sauerstoff pro 100 g Gewebe pro Minute verbraucht, während in der darunterliegenden weißen Substanz nur ein Verbrauch von etwa 1 ml $O_2/100$ g/min gemessen wurde. Der lebenslange hohe Sauerstoffbedarf der Großhirnrinde spiegelt sich auch darin wider, daß eine Unterbrechung des Sauerstofftransportes, also der Blutzirkulation, bereits nach 8–12 s eine Bewußtlosigkeit auslöst (vgl. S.7).

Die Hirnrinde hat aber nicht nur einen ständigen, hohen Grundbedarf an Sauerstoff, sondern jede *Aktivität in einer bestimmten Hirnregion* führt dort innerhalb von Sekunden zu einem erhöhten Sauerstoffverbrauch, der gleichzeitig eine *erhöhte lokale Durchblutung* zur Folge hat. Diese Durchblutungszunahme kann durch die von D..H. Ingvar und N.A. Lassen entwickelte, in Abb. 9-7 A skizzierte Methode erfaßt werden. In die Halsschlagader wird eine kleinere Menge des völlig unschädlichen radioaktiven Xenongases (Xe^{133}) injiziert. Sein Auftauchen in den verschiedenen Hirnregionen wird mit seitlich am Kopf angebrachten Geigerzählern (bis zu 254 Stück) gemessen. Die Strahlungsintensität hängt dabei direkt von der lokalen Hirndurchblutung ab, die mit Computerhilfe aus dem Gesamtsauerstoffverbrauch des Gehirns und der Strahlungsverteilung errechnet werden kann.

Die Ergebnisse solcher Messungen an gesunden, freiwilligen Versuchspersonen zeigt in schematischer, zusammengefaßter Form die Abb. 9-7 B. In Ruhe, also bei einem typischen alpha-Wellen-EEG, sind die Stirnhirnregionen deutlich stärker durchblutet als die übrigen Hirnareale. Nichtschmerzhafte Hautreizung an der gegenseitigen (also hier der rechten) Hand („Berührung") verändert das Durchblutungsbild nur unwesentlich. Bei leicht schmerzhaften Reizen („Schmerz") steigt die Gesamtdurchblutung (Prozentzahlen über jeder Hirnskizze) deutlich an, ohne daß sich an der Verteilung der Maxima und Minima Wesentliches ändert. Auch

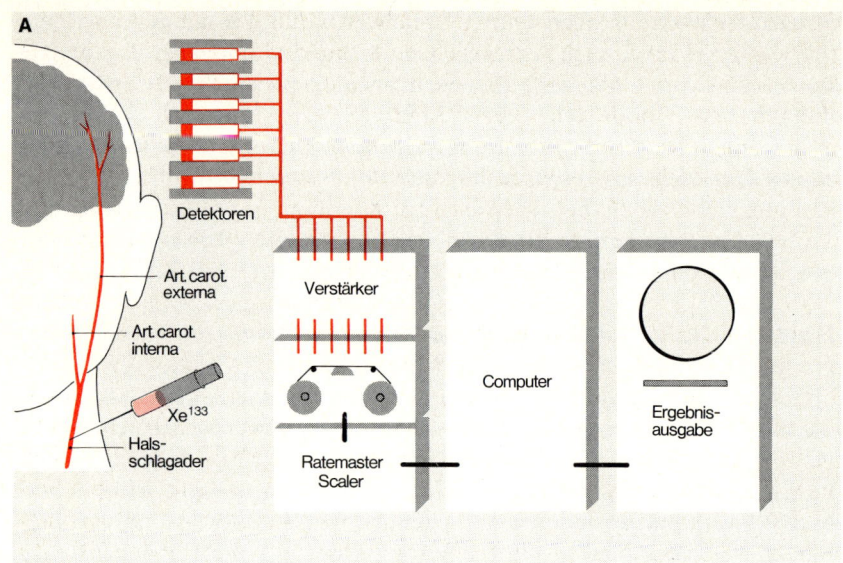

A

Detektoren

Art. carot. externa

Art. carot. interna

Xe¹³³

Hals-schlagader

Verstärker

Ratemaster Scaler

Computer

Ergebnis-ausgabe

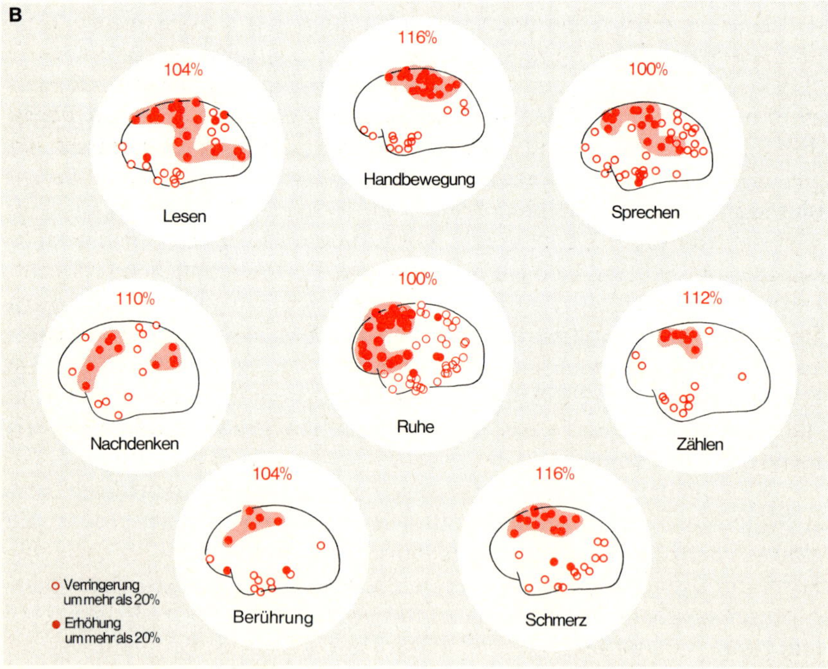

B

104%
Lesen

116%
Handbewegung

100%
Sprechen

110%
Nachdenken

100%
Ruhe

112%
Zählen

104%
Berührung

116%
Schmerz

○ Verringerung um mehr als 20%
● Erhöhung um mehr als 20%

bei willkürlichen, rhythmischem Öffnen und Schließen der gegenseitigen Hand („Handbewegung") steigt die Gesamtdurchblutung; gleichzeitig erhöht sich die Durchblutung im somatosensorischen Gyrus postcentralis und den benachbarten Anteilen des Scheitelhirnes. Sprechen und Lesen führen zu einer z-förmigen Verteilung der Durchblutungsmaxima, die beim Lesen bis in die optischen Areale des Hinterhauptslappens reichen. Bei Denk- und Rechentests („Nachdenken" und „Zählen") erhöht sich die Gesamtdurchblutung, und es treten Maxima vor und hinter der Zentralfurche auf.

Mit anderen Worten: *Jede spezielle Hirntätigkeit*, sei sie receptiv (sensorisch), sei sie motorisch oder bestehe sie aus bestimmten Formen des Nachdenkens, führt im Gehirn entweder zu Änderungen der Gesamtdurchblutung oder der Blutverteilung oder von beidem. Dies bedeutet: Die veränderte und regional erhöhte Neuronenaktivität ist von einer *verstärkten Stoffwechselaktivität der Neurone begleitet*, wobei die dabei freigesetzten sauren Stoffwechselprodukte zu lokalen Gefäßerweiterungen und damit zur verstärkten Durchblutung führen. Auch das Umgekehrte scheint zu gelten: Ohne ständige, bei erhöhter Aktivität sofort verstärkte Energiezufuhr können Neurone nicht tätig sein. Dies gilt für alle Neurone, also auch für solche, deren Tätigkeit unlösbar mit den Er- und Durchleben *geistiger und seelischer Prozesse* verknüpft ist. Gestützt wird diese Feststellung durch Befunde von Ingvar und Mitarbeitern an bewußtlosen, komatösen, hochgradig dementen oder schizophrenen Patienten, bei denen der Ausfall sensorischer, motorischer und geistiger Leistungen immer von entsprechenden Abnahmen der Gesamt- und jeweiligen Regionaldurchblutung eindrucksvoll begleitet war.

Der Schluß liegt nahe: Alle bewußten und unbewußten geistigen Leistungen unseres Gehirns können nur erbracht werden, wenn die für diese Leistungen zuständigen Neuronennetzwerke betriebsbereit sind. Diese Feststellung läßt zunächst die Frage völlig offen, in welcher Form „Geist" und Neuronenaktivität miteinander verknüpft sind. Diese Frage kann auch im gegenwärtigen Zeitpunkt experimentell nicht entscheidend getestet werden. Soviel muß man aber aus den eben geschilderten Versuchen zur Kenntnis nehmen: Meßbare, das heißt durch Handlungen oder Mit-

◄————————————————————————————————————

Abb. 9-7 A, B. Messung der regionalen Hirndurchblutung mittels intraarterieller Injektion von radioaktivem Xenon (Xe^{133}). **A** Überblick über die Methodik. **B** Maxima und Minima der regionalen Hirndurchblutung auf der sprachdominaten (linken) Seite in Ruhe und bei sieben verschiedenen Hirnaktivitäten. Die Gesamtdurchblutung des ruhenden Gehirns wurde als 100% bezeichnet. Nur Regionen, die in ihrer Durchblutung um mehr als 20% nach oben (gefüllte rote Kreise) und nach unten (offene *rote* Kreise) abweichen, sind eingetragen. Messungen von D. H. INGVAR und Mitarbeitern.

teilungen der Versuchsperson erfahrbare *geistige Leistungen* eines Menschen sind immer von bestimmten, sehr spezifischen *neuronalen Aktivitäten* begleitet und *treten ohne diese nicht auf.* Berichte über bewußte und erinnerbare Wahrnehmungen bei Patienten, bei denen die neuronale Aktivität zwar nicht gemessen, bei denen aber aufgrund ihres Krankheitszustandes von einer erloschenen Neuronentätigkeit ausgegangen wurde, zum Beispiel bei „klinisch toten" Patienten die wiederbelebt wurden, dürfen mit größter Skepsis betrachtet werden. Viele Faktoren können am geschädigten Gehirn beim Absinken in und beim Auftauchen aus der völligen Funktionslosigkeit zu irrealen Wahrnehmungen (Halluzinationen) führen. Die auffallende Ähnlichkeit der verschiedenen Berichte solcher aus einem „Leben nach dem Tode" zurückgekehrter Patienten beruht wahrscheinlich, falls sie wirklich zutrifft, darauf, daß alle Gehirne ähnlich gebaut sind und bei Versagen der Energiezufuhr und deren rechtzeitigem Wiedereinsetzen ihre Funktion in ähnlicher Form wiederaufnehmen, wie auch zum Beispiel Fernsehgeräte beim Ein- und Ausschalten der Netzversorgung mit typischen Mustern aufleuchten und erlöschen. Für eine solche Deutung sprechen beispielsweise auch die insgesamt recht gleichförmigen halluzinatorischen Sehstörungen, die als sogenannte Aura bei bestimmten Migräne- und Epilepsieformen auftreten. So ist bei der Augenmigräne gut bekannt, daß häufig Zickzacklinien halluziniert werden, die an Festungsgrundrisse erinnern. Einige Mystiken, zum Beispiel die heilige Hildegard von Bingen (1098–1179), haben diese „Fortifikationsspektren" anscheinend als Visionen der himmlischen Stadt aufgefaßt.

Bitte benutzen Sie die folgenden Fragen zur Überprüfung Ihres Wissensstandes:

F 9.1 Der Gyrus praecentralis liegt beim Menschen
   a) im Stirnlappen,
   b) im Scheitellappen,
   c) im Schläfenlappen,
   d) im Hinterhauptslappen,
   e) im Kleinhirn.

F 9.2 Diejenigen Nervenfasern, die die Hirnhälften (Hemisphären) miteinander verbinden, bezeichnet man als
   a) Projektionsfasern,
   b) Associationsfasern,
   c) Commissurenfasern,
   d) Moosfasern,
   e) Kletterfasern.

F 9.3 Beim gesunden, menschlichen Erwachsenen können im wachen, aber entspannten Zustand (geschlossene Augen) über dem Hinterhauptslappen folgende EEG-Wellen abgeleitet werden:
   a) delta-Wellen   (0,3–3,5 Hz)

b) theta-Wellen   (4– 7 Hz)
c) alpha-Wellen   (8–13 Hz)
d) beta-Wellen   (14–30 Hz).

F 9.4 Das Electroencephalogramm weist meistens rhythmische Potentialschwankungen auf. Die zugrundeliegende rhythmische neuronale Aktivität des Cortex hat ihren Schrittmacher im wesentlichen in
a) dem Cortex selbst,
b) dem Thalamus,
c) der Formatio reticularis,
d) dem Kleinhirn,
e) den Basalganglien.

F 9.5 Die Amplituden der Wellen des Electroencephalogramms (EEG) liegen in der Größenordnung von
a) 100–1000 mV,
b) 10– 100 mV,
c) 1– 10 mV,
d) 10– 100 μV,
e) 1– 10 μV.

9.2 Wachen, Schlafen, Träumen

Circadiane Periodik des Menschen: Grundlage des Wach-Schlaf-Rhythmus. Nahezu alle Lebewesen, vom Einzeller bis zum Menschen, weisen rhythmische Zustandsänderungen ihrer Organe und Funktionen auf. Diese sind meistens an die mit der Erdumdrehung verbundene 24-Stunden-Periodik gekoppelt, so daß häufig der Schluß gezogen wurde, die tierische und menschliche Tagesperiodik sei eine passive Reaktion des Organismus auf die Periodik der Umwelt. Viele neuere Experimente haben aber eindeutig gezeigt, daß diese Periodik auch nach Ausschalten aller Umweltfaktoren weiterläuft. Ursache dieser Periodik ist also nicht die Umwelt, sondern noch unbekannte körpereigene (endogene) Prozesse, die auch als *biologische Uhr* bezeichnet werden.

Die *Periodendauer der biologischen Uhr* ist meist etwas kürzer oder länger als 24 Std. Sie entspricht also nur ungefähr (circa) der natürlichen Dauer des Tages (dies), weshalb sie als *circadian* bezeichnet wird. Die circadiane Periodik wird durch äußere Zeitgeber auf die 24-Stunden-Tages-Periodik synchronisiert. Beim Menschen sind *soziale Faktoren die wichtigsten Zeitgeber für die Synchronisation* der circadianen Periodik. Daneben spielen andere Größen, wie der Hell-Dunkel-Wechsel von Tag und Nacht, nur eine geringe Rolle. Kommt es, wie z. B. bei Schichtarbeitern, zu einem Abweichen der beruflichen Periodik von der der übrigen sozialen Umge-

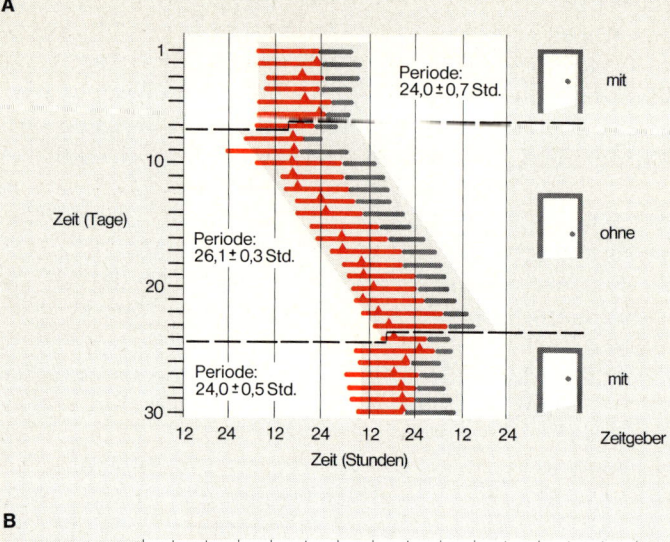

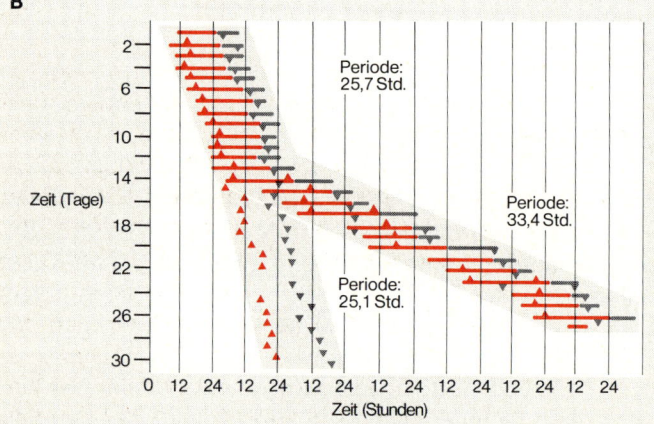

Abb. 9-8 A, B. Circadiane Periodik des Menschen. **A** Rhythmus des Wachens *(rote Balkenabschnitte)* und Schlafens *(schwarze Balkenabschnitte)* einer Versuchsperson in der Isolierkammer bei offener Tür (also mit sozialem Zeitgeber) und in Isolation (ohne Zeitgeber). Die Dreiecke geben den Zeitpunkt der höchsten Körpertemperatur an. Bei offener Tür betrug die Periodendauer jeweils genau 24 Std (mittlere tägliche Abweichungen ± 0,7 bzw. ± 0,5 Std), in der Isolation aber 26,1 ± 0,3 Std. **B** Aktivitätsrhythmus einer im Bunker isolierten Versuchsperson, bei der sich am 15. Tag der Temperaturrhythmus (Maxima = *rote Dreiecke nach* oben, Minima = *graue Dreiecke nach unten*) vom Wach-Schlaf-Rhythmus abkoppelt und mit einer Periode von 25,1 Std weiterläuft. Der Wach-Schlaf-Rhythmus (Aktivitätsrhythmus) sprang zu dieser Zeit aus unbekannten Gründen auf eine Periode von 33,4 Std. Messungen von Prof. J. Aschoff, Seewiesen, und Mitarbeitern.

bung, dominiert meist der Einfluß der Umgebung, d. h. die Periodik der Umwelt wird im wesentlichen beibehalten. Dies hat unter anderem zur Folge, daß zu bestimmten Zeiten (vor allem in den frühen Morgenstunden) zwangsläufig Leistungstiefs mit besonders hoher Unfallgefahr auftreten.

Tagesperiodische Verläufe sind am Menschen für mehr als 100 Meßgrößen von Organen und Funktionen nachgewiesen. Bekannt ist z. B. die tägliche Schwankung der Körpertemperatur mit einem Minimum am frühen Morgen und einem um 1–1,5 °C höheren Maximum am Abend. Die eindrucksvollste tagesperiodische Schwankung ist jedoch der *Wach-Schlaf-Cyclus.* Daher überrascht es nicht, daß die zahlreichen, normalerweise mit dem Eintritt des Schlafes verbundenen Umstellungen im Organismus, wie der Abfall der Körpertemperatur, der Herzfrequenz und der Atemfrequenz (Abb. 9-8) ursächlich auf den Schlaf zurückgeführt wurden. Die Tagesperiodik dieser und vieler anderer physischer und psychischer Meßgrößen bleibt aber auch bei Schlafentzug bestehen. Der Mensch (und andere hochorganisierte Vielzeller) besitzt also anscheinend *eine ganze Reihe circadianer biologischer Uhren* (Oscillatoren), die teils untereinander und teils durch äußere Zeitgeber synchronisiert werden.

Unter *Abschluß von der Umwelt* (Versuche in unterirdischen Bunkern und Höhlen) stellt sich beim Menschen eine *freilaufende circadiane Periodik* ein, deren Dauer bei der Mehrzahl der Versuchspersonen etwas über 24 Std. liegt (Abb. 9-8 A). Bei solchen Messungen läßt sich die relative Unabhängigkeit und unterschiedliche Periodendauer einzelner Oscillatoren rachweisen. So liegen die Maxima der Körpertemperatur der Versuchsperson (rote Dreiecke in Abb. 9-8 A) bei Synchronisation auf 24 Stunden wie üblich am Ende der Wachzeit, im freilaufenden Rhythmus jedoch an deren Beginn. Schon dieser Befund spricht dagegen, daß der normale Tagesgang der Temperatur eine Folge des Aktivitäts-Ruhe-Rhythmus ist. Er spricht andererseits für die im vorigen Absatz geäußerte Ansicht, daß beide Funktionen von zwei verschiedenen, aber miteinander gekoppelten Uhren gesteuert werden. Diese Hypothese wird durch die Beobachtung weiter geführt, daß es zur völligen Entkopplung beider Rhythmen kommen kann. In dem in Abb. 9-8 B wiedergegebenen Versuch verlängert die Versuchsperson am 15. Tag aus unbekannten Gründen ihren Aktivitätsrhythmus plötzlich auf 33,4 Stunden. Dieser extrem langen Periode der „Aktivitäts-Uhr" kann die offenbar weniger flexible „Temperatur-Uhr" nicht folgen und löst sich unter Beibehaltung einer Periode von rund 25 Std. vom Schlaf-Wach-Rhythmus. Derartige Fälle völliger interner Desynchronisation sind auch von französischen Forschern beschrieben worden. Sie fanden, daß bei Versuchspersonen, die für Wochen und Monate völlig von der Außenwelt abgeschlossen in Höhlen lebten, gelegentlich Schlaf-Wach-Rhythmen mit einer 48-Stunden-Periodik, also *bicirca-*

diane Rhythmen, bestehend aus 14 Std. Schlaf und 34 Std. Wachsein auftraten, die von den Versuchspersonen als völlig normale, also 24 Std. lange Tage erlebt wurden! Unter diesen Bedingungen waren die vegetativen Funktionen (Körpertemperatur, Herzfrequenz, Atemfrequenz, usw.) völlig abgekoppelt und liefen mit der ursprünglichen Periodendauer von 25 Std. weiter.

Wird der *äußere Zeitgeber einmalig in seinem Rhythmus verschoben*, z. B. der Tag verkürzt durch Flug nach Osten oder verlängert durch Flug nach Westen, so brauchen die circadianen Systeme häufig mehrere Perioden, um ihre normale Phasenlage zum Zeitgeber zurückzugewinnen. Die einzelnen Funktionen unterscheiden sich dabei in den zur Synchronisation notwendigen Zeiten. Dies trägt sicher zur vorübergehenden Leistungsminderung nach Langstreckenflügen bei.

Die *biologische Bedeutung der circadianen Rhythmen* ist bisher eher unterschätzt worden. So sollten zum Beispiel in der Medizin vermehrt die tageszeitlichen Schwankungen nahezu aller Organfunktionen bei Diagnose und Therapie berücksichtigt werden. Die circadiane Periodik wird vererbt und ist aufzufassen als entwicklungsgeschichtliche Anpassung an die Zeitstruktur unserer Umwelt. Sie stellt praktisch eine „interne Kopie" des in der Außenwelt ablaufenden Zeitprogramms dar. Mit Hilfe dieses internen Zeitprogramms stellt sich der Organismus rechtzeitig, nämlich im voraus, auf die vorhersehbaren Änderungen in der Umwelt ein. So steigen die Körpertemperatur und der Blutplasmaspiegel vieler Hormone bereits im Schlaf lange vor dem Aufwachen an. Entsprechend reichen in der Biologie die Vorteile der circadianen Periodik vom Ausnutzen bestimmter Tageszeiten für bestimmte Handlungen bis zur Verwendung als „innere Uhr"

Abb. 9-9 A–D. Einteilung der Schlafstadien des Menschen aufgrund des EEG (**A**) und deren Vorkommen im Verlauf einer Nacht (**B**). Zwei gebräuchliche Nomenklaturen (**A–E** und W 1–4) sind angegeben. Die Schlaftiefe nimmt von oben nach unten zu. Stadium A oder W: Entspannte Schläfrigkeit gerade vor dem Einschlafen. Vorherrschender alpha-Rhythmus. Stadium B oder *1:* Einschlafen. Rückgang des alpha-Rhythmus. Auftreten von flachen theta-Wellen. Stadium C oder *2:* Leichtschlaf. Weitere Frequenzabnahme bis zu delta-Wellen. Dazwischen gruppierte 12–15 Hz-Schlafspindeln. Stadium D oder 3: Mitteltiefer Schlaf, delta-Wellen und K-Komplexe. Stadium E oder *4:* Tiefschlaf. Fast ausschließlich große, langsame delta-Wellen. Das REM-Stadium entspricht bezüglich des EEG in etwa dem Stadium B. Übergänge zwischen den einzelnen Stadien fließend. Aufzeichnung des EEG im Bildteil **A** mit zwei verschiedenen Papiervorschubgeschwindigkeiten (siehe Zeitrechnungen). Bildteil **B** zeigt die zyklischen Schwankungen der Schlaftiefe einer Versuchsperson in drei aufeinanderfolgenden Nächten, ausgewertet anhand des EEG. Die REM-Stadien sind als hellrote Balken markiert. Jeweils von Klammer zu Klammer läuft ein kompletter Schlafzyklus ab. Die senkrechten Striche unter den Kurven geben Anzahl und Stärke von Körperbewegungen wieder. (Bildteil **A** aus SNYDER und SCOTT 1972, **B** nach DEMENT und KLEITMAN 1957).

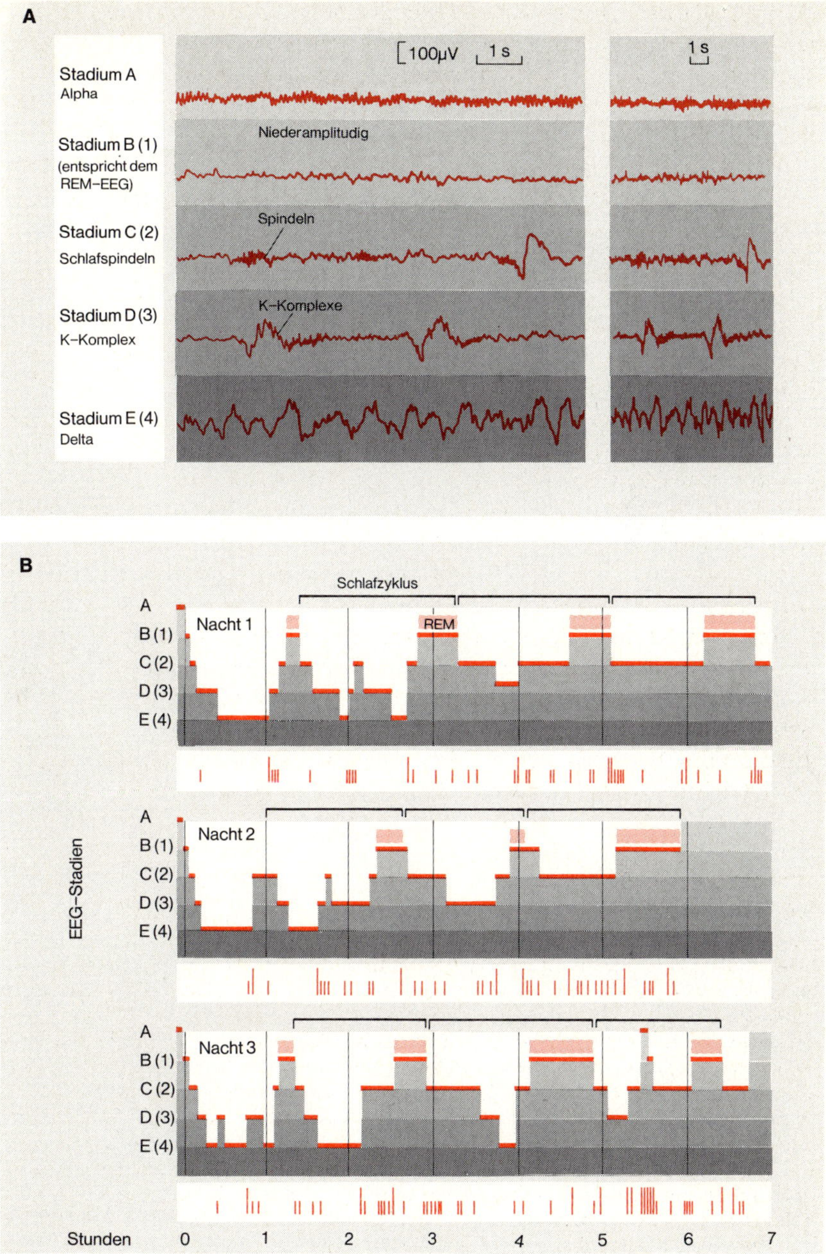

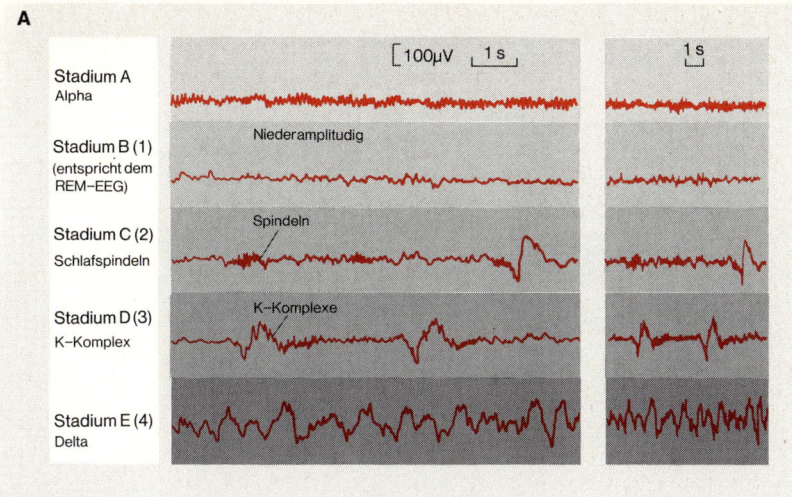

A

Stadium A
Alpha

Stadium B (1)
(entspricht dem
REM–EEG)

Niederamplitudig

Stadium C (2)
Schlafspindeln

Spindeln

Stadium D (3)
K–Komplex

K–Komplexe

Stadium E (4)
Delta

┌ 100µV └ 1 s ┘

1 s

B

Schlafzyklus

Nacht 1

A
B (1)
C (2)
D (3)
E (4)

REM

EEG–Stadien

Nacht 2

A
B (1)
C (2)
D (3)
E (4)

Nacht 3

A
B (1)
C (2)
D (3)
E (4)

Stunden   0   1   2   3   4   5   6   7

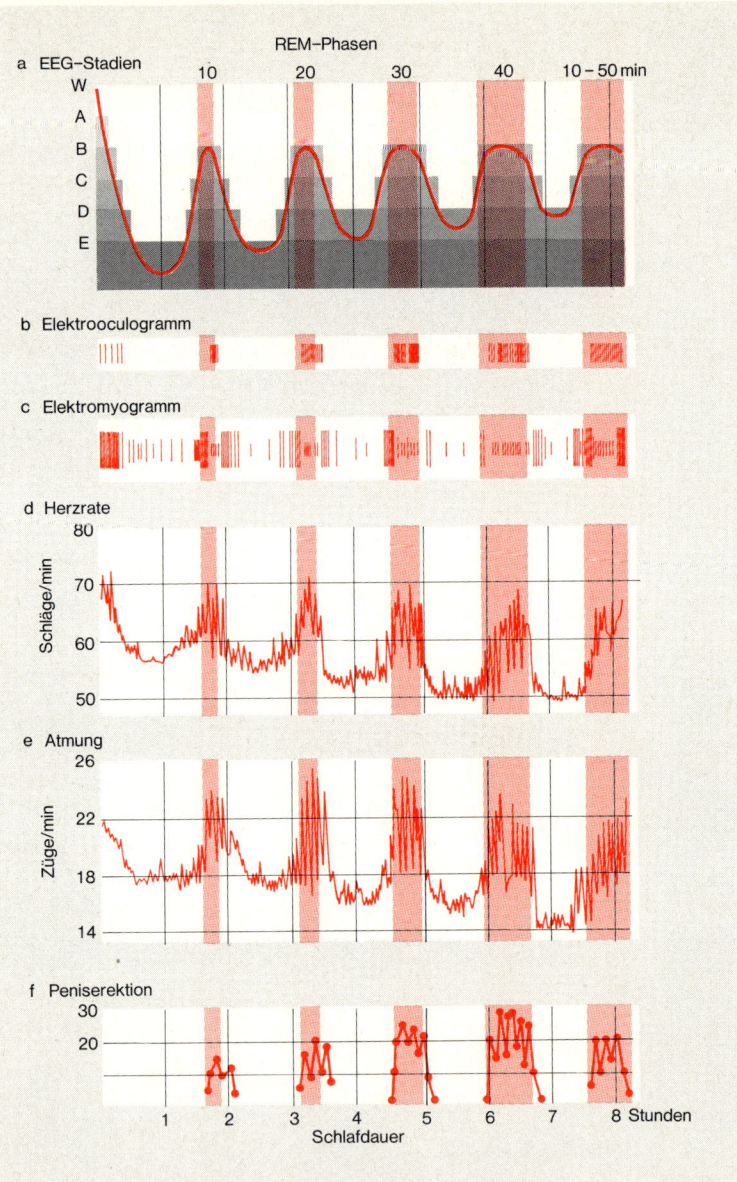

Abb. 9-10 a–f. Verlauf der Schlafstadien und Verhalten einiger vegetativer Funktionen während einer Nacht. Durchschnittswerte, stark schematisiert. **a** Die *rote Kurve* zeigt den Verlauf der Schlaftiefe nach EEG-Messungen, die REM-Phasen sind hier und in den darunterliegenden Abschnitten **b–f** *hellrot* unterlegt. Wie die Auswertung des Elektrooculogramms in **b** zeigt, treten schnelle Augenbewegungen (symbolisiert durch *senk-*

zur echten Zeitmessung, wie sie jene Tiere brauchen, die sich bei ihrer Orientierung der Sonne als Kompaß bedienen. So gesehen ist der *Wach-Schlaf-Rhythmus* nicht die Ursache sondern *eine der Erscheinung der endogenen circadianen Periodik.*

Der menschliche Schlaf. Während der Mensch im Wachzustand aktiv mit seiner Umwelt in Kontakt tritt, z. B. auf Reize mit adäquaten Handlungen antwortet, ist im Schlaf der Kontakt mit der Umwelt weitgehend aufgehoben. Wachen und Schlafen sind aber keine in sich einheitliche Bewußtseinszustände. Ebenso wie die nach außen gerichtete Aufmerksamkeit im Wachzustand erheblich schwanken kann, lassen sich auch unterschiedliche *Schlafstadien* voneinander abgrenzen. Als einfachstes und ältestes *Maß für die Schlaftiefe* dient die *Intensität eines Weckreizes,* welcher in der Lage ist, den Schlaf zu unterbrechen. Je tiefer der Schlaf, desto höher die Weckschwelle.

Heute wird meist das *EEG zur Bestimmung der Schlaftiefe* herangezogen. Es können mit seiner Hilfe fünf Schlafstadien voneinander abgegrenzt werde (Abb. 9-9), deren Kriterien vereinbarungsgemäß weitgehend standardisiert angewendet werden. Insgesamt wird das EEG bei zunehmender Schlaftiefe immer langsamer (synchronisierter), zusätzlich treten besondere Gruppierungen wie Schlafspindeln und K-Komplexe auf (s. Abb. 9-9 A, Stadien C und D). Der Tiefschlaf (Stadium E) ist durch langsame delta-Wellen großer Amplitude eindeutig charakterisiert.

Im *Verlauf einer Nacht* werden die einzelnen *Schlafstadien mehrfach durchlaufen,* im Durchschnitt drei- bis fünfmal (Abb. 9-9 B, 9-10). Dabei nimmt im allgemeinen die maximal in jedem Cyclus erreichte Schlaftiefe gegen Morgen ab, so daß zu dieser Zeit Stadium E nicht mehr erreicht wird. Die zahlreichen *vegetativen Funktionen mit circadianer Periodik* bleiben von diesen rhythmischen Schwankungen der Schlaftiefe entweder unbeeinflußt (z. B. Körpertemperatur) oder ihre langsame Periodik wird von phasischen Schwankungen überlagert (z. B. Herzfrequenz und Atmung in Abb. 9-10). Diese phasischen Überlagerungen treten besonders auf, sobald im Verlauf der Nacht (nicht beim Einschlafen) das Stadium B durchlaufen wird. Andere Reaktionen sind sogar nur während dieser wiederholten B-Stadien zu beobachten (z. B. Peniserektionen in Abb. 9-10).

◄────────────────────────────────────

rechte Striche) nur während der REM-Phasen auf. Lediglich beim Einschlafen, links in **b,** finden sich einige weitere Augenbewegungen. Die Auswertung des Elektromyogramms der Nackenmuskeln ist in **c** gezeigt. Die Herzfrequenz ist in **d** in Pulsschlägen pro min angegeben. Sie nimmt während der REM-Phasen ebenso vorübergehend zu wie die in **e** gezeigte Atemfrequenz. Beim Manne treten in den REM-Phasen regelmäßig Peniserektionen (**f**) auf. (Nach JOVANOVIĆ 1971).

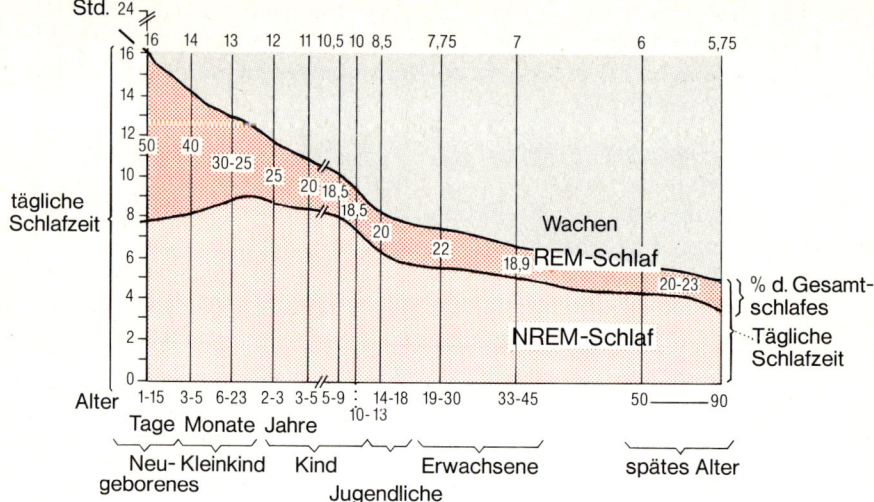

Abb. 9-11. Wach- und Schlafzeiten und der Anteil von NREM- und REM-Schlaf im Verlauf des menschlichen Lebens. Neben dem Rückgang der Gesamtschlafzeit ist vor allem die starke Abnahme der REM-Schlafdauer nach den frühen Lebensjahren bemerkenswert. Nach ROFFWARG, MUZIO und DEMENT, 1966

Die Sonderstellung der wiederholten B-Stadien wird auch durch das Verhalten der Motorik unterstrichen. Ähnlich wie im Tiefschlaf erlischt nämlich während dieser Zeit der Tonus der peripheren Muskulatur praktisch vollkommen (s. Elektromyogramm in Abb. 9-10). Eine Ausnahme bilden *Salven schneller Augenbewegungen* (s. Elektrooculogramm in Abb. 9-10). Sie sind für dieses Stadium so charakteristisch, daß es als *REM-Stadium* (von Rapid Eye Movements) bezeichnet wird. Die Weckschwelle während des REM-Schlafes ist etwa so hoch wie im Tiefschlaf, während das EEG einem Einschlaf-EEG gleicht. Diese Symptomatik führte zu den zum *REM-Schlaf* synonymen Bezeichnungen *paradoxer Schlaf* und *desynchronisierter Schlaf.* Dem REM-Schlaf werden alle übrigen Schlafstadien zusammengefaßt als *NREM-Schlaf* (Non-REM-Schlaf) gegenübergestellt. Wie Abb. 9-10 zeigt, treten REM-Stadien im normalen Schlaf etwa alle 1½ Std. auf. Ihre Dauer beträgt im Schnitt 20 min und nimmt im Verlauf der Nacht zu.

Im *Laufe des menschlichen Lebens sinkt die tägliche Gesamtschlafzeit ab.* Außerdem wird der *relative Anteil des REM-Schlafes* an der Gesamtschlafdauer erheblich *kürzer.* Die Werte können aus Abb. 9-11 entnommen werden. Auch die Abfolge und Länge der einzelnen Schlafstadien im Verlauf einer Nacht (nicht ersichtlich aus Abb. 9-11) ist bei Säugling und Kleinkind deutlich anders als im späteren Leben. Der hohe Anteil des REM-Schlafes bei Säugling und Kleinkind hat zu der Vermutung geführt, daß diese Perioden erhöhter neuronaler Aktivität (desynchronisiertes EEG ähnlich dem bei Aufmerksamkeit, s. z. B. α-Blockade in Abb. 9-5) für die Hirnreifung des jungen Menschen wichtig sind, da bei diesen Individuen äußere Reize noch weitgehend fehlen. Für eine solche Deutung spricht auch, daß Träume (also eine besondere Bewußtseinsform des Gehirns) anscheinend vor allem während der REM-Stadien auftreten, wie im folgenden berichtet wird.

Physiologische Korrelate der Träume. Werden Kinder und Erwachsene während oder direkt nach einem REM-Stadium geweckt, so berichten sie wesentlich häufiger als nach dem Wecken aus dem NREM-Schlaf, daß sie gerade geträumt haben. Alle Untersucher fanden einen hohen Prozentsatz (60–90%) von *Traumberichten bei Erwachen aus dem REM-Schlaf,* während die Prozentsätze der Traumberichte bei Erwachen aus dem NREM-Schlaf in den verschiedenen Untersuchungen insgesamt deutlich niedriger waren und eine noch größere Streubreite (1–74%) aufwiesen. Insgesamt kann man aus den bisher vorliegenden Ergebnissen folgern, daß einerseits der REM-Schlaf nicht ohne weiteres als „Traumschlaf" bezeichnet werden kann, daß aber andererseits Träume sehr häufig oder meistens dann auftreten, wenn ein REM-Schlafstadium durchlaufen wird. Nur insoweit ist es möglich, die während des REM-Schlafes auftretenden Organveränderungen (vgl. Abb. 9-10) als die physiologischen Korrelate der Träume aufzufassen.

Eine solche Korrelation ist von vornherein mit der methodischen Fragwürdigkeit belastet, daß sie auf den subjektiven Angaben der Versuchsperson über ihre Traumerlebnisse mit all ihren möglichen Fehlerquellen basiert. So kann schon die Art der Befragung durch den Versuchsleiter die Traumberichte erheblich beeinflussen. Daneben gibt es weitere Beobachtungen, die von vornherein nicht in das Konzept einer strengen Korrelation zwischen Traum und REM-Schlaf passen. So werden Schlafphasen mit schnellen Augenbewegungen auch bei Neugeborenen beobachtet (Abb. 9-11), die wegen der noch unzureichenden Entwicklung der Großhirnrinde kaum in der Lage sein dürften, (visuelle) Traumerlebnisse zu haben. Ähnliches gilt für neugeborene Säugetiere. Ferner sind Schlafphasen mit schnellen Augenbewegungen auch bei Menschen beobachtet worden, die von Geburt an blind waren und daher über keinerlei optische Erfahrungen verfügten. Schließlich weist auch die chronisch decerebrierte Katze Schlafphasen auf, in denen die gesamten peripheren Begleiterscheinungen der REM-Phasen auftreten. Nach diesen Befunden ist es also anscheinend so, daß der REM-Schlaf mit all seinen Symptomen nicht sekundär die Folge der Traumerlebnisse ist, sondern daß vielmehr die nach Abschluß der Gehirnreifung auftretenden *Träume sich vor allem während der REM-Phasen abspielen.* Beim Menschen führt Aufweckung jeweils zu Beginn einer REM-Phase, also *isolierter Entzug des REM-Schlafes* zu einem Anstieg der REM-Phasen in den darauffolgenden ungestörten Erholungsnächten um 50–80%. Bei sehr langem REM-Entzug (bis zu 16 Nächten), was immer auch mit einer beträchtlichen Verkürzung der Gesamtschlafdauer einhergeht, werden die Versuchspersonen irritierbar, zeigen auch mit offenen Augen und bei scheinbar wachem Verhalten kurze REM-Phasen und leiden zeitweise an Halluzinationen und Angstzuständen. Es bleibt offen, welche Teile dieser Symptomatik auf den Schlafentzug und welche auf das Fehlen der Träume zurückzuführen sind. Ernsthafte, überdauernde psychische oder physische Schäden sind jedoch weder nach REM-Schlaf-Entzug, noch nach NREM-Schlafentzug, noch bei Entzug jeglichen Schlafes beobachtet worden.

Ursachen des Wach-Schlaf-Cyclus. Es ist eine Alltagserfahrung, daß bei Mensch und Tier periodisch ein *unabweisbares Schlafbedürfnis* vorkommt. Dies hat zu der naheliegenden Vorstellung geführt, Müdigkeit und Schlaf würden in erster Linie durch die periodische Anreicherung, Erschöpfung oder spezifische Produktion von Stoffwechselsubstanzen ausgelöst, die auch im Blut zirkulieren und die während des Schlafes ausgeschieden oder abgebaut werden müßten. Diese *chemische Theorie von Wachen und Schlafen* ist sicher in dieser einfachen Form nicht richtig. Gegen diese Theorie sprechen, neben dem bisher fehlenden Nachweis des Vorkommens solcher Substanzen, vor allem die Beobachtungen an Siamesischen Zwillingen mit gekreuztem, gemeinsamem Kreislauf, aber getrennten Nervensystemen: Die Schlaf-Wach-Cyclen dieser Zwillinge beeinflussen sich gegenseitig nicht! Auch im Tierexperiment läßt sich bei Präparaten, bei denen das Großhirn vom übrigen ZNS getrennt wurde, oder bei denen sagittale Trennungen der beiden Hirnhälften vorgenommen wurden, ein unabhängiges Auftreten von Schlaf-Wach-Symptomen in den einzelnen Hirnanteilen feststellen.

Andere Ansätze, zu einer befriedigenden Erklärung des Wach-Schlaf-Cyclus zu kommen, gehen von den *Unterschieden in der neuronalen Tätigkeit* eines wachen und eines schlafenden Gehirnes aus und suchen zu ergründen, welche Vorgänge den Übergang zwischen den einzelnen Schlaf-Wach-Zuständen bedingen. Dazu ist festzuhalten, daß Schlaf sicher nicht gleichzusetzen ist mit einer Art „Ruhe im Gehirn", also lediglich dem Fehlen der dem Wachen eigentümlichen Aktivitätsmuster. Im Gegenteil, alle neurophysiologischen Daten zeigen ohne Zweifel, daß die neuronale Aktivität des Gehirns *während der verschiedenen Schlafstadien von ähnlicher Komplexität wie im Wachzustand* ist. Dies ist zum Teil schon aus den EEG-

Ableitungen abzulesen (vgl. Abb. 9-5, 9-9), deren Vielfalt während der einzelnen Schlafstadien nicht hinter der der Wach-EEG zurücksteht. Auch die Träume weisen sehr eindringlich darauf hin, daß im Schlaf das Gehirn nicht einfach „abschaltet". Schlaf, oder besser die einzelnen Schlafstadien, sind also das *Vorhandensein alternativer funktioneller Organisationsformen des Gehirns,* nicht das Fehlen koordinierter neuronaler Tätigkeit (letzteres kommt bei tiefer Narkose oder im Koma vor).

Eine zentrale Stellung in der Steuerung des Schlaf-Wach-Geschehens nimmt der Hirnstamm ein. So führt hochfrequente elektrische Reizung der dort gelegenen Formatio reticularis am schlafenden Tier zu einer Weckreaktion (Arousal), die sich auch am Auftreten eines desynchronisierten EEG ablesen läßt. Umgekehrt hat Zerstörung dieser Areale oder der von ihnen aufsteigenden (ascendierenden) Verbindungen zum Großhirn (die in Abgrenzung zu den sensorischen, spezifischen Bahnen als unspezifische Projektionen bezeichnet werden) ein Koma des Versuchstieres zur Folge. Diese Befunde führten zur Formulierung der *Reticularis-Theorie von Wachen und Schlafen.* Sie weist der Formatio reticularis des Hirnstammes eine einheitliche Funktion zu, nämlich durch aufsteigende aktivierende Impulse das für den Wachzustand notwendige Erregungsniveau zu erzeugen. Man spricht deshalb von einem *aufsteigenden, retikulären, aktivierenden System,* abgekürzt *ARAS.* Größere Schwankungen in der Intensität der aufsteigenden, retikulären Aktivierung werden für den Übergang vom Schlaf- zum Wachzustand und umgekehrt verantwortlich gemacht. Innerhalb des Wachzustandes werden subtile Verhaltensänderungen (z. B. ein Wechsel im Grad der Aufmerksamkeit) kleineren Schwankungen der Aktivität des ARAS zugeschrieben. Gegen diese einseitige Auffassung der Formatio reticularis als dem entscheidenden Wachzentrum sprechen allerdings immer mehr Befunde, so daß die Theorie, zumindest in ihrer ursprünglichen Form, kaum länger aufrecht erhalten werden kann. Als wichtiges Beispiel sei erwähnt, daß auch das chronisch isolierte Gehirn, dem die Formatio reticularis fehlt, einen Schlaf-Wach-Rhythmus besitzt. Die Formatio reticularis ist also für Wachen und Schlafen nicht unabdingbar.

Die zentrale Stellung des Hirnstammes im Wach-Schlaf-Geschehen wurde auch durch die Beobachtungen unterstrichen, daß die Freisetzung der monoaminergen Transmitter Serotonin (5-HT) und Noradrenalin aus bestimmten Kernen des Hirnstammes in regelhafter Beziehung zum Wach-Schlaf-Rhythmus steht. Es zeichnet sich hier in ersten Umrissen eine *biochemische Theorie von Wachen und Schlafen* ab. Die wichtigsten Beobachtungen im Tierversuch sind: a) Neurone der *Nuclei raphé,* einer Zellgruppe im Hirnstamm, enthalten große Mengen *Serotonin.* Erschöpfung dieses Serotonin, z. B. durch Vergiftung der Synthese, führt zu starker Schlaflosigkeit mit Rückgang des REM- und des NREM-Schlafes. Die

Schlaflosigkeit kann durch Gabe von 5-Hydroxytryptophan, der Vorstufe des Serotonin (dieses selbst kreuzt nicht die Blut-Hirn-Schranke), behoben werden. b) Neurone der *Loci coerulei* einer anderen Zellgruppe des Hirnstammes, enthalten große Mengen *Noradrenalin*. Beidseitige Zerstörung der Loci coerulei verursacht einen völligen Ausfall des Schlafes, hat aber keinen Einfluß auf den NREM-Schlaf. c) Werden die Serotonin- und die Noradrenalin-Vorräte gemeinsam durch Gabe von Reserpin erschöpft, fallen (wie schon nach a) zu erwarten) beide Schlafarten aus, d. h. das Tier leidet an extremer Schlaflosigkeit. Anschließende Gabe von 5-Hydroxytryptophan bringt den NREM-Schlaf, nicht aber den REM-Schlaf zurück, was mit Beobachtung b) in Einklang steht. Diese Befunde deuten darauf hin, daß einerseits das Serotonin für den NREM-Schlaf und andererseits das Noradrenalin für den REM-Schlaf wichtig ist und daß normalerweise REM-Schlaf nur nach vorhergehendem NREM-Schlaf möglich ist.

Untersuchungen am Menschen kommen bezüglich des Serotonin und des Noradrenalin zu einem eher umgekehrten Ergebnis: Das Ausmaß an REM-Schlaf soll um so größer sein, je höher der Serotonin- und je niedriger der Noradrenalin-Spiegel ist. Worauf diese Diskrepanzen zurückzuführen sind, muß derzeit offen bleiben.

Die folgenden Fragen können Sie zur Überprüfung Ihres Wissenszuwachses benutzen:

F 9.6 Die Synchronisation der circadianen Rhythmen der Organfunktionen des Menschen auf die 24-Stunden-Tages-Periodik wird vor allem bestimmt durch
a) den Hell-Dunkel-Wechsel von Tag und Nacht,
b) die Schwankungen der Körpertemperatur im Verlauf eines Tages,
c) den Zeitpunkt und die Dauer der beruflichen Tätigkeit,
d) die mit dem REM-Schlaf verbundenen Traumphasen,
e) den täglichen Lebensrhythmus der sozialen Umgebung.

F 9.7 Welche zwei der folgenden Methoden können am besten zur Messung der Schlaftiefe herangezogen werden:
a) Messen der Intensität eines Weckreizes, der in der Lage ist, den Schlaf zu unterbrechen,
b) Bestimmung der Schwankungen der Körpertemperatur im Verlauf einer Nacht,
c) Messung der Intensität und der Häufigkeit der Peniserektionen während des Schlafes,
d) Ableitung des Electroencephalogramms,
e) Messung der Puls- und Atemfrequenz während des Schlafes.

F 9.8 Beim gesunden Erwachsenen können mit Hilfe des EEG vier bis fünf verschiedene Schlafstadien voneinander abgegrenzt werden.

Diese einzelnen Schlafstadien werden normalerweise im Verlauf einer Nacht

a) einmal durchlaufen,
b) zweimal durchlaufen,
c) drei- bis fünfmal durchlaufen,
d) mehr als zehnmal durchlaufen.
e) Keine der Angaben in a bis d ist richtig.

F 9.9 Welche der folgenden Aussagen beschreibt am zutreffendsten den normalen, menschlichen REM-Schlaf?

a) Synchronisiertes EEG, durchschnittliche Dauer 60 min, schnelle Augenbewegungen, Peniserektion,
b) Desynchronisiertes EEG, durchschnittliche Dauer 20 min, schnelle Augenbewegungen, bei Säuglingen und Kleinkindern sehr hoher Anteil an Gesamtschlafdauer,
c) Tiefschlaf-EEG, durchschnittliche Dauer 1 bis 2 min (max. 5 min), schnelle Augenbewegungen, häufig von Träumen begleitet,
d) Tiefschlaf-EEG, Dauer sehr stark schwankend (1 bis 60 min), langsame Augenbewegungen, erhöhte Herz- und Atemfrequenz, sehr niedrige Weckschwelle,
e) Desynchronisiertes EEG, durchschnittliche Dauer 20 min, langsame Augenbewegungen, sehr hohe Weckschwelle, von Träumen begleitet, kommt bei Säuglingen nicht vor.

F 9.10 Im Tierexperiment führt Erschöpfung der Serotonin- und Noradrenalin-Vorräte des Hirnstammes (durch Gaben von Reserpin) zu

a) alleinigem Ausfall des REM-Schlafes, bei normalem NREM-Schlaf,
b) Ausfall des NREM-Schlafes bei stark verlängertem REM-Schlaf,
c) Dauerschlaf des Versuchstieres, bei dem sich REM- und NREM-Phasen regelmäßig abwechseln,
d) Verkürzung der Gesamtschlafdauer auf 70 bis 90% des Normalwertes vor allem durch Rückgang des REM-Schlafes,
e) extremer Schlaflosigkeit mit nahezu völligem Ausfall von NREM-Schlaf und REM-Schlaf.

9.3 Bewußtsein und Sprache: strukturelle und funktionelle Voraussetzungen

Bewußtsein bei Mensch und Tier. Die eindrucksvollste Zustandsänderung unseres Körpers, die wir täglich erleben, ist das Wiedereinsetzen des Bewußtseins beim Erwachen aus dem Schlaf. Für diesen, nur in uns selbst (introspektiv) erlebbaren Zustand Bewußtsein mit all seinen Schattierungen, der das Wesentliche unserer Existenz ausmacht, gibt es von physiologischer wie psychologischer Seite zahlreiche, zum Teil sehr widersprüchliche und immer noch im Fluß befindliche Deutungsversuche. Die Physiologie kann zu dieser Diskussion beitragen, indem sie aus naturwissenschaftlicher Sicht Randbedingungen angibt, unter denen Bewußtsein möglich oder unmöglich erscheint. Um einzugrenzen, welche beobachtbaren *Aspekte des Verhaltens von Mensch und Tier* als *Anhaltspunkt für das Vorliegen von Bewußtsein* angenommen werden, seien einige davon hier angegeben:

1. Aufmerksamkeit und die Fähigkeit, die Richtung der Aufmerksamkeit gezielt zu wechseln.
2. Die Kreation und der Umgang mit abstrakten Ideen sowie ihr Ausdruck durch Worte oder andere Symbole.
3. Die Fähigkeit, die Bedeutung einer Handlung weit im voraus abzuschätzen, also Erwartungen und Pläne zu haben.
4. Selbsterkenntnis und die Erkennung anderer Individuen.
5. Das Vorhandensein ästhetischer und ethischer Werte.

Diese Merkmale sind sicher von stark unterschiedlichem Gewicht und manche von ihnen sind vorwiegend oder nur beim Menschen zu beobachten (z. B. Sprache). Wenn man sie aber, zumindest vorläufig, als Verhaltensmerkmale des Bewußtseins akzeptiert, so beinhalten sie, daß *Bewußtsein sowohl bei Menschen als auch bei Tieren vorkommt.*

Nicht alle Tiere haben Bewußtsein im eben definierten Sinne. Während sich nämlich kaum bezweifeln läßt, daß höhere Wirbeltiere (Vögel, Säugetiere) mit einem stark differenzierten Nervensystem einige oder mehrere der eben aufgeführten Merkmale bewußten Verhaltens zeigen, kommen bei Tieren mit einfacherem Nervensystem solche Verhaltensweisen nicht oder nur vereinzelt und in angedeuteter Form vor. *Bewußtsein ist also an komplexe neuronale Strukturen gebunden und existiert deswegen außerhalb dieser Strukturen nicht.* Allerdings läßt sich, wie die bisherige Betrachtung vielleicht schon deutlich machte, keine scharfe Trennlinie zwischen Tieren mit und ohne Bewußtsein ziehen. Vielmehr scheint sich Bewußtsein in etwa parallel mit der stammesgeschichtlichen Entwicklung des Nervensystems herauszubilden. Mit anderen Worten, es gibt im *Tierreich zahlreiche Abstufungen und sehr unterschiedliche Formen von Bewußtsein,* wobei das menschliche Bewußtsein ohne Zweifel die bei weitem differenzierteste Form bildet.

Diese Auffassung, daß nämlich Bewußtsein ein entsprechend differenziertes Nervensystem voraussetzt, legt den Gedanken nahe, daß im Laufe der Stammesentwicklung (Phylogenese) Bewußtsein in der einen oder anderen Form sich immer dann entwickelte, wenn einfachere Formen neuronaler Aktivität (z. B. Reflexe) zur Steuerung und Kontrolle des Organismus nicht mehr ausreichten. Trifft dies zu, dann ist das Auftreten von Bewußtsein ein notwendiger entwicklungsgeschichtlicher Schritt, der für die höheren Lebewesen zur optimalen Anpassung an die Umwelt unbedingt erforderlich ist.

Neuronale Basis menschlichen Bewußtseins. Für das menschliche Bewußtsein lassen sich bisher über die funktionellen Voraussetzungen d. h. über die zugehörige neuronale Aktivität, nur sehr einfache und insgesamt noch völlig ungenügende Aussagen machen. So setzt Bewußtsein offensichtlich ein *mittleres Aktivitätsniveau* der beteiligten zentralnervösen Strukturen voraus, wie es sich z. B. in einem desynchronisierten Wach-EEG darstellt. Zu geringe neuronale Aktivität, wie z. B. in Narkose oder Koma, ebenso wie übersteigerte neuronale Aktivität, wie z. B. im epileptischen Anfall oder im Elektroschock, sind mit dem Auftreten von Bewußtsein nicht vereinbar. Auch scheint sicher, daß Bewußtsein nur im *Zusammenspiel von corticalen und subcorticalen Strukturen* möglich wird. Jede dieser Strukturen alleine ist nicht zur Ausbildung von Bewußtsein fähig.

Als Nebenbefund einer therapeutisch notwendigen Hirnoperation, nämlich der Durchtrennung der die beiden Großhirnhemisphären verbindenden Commissurenfasern des Balkens (Corpus callosum), ergaben sich in jüngster Zeit bei diesen *Split-Brain-Patienten* (ein deutscher Ausdruck steht nicht zur Verfügung, alle diese Operationen wurden in USA ausgeführt) *wichtige Einsichten in die neuronalen Grundlagen menschlichen Bewußtseins.* Postoperativ liegt bei diesen Patienten durch die Kreuzung zahlreicher auf- und absteigender Bahnen folgende Situation vor (Abb. 9-12): die linke Großhirnhälfte versorgt motorisch und somatisch die rechte Körperhälfte, während die rechte Großhirnhälfte für die linke Körperhälfte zuständig ist. Ferner wird durch die spezielle Form der Kreuzung der Sehnerven im Chiasma opticum die rechte Hälfte des Gesichtsfeldes zur linken Hemisphäre projiziert und umgekehrt. Dagegen verlaufen die zentralen Hörbahnen teils gekreuzt, teils ungekreuzt, so daß jede Hemisphäre sowohl vom ipsilateralen als auch vom kontralateralen Ohr erreicht wird (für eine genauere Darstellung der zentralen, sensorischen Bahnen siehe „Grundriß der Sinnesphysiologie").

Im Alltagsleben sind *Split-Brain-Patienten* unauffällig, auch ihr Intellekt scheint unverändert. Es läßt sich höchstens eine reduzierte Spontanaktivität in der linken Körperhälfte (bei Rechtshändern) und eine fehlende oder geringe Reaktion auf Reize links (z. B. Anstoßen an eine Tischkante) beobachten. Durch gezielte Tests, vor allem mit der in Abb. 9-13 gezeigten Versuchsanordnung, konnten aber *erhebliche Unterschiede in der Leistungsfähigkeit der beiden Gehirnhälften* herausgearbeitet werden. Diese Versuchsanordnung ermöglicht es, den rechten und linken Gesichtsfeldhälften getrennt visuelle Signale (Lichtblitze, Schrift) darzubieten, so daß diese nur

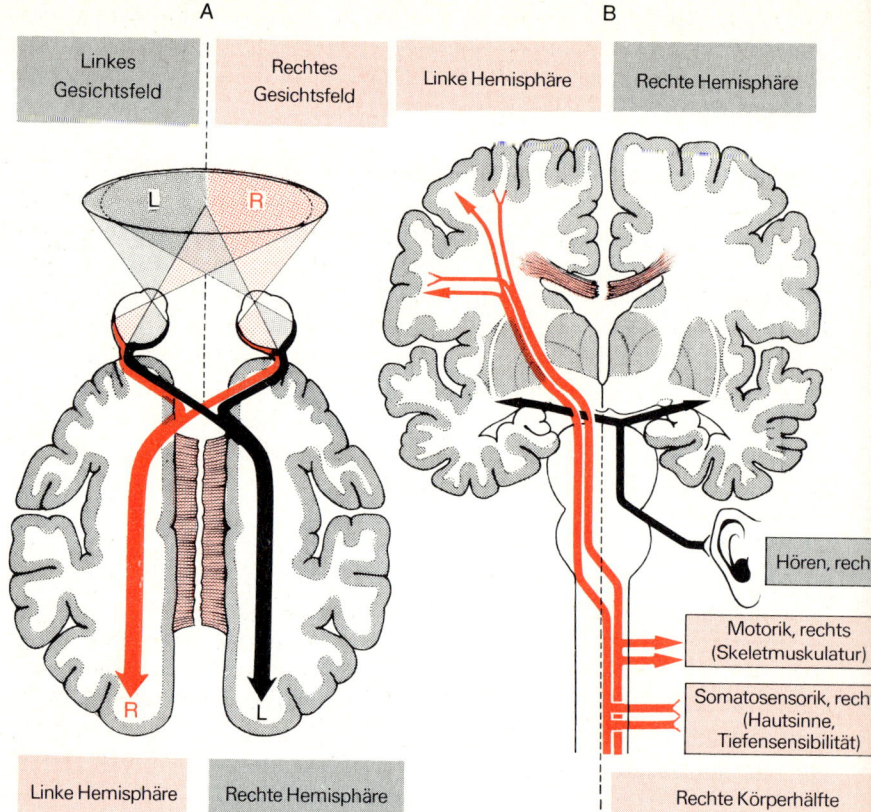

Abb. 9-12 A, B. Somatosensorische, motorische, visuelle und auditorische Verbindungen bei Split-Brain-Patienten. **A** Aufsicht, **B** Frontalansicht. Die *linke* Hemisphäre ist somatosensorisch (afferent) und motorisch (efferent) nur mit der *rechten* Körperhälfte verbunden und umgekehrt. Die *rechte* Gesichtshälfte (jedes Auges!) wird zur Sehrinde der *linken* Hemisphäre projiziert und umgekehrt. Jedes Ohr erreicht dagegen auch beim

von der linken bzw. rechten Hemisphäre aufgenommen werden und die andere Hemisphäre davon nichts erfährt. Ferner kann die rechte oder linke Hand ohne Sichtkontrolle zum tastenden Erkennen oder zum Schreiben benutzt werden. Auch hierbei stehen, entsprechend Abb. 9-12, die rechte bzw. linke Hand motorisch und sensorisch nur mit der linken bzw. rechten Hemisphäre in Verbindung. Die wichtigsten Resultate dieser Versuche sind:

Werden Gegenstände in die rechte Gesichtshälfte projiziert, so kann der Split-Brain-Patient diese (z. B. Schlüssel, Bleistift) benennen oder

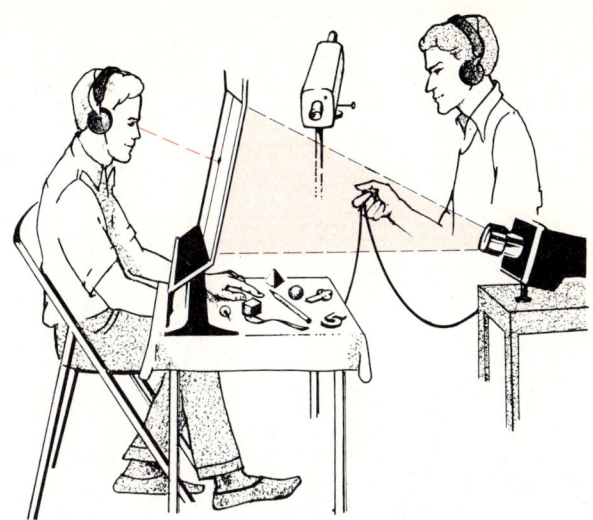

Abb. 9-13. Versuchsanordnung von SPERRY und Mitarbeitern zur Untersuchung von Split-Brain-Patienten. Der Patient sitzt vor einem undurchsichtigen Milchglasschirm, auf den von hinten Gegenstände oder Schrift in die linke, die rechte oder beide Gesichtsfeldhälften projiziert werden können. Der Patient wird angehalten, einen Punkt in der Mitte des Schirmes zu fixieren. Bei kurzer Darbietungsdauer (0,1 s) der visuellen Reize wird so eine Änderung der Blickrichtung und dadurch eine Reizaufnahme durch das andere Gesichtsfeld verhindert. Manuelle Aufgaben können, nach Durchgreifen unter dem Schirm, auf dem Tisch ohne visuelle Kontrolle durchgeführt werden. Eine Filmkamera hält dies fest. Akustische Anordnungen werden über Kopfhörer gegeben und vom Versuchsleiter mitgehört

durch die rechte Hand aus anderen Gegenständen heraussuchen. Werden Worte in diese Gesichtshälfte projiziert, so kann er diese laut lesen, aufschreiben und wiederum mit der rechten Hand den zugehörigen Gegenstand heraussuchen. Werden ihm Gegenstände in die rechte Hand gelegt, so sind die Ergebnisse entsprechend: der Patient kann die Gegenstände benennen und er kann ihre Namen aufschreiben. Mit anderen Worten: Der Patient verhält sich in diesen Situationen wie eine normale Versuchsperson.

Werden Gegenstände in die linke Gesichtsfeldhälfte projiziert, so kann der Split-Brain-Patient diese nicht benennen. Es gelingt ihm aber, diese mit der linken Hand aus anderen Gegenständen herauszusuchen, sobald er dazu aufgefordert wird. Aber auch dann, nach erfolgreicher Suche, kann er den Gegenstand nicht benennen. Ebenso nicht, wenn ihm der Gegenstand in die linke Hand gelegt wird. Werden Worte in die linke Gesichtsfeldhälfte projiziert, so kann er diese nicht laut lesen. Er kann aber, bei Worten von alltäglichen Gegenständen, die zugehörigen Gegenstände

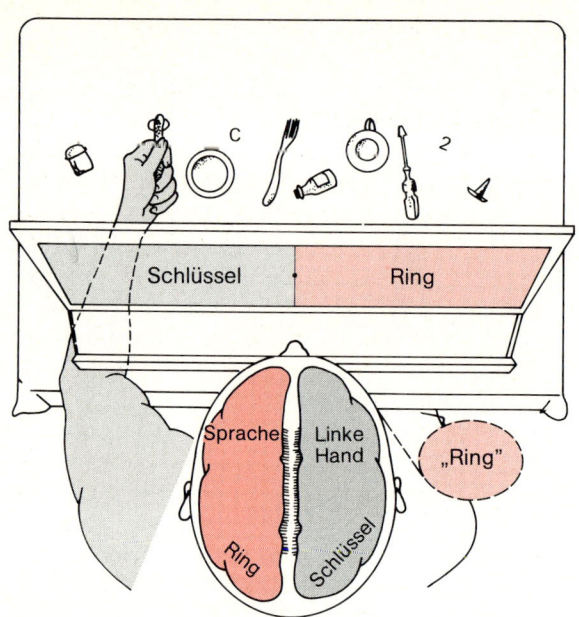

Abb. 9-14. Antwortverhalten eines Split-Brain-Patienten bei einem Test durch SPERRY und Mitarbeiter. Der Patient berichtet (über seine linke, sprechende Hemisphäre), daß er im rechten Gesichtsfeld das Wort RING gelesen hat. Er verneint, das Wort SCHLÜSSEL im linken Gesichtsfeld gesehen zu haben und kann auch keine Objekte benennen, die ihm in die linke Hand gelegt werden. Gleichzeitig sucht er jedoch mit der linken Hand den korrekten Gegenstand heraus, von dem er nach seiner Aussage keine Kenntnis hat. Wird er aufgefordert, den ausgesuchten Gegenstand zu benennen, bezeichnet ihn die sprechende Hemisphäre als „RING"

mit der linken Hand heraussuchen (Abb. 9-14). Auch nach der erfolgreichen Suche kann er den Gegenstand nicht benennen. In diesen Versuchssituationen kann der Patient also bestimmte Aufgaben durchführen, aber er kann nicht verbal oder schriftlich äußern, was er tut, auch wenn man ihn dazu auffordert. Mit anderen Worten, er verhält sich so, als ob die mit Hilfe seiner rechten Hemisphäre durchgeführten Handlungen überhaupt nicht stattgefunden hätten!

Aus diesen Versuchsergebnissen läßt sich schließen: Die **Leistungen der linken Hemisphäre** sind von den Leistungen des intakten Gehirns weder aus der subjektiven Sicht des Patienten, noch aus dem im Alltag und unter den eben geschilderten Testbedingungen beobachtbaren Verhalten zu unterscheiden. Dies gilt vor allem für das introspektiv erlebte Bewußtsein des Patienten und die von ihm darüber verbal geäußerten Mitteilungen. Die linke Hemisphäre zusammen mit den zugehörigen subcorticalen Strukturen ist daher auch im normalen Gehirn als das entscheidende neuronale

Substrat für spezifisch menschliches Bewußtsein und die damit verbundene Sprache anzusehen.

Die isolierte rechte Hemisphäre kann sich nicht sprachlich (verbal) oder schriftlich äußern. Die von ihr durchgeführten sensorischen, integrativen und motorischen Prozesse werden dem Patienten offensichtlich auch nicht bewußt. Getrennt von der linken Hemisphäre führt die rechte Hemisphäre ein Eigenleben, das dem Patienten nur indirekt über die Sinneskanäle der linken Hemisphäre zur Kenntnis kommen kann. Dabei sind die *Leistungen der rechten Hemisphäre bemerkenswert:* sie besitzt zum Beispiel Gedächtnis, visuelle und taktile Formerkennung, Abstraktionsvermögen und ein gewisses Sprachverständnis (akustische Befehle werden ausgeführt, einfache Worte gelesen, s. Abb. 9-14). In mancher Hinsicht ist die rechte Hemisphäre der linken sogar überlegen, so in bezug auf das Musikverständnis und das räumliche Vorstellungsvermögen. Insgesamt sind die Leistungen der rechten Hemisphäre sicher besser als die tierischer Gehirne, auch der Gehirne von Menschenaffen (z. B. Schimpansen). Wenn wir also, wie oben geschehen, Bewußtsein bei höheren Tieren postulieren, ist, gemessen an den dort angegebenen Verhaltensmerkmalen, das Bewußtsein der isolierten rechten Hemisphäre hoch entwickelt. Da ihr jedoch die sprachliche Ausdrucksmöglichkeit fehlt, kann sie mit uns darüber ebensowenig direkt kommunizieren wie die Tiere.

Einen weiteren Hinweis über die *Art des Bewußtseins der rechten Hemisphäre* liefert vielleicht die folgende Beobachtung: Split-Brain-Patienten berichten übereinstimmend, daß sie seit ihrer Operation nicht mehr träumen. Dazu korrespondierend zeigt das Schlaf-EEG der linken Hemisphäre auch keine REM-Phasen mehr. Dagegen enthält das Schlaf-EEG der rechten Hemisphäre deutliche REM-Phasen. Es erscheint daher wahrscheinlich, daß die isolierte rechte Hemisphäre im Schlaf träumt, wenn sie uns auch davon keine Mitteilung machen kann. Normalerweise, so ist daraus zu vermuten, geht also das Traumgeschehen von der rechten Hirnhälfte aus und erfaßt über den Balken auch die linke.

Neurophysiologische Aspekte der Sprache. Die eben beschriebene Untersuchung der Split-Brain-Patienten hat ergeben, daß die für die Sprache notwendigen und zuständigen Hirnregionen in der Regel nur in der linken Hemisphäre vorkommen. Auch aus wesentlich älteren klinisch-neuropathologischen Befunden wurde dies bereits gefolgert. Die linke Hemisphäre wird deswegen auch als dominante Hemisphäre bezeichnet. Da sich aber, vor allem durch die Untersuchungen an den Split-Brain-Patienten, immer mehr herausstellt, daß in mancher Hinsicht die rechte Hemisphäre der linken überlegen ist, ist es zutreffender, von einer sich gegenseitig ergänzenden *Spezialisation der beiden Hemisphären* zu sprechen, wobei die linke in der Regel *sprachdominant* ist.

Innerhalb der linken Hemisphäre lassen sich auf der Großhirnrinde einige Areale abgrenzen, die für die Sprache von besonderer Bedeutung sind und daher als **Sprachregionen** bezeichnet werden. Sie sind in Abb. 9-15 A als frontale Sprachregion, als temporale Sprachregion und als tertiäre Sprachregion eingetragen. Allen drei Regionen ist gemeinsam, daß ihre elektrische Reizung (bei therapeutisch notwendigen Hirnoperationen am kooperativen, nur lokal anaesthesierten Patienten) zu einem für die Dauer der Reizung anhaltenden Sprachversagen (Aphasie) führt, das vom Patienten nicht durchbrochen werden kann. Dagegen werden Worte oder Sätze durch Reizung dieser Regionen nie ausgelöst.

Die frontale Sprachregion wird auch als **Brocasche Sprachregion** bezeichnet, weil Broca vor gut hundert Jahren bereits darauf hinwies, daß Schädigungen dieser Region zu einem Sprachversagen führen, bei dem insbesondere die expressiven Sprachleistungen gestört sind. Dieses Sprachversagen, bei dem das Sprachverständnis noch intakt ist, die Kranken aber spontan fast nichts und nach Aufforderung nur mühsam kurze Sätze sprechen, wird als **motorische Aphasie** bezeichnet. Bei diesem Sprachversagen sind die für das Sprechen notwendigen Muskeln keineswegs gelähmt und können für andere Aufgaben (Essen, Trinken, Schlucken) ungehindert eingesetzt werden.

Die temporale Sprachregion wird auch **Wernickesche Sprachregion** genannt, weil Wernicke, etwa zur gleichen Zeit wie Broca, beobachtete, daß bei Schädigungen dieser Region das Sprachverständnis, also die receptiven Sprachleistungen extrem gestört sind. Dieses Sprachversagen wird **sensorische Aphasie** genannt. Schädigungen dieser Region haben im allgemeinen schwerere und längere, oft permanente Sprachstörungen zur Folge als Schädigungen der frontalen oder der tertiären Sprachregionen (letztere wurde von Penfield und Mitarbeitern bei den oben beschriebenen, zur kurzfristigen Aphasie führenden Reizversuchen entdeckt).

Die von BROCA und WERNICKE ursprünglich getroffenen Zuordnungen haben sich als starke Vereinfachungen erwiesen, die nur in erster Annäherung zutreffen. Störungen der expressiven (motorischen) und receptiven (sensorischen) Sprachleistungen und der ihnen zugeordneten Fähigkeiten, wie Schreiben, Lesen und Rechnen, kommen praktisch nie rein, sondern in vielerlei Kombinationen vor. Lokalisatorische Zuordnungen der verschiedenen Aphasie-Formen sind daher aufgrund des klinisch-psychologischen Befundes in aller Regel nicht möglich. Auf die detaillierte Beschreibung der bei Aphasien auftretenden Symptomatik und auf neuere Ansätze, diese zu charakterisieren und zu klassifizieren, wird hier nicht eingegangen.

Bei Rechtshändern sind die Sprachregionen praktisch immer in der linken Hemisphäre anzutreffen. Auch Linkshänder haben sie überraschenderweise meistens links, zum kleinen Teil jedoch auch rechts und ge-

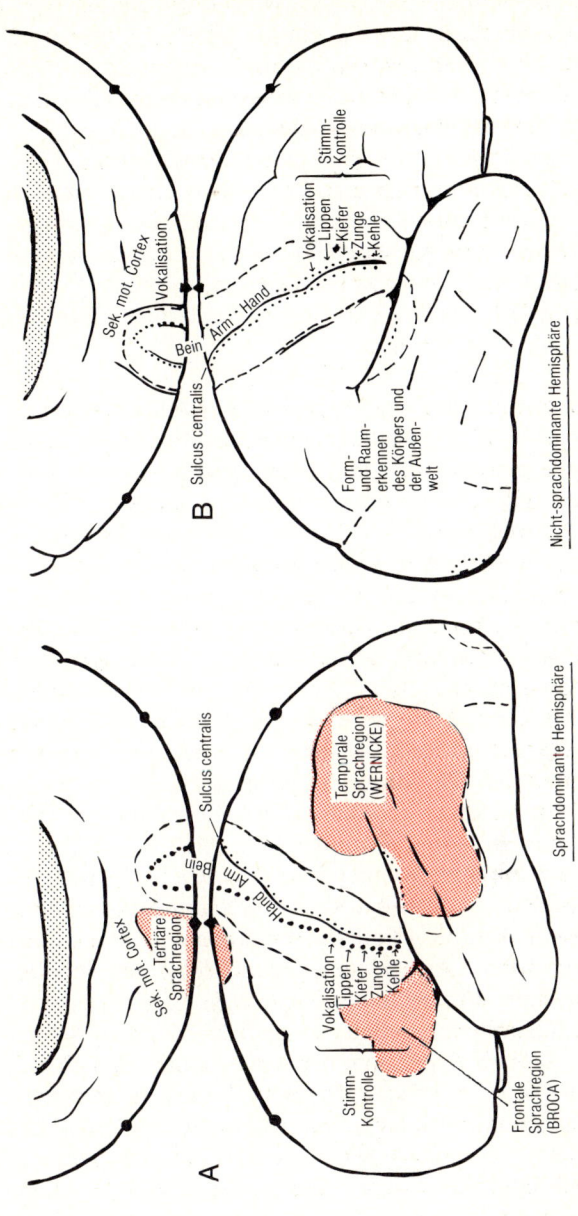

Abb. 9-15 A, B. Sprachregionen *(rot)* in der sprachdominanten *(linken)* Hemisphäre **(A)** und korrespondierende Areale der nicht-sprachdominanten *(rechten)* Hemisphäre **(B)** nach Ergebnissen bei elektrischer Reizung des freigelegten Cortex von Erwachsenen durch PENFIELD und Mitarbeiter. Die Stimmkontrolle ist beidseitig im Gyrus praecentralis angelegt. Jede Gesichtshälfte ist, anders als der übrige Körper, bilateral repräsentiert. Nach PENFIELD und ROBERTS

311

legentlich sogar auf beiden Seiten. Welche der beiden Hemisphären die Sprachregionen enthält, kann heute mit einem ebenso einfachen wie eindrucksvollen Test nachgewiesen werden: In die Halsarterie einer Seite (Arteria carotis) wird ein sehr kurz wirkendes Narkotikum, das Barbiturat Amytal, eingespritzt. Dadurch wird die zugehörige Hemisphäre praktisch sofort und isoliert narkotisiert. Die andere Hemisphäre bleibt wach. Kann der Mensch durch sie mit dem Arzt sprechen, enthält sie die Sprachregionen, sonst die andere Seite. Auf diese Weise können auch die seltenen Fälle entdeckt werden, bei denen die Sprachregionen beidseitig angelegt sind. Die Tests werden vor allem vor schwierigen Hirnoperationen ausgeführt, um absolut sicherzustellen, daß das Sprachvermögen des Patienten erhalten bleibt.

Individuelle Entwicklung und Plastizität der Sprachregionen. Hat ein Kind sprechen gelernt, führt Zerstörung der Sprachregionen in der linken Hemisphäre zu einem vollkommenen Sprachversagen. Aber etwa nach einem Jahr beginnt das Kind wieder zu sprechen. Die Sprache ist dann in den entsprechenden Regionen der rechten Hemisphäre repräsentiert (vgl. Abb. 9-15). Diese *Übertragung der Sprachdominanz* von der linken in die rechte Hemisphäre ist eine der erstaunlichsten Leistungen des Gehirns und demonstriert seine als *Plastizität* beschriebene Anpassungsfähigkeit bei Schädigungen seiner Struktur.

Die Übertragung der Sprachdominanz von der linken in die rechte Hemisphäre ist aber spätestens nach dem zehnten Lebensjahr nicht mehr möglich. In diesem Lebensalter geht wahrscheinlich die ursprüngliche Fähigkeit, Sprache in der rechten oder linken Hemisphäre anzulegen, aus zwei Gründen verloren: Einmal ist die Ausbildung der für die Sprache notwendigen neuronalen Grundmuster (die auch bei Erlernen einer Zweitsprache mitbenutzt werden) danach nicht länger möglich; zum zweiten haben die entsprechenden Regionen der nichtsprachdominanten Hemisphäre zu dieser Zeit schon andere Aufgaben übernommen, vor allem die der räumlichen Orientierung einschließlich der räumlichen Einordnung des eigenen Körpers in die Umgebung.

Das eben beschriebene Beispiel der Plastizität des Gehirns hat seinen Preis: Patienten, bei denen in der Kindheit durch Schädigung der linken Hemisphäre die rechte Hemisphäre zusätzlich zu den eben genannten nicht-verbalen Funktionen auch Sprachaufgaben übernehmen mußte, haben durchweg eine geringere allgemeine Intelligenz und auch geringere sprachliche Fähigkeiten als ein vergleichbares Normalkollektiv.

Schädigungen der *rechten parietalen und temporalen Cortexareale,* die den Sprachregionen links entsprechen (vgl. in Abb. 9-15 A und B), führen zu räumlichen Orientierungsstörungen, die als *räumliche Agnosie* (räumliches Nichterkennen) bezeichnet werden. Die Symptome sind vielfältig. So verlaufen sich diese Patienten auch in einer ihnen vertrauten Umgebung oder es mißlingt ihnen völlig, dreidimensionale Zeichnungen einfacher Objekte, wie eines Würfels, anzufertigen.

F 9.11 Welches der folgenden Verhaltensmerkmale von Bewußtsein kommt nur beim Menschen vor (zutreffendste Antwort auswählen)?

a) Aufmerksamkeit und die Fähigkeit, die Richtung der Aufmerksamkeit gezielt zu wechseln,

b) Der Ausdruck abstrakter Ideen durch Worte,

c) Die Fähigkeit, Erwartungen und Pläne zu haben,

d) Selbsterkenntnis,

e) Das Vorhandensein ästhetischer und ethischer Werte.

F 9.12 Welche der folgenden Aussagen über Split-Brain-Patienten ist/ sind *falsch?*

a) Split-Brain-Patienten berichten über besonders lebhafte und lang anhaltende Träume,

b) Split-Brain-Patienten verhalten sich im normalen Alltag unauffällig,

c) Split-Brain-Patienten müssen nach der Operation wieder lesen und schreiben lernen,

d) Split-Brain-Patienten können Gegenstände in der linken Gesichtshälfte nicht mehr sehen,

e) Split-Brain-Patienten können Gegenstände in der rechten Hand zwar erkennen, aber nicht benennen.

F 9.13 Ordnen Sie die in *Liste 1* genannten Sprachregionen den am besten zutreffenden Begriffen aus *Liste 2* zu.

Liste 1

1. Brocasche Sprachregion
2. Wernickesche Sprachregion

Liste 2

a) Gyrus praecentralis

b) temporale Sprachregion

c) tertiäre Sprachregion

d) Lobus occipitalis

e) frontale Sprachregion

F 9.14 Bei einem Ausfall der temporalen Sprachregion kommt es (zutreffende Antwort auswählen)

a) vor allem zu einer Störung der receptiven (sensorischen) Sprachleistungen,

b) zu einem isolierten Ausfall von Schreiben, Lesen und Rechnen,

c) zu einer Störung vor allem der expressiven (motorischen) Sprachleistungen,

d) zu einer meist nur sehr kurzfristigen Aphasie,

e) zu einer räumlichen Agnosie.

9.4 Lernen, Gedächtnis, Erinnerung

Aufnahme, Speicherung und Abgabe von Information sind allgemeine Eigenschaften neuronaler Netzwerke. Ihre *biologische Bedeutung* liegt vor allem in ihrer Rolle bei der *Anpassung des individuellen Verhaltens an die Umwelt.* Ohne Lernen, Gedächtnis und Erinnerung könnten weder Erfolge planvoll wiederholt, noch Mißerfolge gezielt vermieden werden. Entsprechend der Bedeutung dieser Mechanismen für den einzelnen und seine Art, ist ihnen in den letzten Jahrzehnten von seiten der Neurobiologie und von anderen Disziplinen, insbesondere der Psychologie, viel Aufmerksamkeit entgegengebracht worden, ohne daß sich bisher auch nur einigermaßen befriedigende oder vollständige Theorien über ihre Grundlagen abzeichnen. Besonders der Mechanismus des Rückrufs aus dem Speicher (Erinnerung) liegt noch völlig im Dunkeln, während über die Aufnahme (Lernen) und Speicherung (Gedächtnis) von Information durch das Nervensystem etwas mehr bekannt ist.

Das menschliche Gedächtnis. Zu den wenigen gesicherten Tatsachen über das menschliche Gedächtnis gehört die – fast triviale – Beobachtung, daß wir nur einen sehr geringen Teil der uns bewußt werdenden Vorgänge speichern: Es ist geschätzt worden, daß von dem gesamten Informationsfluß durch das Bewußtsein (der ja selbst nur einen kleinen Ausschnitt aus allen sensorischen Zuflüssen darstellt) nur etwa ein Prozent für die Langzeitspeicherung ausgewählt werden. Dazu kommt, daß wir einen Großteil der einmal gespeicherten Information wieder vergessen. Beide Mechanismen, Auswahl und Vergessen, schützen uns vor einer Überflutung mit Daten, die ebenso schädlich wäre wie das Fehlen von Lernen und Gedächtnis.

Ein nächster wichtiger Punkt ist, daß es leichter ist, eine kurze Liste, z. B. von sinnlosen Silben, zu behalten als eine lange. So banal wiederum diese Feststellung erscheint, so zeigt sie doch, daß unser Gedächtnis nicht wie ein elektrischer Datenspeicher oder wie ein Tonband arbeitet, die beide solange Informationen aufnehmen, bis die vorhandene Kapazität erschöpft ist oder bis der Speichervorgang angehalten wird. In diesem Zusammenhang ist auch von Bedeutung, daß wir im allgemeinen Generalisationen abspeichern, nicht Einzelheiten. So wird nach dem Lesen dieser Sätze die darin enthaltene Botschaft, daß nämlich *Konzepte gespeichert werden,* in Erinnerung bleiben. Die wortwörtliche Formulierung dieses Gedankens wird dagegen völlig vergessen. Bei Bedarf setzt der umgekehrte Mechanismus ein: Wir erinnern uns an das Konzept, und die Sprachmechanismen liefern uns die notwendigen verbalen Begriffe dazu. Auch in dieser Hinsicht unterscheiden sich also die menschlichen Gedächtnisprozesse deutlich von denen elektronischer Datenspeicher.

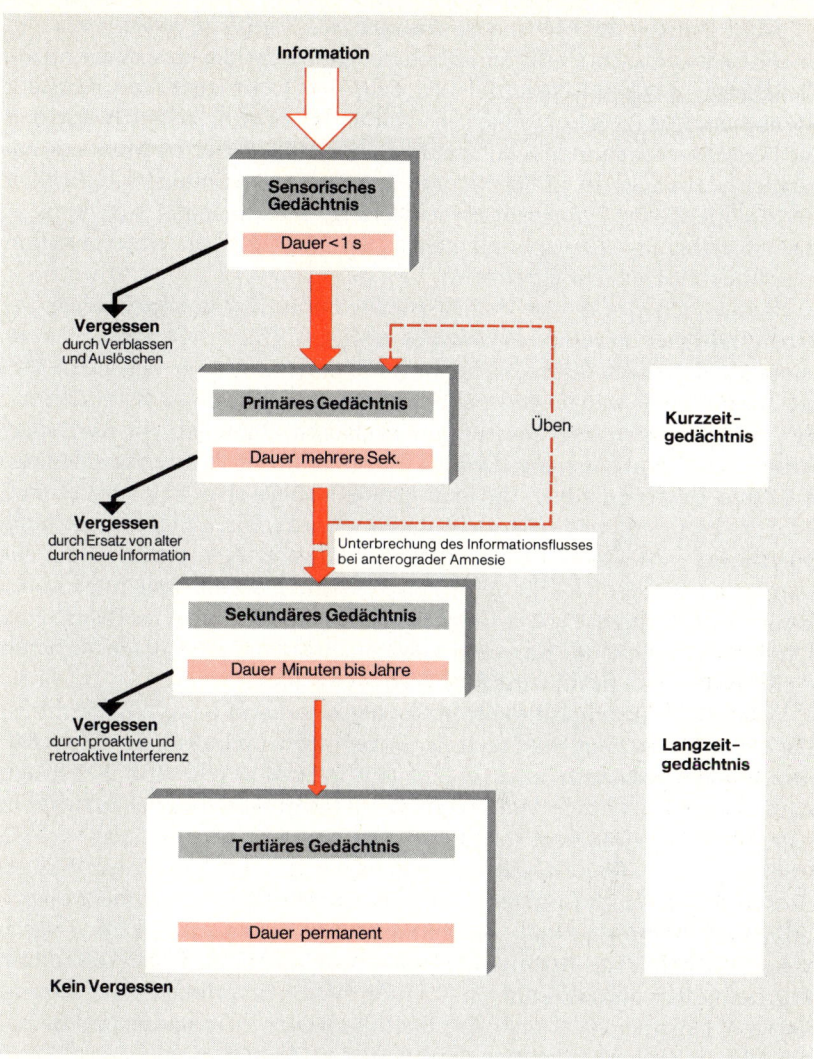

Abb. 9-16 Diagramm des Informationsflusses vom sensorischen bis in das tertiäre Gedächtnis. Die Dauer der Speicherung in jedem Gedächtnis ist angegeben, ebenso der jeweilige Mechanismus des Vergessens. Nur ein Teil des jeweils gespeicherten Materials gelangt in das nächststabilere Gedächtnis. Wiederholen (Üben) erleichtert die Überführung vom primären in das sekundäre Gedächtnis. Es ist aber weder eine unabdingbare Voraussetzung dazu, noch garantiert es die Überführung. In Anlehnung an WAUGH und NORMAN

Die Fähigkeit des Menschen, *Konzepte und Begriffe zu verbalisieren* und in dieser abstrakten Form zu speichern, unterscheidet das menschliche Gedächtnis auch entscheidend von dem der Tiere, auch von dem der Menschenaffen (z. B. Schimpansen). Zumindest muß man annehmen, daß die beim Menschen mögliche Speicherung verbal codierten Materials zusätzlich vorhanden ist zu der Mensch und Tier gemeinsamen Möglichkeit der nichtverbalen Informationsspeicherung. Entsprechend schwierig ist die Übertragung tierexperimenteller Befunde auf die Interpretation menschlicher Gedächtnisprozesse.

Schließlich gibt es gute Anhaltspunkte dafür, daß die *Speicherung von Gedächtnisinhalt in mehreren Schritten erfolgt,* die sich experimentell voneinander abgrenzen lassen, wenn auch die ihnen zugrunde liegenden Mechanismen noch weitgehend unbekannt sind. Nach diesen Befunden haben wir ein mindestens zweistufiges Gedächtnis, nämlich ein *Kurzzeitgedächtnis* und ein *Langzeitgedächtnis.* Information im Kurzzeitgedächtnis, z. B. eine Telefonnummer, die man gerade nachgesehen hat, wird schnell wieder vergessen, wenn sie nicht durch *Üben* in das Langzeitgedächtnis übertragen wird. Dort steht sie auch nach längerer Zeit immer wieder zur Verfügung und die von ihr geformte, in ihrem Mechanismus noch unbekannte Gedächtnisspur, das *Engramm,* verstärkt sich mit jeder Benutzung. Diese Verfestigung des Engramms, die zu einem immer weniger störbaren Gedächtnisinhalt führt, wird *Konsolidierung* genannt.

Das seit langem bekannte Konzept des Kurz- und Langzeitgedächtnisses ist nach dem heutigen Stand der Erkenntnis zumindest für das *verbale menschliche Gedächtnis* noch ergänzungsbedürftig. Wie Abb. 9-16 zeigt, wird das zu speichernde Material zunächst für Bruchteile einer Sekunde in das *sensorische Gedächtnis* aufgenommen. Von dort wird es nach Verbalisierung in das *primäre Gedächtnis* übertragen, das das Kurzzeitgedächtnis für verbal codierte Information darstellt. Die mittlere Verweildauer im primären Gedächtnis ist kurz. Sie beträgt einige Sekunden. Sie wird durch *Üben* verlängert, das heißt durch aufmerksames Wiederholen und damit korrespondierendes Zirkulieren der Information im primären Gedächtnis. Dieses Üben erleichtert auch die Übertragung der Information in das dauerhafte, große Speichersystem des *sekundären Gedächtnisses.*

Vergessen im sekundären Gedächtnis scheint weitgehend auf Verdrängung (Interferenz) des zu lernenden Materials durch vorher oder anschließend Gelerntes zu beruhen. Im ersten Fall spricht man von *proaktiver,* im letzteren von *retroaktiver Hemmung.* Proaktive Hemmung scheint der wichtigere Faktor zu sein, da wir über einen großen Vorrat von bereits Gelerntem verfügen. So gesehen ist an einem Großteil unseres Vergessens das bereits vorher Gelernte schuld!

Es gibt Engramme, wie beispielsweise den eigenen Namen, oder die Fähigkeit zu lesen und zu schreiben, oder andere täglich praktizierte

Handfertigkeiten, die durch jahrelanges Üben praktisch nie mehr vergessen werden, auch nicht, wenn aus klinischen Gründen alle anderen Gedächtnisinhalte verloren gehen (s. unten: retrograde Amnesie). Diese Engramme scheinen in einer besonderen Gedächtnisform, dem *tertiären Gedächtnis*, gespeichert zu werden (Abb. 9-16). Das oben angesprochene Langzeitgedächtnis entspricht in diesem Konzept dem sekundären plus dem tertiären Gedächtnis.

Gedächtnisstörungen. Die Unfähigkeit, neu aufgenommene Informationen zu lernen, d. h. dauerhaft zu speichern und zugriffsbereit zu haben, wird als *anterograde Amnesie* bezeichnet. Die Patienten (häufig Alkoholiker) besitzen ein weitgehend normales sekundäres und tertiäres Gedächtnis für die Zeit vor der Erkrankung und auch ihr primäres Gedächtnis ist intakt. Sie können jedoch keine Information aus dem primären in das sekundäre Gedächtnis übertragen (Abb. 9-16). Für diese Übertragung spielen der Hippocampus und andere limbische Strukturen anscheinend eine Schlüsselrolle, denn beidseitige Schädigung bzw. chirurgische Entfernung dieser Strukturen löst eine irreversible und vollkommene anterograde Amnesie beim Menschen aus.

Verlust von Erinnerung an die Zeit vor einer Störung der normalen Hirnfunktionen wird *retrograde Amnesie* genannt. Bekannte Beispiele für ihre Auslösung sind mechanische Erschütterung (Gehirnerschütterung), Hirnschlag (Apoplex), Elektroschock (therapeutisch und bei Unfall) und Narkose. Sie sind alle ziemlich unspezifische Schädigungen des Gehirns, und es ist bisher nicht bekannt, auf welchen strukturellen und funktionellen Störungen die retrograde Amnesie im einzelnen beruht. Es gibt allerdings Befunde, die darauf hindeuten, daß es sich dabei im wesentlichen um eine *Störung des Zugriffs zum sekundären Gedächtnis* handelt, weniger um einen Verlust von Gedächtnisinhalt (so schrumpft z. B. der Zeitraum des Vergessens in der Erholungsphase). Das tertiäre Gedächtnis ist in der Regel auch bei schweren retrograden Amnesien nicht betroffen.

Neuronale Mechanismen des Gedächtnisses. Die einfachste und einleuchtendste Annahme über die neuronale Grundlage des Lernens ist die, daß eine Information zunächst in Form kreisender Erregung (vgl. Abb. 4-5) in einem räumlich-zeitlich geordneten Muster als *dynamisches Engramm* gespeichert wird. Diese kreisende Erregung führt anschließend zu strukturellen Veränderungen an den beteiligten Synapsen und damit zur Konsolidierung zu einem *strukturellen Engramm*. Der Gedächtnisinhalt kann dann über eine entsprechende Aktivierung dieser Synapsen wieder abgerufen werden.

Dem *Konzept der kreisenden Erregung* entspricht die subjektive Erfahrung, daß wir einen Lernstoff *üben,* d. h. wiederholt durch unser Bewußtsein passieren lassen müssen, um ihn schließlich zu behalten. Morphologische und elektrophysiologische Befunde, die darauf hindeuten, daß ein solches Kreisen von Erregung möglich ist, liegen vor. Aber es ist noch völlig offen, ob sie in einer Beziehung zum Lernprozeß stehen.

Über die *Änderungen der synaptischen Effizienz* während und nach tetanischer Reizung ist bereits ausführlich berichtet worden (Kapitel 4.1 und Abb. 4-6). Vor allem von den posttetanischen Potenzierungen, die an bestimmten erregenden Synapsen, z. B. im Hippocampus, für viele Stunden und länger anhalten können, wird schon lange angenommen, daß sie bei der Bildung des strukturellen Engramms auftretende Änderungen im Nervensystem widerspiegeln. Dem entspricht, daß im Rückenmark, wo nur relativ kurze posttetanische Potenzierungen vorkommen, kein überdauerndes Lernen zu beobachten ist. Für dieses Konzept spricht auch, daß es im visuellen Cortex von Mäusen zu histologischen und funktionellen Zeichen von Degeneration an Synapsen kommt, falls die Tiere von Geburt an an der Benutzung des Auges gehindert werden (durch operative Entfernung oder Aufzucht in Dunkelheit). Hier liegt also ein Abnehmen der synaptischen Funktionsfähigkeit als Folge unzureichenden Gebrauchs vor.

Das Studium der *Veränderungen des Electroencephalogramms (EEG)* und anderer Hirnpotentiale während des Lernens hat bisher zwar eine Fülle von Beobachtungen, aber insgesamt nur wenig Einsicht in die neuronalen Mechanismen von Lernen und Gedächtnis gebracht. Zum Teil ist die Deutung der Befunde sehr umstritten. Es wird daher hier nicht näher darauf eingegangen.

Biochemische (molekulare) Mechanismen des Engramms. Die erfolgreiche Aufklärung der Verschlüsselung des genetischen Gedächtnisses in den Desoxyribonucleinsäuren (DNA) und vergleichbare Resultate beim Studium des immunologischen Gedächtnisses haben es nahegelegt, auch für das *neuronale Gedächtnis* nach molekularen Veränderungen zu suchen, die als *Basis für das Engramm* angesehen werden könnten. Dies könnten zum Beispiel spezielle Eiweiße (Proteine) sein, die dann in die Zelle oder in die Zellmembran eingelagert würden.

So wurden zahlreiche Versuche mit der Frage durchgeführt, ob durch Lernen *Veränderungen der Ribonucleinsäuren* (RNA) der Neurone und Gliazellen ausgelöst werden können (die RNA spielt eine wichtige Rolle bei der zeitlebens ablaufenden Synthese von Proteinen in der Zelle; eine Änderung der RNA hätte auch eine Änderung in der Zusammensetzung der Zelleiweiße zur Folge). Mikrotechniken, die sowohl die Menge als auch den relativen Anteil der vier Basen der RNA zu bestimmen gestatten, zeigten in der Tat, daß Änderungen in den Anteilen dieser Basen während Lernprozessen auftreten. Es ist aber nicht ausgeschlossen, ja wahrscheinlich, daß diese Änderungen völlig unspezifisch sind. Um diesem Einwand zu entgehen, wurde weiter versucht, durch Extraktion von RNA aus dem

Gehirn trainierter Tierpopulationen und Übertragung (Injektion) des Extrakts auf Kontrolltiere nachzuweisen, daß ein *Transfer des gelernten Verhaltens* über diese RNA möglich ist. Diese Versuche sind bisher weder bei einfachen Organismen wie Plattwürmern (Planarien), noch bei Fischen und Säugern überzeugend geglückt.

Zwei weitere Wege zur Aufklärung der biochemischen Grundlagen neuronaler Gedächtnisprozesse verdienen Erwähnung: einmal wurde in Umkehrung der eben beschriebenen Ansätze versucht, durch *Hemmung der RNA- oder der Protein-Synthese* (z. B. durch Actinomycin oder Puromycin) mit der Bildung eines strukturellen Engrammes in der Zelle oder in der Zellmembran zu interferieren. Soweit dies geglückt ist, bleibt auch hier der Einwand, daß eine generelle Hemmung der Proteinsynthese nicht nur zu einer Störung der Engrammbildung, sondern zu einer allgemeinen Funktionsstörung führt.

Zum zweiten wurde aus den Gehirnen von Ratten, die durch Bestrafung mit elektrischen Schlägen darauf trainiert wurden, dunkle Aufenthaltsorte entgegen ihrer Vorliebe zu meiden, ein Polypeptid isoliert, daß nach Übertragung auf normale Ratten (auch auf Mäuse und Goldfische) ebenfalls zu einem vermehrten Aufenthalt im Hellen führt. Dieses Polypeptid, *Scotophobin* (nach dem Griechischen scotos, Dunkelheit, und phobos, Furcht) genannt, hat 15 Aminosäuren. Es konnte unterdessen auch synthetisiert werden. Welcher Stellenwert diesen Befunden zukommt, ist heute noch nicht zu sagen.

Jedenfalls steht für diese Transfer-Versuche, obwohl sie seit mehr als 12 Jahren bekannt sind, eine Bestätigung aus. Auch ließ sich bisher kein weiteres Makromolekül beim Erlernen einer anderen Verhaltensweise als „Informationsträger" isolieren. Die Skepsis gegenüber dem Scotophobin fand weiter Nahrung als bekannt wurde, daß es in einem Teil seiner Aminosäurekette einem der Hormone der Hypophyse, nämlich dem ACTH gleicht. Vom ACTH ist bekannt, daß es den generellen Wachheits- und Aufmerksamkeitsgrad des Organismus steigern kann, womit schon ein Grund für eine verbesserte Leistungsfähigkeit gegeben wäre.

Entgegen allen Anpreisungen von sogenannten gedächtnisfördernden Mitteln, wie beispielsweise Glutaminsäure (Glutamat), Cholinesterase und cholinergen und anticholinergen Substanzen, Strychnin, Picrotoxin, Tetrazol, Coffein und Ribonucleinsäure, ist es auch heute noch nicht möglich, eine direkte und spezifische Verbesserung der Intelligenz und der Gedächtnisleistungen durch pharmakologische Maßnahmen zu erreichen. Jedermann ist also gut beraten, sich vor gewinnsüchtigen falschen Propheten zu hüten, die unseren Wunsch nach schnellerem und besserem Lernen, Behalten und Erinnern auszunutzen suchen, um uns mit pseudowissenschaftlichem Brimborium wirkungslose Nürnberger Trichter zu verkaufen.

F 9.15 Schätzungen über den Prozentsatz der vom menschlichen Gehirn für die Langzeitspeicherung ausgewählten Information besagen, daß vom gesamten Informationsfluß durch das Bewußtsein dauernd etwa abgespeichert werden
a) nahezu 100 %
b)   10 %
c)   1 %
d)   0,1 %
e)   0,01%

F 9.16 Das Kurzzeitgedächtnis für verbal codierte Information wird auch bezeichnet als (zutreffendste Antwort auswählen)
a) primäres Gedächtnis,
b) Neugedächtnis,
c) sekundäres Gedächtnis,
d) Altgedächtnis,
e) tertiäres Gedächtnis.

F 9.17 Vergessen durch Verdrängung des zu lernenden Materials durch vorher Gelerntes bezeichnet man als
a) retrograde Amnesie,
b) proaktive Hemmung,
c) auterograde Amnesie,
d) Engrammbildung,
e) Konsolidierung.

F 9.18 Welcher der folgenden Mechanismen wird als neuronale Grundlage eines dynamischen Engramms angesehen?
a) Posttetanische Potenzierung,
b) Retroaktive Hemmung,
c) Occlusion,
d) Kreisen von Erregung,
e) Synaptische Degeneration.

F 9.19 Welcher der in Frage 9.18 aufgelisteten Mechanismen könnte am ehesten als Ausdruck der Bildung eines strukturellen Engramms angesprochen werden?

F 9.20 Bei einer anterograden Amnesie, wie sie bei chronischen Alkoholikern häufig auftritt, ist vor allem gestört
a) die Übertragung aus dem sekundären in das tertiäre Gedächtnis,
b) der Zugriff zum sekundären Gedächtnis,
c) die Übertragung vom sensorischen in das primäre Gedächtnis,
d) die Bildung (Synthese) von Scotophobin,
e) die Übertragung vom primären in das sekundäre Gedächtnis.

9.5 Das Stirnhirn

Wie wir bereits in 9.3 gesehen haben, sind die parietalen und temporalen Abschnitte des associativen Cortex (vgl. Abb. 9-2) teils an neuronalen Prozessen der Sprache, teils am Form- und Raumerkennen des Körpers und der Außenwelt beteiligt, wobei interessante Unterschiede zwischen der linken und der rechten Hemisphäre zu beobachten sind (vgl. a. Abb. 9-15). Weniger genaue Angaben lassen sich derzeit über die Funktionen des Stirnhirns (Lobus frontalis, s. Abb. 9-1) machen. Seine ausgeprägten, reziproken anatomischen Verknüpfungen mit dem limbischen System (das an der Steuerung des artspezifischen Verhaltens besonders beteiligt ist, s. Kapitel 8.6) lassen vermuten, daß eine der Aufgaben des Stirnhirns die *erlernte Kontrolle der angeborenen Verhaltensweisen* ist. Für eine solche Annahme spricht, daß von vielen Patienten mit Stirnhirnverletzungen gesagt wird, sie seien besonders impulsiv, ungehemmt, reizbar, euphorisch oder auf andere Weise psychisch labil.

Stirnhirnverletzungen beim Menschen. Gewisse Aufschlüsse über die Aufgaben des Stirnhirns lassen sich aus klinischen Beobachtungen bei Stirnhirnverletzten gewinnen. Diese Patienten erreichen bei den meisten der üblichen Intelligenztests völlig normale Werte. Oft zeigen sie aber Persönlichkeitsveränderungen wie *Antriebslosigkeit* und das *Fehlen von festen Absichten und planender Vorausschau.* Daneben sind sie oft unzuverlässig, grob oder taktlos, frivol oder jähzornig, so daß sie trotz ihrer normalen „Intelligenz", häufig in soziale Konflikte, z. B. am Arbeitsplatz, verwickelt sind.

In Tests mit Bewegungsaufgaben neigen die Patienten dazu, an einem einmal begonnenen Akt festzuhalten, auch wenn die Spielregeln längst eine Änderung verlangen. So wurde bei der in Abb. 9-17 gezeigten Aufgabe den Patienten jeweils gesagt, welche geometrische Figur sie als nächstes zeichnen sollten. Obwohl sie diese Aufforderung verstanden (und auf Wunsch auch wiederholen konnten), fuhren sie häufig fort, die vorher schon ein- oder mehrmals gezeichnete Figur wieder zu skizzieren. Dieses *Beharren auf einmal Begonnenem* wird *Perseveration* genannt. Die Tendenz zur Perseveration spiegelt sich auch in Lernversuchen wider, bei denen der Patient Schwierigkeiten hat, die nachfolgenden Reize von den vorangegangenen zu unterscheiden. Es entsteht der Eindruck, daß die vorhergehende Gedächtnisspur nicht schnell genug der nachfolgenden Platz machen kann, daß also eine verstärkte proaktive Hemmung vorliegt.

Stirnhirnpatienten haben also Schwierigkeiten, ihr *Verhalten dann zu ändern, wenn es von den Umständen her notwendig wäre.* Die Wirksamkeit externer Motivationen scheint abgeschwächt, und wenn mehrere externe und interne Motivationen miteinander konkurrieren, fällt es dem Patienten schwer, rasch und angemessen von einer zur anderen zu wechseln.

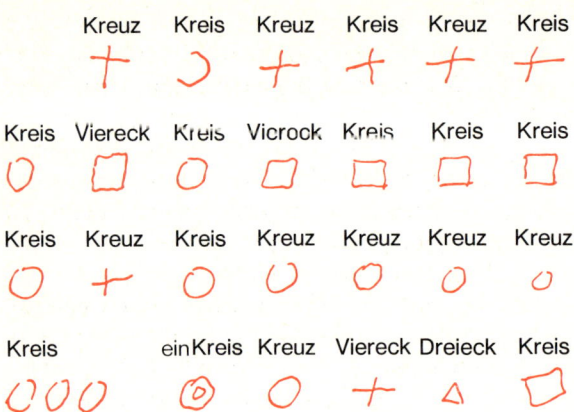

Abb. 9-17. Perseveration bei der Durchführung motorischer Aufgaben durch vier Patienten mit Schädigungen des Stirnhirns. Jede Zeile zeigt die Zeichnungen der Patienten in Farbe, darüber die vom Untersucher gegebene Anweisung. Der erste, zweite und vierte Patient hatten eine Geschwulst im linken Stirnhirn, der dritte einen Absceß im rechten Stirnhirn. Nach LURIA

Diese Schlußfolgerung aus den Verhaltensbeobachtungen entspricht der, die schon bei der Erwähnung der anatomischen Verbindungen gezogen wurde, daß nämlich das Stirnhirn an der erlernten Kontrolle angeborener Verhaltensweisen und an der Abstimmung der externen mit den internen Motivationen beteiligt ist. Bei Versuchen an Schimpansen und anderen Säugetieren ergaben sich ähnliche Resultate. Insgesamt läßt sich aus den Befunden bei Mensch und Tier die Hypothese ableiten, daß dem Stirnhirn eine führende Rolle bei der *Entwicklung von Verhaltensstrategien* zukommt.

Psychochirurgie. Vor der Einführung wirkungsvoller Psychopharmaka wurde die Durchtrennung der Verbindungen zwischen Stirnhirn und Thalamus (Leukotomie) bei bestimmten neuropsychiatrischen Erkrankungen als therapeutische Maßnahme eingesetzt. Dieser Eingriff war immer umstritten und ist heute nicht mehr verantwortbar. Seine erste Anwendung um 1940 markiert aber den Beginn der Psychochirurgie, das heißt der planmäßigen Versuche, durch die *Zerstörung oder Entfernung von Hirngewebe menschliches Verhalten dauerhaft zu beeinflussen.* In einem weiteren Sinne müssen auch Elektroschockbehandlungen, Langzeittherapien mit Psychopharmaka oder die Einführung von Elektroden in das Gehirn als Psychochirurgie betrachtet werden, da auch sie dauernde Veränderungen im Hirngewebe hervorrufen können.

Angesichts unserer noch sehr weitgehenden Unkenntnis über die Arbeitsweise des Gehirns und die Aufgaben seiner einzelnen Anteile, sind psychochirurgische Eingriffe heute mehr empirisch als theoretisch begründbar. Die häufigste Operation scheint derzeit die Cingulotomie zu sein, das heißt die Ausschaltung des über dem Balken verlaufenden Gyrus cinguli (der zum limbischen System gehört) bei unstillbaren Schmerzen und einer Reihe psychischer Erkrankungen, wie Depressionen und schweren Angstzuständen. Die Zerstörung des ebenfalls zum limbischen System gehörenden Nucleus amygdala (Amygdalatomie) wird zur Beseitigung anderweitig nicht beeinflußbaren aggressiven Verhaltens eingesetzt, nicht ohne daß gegen solche tiefen und irreversiblen Eingriffe in die Persönlichkeit erhebliche Bedenken laut werden. Hier, wie bei jedem wissenschaftlichen und technischen Fortschritt, ist es Aufgabe der Gesellschaft, durch die Entwicklung und Anwendung entsprechender Normen dafür zu sorgen, daß die neu gewonnene Erkenntnis ausschließlich zum Wohle des Menschen eingesetzt und angewendet wird.

F 9.21 Welche der folgenden Aufgaben werden als Leistungen des Stirnhirns angesehen? (Wählen Sie diejenigen zwei aus, die Sie für am zutreffendsten halten.)
a) Regulierung vegetativer Organfunktionen,
b) Erlernte Kontrolle angeborener Verhaltensweisen,
c) Koordination der Stütz- mit der Zielmotorik,
d) Entwicklung von Verhaltensstrategien,
e) Langzeitspeicherung von Information.

F 9.22 Welche(s) der folgenden Symptome ist/sind für Stirnhirnverletzungen besonders charakteristisch?
a) Anterograde Amnesie,
b) Asynergie,
c) Antriebslosigkeit,
d) Psychische Instabilität,
e) Perseveration.

F 9.23 Welche der folgenden Operationen gilt als der erste weitverbreitete Versuch, durch Zerstörung von Hirngewebe menschliches Verhalten zu beeinflussen?
a) Amygdalatomie,
b) Cingulotomie,
c) Decerebration,
d) Decortizierung,
e) Leukotomie.

10. Literaturhinweise

Die folgenden Literaturzitate sollen dem Leser Hinweise für weiterführende Studien geben. Entsprechend dem Charakter dieses Buches werden vorwiegend größere Lehrbücher, Monografien und Übersichtsartikel angeführt. Die Auswahl der Zitate lag bei den Autoren der einzelnen Kapitel.

Literatur zum Gesamtgebiet

BRODAL A (1981) Neurological anatomy in relation to clinical medicine, 3rd edn. Oxford University Press, New York London Toronto, pp 1–1053

ECCLES JC (1957) The physiology of nerve cells. Hopkins, Baltimore, pp 1–270

ECCLES JC (1973) The understanding of the brain. McGraw-Hill, New York St. Louis San Francisco Düsseldorf, pp 1–238

ECCLES JC (1979) Das Gehirn des Menschen. Piper, München Zürich (Deutsche Übersetzung von „The understanding of the brain)

ECCLES JC (1979) The human mystery. Springer, Berlin Heidelberg New York, pp 1–255

ECCLES JC (1980) The human psyche. Springer, Berlin Heidelberg New York, pp 1–279

GAUER OH, KRAMER K, JUNG R (Hrsg) (1971–1982) Physiologie des Menschen. Urban & Schwarzenberg, München Berlin Wien (In 20 Bänden)

Handbook of Physiology (1977/1981) Section 1: The nervous system, vol I: Cellular biology of neurons (2 books), (1977). Vol II: Motor control (2 books) (1981) American Physiological Society, Bethesda

KANDEL ER, SCHWARTZ JH (eds) (1981) Principles of neural science. Elsevier, Amsterdam, pp 1–731

KUFFLER SW, NICHOLLS JG (1976) From neuron to brain. Sinauer, Sunderland, Mass, pp 1–486.

McGEER PL, ECCLES JC, McGEER EG (1978) Molecular neurobiology of the mammalian brain. Plenum, New York, pp 1–644

MOUNTCASTLE VB (ed) (1980) Medical physiology, vol I, 14th edn. Mosby, Saint Louis, pp 1–948

RUCH TC, PATTON HD (eds) (1979) Physiology and biophysics. I. The brain and neural function, 20th edn. Saunders, Philadelphia, pp 1–743

SCHMIDT RF (1979) Biomaschine Mensch. Piper, München, S 1–452

SCHMIDT RF (Hrsg) (1980) Grundriß der Sinnesphysiologie, 4. Aufl. Springer, Berlin Heidelberg New York (Heidelberger Taschenbücher, Bd 136, S 1–336)

SCHMIDT RF, THEWS G (Hrsg) (1983) Einführung in die Physiologie des Menschen, 21. Aufl. Springer, Berlin Heidelberg New York, S 1–798

SCHMITT FO, WORDEN G (Hrsg) (1979) The neurosciences, Fourth Study Program. MIT, Cambridge Massachusetts London, pp 1–1185

SHERRINGTON CS (1961) The integrative action of the nervous system. Yale University Press, New Haven (1st edn 1906) pp 1–413

WORDEN FG, SWAZEY JP, ADELMAN G (eds) (1975) The neurosciences: Paths of discovery. MIT, Cambridge, Mass., pp 1–622

Literatur zu Kapitel 1

BARGMANN W (1977) Histologie und mikroskopische Anatomie des Menschen, 7. Aufl. Thieme, Stuttgart

BRADBURY MW (1979) The concept of a blood-brain barrier. Wiley, Chichester, pp 1–465

DAVSON H (1976) The blood-brain barrier. J Physiol (Lond) **255**: 1–28

FAWCETT DW (1973) Atlas zur Elektronenmikroskopie der Zelle. Urban & Schwarzenberg, München Berlin Wien

GRAFSTEIN B, FORMAN DS (1980) Intracellular transport in neurons. Physiol Rev **60**: 1167–1283

Handbook of Physiology (1977) Section 1: The nervous system, vol I: Cellular biology of neurons. William & Wilkins, Baltimore, pp 1–1238 (in two books)

KUFFLER SW (1967) Neuroglial cells: physiological properties and a potassium mediated effect of neuronal activity on the glial membrane potential. Proc R Soc **168**: 1

LEONHARDT H (1981) Histologie und Zytologie des Menschen, 6. Aufl. Thieme, Stuttgart

MARAN TH (1980) The cerebrospinal fluid. In: Mountcastle V (ed) Medical physiology, vol II. 14th ed. Mosby, St. Louis, p 1218

SCHARPER E (1944) The blood vessels of the nervous tissue. Q Rev Biol **19**: 308

WATSON WE (1974) Physiology of neuroglia. Physiol Rev **54**: 245

WAXMAN SG (ed) (1978) Physiology and pathobiology of axons. Raven, New York

Literatur zu Kapitel 2

ARMSTRONG CM (1981) Sodium channels and gating currents. Physiol Rev **61**: 644

GAUER OH, KRAMER K, JUNG R (Hrsg) (1980) Physiologie des Menschen, Bd 10: Allgemeine Neurophysiologie. 3. Aufl. Urban & Schwarzenberg, München

HODGKIN AL, HUXLEY AF (1952) Quantitative description of membrane current and its application to conduction and excitation in nerve. J Physiol (Lond) **117**: 500

HOPPE W, LOHMANN W, MARKL H, ZIEGLER H (1982) Biophysik, 2. Aufl. Springer, Berlin Heidelberg New York

KATZ B (1974) Nerv, Muskel und Synapse. 2. Aufl. Thieme, Stuttgart

NOBLE D (1966) Applications of Hodgkin-Huxley equations to excitable tissues. Physiol Rev **46**: 1

RUCH TC, PATTON HD (1974) Physiology and biophysics. Saunders, Philadelphia

ULBRICHT W (1977) Ionic channels and gating currents in excitable membranes. Ann Rev Biophys Bioeng **6**: 7

Literatur zu Kapitel 3

BURGEN A, KOSTERLITZ HW, IVERSEN LL (eds) (1980) Neuroactive peptides. The Royal Society, London, pp 1–195

CECCARELLI B, HURLBUT WP (1980) Vescile hypothesis of the release of quanta of acetylcholine. Physiol Rev **60**: 396–441

COOPER JR, BLOOM FE, ROTH RH (1978) The biochemical basis of neuropharmacology, 3rd edn. Oxford University Press, New York, pp 1–327

COTTRELL GA, USHERWOOD PNR (eds) (1977) Synapses. Blackie, Glasgow, pp 1–384

DEFEUDIS FV, MANDEL P (eds) (1981) Amino acid neurotransmitter. Raven, New York, pp 1 572

ECCLES JC (1964) The physiology of synapses. Springer, Berlin Göttingen Heidelberg New York

KATZ B (1974) Nerv, Muskel und Synapse, 2. Aufl. Thieme, Stuttgart

KRAVITZ EA, TREHERNE JE (eds) (1980) Neurotransmission, neurotransmitters, and neuromodulators. J Exp Biol 89: 1–286

LOEWENSTEIN WR (1981) Junctional intercellular communication: The cell-to-cell membrane channel. Physiol Rev 61: 829–913

SCHMIDT RF (1971) Presynaptic inhibition in the vertebrate central nervous system. Ergeb Physiol Biol Chem Exp Pharmacol 63: 20–101

STJÄRNE L, HEDQVIST P, LAGERCRANTZ H, WENNMALM Å (eds) (1981) Chemical neurotransmission. Academic Press, New York, pp 1–562

TAXI J (ed) (1980) Ontogenesis and functional mechanisms of peripheral synapses. Elsevier, Amsterdam, pp 1–196

THE SYNAPSE (1976) Cold Spring Harbor Symp. Quant Biol 40

THOENEN H (1969) Bildung und funkionelle Bedeutung adrenerger Ersatztransmitter. Springer, Berlin Heidelberg New York

VINCENT A (1980) Immunology of acetylcholine receptors in relation to myasthenia gravis. Physiol Rev 60: 756–824

ZAIMIS E (ed) (1976) Neuromuscular junction. Springer, Berlin Heidelberg New York, pp 1–746

Literatur zu Kapitel 4

ECCLES JC (1969) The inhibitory pathways of the central nervous system. The Sherrington Lectures IX. Thomas, Springfield/Ill., pp 1–135

FEARING F (1930) Reflex action. A study in the history of physiological psychology. Williams & Wilkins, Baltimore

FEINSTEIN B, LINDEGAARD B, NYMAN E, WOHLFAHRT G (1955) Morphologic studies of motor units in normal human muscles. Acta Anat (Basel) 23: 127

FULTON JF (1943) Physiology of the nervous system. Oxford University Press, London New York Toronto

Handbook of Physiology (1981) Section 1: The nervous system, vol II: Motor control, Part 1. American Physiological Society, Bethesda, pp 1–733

POECK K (1978) Neurologie, 5. Aufl. Springer, Berlin Heidelberg New York

SHERRINGTON CS (1961) The integrative action of nervous system. Yale University Press, New Haven (1st edn 1906), pp 1–413

SCHMITT FO, WORDEN FG (eds) (1979) The neurosciences. Fourth Study Program. MIT, Cambridge, Mass., pp 1–1185

TAYLOR A, PROCHAZKA A (eds) (1981) Muscle receptors and movement. Macmillan, London, pp 1–446

Literatur zu Kapitel 5

BOURNE GH (ed) (1972) The structure and funktion of muscle, 2th edn, vol I–III. Academic Press, London New York

Carlson FD, Wilkie DR (1974) Muscle physiology. Prentice-Hall, Englewood Cliffs, New Jersey

Gauer OH, Kramer K, Jung R (Hrsg) (1975) Physiologie des Menschen. Bd 4: Muskel, 2. Aufl. Urban & Schwarzenberg, München Berlin Wien

Hoppe W, Lohmann W, Markl H, Ziegler H (1982) Biophysik, 2. Aufl. Springer, Berlin Heidelberg New York

Huxley AF (1974) Muscular contraction. J Physiol 243: 1

Literatur zu Kapitel 6

Boyd JA, Davey MR (1968) Composition of peripheral nerves. Livingstone, Edinburgh London

Brodal A (1981) Neurological anatomy in relation to clinical medicine, 3rd edn. Oxford University Press, New York London Toronto, pp 1–1053

Dow RS, Moruzzi G (1958) The physiology and pathology of the cerebellum. The University of Minnesota Press, Minneapolis

Eccles JC, Ito M, Szentágothai J (1967) The cerebellum as a neuronal machine. Springer, Berlin Heidelberg New York

Gauer OH, Kramer K, Jung R (eds) (1976) Physiologie des Menschen. Bd 14: Sensomotorik. Urban & Schwarzenberg, München Berlin Wien

Granit R (1970) The basis of motor control. Academic Press, London New York

Handbook of Physiology (1981) Section 1: The nervous system, vol II: Motor control, Part 1, pp 1–733, Part 2: pp 735–1480. American Physiological Society, Bethesda (Part 1, pp 1–733; part 2, pp 735–1480)

Kemp JM, Powell TPS (1971) The connexions of the striatum and globus pallidus: synthesis and speculation, Phil Trans 262: 441

Larsell O, Jansen J (1972) The comparative anatomy and histology of the cerebellum. The human cerebellum, cerebellar connections, and cerebellar cortex. University of Minnesota Press, Minneapolis

Magnus R (1924) Körperstellung. Springer, Berlin

Matthews PBC (1972) Mammalian muscle receptors and their central actions. Arnold, London

Penfield W, Rasmussen T (1950) The cerebral cortex of man. Macmillan, New York

Schmidt RF (1973) Control of the access of afferent activity to somatosensory pathways. In: Iggo A (ed) Somatosensory system. Springer, Berlin Heidelberg New York (Handbook of sensory physiology, vol II, p 151)

Taylor A, Prochazka A (eds) (1981) Muscle receptors and movement. Macmillan, London, pp 1–446

Literatur zu Kapitel 7

Drischel H (1973) Einführung in die Biokybernetik. Akademie Verlag, Berlin

Flechtner H-J (1966) Grundbegriffe der Kybernetik. Eine Einführung. Wissenschaftl. Verl. Ges., Stuttgart

Gauer OH, Kramer K, Jung R (1976) Physiologie des Menschen, Bd 10, Bd 14. Urban & Schwarzenberg, München Berlin Wien

Granit R (1970) The basis of motor control. Academic Press, London New York

Hassenstein B (1967) Biologische Kybernetik. Quelle & Meyer, Heidelberg

HOUK J (1980) Principles of system theory as applied to physiology. In: MOUNTCASTLE VB (ed) Medical physiology, vol 1. 14th Ed. Mosby, St. Louis, pp 225
WAGNER R (1954) Probleme und Beispiele biologischer Regelungen. Thieme, Stuttgart
WIENER N (1963) Kybernetik. Econ, Düsseldorf (Deutsche Übersetzung; Originalausgabe in Englisch 1948)
ZIMMERMANN M, HANDWERKER HO, PAAL G (1975) Dehnungsreflex, Farbtonfilm (16 mm) zum Physiologieunterricht für Medizinstudenten. Institut für den Wiss. Film, Göttingen

Literatur zu Kapitel 8

BRODAL A (1981) Neurological anatomy in relation to clinical medicine, 3rd edn. Oxford University Press, New York London Toronto
CANNON WB (1939) The wisdom of the body, 2nd edn. Norton, New York
CANNON WB (1975) Wut, Hunger, Angst und Schmerz. Urban & Schwarzenberg, München Berlin Wien
DAVSON H, SEGAL MB: Introduction to physiology vol 2: Basic mechanisms (Part 2) (1975), vol 3 (1976), vol 5: Control of Reproduction (1980) Academic Press, London Toronto Sydney; Grune & Stratton, NewYork San Francisco
GABELLA G (1976) Structure of the autonomic nervous system. Chapman & Hall, London
JOHNSON RH, SPALDING JMK (1974) Disorders of the autonomic nervous system. Blackwell, Oxford London Edinburgh Melbourne
KOEPCHEN HP (1972) Kreislaufregulation. In: GAUER OH, KRAMER K, JUNG R (Hrsg) Physiologie des Menschen, Bd 3: Herz und Kreislauf. Urban & Schwarzenberg, München Berlin Wien, pp 327–406
KUSCHINSKY G, LÜLLMANN H (1981) Kurzes Lehrbuch der Pharmakologie und Toxikologie, 9. Aufl. Thieme, Stuttgart
MASTERS WH, JOHNSON VE (1970) Die Sexuelle Reaktion. Rowohlt, Reinbeck bei Hamburg (rororo TB, Nr. 8032/33)
MONNIER M (1963) Physiologie und Pathophysiologie des vegetativen Nervensystems, I. Bd: Physiologie, II. Bd: Pathophysiologie. Hippokrates, Stuttgart

Literatur zu Kapitel 9

ANDERSEN P, ANDERSSON SA (1968) Physiological basis of the alpha rhythm. Appleton-Century-Crofts, New York, pp 1–235
BAUST W (1970) Ermüdung, Schlaf und Traum. Wissenschaftliche Verlagsgesellschaft, Stuttgart (1971) Fischer, Frankfurt, pp 1–373
BINDMAN L, LIPPOLD O (1981) The neurophysiology of the cerebral cortex. Arnold, London, pp 1–495
BIRBAUMER N (1975) Physiologische Psychologie. Springer, Berlin Heidelberg New York, pp 1–268
BRODAL A (1981) Neurological anatomy in relation to clinical medicine, 3rd edn. Oxford University Press, New York London Toronto, pp 1–1053
ECCLES JC (ed) (1966) Brain and conscious experience. Springer, Berlin Heidelberg New York
ECCLES JC (1970) Facing reality. Springer, New York Heidelberg Berlin [Deutsche Ausgabe (1975) Wahrheit und Wirklichkeit. Springer, Berlin Heidelberg New York]

Eccles JC (1973) The understanding of the brain. McGraw-Hill, New York St. Louis San Francisco Düsseldorf [Deutsche Ausgabe (1975/1979) Das Gehirn des Menschen. Piper, München Zürich]

Eccles JC (1979) The human mystery. Springer, Berlin Heidelberg New York, pp 1–255

Eccles JC (1980) The human psyche. Springer, Berlin Heidelberg New York, pp 1–279

Gazzaniga MS (ed) (1979) Neuropsychology. Handbook of behavioral neurobiology, vol 2. Plenum, New York, pp 1–566

Gazzaniga MS, LeDoux JE (1978) The integrated mind. Plenum, New York, pp 1–168

Jovanović UJ (1971) Normal sleep in man. Hippokrates, Stuttgart

Koella WP (1973) Physiologie des Schlafes. Kohlhammer, Stuttgart Berlin Köln Mainz (Urban Taschenbücher, Bd 174, pp 1–160)

McGeer PL, Eccles JC, McGeer EG (1978) Molecular neurobiology of the mammalian brain. Plenum, New York London, pp 1–644

Mills JN (1966) Human circadian rhythms. Physiol Rev **46**: 128–159

Milner B (1970) Memory and the medial temporal regions of the brain. In: Pribram KH, Broadbent DE (eds) Biology of memory. Academic Press, New York London, p 29

Moruzzi G (1972) The sleep-waking cycle (Neurophysiology and neurochemistry of sleep and wakefulness). Ergeb Physiol Biol Chem Exp Pharmakol **64**: 1–165

Penfield W, Roberts L (1959) Speech and brain mechanisms. Princeton University Press, Princeton/N.J.

Rose SPR (1981) What should a biochemistry of learning and memory be about? Neuroscience 6: 811–821

Schmitt FO, Wordan FG, Adelman A, Dennis SG (eds) (1981) The organization of the cerebral cortex. MIT, Cambridge, Mass, pp 1–592

Sperry RW (1969) A modified concept of consciousness. Psychol Rev **76**: 532–536

Weitzman ED (1981) Sleep and its disorders. Ann Rev Neurosc **4**: 381–417

Wever RA (1979) The circadian system of man: Results of experiments under temporal isolation. Springer, New York Berlin Heidelberg, pp 1–276

Wolman BB (ed) (1979) Handbook of dreams. Research, theories and applications. Van Nostrand Reinhold, New York, pp 1–447

Zippel HP (ed) (1973) Memory and tranfer of information. Plenum, New York London, pp 1–582

11. Antwortschlüssel

Kapitel 1

F 1. 1: b, c, e
F 1. 2: c
F 1. 3: entsprechend Abb. 1-1
F 1. 4: entsprechend Abb. 1-3
F 1. 5: b
F 1. 6: a
F 1. 7: d
F 1. 8: e
F 1. 9: a, b, c
F 1.10: c
F 1.11: b
F 1.12: Nervenzellen entsprechend Abb. 1-1. Verbindungen zwischen Nervenzellen wie Abb. 1-3
F 1.13: d
F 1.14: Somatische Afferenzen motorische Efferenzen, vegetative Efferenzen
F 1.15: a, e
F 1.16: a, b, d

Kapitel 2

F 2. 1: Abb. 2-5
F 2. 2: $Na^+ = 1/5–15$
$Cl^- = 1/20–100$
reziprok
F 2. 3: b, c

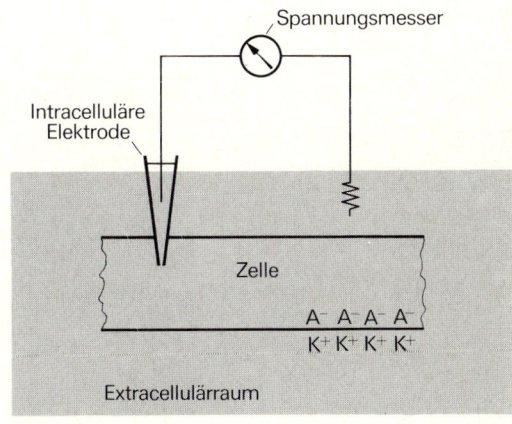

Abb. 2-5 Membranladung und Potentialmessung. Schema zur Kontrolle der Antwort auf Frage F 2.1

F 2. 4:   a, c
F 2. 5: $I_{Cl}/(E_{Cl}-E)$
F 2. 6: $E_{Na} = +65\,mV$
F 2. 7:   b, c, d
Γ 2. 8:   b, c
F 2. 9:   a, d, e
F 2.10:   c
F 2.11:   Abb. 2-11
F 2.12:   b, c
F 2.13:   b
F 2.14:   b, d
F 2.15:   b
F 2.16:   Abb. 2-16
F 2.17:   a, c
F 2.18:   Abb. 2-19 B
F 2.19:   b, c, d
F 2.20:   e
F 2.21:   d
F 2.22:   Abb. 2-22
F 2.23:   c
F 2.24:   c, e
F 2.25:   a, b, c

Kapitel 3

F 3. 1:   a, b, d
F 3. 2:   d
F 3. 3:   c
F 3. 4:   a, c
F 3. 5:   c, d
F 3. 6:   c, e
F 3. 7:   d
F 3. 8:   b
F 3. 9:   c
F 3.10:   c
F 3.11:   a
F 3.12:   e
F 3.13:   b
F 3.14:   a, d
F 3.15:   b
F 3.16:   a, c, e

F 3.17:   d
F 3.18:   c
F 3.19:   b

Kapitel 4

F 4. 1:   b
F 4. 2:   Keines von beiden, es handelt sich um eine Summation oder Addition der beiden erregten Populationen
F 4. 3:   b, e
F 4. 4:   c
F 4. 5:   e
F 4. 6:   b, c
F 4. 7: $12 + 15 + 13 = 40\,ms$
F 4. 8:   a
F 4. 9:   Nutritionsreflexe b, d, Schutzreflexe a, c, e, f
F 4.10:   c
F 4.11:   c
F 4.12:   b, e

Kapitel 5

F 5. 1:   Abb. 5-4
F 5. 2:   b, d, f
F 5. 3:   Abb. 5-2
F 5. 4:   1.) Myosin, 2.) Aktin, 3.) Ca^{++}, 4.) Adenosintriphosphat (Reihenfolge beliebig)
F 5. 5:   b, c
F 5. 6:   c
F 5. 7:   b, d
F 5. 8:   c, d
F 5. 9:   a, b, c
F 5.10:   b, c, d
F 5.11:   a, c
F 5.12:   b

F 5.13:   a, c
F 5.14:   d, e
F 5.15:   b, d

Kapitel 6

F 6. 1:   b
F 6. 2:   a, d
F 6. 3:   d
F 6. 4:   d
F 6. 5:   a) die Muskelspindeln
          b) die Sehnenorgane
F 6. 6:   b, e, g
F 6. 7:   b
F 6. 8:   b, d, e
F 6. 9:   c
F 6.10:   a
F 6.11:   d
F 6.12:   b, d, e
F 6.13:   d
F 6.14:   a, c
F 6.15:   a, d
F 6.16:   c
F 6.17:   e
F 6.18:   b, e
F 6.19:   b, e
F 6.20:   Halsafferenzen: a, b, c;
          Labyrinth: d.
F 6.21:   c
F 6.22:   e
F 6.23:   f
F 6.24:   f, es gibt keine hemmen-
          den Synapsen der Korb-
          zellen auf den *Dendriten*
          der Purkinje-Zellen
F 6.25:   b, c, d

Kapitel 7

F 7. 1:   d, e
F 7. 2:   b, d

F 7. 3:   a
F 7. 4:   b, c, d
F 7. 5:   a, c, d
F 7. 6:   e
F 7. 7:   b, c
F 7. 8:   b, d, e

Kapitel 8

F 8. 1:   b, c
F 8. 2:   c, e
F 8. 3:   b, c, d
F 8. 4:   c, d
F 8. 5:   a, d
F 8. 6:   b, d
F 8. 7:   a, d
F 8. 8:   a, d, e
F 8. 9:   a) s
          b) 50
          c) langsamer
          d) die gleichen
F 8.10:   c, d
F 8.11:   a, d
F 8.12:   a, d
F 8.13:   entsprechend Abb. 8-11
F 8.14:   b, e
F 8.15:   c, e
F 8.16:   c, e
F 8.17:   b, d
F 8.18:   a. zu, b. ab, c. zu, d. ab
F 8.19:   b, e
F 8.20:   a, e
F 8.21:   a, d
F 8.22:   a, d
F 8.23:   a, d
F 8.24:   d, f
F 8.25:   a, c, d
F 8.26:   b, c, d
F 8.27:   entsprechend Abb. 8-23
F 8.28:   d, e

Kapitel 9

F 9. 1:	a
F 9. 2:	c
F 9. 3:	c
F 9. 4:	b
F 9. 5:	d
F 9. 6:	e
F 9. 7:	a, d
F 9. 8:	c
F 9. 9:	b
F 9.10:	e
F 9.11:	b
F 9.12:	a, c, d, e
F 9.13:	1e, 2b
F 9.14:	a
F 9.15:	c
F 9.16:	a
F 9.17:	b
F 9.18:	d
F 9.19:	a
F 9.20:	e
F 9.21:	b, d
F 9.22:	c, d, e
F 9.23:	e

12. Sachverzeichnis

336

Titel des Buches: **Heidelberger Taschenbücher Band 96**
Grundriß der Neurophysiologie,
6., korrigierte Auflage, Hrsg. R. F. Schmidt

Was können wir bei der nächsten Auflage besser machen?

Zur inhaltlichen und formalen Verbesserung unserer Lehrbücher bitten wir um Ihre Mithilfe. Wir würden uns deshalb freuen, wenn Sie uns die nachstehenden Fragen beantworten könnten.

1. Finden Sie ein Kapitel besonders gut dargestellt? Wenn ja, welches und warum?_____

_____

_____

2. Welches Kapitel hat Ihnen am wenigsten gefallen. Warum?_____

_____

_____

3. Bringen Sie bitte dort ein × an, wo Sie es für angebracht halten.

	Vorteilhaft	Angemessen	Nicht angemessen
Preis des Buches			
Umfang			
Papier			
Aufmachung			
Abbildungen			
Tabellen und Schemata			
Register			

	Sehr wenige	Wenige	Viele	Sehr viele
Druckfehler				
Sachfehler				

4. Spezielle Vorschläge zur Verbesserung dieses Textes (u. a. auch zur Vermeidung von Druck- und Sachfehlern)_____

_____

_____

_____

_____

_____

bitte wenden!

5. Bitte teilen Sie uns mit, auf welchen Fachgebieten Ihrer Meinung nach moderne Lehrbücher fehlen. Dazu folgende kurze Charakterisierung unserer eigenen Werke:

Fragensammlungen = Examensfragen zur Vorbereitung auf Prüfungen

Basistexte = vermitteln nach der neuen Approbationsordnung das für das Examen wichtige Stoffgebiet

Kurzlehrbücher = zur Vertiefung des Basiswissens gedacht; für den sorgfältigen Studenten

Lehrbücher = Umfassende Darstellungen eines Fachgebietes; zum Nachschlagen spezieller Informationen

Fachgebiet	Fragen-sammlungen	Basistexte	Kurz-lehrbücher	Lehrbücher

Bei Rücksendung werden Sie automatisch in unsere Adressenliste aufgenommen.

Name_____

Adresse_____

Fachstudium_____

Semester_____

Ärztliche Vorprüfung_____

Datum/Unterschrift_____

Wir danken Ihnen für die Beantwortung der Fragen und bitten um Einsendung des Blattes an:

Marianne Kalow
Springer-Verlag
Tiergartenstraße 17
6900 Heidelberg 1

Physiologie des Menschen

Herausgeber: R. F. Schmidt, G. Thews

22., korrigierte Auflage. 1985. 569 zum größten Teil farbige Abbildungen. XXV, 798 Seiten. Gebunden DM 124,-. ISBN 3-540-15014-5

Inhaltsübersicht: Nervensystem und Muskulatur. – Sinnesorgane. – Blut, Blutkreislauf und Atmung. – Energiewechsel, Stoffaufnahme und -ausscheidung. – Endokrine Regulation. – Anhang. Maßeinheiten der Physiologie. – Sachverzeichnis.

Dieses jetzt in der 22. Auflage vorliegende, beliebte Lehrbuch hat sich als Standardwerk der Physiologie bewährt. Für den Studenten bedeutet dieses Buch eine notwendige und lohnende Anschaffung, für den in der Klinik und Praxis tätigen Arzt sowie den Naturwissenschaftler ist es ein äußerst empfehlenswertes Nachschlagewerk und eine wertvolle Informationsquelle über den gegenwärtigen Stand der funktionellen Medizin.

„... stellt ein fachlich, didaktisch und gestalterisch außerordentlich gelungenes Werk dar, das den Studenten der Medizin sowie den in Praxis, Klinik und Theorie tätigen Medizinern wärmstens empfohlen werden darf."

Zentralblatt für die allgemeine Pathologie

„... Das Buch ist ein großer Wurf und gehört zu den Standardwerken der einschlägigen Literatur."

Kongreßzentralblatt für die gesamte innere Medizin

Springer-Verlag
Berlin Heidelberg New York
London Paris Tokyo

Grundriß der Sinnesphysiologie

Herausgeber: R.F. Schmidt
Mit Beiträgen von H. Altner, J. Dudel, O.-J. Grüsser,
U. Grüsser-Cornelis, R. Klinke, R. F. Schmidt,
M. Zimmermann
5., neubearbeitete und erweiterte Auflage. 1985. 143 zum
größten Teil farbige Abbildungen. 141 Testfragen zur
Selbstkontrolle. XII, 360 Seiten. (Heidelberger Taschen-
bücher. Basistext Medizin, Psychologie, Band 136).
Broschiert DM 29,90. ISBN 3-540-13225-2

Inhaltsübersicht: Allgemeine Sinnesphysiologie, Psycho-
physik. – Somatoviscerale Sensibilität. – Neurophysiologie
sensorischer Systeme. – Nociception und Schmerz. –
Physiologie des Sehens. – Physiologie des Hörens. –
Physiologie des Gleichgewichtssinnes. – Physiologie des
Geschmacks. – Physiologie des Geruchs. – Durst und
Hunger. – Allgemeinempfindungen. – Literaturhinweise.
– Antwortschlüssel. – Sachverzeichnis.

G. Thews, P. Vaupel

Grundriß der vegetativen Physiologie

1981. 171 Abbildungen. IX, 452 Seiten. (Heidelberger
Taschenbücher, Band 210, Basistext Medizin – Biologie).
Broschiert DM 29,80. ISBN 3-540-10631-6

Inhaltsübersicht: Blut. – Transport- und Regelprozesse. –
Herzfunktion. – Blutkreislauf. – Atmung – Energiehaus-
halt und Arbeitsphysiologie. – Wärmehaushalt. – Ernährung. – Funktionen des Gastrointestinaltraktes. – Nieren-
funktion und Miktion. – Wasser-, Elektrolyt- und Säure-
Basen-Haushalt. – Hormonale Regulationen. – Sexual-
funktionen. – Maßeinheiten der Physiologie. – Weiterführende Literatur. – Anhang: Hinweise auf den Gegenstandskatalog GK1. – Sachverzeichnis.

Examens-Fragen Physiologie

Zum Gegenstandskatalog
Herausgeber: K. Brück, W. Jänig, R. Rüdel, H. Schaefer,
R. F. Schmidt, M. Steinhausen, R. Taugner, V. Thämer,
G. Thews, H.-V. Ulmer
5., korrigierte Auflage. 1980. 985 Fragen mit 8 Abbil-
dungen. X, 356 Seiten. Broschiert DM 24,–.
ISBN 3-540-10222-1

Springer-Verlag
Berlin Heidelberg New York
London Paris Tokyo